Walter J. Gehring

Wie Gene die Entwicklung steuern

Die Geschichte der Homeobox

Springer Basel AG

Autor:

Prof. Dr. Walter J. Gehring
Biozentrum
Zellbiologie
Universität Basel
Klingelbergstr. 70
CH-4056 Basel

Die Deutsche Bibliothek - CIP-Einheitsaufnahme

Gehring, Walter J.:
Wie Gene die Entwicklung steuern : die Geschichte der Homeobox / Walter J. Gehring. -
Basel ; Boston ; Berlin : Birkhäuser, 2001
    ISBN 978-3-7643-6039-9   ISBN 978-3-0348-8715-1 (eBook)
    DOI 10.1007/978-3-0348-8715-1

Die englische Ausgabe des Buches erschien 1998 unter dem Titel «Master Control Genes in
Development and Evolution: the Homeobox Story» bei Yale University Press, New Haven
and London, die französische Ausgabe 1999 unter dem Titel «La Drosophile aux Yeux
Rouges: Gènes et Développement» bei Éditions Odile Jacob, Paris.

© 2001 Springer Basel AG
Ursprünglich erschienen bei der deutschsprachigen Ausgabe 2001
Gedruckt auf säurefreiem Papier, hergestellt aus chlorfrei gebleichtem Zellstoff. TCF ∞
Buch- und Umschlaggestaltung: Micha Lotrovsky, Therwil, Schweiz

ISBN 978-3-7643-6039-9
9 8 7 6 5 4 3 2 1

Inhaltsverzeichnis

Vorwort

Dieses Buch beschreibt die lange Reise eines Forschers ins Land der Entwicklungsbiologie. Sie beginnt mit eigenartigen winzigen Taufliegen, die Beine statt Fühler
auf dem Kopf tragen, und führt über die Isolation des betreffenden Gens, das infolge einer Mutation die Umwandlung von Fühlern in Beine hervorbringt, bis zur
Entdeckung der Homeobox, einem kleinen Abschnitt der Erbsubstanz DNA. Dieses kleine Stück DNA ist charakteristisch für homeotische Gene, die den Bauplan,
die Architektur der Taufliege und allen höheren Organismen, einschließlich des
Menschen, bestimmen. Die Homeobox liefert einen Schlüssel zum Verständnis der
Entwicklungsvorgänge, die vom befruchteten Ei bis zum erwachsenen Organismus
führen. Die Homeobox enthält in verschlüsselter Form die Information zur Synthese der Homeodomäne, die nach dem genetischen Code aus der Sprache der
Erbsubstanz in die Sprache der Proteine übersetzt wird. Die Reise führt uns von
den Antennenbeinen am Kopf der Taufliege *Drosophila* bis hinunter zu den molekularen Grundlagen, der atomaren Struktur der Homeodomäne. Im zweiten Teil
der Reise befassen wir uns mit Problemen der Evolution, fragen nach dem historischen Ursprung der homeotischen Gene und der Baupläne der Tiere. Die Entdek-
kung des Master-Kontrollgens, das für die Entwicklung der Augen verantwortlich
ist, wirft ein neues Licht auf die Evolution der verschiedenen Augentypen, einem
alten Rätsel der Evolutionsbiologie.

Natürlich war der Weg dieser wissenschaftlichen Entdeckungsreise nicht so
geradlinig, wie er in diesem Buch nachgezeichnet ist, sondern mit vielen Abzwei-
gungen versehen, die entweder in die falsche Richtung oder in Sackgassen führten.
Die Reise eines Wissenschaftlers ist vielleicht am besten umschrieben mit einem
Erlebnis, das ich an einer Tagung in Point Reyes, in unmittelbarer Nähe des Sankt
Andreas Grabens in Kalifornien, hatte. Die Tagung unter dem Titel «Vom Phagen

zu Drosophila» war meinem langjährigen Freund David Hogness gewidmet, einem Pionier der Entwicklungsgenetik. Nach einem anstrengenden Tag wissenschaftlicher Diskussionen kehrte ich in meinen Bungalow zurück und bemerkte eine große schwarze Fliege, die zerdrückt an der weissen Wand klebte. Meine erste Reaktion, die meine schweizerische Erziehung verrät, war es, dieses hässliche Ding von der Wand zu entfernen; aber meine Gedanken kehrten alsbald wieder zu tiefgründigeren wissenschaftlichen Problemen zurück, und ich vergaß die Fliege. Am nächsten Morgen war die Fliege zu meinem Erstaunen etwa dreissig Zentimeter höher an der Wand als am Vorabend, eine klare Verletzung der Gravitationsgesetze, die eigentlich für alle Orte auf der Erde gleichermaßen zutreffen sollten, selbst am Sankt Andreas Graben. Weil ich sicher war, am Vorabend nicht zuviel getrunken zu haben, war ich überzeugt, dass die Fliege tatsächlich weiter oben an der Wand war. Eine genauere Inspektion der Fliege führte zur Lüftung der Rätsels: Eine winzig kleine Ameise zog die tote Fliege an der Wand empor, um sie in ihr Nest zu bringen. Es musste die größte Beute sein, die diese winzige Ameise je gemacht hatte, denn die Fliege war mindestens zehnmal so groß wie die Ameise. In acht Stunden hatte die Ameise ihre Beute um dreissig Zentimeter nach oben gezogen. Diese Beobachtung erinnerte mich an das Bestreben der Biologen, die Entwicklung der Taufliege zu verstehen. Obschon *Drosophila* winzig klein ist, ist das Problem, das ihre Entwicklung stellt, gigantisch groß. Wie die kleine Ameise versuchen die Forscher, die Taufliege Schritt um Schritt dem Verständnis näher zu bringen, einige können sie vielleicht über Nacht um dreissig Zentimeter vorwärts bewegen, andere nur um fünf, und wiederum andere lassen sie ganz fallen. Am Ende des Buches kann der Leser selbst beurteilen, wie weit wir die Fliege in den vergangenen dreissig Jahren dieser Reise vorwärts gebracht haben.

Das Problem für die Ameise war es, die Fliege zu ihrem Nest zurückzubringen. In Ernest Hemingways *Der alte Mann und das Meer* wird ein alter Fischer beschrieben, der nach langem Kampf den größten Fisch seines Lebens gefangen hat. Der Fisch ist so groß, dass er ihn nicht ins Boot ziehen kann, sondern aussen am Schiff anbinden muss. Auf der Rückfahrt zum Hafen befallen die Haie den angebundenen Riesenfisch und der alte Mann kehrt mit nichts als einem Skelett in den Hafen zurück. Um herauszufinden, ob meine Ameise ein ähnliches Schicksal erleiden würde, kehrte ich in der Kaffeepause in mein Zimmer zurück. Es waren zwar keine Haie in meinem Zimmer, aber die Putzfrau hatte mein Zimmer aufgeräumt und offenbar die schwarze Fliege von der Wand entfernt. Wir werden also nie herausfinden, was der armen Ameise passiert ist, aber als Wissenschaftler war sie mir sehr sympathisch.

In diesem Buch sind die Terry Lectures (Vorlesungen) wiedergegeben, die ich im Herbst 1993 an der Yale Universität, meiner zweiten Alma Mater, gehalten habe. Für die Einladung zu diesen Vorlesungen bin ich dem Beirat der Dwight Terry Foundation zu Dank verpflichtet. Danken möchte ich auch all meinen Freunden und Kollegen an der Yale Universität für ihren warmen Empfang und die vielen Jahre der Freundschaft.

Der Schlüssel zum Verständnis der Entwicklungsvorgänge: Die Geschichte der Homeobox ist eine sehr persönliche Betrachtung, die zum Teil in Edinburgh entstand, als ich Darwin Fellow war. David Finnegan und Noreen und Ken Murray bin ich für ihre Gastfreundschaft zu großem Dank verpflichtet. Der größte Teil des Manuskripts stammt von einem Aufenthalt auf der griechischen Insel Skyros, wo mir Popi und Spyros Artavanis-Tsakonas ihr wundervolles Sommerhaus am Strand als Refugium zu Verfügung stellten. Ohne ihre Unterstützung wäre dieses Buch nie zu Ende geschrieben worden. Dank gebührt auch meiner Frau Elisabeth für ihre Geduld und konstruktive Kritik. Den Herausgebern des Birkhäuser Verlags danke ich für die Gestaltung der deutschen Ausgabe, meiner Sekretärin Liliane Devaja, Céline Knecht und Susanne Flister für die Textverarbeitung, Margrit Jäggi, Verena Grieder und Liselotte Müller für die Gestaltung der Abbildungen. Nicht zuletzt möchte ich den Mitarbeitern meiner Forschungsgruppe für ihre große Hilfe in all den Jahren und für das gute Teamwork danken.

Die einzelnen Kapitel wurden von meinen Freunden und Kollegen Max Birnstiel, Eddy De Robertis, Denis Duboule, Corey Goodmann, Ueli Grossniklaus, Peter Gruss, Ernst Hafen, Herbert Jäckle, Ed Lewis, Nori Satoh, Alexander Schier, Stephan Schneuwly, Gerold Schubiger, Paul Sternberg, Eric Wieschaus, Debra Wolgemuth und Kurt Wüthrich kritisch durchgesehen. Für ihre Hinweise und Änderungsvorschläge bin ich sehr dankbar. Ich hoffe, dass mir diejenigen Kollegen, deren wissenschaftlichen Beiträge zu wenig berücksichtigt wurden, verzeihen werden. Das Buch ist aus meiner ganz persönlichen Sicht geschrieben und sicher mit gewissen Vorurteilen behaftet. Diese persönliche Note sollte es dem Laien leichter zugänglich machen. Ich hoffe, dass das Buch den Lesern etwas von der Begeisterung vermitteln kann, von der die wissenschaftliche Forschung lebt.

1

Die alte Sprache der Gene

Es war ein heisser Sommertag und ich befand mich auf einem Flug von New York nach Seattle, um an der Universität von Washington einen Vortrag zu halten. Neben mir saß eine junge Dame, die von ihrem englischen Akzent her zu schließen, wahrscheinlich aus Skandinavien stammte. Beim Festschnallen der Sitzgurte bemerkte ich, dass die junge Dame aussergewöhnlich kurze Zeigefinger hatte. Das erinnerte mich an die Genetik-Vorlesungen, die ich als junger Student gehört hatte, in der auch eine Erbkrankheit, die sogenannte «Brachydactylie» (Kurzfingrigkeit) beschrieben wurde. Die kurzen Finger beruhen auf einer Veränderung (Mutation) in einem einzelnen Gen, die zu einer Verkürzung des zweiten Knochens des Zeigefingers führt (Abb. 1.1). Mein Lehrer Ernst Hadorn benutzte die Brachydactylie als Beispiel dafür, wie genau unser Körperbauplan in unseren Genen festgelegt ist. Ein einzelnes Gen bestimmt die Länge eines einzigen Zeigefingerknochens. Die Frage, wie die Gene unseren Bauplan bis in seine feinsten Einzelheiten festlegen, hat mich Zeit meines Lebens als Forscher beschäftigt.

Ob der entsprechende Knochen der zweiten Zehe ebenfalls verkürzt war, konnte ich mich allerdings nicht mehr erinnern; und so entschloss ich mich, die Füße meiner Platznachbarin genauer unter die Lupe zu nehmen. Dies war nicht ganz so einfach, weil in der Touristenklasse immer zu wenig Platz für die Beine ist. Glücklicherweise trug die junge Dame offene Schuhe, und ich ließ ganz unauffällig meine Zeitung auf den Boden fallen. Beim Auflesen der Zeitung konnte ich ihre Zehen in aller Ruhe ansehen; und in der Tat, die zweite Zehe war auch stark verkürzt. Dies zeigt einen zweiten wesentlichen Grundsatz auf: Ein bestimmtes Gen beeinflusst homologe Strukturen. Finger und Zehen sind entsprechende, d.h. homologe Strukturen. Der zweite Knochen des zweiten Fingers entwickelt sich nach den gleichen genetischen Instruktionen wie der zweite Knochen der zweiten

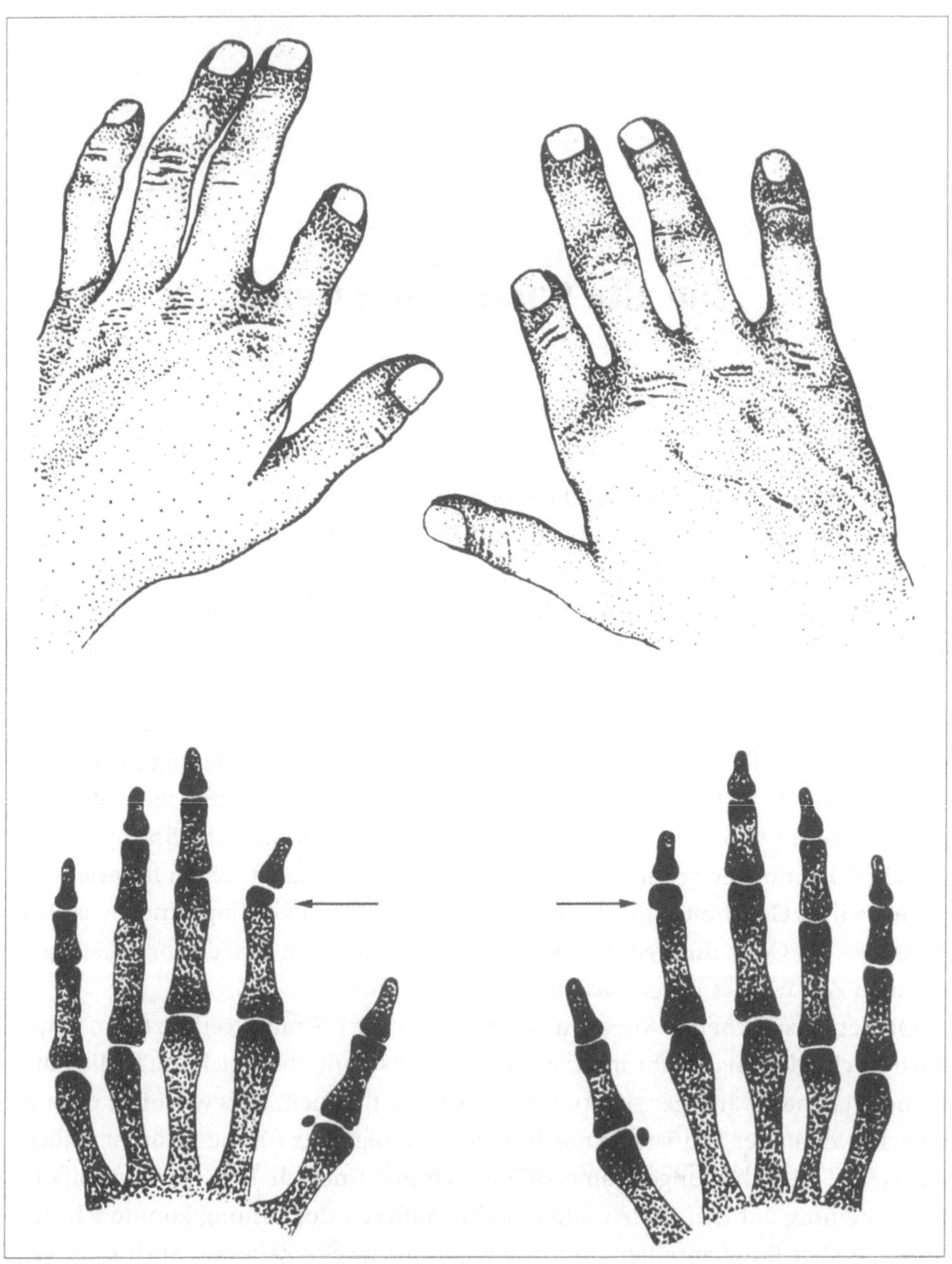

Abb. 1.1
Kurzfingerigkeit («Brachydactylie»), eine dominante Mutation beim Menschen, die zu einer Verkürzung des zweiten Knochens des Zeigefingers führt. Aus E. Hadorn: *Letalfaktoren* (Thieme Verlag, Stuttgart, 1955).

Zehe. Homologe Strukturen beruhen auf Variationen des gleichen genetischen Programms. Dies macht die Entwicklungs- und Evolutionsvorgänge ähnlich und vergleichbar mit einer Musikkomposition, wie etwa einer Fuge von J. S. Bach, welche Variationen zum gleichen Thema enthält. Brachydactylie ist ein Beispiel, das zeigt, wie genau unser Körperbauplan in unseren Genen festgelegt ist. Das Genom, die Gesamtheit unserer Gene, enthält ein genaues Programm, nach welchem wir uns entwickeln, und steckt auch die Grenzen ab, innerhalb derer sich Umwelteinflüsse auswirken können.

Wo und in welcher Form ist dieses genetische Programm niedergeschrieben? Der erste Forscher, der klare Vorstellungen darüber entwickelte, war Friedrich Miescher, der in der zweiten Hälfte des 19. Jahrhunderts Professor an der Universität Basel war (Abb. 1.2). Die Familie Miescher kam ursprünglich aus Bern, und der Vater wurde als Professor für Physiologie nach Basel berufen, wo Friedrich Miescher später Medizin studierte. Friedrich Miescher stand seinem Onkel Wilhelm His, einem berühmten Embryologen, persönlich sehr nahe. Ihre Freundschaft spiegelt sich in ihrer regen Korrespondenz wider, die mehr als drei Dekaden überspannte. Wilhelm His ermunterte seinen Neffen, die Biochemie der Zellkerns zu studieren, und der junge Miescher zog nach Abschluss seines Studiums nach Tübingen, um bei Felix Hoppe-Seyler zu arbeiten, als Postdoktorand, wie man das heute bezeichnen würde. Miescher entschloss sich, Lymphozyten als Ausgangsmaterial für seine biochemischen Untersuchungen zu nehmen, weil diese Zellen isoliert und nicht in einem Gewebeverband eingeschlossen sind, und weil sie einen grossen Zellkern und relativ wenig Zytoplasma besitzen. Er beschaffte sich diese Zellen von Verbänden von Patienten aus dem nahe gelegenen Spital. Vor der Entdeckung der Antibiotika waren Infektionen sehr häufig und es war leicht, Eiterzellen (Lymphozyten) zu beschaffen. Die technischen Möglichkeiten waren zur damaligen Zeit äusserst primitiv, und Miescher standen nur die allereinfachsten Hilfsmittel zur Verfügung. So benutzte er Schweinemägen und das darin enthaltene Enzym Pepsin zur Verdauung der im Zytoplasma enthaltenen Proteine und Peptide, und zum Reinigen der Zellkerne. Des weiteren fand er, dass die Hauptsubstanz des Zellkernes mit Alkohol ausgefällt werden und dass der gebildete Niederschlag wieder in verdünnten Salzlösungen aufgelöst werden konnte. Damit war das Repertoire der biochemischen Möglichkeiten bereits weitgehend erschöpft. Trotzdem gelang es Miescher, die Hauptsubstanz des Zellkerns, die er Nuklein nannte, zu isolieren. Diese Substanz bestand zur Hauptsache aus DNA (Desoxyribonukleinsäure), mit Verunreinigungen von RNA (Ribonukleinsäure) und Protein. Hoppe-Seyler war zu seiner Zeit ein führender Chemiker mit einem gut ausgerü-

Abb. 1.2
Friedrich Miescher, Entdecker der Nukleinsäuren. Porträtsammlung der Universitäts-
bibliothek, Basel.

steten Laboratorium. Dies erlaubte es Miescher, den Gehalt an Phosphor im Nuklein zu bestimmen.

Obschon sich Nuklein anscheinend wie ein Protein, bestehend aus vielen Kohlenstoffatomen, Wasserstoff, Stickstoff und Sauerstoff, verhielt, unterschied es sich jedoch von den bereits bekannten Proteinen durch einen aussergewöhnlich hohen Phosphorgehalt und gehört, wie wir heute wissen, zu den Nukleinsäuren. Die Isolation und Charakterisierung von Nuklein repräsentieren zweifellos die Entdeckung der DNA und sind ein Meilenstein in der Geschichte der Naturwissenschaften. Miescher reichte seine Ergebnisse bei Hoppe-Seyler's *Journal für medizinisch-chemische Untersuchungen* im Jahre 1869 ein, aber die Veröffentlichung erfolgte erst 1871, nachdem Hoppe-Seyler alle von Mieschers Experimenten selbst wiederholt und bestätigt hatte. Dies wäre heute für den Herausgeber einer Zeitschrift absolut undenkbar.

Miescher hielt Nuklein zweifellos für die Erbsubstanz, und seine Entdeckung ist somit die Geburtsstunde der Molekularbiologie. Es ist deshalb befremdend zu sehen, wie wenig die Historiker die Bedeutung von Mieschers Entdeckung erkannt haben. Der berühmte Basler Historiker Edgar Bonjour erwähnte in seiner 600-seitigen Geschichte der Universität Basel die Entdeckung der Nukleinsäuren mit einem einzigen Satz: «Seine Erstlingsarbeit über die chemische Zusammensetzung der Eiterzellen erregte großes Aufsehen.» Selbst der berühmte Biologe Ernst Mayr erwähnte in seiner Geschichte der Biologie *The Growth of Biological Thought*, dass Miescher selbst die Bedeutung seiner Entdeckung nicht erkannt und deshalb seine Arbeiten über Nuklein nicht weiterverfolgt habe; aber diese harsche Kritik kann aufgrund der Korrespondenz, die Miescher mit Willhelm His geführt hat, eindeutig widerlegt werden. Nachdem der junge Miescher von Tübingen nach Basel zurückgekehrt war, wurde er zum Professor für Physiologie berufen, und verfolgte seine Arbeit über Nuklein weiter. In Basel isolierte er Nuklein aus Lachsspermien, eine andere reiche Quelle für DNA, und Lachse waren damals noch sehr häufig im Rhein. Die damaligen biochemischen Methoden waren aber völlig ungeeignet, um die Struktur dieser großen Moleküle aufzuklären, und er konnte nicht zwischen Proteinen und dem phosporreichen Nuklein unterscheiden, aber er erkannte, dass beides große Moleküle (Makromoleküle) waren. In verschiedenen Briefen an seinen Onkel formulierte er jedoch absolut revolutionäre und geradezu prophetische Gedanken über Nuklein als Erbsubstanz.

Miescher bezeichnete sich selbst als Verfechter einer chemischen Theorie der Vererbung. Im Gegensatz zu den meisten seiner Zeitgenossen nahm er an, dass die Vererbung auf einer chemischen Substanz beruhe. Damals waren die meisten Biologen mit Fragen der Morphologie beschäftigt, und glaubten, dass das Leben und die Vererbung auf vitalistischen oder mystischen Prinzipien beruhe. Die Vorstellung, dass man die Erbsubstanz in einem Reagenzglas isolieren könne, war ihnen fremd oder gar verhasst. Aber Mieschers Vorstellungen gingen weit über die Idee hinaus, dass die Erbsubstanz chemisch erfassbar sei. Er war auch überzeugt, dass es sich nur um eine einzelne Substanz handle und nicht um eine Vielzahl verschiedener Moleküle, etwa für jedes Gen ein anderes Molekül. Er schlug vor, dass die ganze Information im Nukleinmolekül enthalten sei, und zwar in der räumlichen Anordnung der Atome im Nukleinmolekül. Diese revolutionären Ideen, die erst mehr als sechzig Jahre später bestätigt wurden, gehen klar aus seinen Briefen an seinen Onkel hervor. Am 17. Dezember 1892 schrieb er: «Für mich liegt der Schlüssel zur Sexualität in der Stereochemie. ‹Die Gemmulae› von Darwins Pangenesis sind nichts anderes als die zahlreichen asymmetrischen Kohlenstoffatome in den organisierten Substanzen… In den enormen Eiweissmolekülen (Eiweisskörpern), oder in den noch komplexeren Molekülen des Hämoglobins etc. erlauben die zahlreichen asymmetrischen Kohlenstoffatome eine kolossale Zahl von Stereoisomeren (verschiedenen räumlichen Anordnungen), so dass die ganze Vielfalt und alle Variationen der Erbübertragung darin ihren Ausdruck finden können, wie die Wörter und Begriffe in allen Sprachen in den 24–30 Buchstaben des Alphabets» (der vollständige Brief ist im Anhang 1 wiedergegeben). In diesem prophetischen Brief formuliert Miescher erstmals die Idee eines genetischen Codes und vergleicht die Information, die in der Erbsubstanz enthalten ist, mit den menschlichen Sprachen, die erlauben, die Information in der Reihenfolge der Buchstaben zu speichern. Wir wissen heute, dass die genetische Information in der Reihenfolge der Basenbausteine in der DNA enthalten ist, und nicht in der Abfolge der asymmetrischen Kohlenstoffatome, aber das Prinzip ist dasselbe. Die Sprache der Gene ist analog zur menschlichen Sprache.

Die asymmetrischen Kohlenstoffatome waren kurz zuvor von Louis Pasteur entdeckt worden, der gezeigt hatte, dass Moleküle, wie z.B. Weinsäure, die solche Atome enthalten, in zwei verschiedenen räumlichen Anordnungen vorkommen, sog. Stereoisomere, obschon sie aus der gleichen Kombination von Atomen zusammengesetzt sind. Die beiden Stereoisomere bilden spiegelbildlich verschiedene Kristalle. Wenn ein einzelnes Molekül mehrere asymmetrische Kohlenstoffatome enthält, so nimmt die Zahl der möglichen Stereoisomere exponentiell nach der Formel 2^n zu, wobei n die Anzahl der asymmetrischen Kohlenstoffatome bedeutet. In seinem Brief vom Oktober 1893 entwickelt Miescher diese Idee weiter und berechnet die Anzahl der möglichen Stereoisomere: «Die Kontinuität liegt nicht in der Form, sie liegt auch tiefer als das chemische Molekül. Sie liegt in den Gruppen der Atome, die das Molekül aufbauen. In diesem Sinne bin ich ein Verfechter der chemischen Theorie der Vererbung». Dann fährt er fort: «Wenn, wie leicht möglich, ein Proteinmolekül 40 asymmetrische Kohlenstoffatome enthält, so ergibt dies 2^{40}… Isomere… Um die ungeheure Variabilität, die von der Vererbungstheorie gefordert wird, zu erklären, ist daher meine Theorie besser als jede andere geeignet.» Dieser Brief (siehe Anhang 2) zeigt die quantitative Betrachtungsweise von Miescher in aller Klarheit auf. Die geschätzte Zahl von 2^{40} ergibt ca. 10^{12} oder eine Billion verschiedener Möglichkeiten und zeigt, dass Miescher auf dem richtigen Weg war. Seine Vorstellung, dass die genetische Information in der Stereochemie eines einzelnen Moleküls enthalten sei, ist im wesentlichen richtig. Man muss nur die asymmetrischen Kohlenstoffatome durch Basenbausteine ersetzen, um zur heutigen Vorstellung über die Speicherung der genetischen Information zu gelangen. Das genetische Alphabet hat vier Buchstaben anstatt nur zwei, wie Miescher angenommen hatte.

Im 19. Jahrhundert haben drei große Theorien das Fundament der modernen Biologie gelegt: Darwins Evolutionstheorie, Mendels Vererbungslehre und Mieschers Hypothese der chemischen Natur der Erbsubstanz. Die Integration dieser drei Theorien führte zu einer revolutionären Entwicklung der Biologie im 20. Jahrhundert. Die Ideen von Charles Darwin über die Evolution der Organismen hatten den grössten politischen Einfluss, weil sie dem Laien unmittelbar verständlich waren. Darwin entwickelte nicht nur eine Evolutionstheorie, sondern er fand auch die treibende Kraft, die hinter der Evolution steht, die Selektion (Auslese). Allerdings hatte Darwins Theorie einen schwachen Punkt: Er machte keinen deutlichen Unterschied zwischen vererbten und erworbenen Eigenschaften und postulierte die sog. Pangenesis-Theorie der Vererbung. Nach Darwins Auffassung produzierte jeder Körperteil eines Organismus sogenannte Gemmulae, die sich im Samen (heute würden wir sagen in den Keimzellen) vereinigten. Diese Gemmulae entwickelten sich zu den Merkmalen der Nachkommenschaft und repräsentierten die materielle Basis der Vererbung. Es gelang dann Gregor Mendel, einem Zeitgenossen von Darwin, die Gesetzmäßigkeiten der Vererbung aufzuklären. Aufgrund seiner Befunde postulierte Mendel die Existenz der Gene, die er mit dem Begriff Zellelemente umschrieb. Die Arbeiten von Mendel wurden aber erst nach seinem Tod zu Beginn des 20. Jahrhunderts wiederentdeckt und anerkannt, und die Neo-Darwinisten haben die Darwin'sche Evolutionstheorie mit der Mendel'schen Genetik vereinigt. Miescher war von den Schwächen der Pangenesis-Theorie überzeugt, und in dem oben zitierten Brief gibt er eine Erklärung für die Darwin'schen Gemmulae, indem er postuliert, dass die Gemmulae nichts anderes als die asymmetrischen Kohlenstoffatome in der Erbsubstanz sind, in anderen Worten stereochemische Unterschiede in der Erbsubstanz; ein revolutionärer Gedanke, der erst viel später bestätigt wurde.

Unabhängig von Mieschers biochemischen Arbeiten hat Mendel die Grundregeln der Vererbung aufgeklärt, nach denen bestimmte Merkmale (Eigenschaften) von Generation zu Generation übertragen werden. Mendel war ein katholischer Priester, der in Wien studiert hatte, und führte seine genetischen Kreuzungsexperimente an Pflanzen, hauptsächlich Erbsen, im Garten des Klosters von Brünn (Brno) durch. Vor Mendel waren die Vorstellungen über die Vererbungsvorgänge ziemlich diffus, hauptsächlich, weil die Befruchtungsvorgänge nicht verstanden wurden. Im Gegensatz zu den meisten seiner Zeitgenossen war Mendel überzeugt, dass beide Eltern, Vater und Mutter, zu gleichen Teilen ihre Merkmale an die Nachkommen übertragen können, was durch seine Kreuzungsversuche bestätigt wurde. Sein großes Verdienst bestand darin, dass er ein quantitatives reduktionistisches Vorgehen entwickelte. Er betrachtete nur einzelne, klar definierte Merkmale, wie etwa die Blütenfarbe oder die Samenform, und verfolgte die Vererbung dieser

Merkmale über mehrere Generationen, indem er die Anzahl der Nachkommen mit einem bestimmten Merkmal genau bestimmte. Er ging von reinen Linien aus, die über viele Generationen die gleichen Merkmale gezeigt hatten, und kreuzte sie dann untereinander durch künstliche Bestäubung. In der folgenden Generation bestimmte er die Anzahl der Nachkommen mit einem bestimmten Merkmal oder einer Kombination von Merkmalen. Aus den Zahlenverhältnissen deduzierte Mendel die Vererbungsregeln und die Existenz der Zellelemente, auf denen die Merkmale basieren. Der Begriff des Gens wurde erst 1909 von Wilhelm Johannsen geprägt. Mendel hatte nicht die vageste Vorstellung von der Natur der Gene, aber seine Befunde wiesen darauf hin, dass die beobachteten Zahlenverhältnisse unter den Nachkommen auf der zufälligen Verteilung der Gene bei der Bildung der Keimzellen (Eizellen und Spermien) und der Befruchtung beruhen.

Die Befruchtung ist eine Lotterie und das Schicksal der Nachkommen entscheidet sich aufgrund eines zufälligen Ereignisses, d.h. welches von den Millionen von Spermien zuerst in das Ei eindringt. Da die meisten Keimzellen sich in Bezug auf eines oder mehrere Gene voneinander unterscheiden, bedeutet dies, dass jedes Individuum, mit Ausnahme eineiiger Zwillinge, eine einmalige Kombination von Genen darstellt. Für die Individualisten unter uns, und ich zähle mich zu ihnen, ist dies ein sehr tröstlicher Gedanke. Jede und jeder von uns ist eine einmalige Kombination. Mit dem Ereignis der Befruchtung sind wir genetisch programmiert. Auch wenn wir starken Umwelteinflüssen ausgesetzt sind, so ist uns ein genetischer Rahmen gesetzt. Mendels Experimente haben klar gezeigt, dass Erbsen je zwei Kopien von jedem Gen besitzen, eines vom Vater und eines von der Mutter, und dass die Gene bei der Bildung der Keimzellen neu aufgeteilt werden, so dass jede Keimzelle nur eine Kopie jedes Gens erhält. Bei der Befruchtung werden die Gene von Ei und Spermium wieder vereinigt und die doppelte (diploide) Zahl wird wieder etabliert.

Nachdem Mendel die Vererbungsregeln an Erbsen entdeckt hatte, studierte er eine Anzahl weiterer Pflanzen und bestätigte seine Befunde bei der Levkoje und beim Mais, und auch bei Tieren; aber es gab auch Ausnahmen. Auf Empfehlung von Karl von Naegeli, einem berühmten Botaniker in München, studierte Mendel auch das Habichtskraut (*Hieracium*), und zu seiner großen Enttäuschung erhielt er ganz andere Ergebnisse. Das mag der Grund sein, weshalb die Mendel'schen Arbeiten nicht unmittelbar akzeptiert wurden. Im Rückblick ist es nicht überraschend, dass sich *Hieracium* anders als die Erbse verhielt, weil *Hieracium* sich ohne Befruchtung nur mit den mütterlichen Genen entwickelt, und deshalb eine Ausnahme darstellt.

Nach der Wiederentdeckung der Mendel'schen Regeln im frühen 20. Jahrhundert wurde es bald einmal klar, dass diese Gesetzmäßigkeiten sowohl für Pflanzen als auch für Tiere gelten, aber die Aufklärung der Natur der Gene erwies sich als schwieriges Unterfangen. Die Zytologen hatten zwar fadenförmige Strukturen, sog. Chromosomen, im Zellkern beschrieben, die während der Kernteilung durch Anfärbung mit gewissen Farbstoffen sichtbar gemacht wurden. Jede untersuchte Tier- und Pflanzenart zeigte eine charakteristische Zahl von Chromosomen, die als verdoppelte Strukturen vor der Kernteilung erschienen und dann exakt auf die beiden Tochterkerne verteilt wurden, sodass jeder Kern genau eine Kopie von jedem Chromosom erhielt. Während der Interphase, zwischen zwei Teilungen, schienen die Chromosomen zu verschwinden und konnten auch mit den besten Mikroskopen nicht entdeckt werden. Als erstem gelang es Theodor Boveri zu zeigen, dass die Chromosomen auch während der Interphase existieren, und zwar beim Spulwurm Ascaris, dessen frühe Entwicklungsstadien sich für zytologische Untersuchungen besonders eignen. Beim Studium der Entwicklung von Seeigel-Eiern, die ausnahmsweise von zwei Spermien befruchtet worden waren, gelang es Boveri nachzuweisen, dass sich nur Eier mit einem vollständigen Chromosomensatz normal entwickeln können, während sich Embryonen mit einem fehlenden oder zusätzlichen Chromosom fehlentwickeln. Aufgrund dieser Beobachtungen zog Boveri die Schlussfolgerung, dass die Chromosomen die Träger der Gene seien, und schlug die Chromosomentheorie der Vererbung vor. Unabhängig von Boveri kam auch Harry Sutton bei seinen Untersuchungen über die Chromosomen einer Heuschrecke zu der gleichen Schlussfolgerung. Sutton fand, dass die Chromosomenzahl während der Bildung der Keimzellen im Verlaufe von zwei Reduktionsteilungen (meiotische Teilungen) zur halben (haploiden) Zahl reduziert wurde, während bei der Befruchtung die doppelte (diploide) Zahl wiederhergestellt wurde. Je ein Chromosomensatz kommt von der Mutter und einer vom Vater. Diese Verteilung der Chromosomen entspricht dem Verhalten der Mendel'schen Gene.

Der eindeutige Beweis für die Chromosomentheorie der Vererbung kam von Untersuchungen an der Taufliege *Drosophila melanogaster*. Thomas Hunt Morgan führte *Drosophila* als Modellorganismus in die Genetik ein und versammelte eine Gruppe ausgezeichneter junger Mitarbeiter um sich. Im sog. Fly Room an der Columbia Universität in New York wurde eine ganze Reihe fundamentaler Entdeckungen gemacht. Im Jahre 1910 entdeckte Morgan die erste Mutation, die er als *white* (*w*) bezeichnete, weil sie Fliegen mit weissen statt mit leuchtend roten Augen erzeugt. Calvin Bridges, ein hervorragender Student Morgans, erbrachte mit *white* den Nachweis der Chromosomentheorie der Vererbung. Die Mutation *white* zeigte geschlechtsgekoppelte Vererbung. Durch die Identifikation von Fliegen, bei denen die Geschlechtschromosomen (X und Y) bei der Keimzellbildung abnormal verteilt wurden, konnte Bridges nachweisen, dass *white* stets mit dem X-Chromosom vererbt wird, womit gezeigt war, dass das X-Chromosom das *white*-Gen mit sich trägt. Ein anderer Student im Fly Room, Alfred Sturtevant, zeigte in genial einfachen Experimenten, dass die Gene linear hintereinander auf dem Chromosom angeordnet sind und dass jedes Gen einem bestimmten Ort (Genlocus) auf dem Chromosom zugeordnet werden kann.

Die biochemische Natur des Gens blieb jedoch rätselhaft. Einen möglichen Ansatz, um die Erbsubstanz (Nuklein) von Miescher zu identifizieren, bildeten die Transformationsexperimente von Fred Griffith bei Bakterien. Griffith machte die überraschende Entdeckung, dass tote Bakterien, wenn sie mit lebenden Artgenossen in Kontakt gebracht wurden, ihre Erbeigenschaften auf die lebenden Zellen übertragen konnten; ein Phänomen, das als genetische Transformation bezeichnet wird. In einer Reihe sorgfältiger Experimente gelang es Oswald Avery und Mitarbeitern zu zeigen, dass die DNA und nicht die Proteine die transformierende Aktivität besaß. Die gleiche Schlussfolgerung wurde von Alfred Hershey und Martha Chase gezogen, die Bakteriophagen studierten. Bakteriophagen, oder abgekürzt Phagen, sind Viren, die Bakterien befallen. Hershey und Chase gelang es zu zeigen, dass das Virus sich aussen an der Zellwand anlagert und seine DNA in die Wirtszelle einspritzt, während die Proteinhülle des Virus draussen bleibt. Die injizierte DNA dient als Matrize für die Produktion einer großen Zahl von Nachkommen des Bakteriophagen. Dieses Experiment führte zum Schluss, dass die DNA, und nicht die Proteine, die genetische Information enthält, die an die Nachkommen weitergegeben wird. Obschon beide Experimente die Möglichkeit, dass kleine Verunreinigungen für die Übertragung der Erbinformation verantwortlich waren, nicht ausschliessen konnten, kamen die meisten Molekularbiologen zur Überzeugung, dass DNA die Erbsubstanz sei.

Das eröffnete den Wettlauf um die Aufklärung der Struktur der DNA, die von James Watson in der «Doppelhelix» so lebendig beschrieben wurde. Watson und sein Kollege Francis Crick machten in ihrer berühmten Arbeit, die im Jahre 1953 in der Zeitschrift *Nature* veröffentlicht wurde, den Vorschlag, dass die DNA aus zwei komplementären Strängen von Purin- und Pyrimidin-Basen besteht, die auf einem «Rückgrat» von Zuckerresten, die mit Phosphatgruppen abwechseln, aufgereiht sind (Abb. 1.3). Die beiden komplementären Ketten werden durch Wasserstoffbrücken zwischen den komplementären Basen Adenin (A) und Thymin (T), die ein A-T Basenpaar bilden, und Guanin (G) und Cytosin (C), die ein G-C Basen-

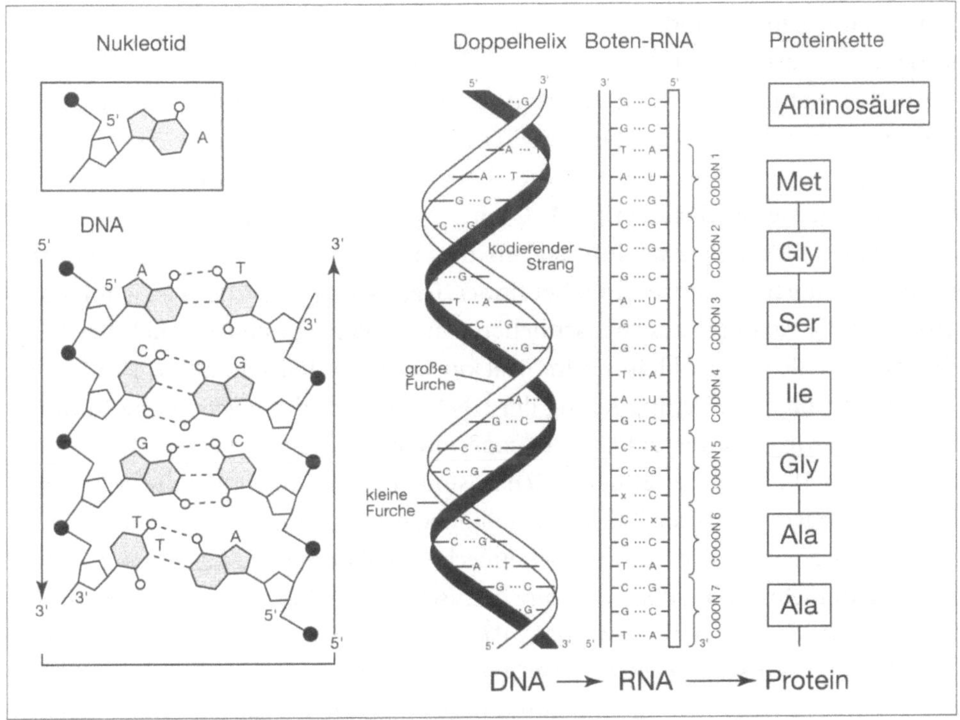

Abb. 1.3
Zusammensetzung und Struktur von DNA, RNA und Proteinen.

paar bilden, zusammengehalten. Die beiden Ketten sind jedoch nicht langge-
streckt, sondern zu einer Doppelhelix verdrillt, wie bei einer Wendeltreppe, bei der
die Basenpaare Treppenstufen bilden und das Rückgrat dem Geländer entspricht
(siehe Abb. 1.3). Ausserdem haben die beiden Ketten umgekehrte Polarität, d.h.
die eine läuft sozusagen nach oben und die andere nach unten. Dieses Struktur-
modell suggerierte einerseits, wie sich ein solches Molekül verdoppeln und wie die
genetische Information darin gespeichert sein könnte. Watson und Crick formu-
lierten dies folgendermaßen: Eine Kette verhält sich wie das Komplement der
anderen (wie das Positiv zum Negativ in der Photographie), und diese Eigenschaft
ist es, welche suggeriert, wie das Molekül sich verdoppeln könnte. Die eine Kette
dient als Matrize (Vorlage) für die Synthese der komplementären Kette. Wenn eine
Kette z.B. >ATTGCCA heisst, dann muss der komplementäre Strang TAACGGT<
lauten, und zwar in der umgekehrten Polarität (Richtung), so dass immer A mit T

und G mit C gepaart sind. Daraus folgt, dass in einem langen DNA-Molekül eine große Zahl verschiedener Permutationen (Buchstabenreihenfolgen) möglich sind, weshalb es wahrscheinlich erscheint, dass die genaue Reihenfolge der Basen den Code repräsentiert, in dem die genetische Information gespeichert ist. Das entspricht genau den Vorstellungen Mieschers, ausser dass Watson und Crick ein Alphabet mit vier Buchstaben (A, T, G und C) postulieren, anstelle der von Miescher vorgeschlagenen zwei Buchstaben der asymmetrischen Kohlenstoffatome, wie man sie auch im Morse-Alphabet findet. Das Prinzip des Codes ist jedoch dasselbe und die Analogie zur menschlichen Schrift bleibt bestehen. Auch der hohe Phosphorgehalt von Nuklein ist im Watson-Crick-Modell enthalten. Die beiden Voraussagen über die Verdoppelung der DNA-Ketten und die genetische Informationsspeicherung wurden bald darauf experimentell bestätigt.

Das erste Problem betraf den Mechanismus der DNA-Replikation (Verdoppelung), die Frage, ob dabei Enzyme beteiligt seien. Enzyme sind Proteine, die als Biokatalysatoren wirken, d.h. biochemische Reaktionen beschleunigen, ohne dabei verbraucht zu werden. Die biochemischen Arbeiten von Arthur Kornberg zeigten bald, dass Enzyme, sog. DNA-Polymerasen, für die DNA-Synthese unerlässlich sind. Es brauchte jedoch zusätzliche genetische Studien, um zu zeigen, welches Enzym bei der DNA-Replikation in der lebenden Zelle tatsächlich beteiligt ist. Diese komplexen DNA-Polymerasen sind in der Lage, die Bausteine (Nukleotide), die je aus einer Base, einem Zuckermolekül und einem Phosphat bestehen (Abb. 1.3), in die wachsende Kette einzubauen, wobei der komplementäre DNA-Strang als Matrize für die korrekte Reihenfolge dient. Dies entspricht exakt den Voraussagen von Watson und Crick.

Wie wird die Information von der DNA auf die Proteinmoleküle, die eigentlichen Lebensträger, übertragen? Sowohl DNA als auch Proteine sind lineare Kettenmoleküle, bestehend aus Bausteinen, aber die DNA besteht nur aus vier Bausteinen (Nukleotiden), während es bei Proteinen 20 verschiedene Aminosäuren sind. Experimente von François Jacob am Pasteur-Institut in Paris gaben den ersten Fingerzeig in Richtung einer kurzlebigen Zwischenstufe beim Informationstransfer. Diese Zwischenstufe konnte von Brenner, Jacob und Meselson (1958) als RNA identifiziert werden. Im Gegensatz zu DNA enthält RNA einen anderen Zucker im Rückgrat, Ribose anstelle von Desoxyribose. Weil diese Zwischenstufe die Botschaft von der DNA an die Proteine übermittelt, wurde diese RNA als Messenger RNA (= Boten RNA) bezeichnet. Es gelang aber erst viele Jahre später, eine bestimmte Messenger RNA (mRNA) zu isolieren. Yoshiaki Suzuki isolierte die erste mRNA, die für das Seidenprotein Fibroin kodiert. Dieses technische Kunststück war möglich, weil die Fibroin-mRNA in den Spinndrüsen des Seidenspinners besonders stark angereichert und nicht so kurzlebig ist wie bei Bakterien. Es gibt für jedes Protein eine spezielle mRNA. RNA-Moleküle sind ebenfalls Ketten von Basen, die auf einem Rückgrat von Zucker und Phosphat aufgereiht sind, aber in der RNA ist der Zucker Desoxyribose durch Ribose ersetzt und anstelle der Base Thymin (T) findet man in der RNA Uracil (U), während A, G und C sowohl in der RNA als auch in der DNA vorkommen. RNA wird in der Zelle ebenfalls von einem Enzym (RNA-Polymerase) synthetisiert. Dieses Enzym kann bestimmte DNA-Abschnitte, die einem Gen oder einer kleinen Gruppe von aneinandergrenzenden Genen entsprechen, ablesen (Abb. 1.4). Dieser Ablesevorgang wird als Transkription bezeichnet. In eukaryotischen Organismen, die im Gegensatz zu Bakterien einen echten Zellkern besitzen, finden DNA-Replikation und RNA-Transkription im Zellkern statt, während die Proteinsynthese im Zytoplasma mit Hilfe von kleinen Partikeln abläuft, die als Ribosomen bezeichnet werden. Die Ribosomen sind kleine Übersetzungsmaschinen, welche die Botschaft aus der Sprache der Nukleinsäuren (DNA und RNA) mit ihren vier Buchstaben in die Sprache der Proteine mit einem Alphabet von 20 Buchstaben übersetzen. Dieser Vorgang wird deshalb als Translation bezeichnet. Man kann Ribosomen auch mit dem Tonkopf eines Tonbandgerätes vergleichen. Dem Tonband entspricht das lineare RNA-Molekül, das vom Ribosom (Tonkopf) entziffert und in die entsprechende Aminosäuresequenz übersetzt wird, die für das entsprechende Protein charakteristisch ist.

Der genetische Code wurde 1966 entschlüsselt. Der Durchbruch kam mit einem berühmten Experiment von Marshall Nierenberg und Heinrich Matthaei, das ursprünglich als Kontrollexperiment gedacht war. Eine Präparation von Ribosomen wurde mit einer völlig monotonen mRNA versehen, einer synthetischen RNA-Kette, die aus Uracil-Bausteinen bestand, sog. Poly-U (UUUU…). Wie in vielen Fällen erwies sich das Kontrollexperiment als viel wichtiger als das eigentliche Experiment, das in der Übersetzung einer natürlichen mRNA von einem Virus bestand. Die Ribosomen «verstanden» die Poly-U-Botschaft ausgezeichnet und übersetzten sie in ein Protein aus Phenylalanin-Bausteinen (Poly-Phe). Aufgrund dieses Experimentes konnte das erste Codewort entschlüsselt werden. Theoretische Überlegungen hatten bereits zuvor zur Annahme geführt, dass ein Codewort aus mindestens drei Basenbausteinen bestehen müsse, um alle 20 Aminosäuren kodieren zu können. Mit zwei Basen gibt es nämlich höchstens 4^2 (= 16) Möglichkeiten, während drei Basen 4^3 (= 64) Möglichkeiten ergeben; mehr als genug, um 20 Aminosäuren wiederzugeben. Ausserdem hatte die Analyse natürlicher Aminosäuresequenzen verschiedener Proteine und von Phasenverschiebungsmutationen Hin-

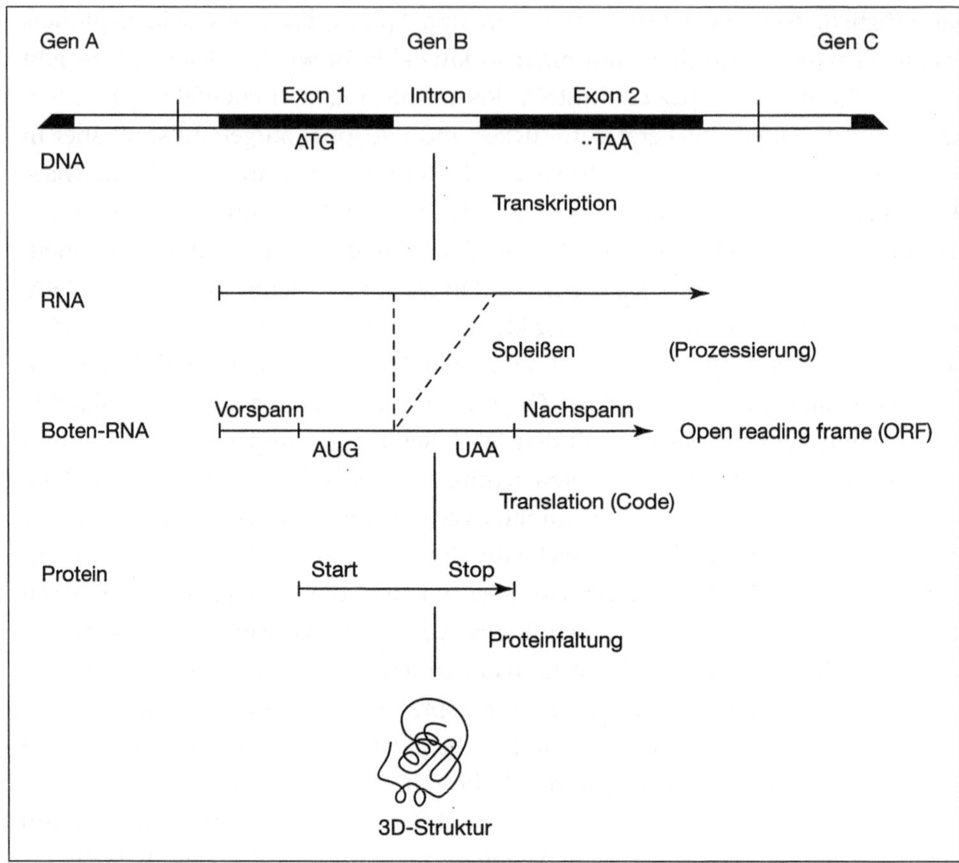

Abb. 1.4
Informationsübertragung vom Gen über Boten-RNA zum Protein.

weise dafür gegeben, dass der Code auf der Zahl drei oder eines Vielfachen davon aufgebaut sein müsse. Phasenverschiebungsmutationen werden durch die Deletion (Subtraktion) oder Addition eines einzelnen Basenpaares verursacht, die das Leseraster der DNA verschieben, so dass vom Ort der Mutation an eine ganz neue Aminosäuresequenz abgelesen wird. Deletion von einer oder zwei Basenpaaren ergibt zwei verschiedene Phasenverschiebungen, während die Subtraktion eines dritten Basenpaares zum Fehlen einer einzigen Aminosäure führt, ohne dass damit eine Phasenverschiebung auftreten würde. Diese Beobachtungen führten zur Annahme eines Triplet-Codes mit drei Buchstaben pro Codewort. Die Codewörter für die 20 Aminosäuren wurden mit Hilfe von verschiedenen synthetischen RNA-

Aminosäuren	Abkürzungen		Codewörter (Nukleotid Triplets)					
Alanin	Ala	A	GCA	GCG	GCT	GCC		
Arginin	Arg	R	CGA	CGG	CGT	CGC	AGA	AGG
Asparagin	Asn	N	AAT	AAC				
Asparaginsäure	Asp	D	GAT	GAC				
Cystein	Cys	C	TGT	TGC				
Glutamin	Gln	Q	CAA	CAG				
Glutaminsäure	Glu	E	GAA	GAG				
Glycin	Gly	G	GGA	GGG	GGT	GGC		
Histidin	His	H	CAT	CAC				
Isoleucin	Ile	I	ATA	ATT	ATC			
Leucin	Leu	L	CTA	CTG	CTT	CTC	TTA	TTG
Lysin	Lys	K	AAA	AAG				
Methionin (Start)	Met	M	ATG					
Phenylalanin	Phe	F	TTT	TTC				
Prolin	Pro	P	CCA	CCG	CCT	CCC		
Serin	Ser	S	TCA	TCG	TCT	TCC	AGT	AGC
Threonin	Thr	T	ACA	ACG	ACT	ACC		
Tryptophan	Trp	W	TGG					
Tyrosin	Tyr	Y	TAT	TAC				
Valin	Val	V	GTA	GTG	GTT	GTC		
Stop	-	-	TAA	TAG	TGA			

Abb. 1.5
Der genetische Code.

Polymeren, die man damals im Reagenzglas synthetisieren konnte, entziffert. Der genetische Code kann wie ein Wörterbuch benutzt werden, um Nukleinsäuresequenzen in Proteinsequenzen zu übersetzen (Abb. 1.5). Für die meisten Aminosäuren gibt es mehr als ein Codewort (Codon). Die Synthese der Proteinketten wird von einem Stopcodon beendet. Die drei verschiedenen Stopcodonen konnten aus Mutationen abgeleitet werden, die zu einem vorzeitigen Abbruch der Proteinkette führen. Die Entschlüsselung des genetischen Codes stellt einen Meilenstein in der Geschichte der Biologie dar.

Der genetische Code hätte grundsätzlich nach dem gleichen Prinzip dechiffriert werden können, nach welchem Jean-François Champollion die Hieroglyphen entziffert hat. Dazu benutzte er den Stein von Rosetta, auf dem ein Text in Hieroglyphen-Schrift und seine Übersetzung in die griechische Schrift aufgezeichnet waren. Durch Bestimmung der Aminosäuresequenz bestimmter Proteine und der Nukleotidsequenz der entsprechenden DNA hätte man den Code ebenfalls entschlüsseln können, aber in den 60er Jahren waren die Methoden zur Sequenzierung (Bestimmung der Basenreihenfolge) von DNA noch nicht entwickelt worden. Heute ist der genetische Code durch Sequenzierung von Proteinen und entsprechenden DNA-Abschnitten vielfach bestätigt worden und gilt für hunderte von Species von Bakterien bis zum Menschen. Die wenigen Ausnahmen, die bisher gefunden wurden, bestätigten nur die Universalität des Codes und zeigen, dass der Code nicht notwendigerweise so evolviert ist, wie wir ihn heute vorfinden. Vielmehr ist er zufällig im Verlaufe der Geschichte der Lebewesen auf der Erde entstanden. Die Universalität des genetischen Codes ist ein starker Hinweis darauf, dass alle Lebewesen auf der Erde von gemeinsamen Vorfahren abstammen und miteinander genetisch verwandt sind. Dies bedeutet nicht unbedingt, dass das Leben auf der Erde nur ein Mal entstanden ist. Es könnte zahlreiche Anläufe gegeben haben, aber nur einer davon war auf die Dauer wirklich erfolgreich.

Eine der Hauptschwierigkeiten, den Ursprung des Lebendigen zu erklären, stammt von der Beobachtung, dass die Erbsubstanz DNA einerseits Enzyme benötigt, um sich zu replizieren und die genetische Information zu exprimieren; andererseits ist die genetische Information für diese Enzyme in der DNA selbst enthalten. In anderen Worten, die DNA enthält die genetische Information, während die Proteine eine katalytische Funktion aufweisen und es ist schwierig zu verstehen, wie diese Moleküle gleichzeitig entstehen konnten, weil sie voneinander abhängig sind. Die DNA benötigt Proteine und die Proteine sind ihrerseits abhängig von der DNA.

Thomas Czech und Sidney Altmann haben dieses Rätsel teilweise gelöst, indem sie gezeigt haben, dass RNA sowohl als Erbsubstanz dienen kann, wie in zahlreichen Viren, aber auch gewisse katalytische Funktionen ausüben kann, die allerdings weit weniger weit reichen als diejenigen der Proteine. Der Nachweis von katalytischen Eigenschaften von RNA-Molekülen könnte darauf hinweisen, dass ursprünglich RNA als Erbsubstanz der DNA vorausgegangen sein könnte. Die Trennung von Informationsspeicherung und katalytischer Funktion in besser geeignete Moleküle, d.h. in DNA und Protein, könnte erst später erfolgt sein, wobei die RNA ihre Zwischenstellung als mRNA beibehalten hätte. RNA könnte auch ihre katalytische Funktion in der Proteinsynthese beibehalten haben, denn ribosomale RNA dient möglicherweise als Enzym (Ribozym) bei der Bildung der Peptidbindung zwischen den Aminosäuren in der Synthese der Proteinketten.

Zukünftige Forschung über die Funktionen von RNA könnte ein neues Licht auf die Entstehung des Lebens werfen und neue Möglichkeiten für künstliche Evolutionsexperimente eröffnen. Eine der Schwierigkeiten für die Annahme, dass RNA ursprünglich die Erbsubstanz war, besteht in der geringen Stabilität, die RNA-Molekülen eigen ist. Die Universalität des genetischen Codes bezieht sich auch auf RNA-Genome von zahlreichen Viren, die Zeugen einer alten RNA-Welt sein könnten. Es kann jedoch nicht ausgeschlossen werden, dass die RNA-Viren von DNA-Genomen abstammen. Auf jeden Fall bedeutet die Universalität des genetischen Codes, die von Bakterien und Viren bis zum Menschen reicht, dass die Sprache der Gene uralt ist, und wahrscheinlich bis auf den Ursprung des Lebens vor mindestens drei Milliarden Jahren zurückreicht.

Der eindeutige Nachweis für die chemische Natur des Gens wurde durch die erste biochemische Isolation eines Gens durch Max Birnstiel und die Totalsynthese eines funktionellen Gens durch Khorana und Mitarbeiter erbracht. Die Ankündigung der ersten erfolgreichen Isolation eines Gens im Reagenzglas wurde 1965 an einer Tagung in Montevideo, Uruguay, gemacht und verbreitete sich wie ein Lauffeuer unter den Wissenschaftlern. Zur damaligen Zeit war der bloße Gedanke, dass man ein Gen in substanziellen Mengen isolieren könne, äusserst gewagt. Leider hat Friedrich Miescher den Tag nicht mehr erlebt, an dem seine kühnen Ideen bestätigt wurden. Max Birnstiel und sein Doktorand Hugh Wallace hatten DNA des Krallenfrosches *Xenopus* auf Dichtegradienten aufgetrennt und es war ihnen gelungen, die ribosomalen Gene vom übrigen Genom abzutrennen. Diese Gene kodieren für zwei große RNA Bestandteile der Ribosomen (18s und 28s ribosomale RNA), die häufigsten und stabilsten RNA-Moleküle, die in allen Zellen vorkommen und deshalb am leichtesten isoliert werden können. Aus der Basenzusammensetzung dieser RNA hatte Birnstiel errechnet, dass die Gene, die für ribosomale RNA kodieren, eine wesentlich höhere Dichte als die durchschnittlichen *Xenopus*-Gene aufweisen sollten. Dieser Unterschied erlaubte es ihm, die ribosomalen Gene durch Dichtezentrifugation von den übrigen Genen abzutrennen (Abb. 1.6). Die Isolation der ribosomalen RNA-Gene wurde dadurch erleichtert, dass diese Gene in mehreren hundert Kopien im Genom vorliegen und tandem-artig hintereinander im Chromosom aufgereiht sind. Diese Befunde wurden durch eine Muta-

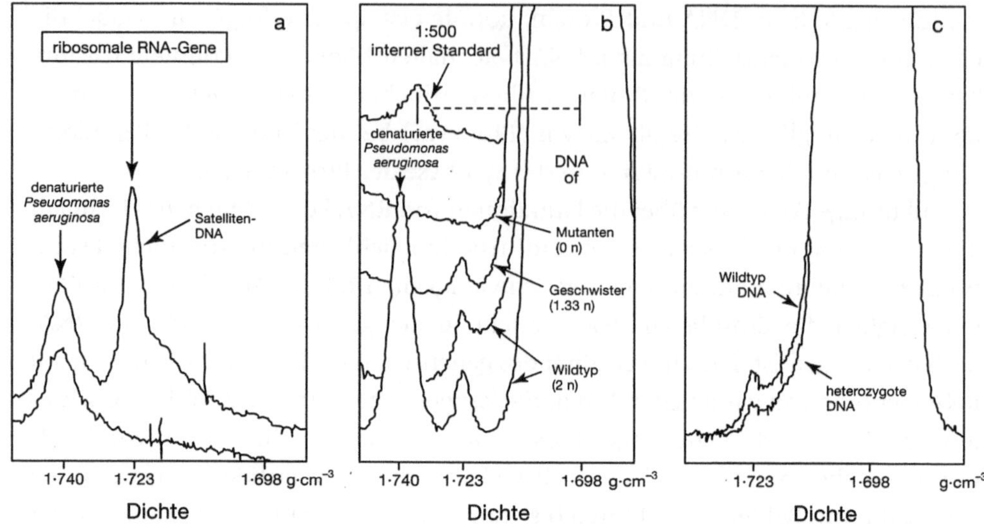

Abb. 1.6

Isolation der ribosomalen RNA Gene des Krallenfroschs *Xenopus laevis*: (a) Isolation der ribosomalen RNA Gene als Gipfel im optischen Dichte-Profil bei einer Dichte von 1.723 g/cm³; (b) Fehlen dieses Gipfels bei der anucleolate Mutante, die keine ribosomalen RNA Gene aufweist (0 n), zunehmende Höhe dieses Gipfels mit zunehmender Gendosis (1.33 n, 2 n); (c) 50%ige Reduktion bei Heterozygoten (1.0 n) im Verhältnis zum Wildtyp (2 n). Nach Birnstiel: *National Cancer Institute Monograph* 23, 431–47 (1996).

tion *anucleolate* bestätigt, deren Träger keine ribosomalen RNA-Gene aufweisen und als Kontrolle dienen konnten. Die Experimente in Abb. 1.6. zeigen deutlich, dass die *anucleolate*-Mutante keine Satelliten-DNA aufweist, während ihre Geschwister, entsprechend ihrer Genzahl, eine im Vergleich zum Wildtyp (dem normalen Krallenfrosch) geringere Menge von Satelliten-DNA besitzen. Mit der Entwicklung der Gentechnik ist die Genisolation zu einem Routineverfahren geworden. Der direkteste Beweis, dass DNA die Erbsubstanz ist, wurde von Gobhind Khorana und Mitarbeitern erbracht, die ein Gen mit chemischen Methoden aus seinen Bausteinen, den Nukleotiden, synthetisierten. Sie verknüpften zuerst die Nukleotide zu einzelsträngigen Fragmenten von 10 bis 12 Einheiten und fügten die komplementären Stränge zu doppelsträngigen Molekülen zusammen, aus deren Verbindung 200 Basenpaare lange DNA-Moleküle entstanden (Abb. 1.7). Dieses synthetische DNA-Molekül kodiert für eine Transfer-RNA (Tyrosintransfer RNA) und ist in Bakterien und Bakteriophagen biologisch aktiv. Die erste Total-

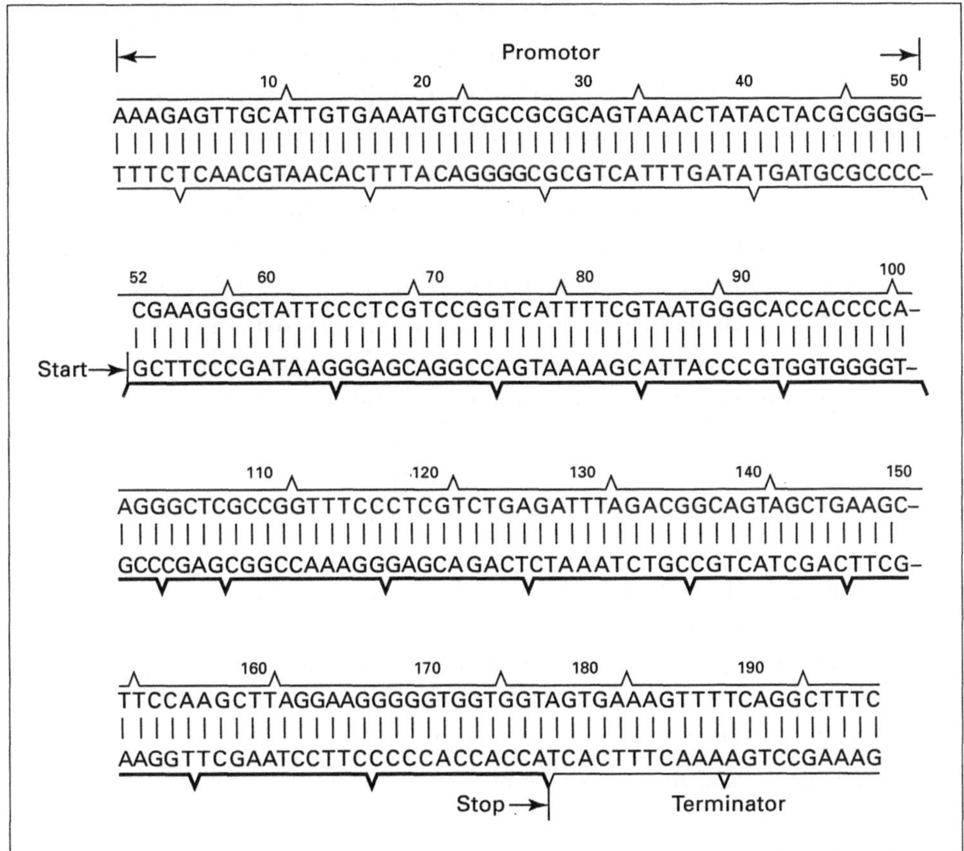

Abb. 1.7

Totalsynthese eines Gens. Ein aktives Tyrosin Suppressor Transfer-RNA Gen wurde synthetisiert durch Aneinanderfügen einzelner Nukleotide zu Oligonukleotiden von einer Länge von
10–12 Nukleotiden, die dann an den mit Klammern bezeichneten Stellen zum vollständigen Gen
zusammengesetzt wurden, das aus 200 Basenpaaren besteht. Das Gen besteht aus dem Promotor gefolgt von der kodierenden Region und dem Terminator. Die Transkription beginnt nach
dem Promotor (Start) und endet beim Terminator (Stop). In lebenden Bakterienzellen wird dieses synthetische Gen in eine funktionstüchtige Transfer-RNA überschrieben durch das Enzym
RNA-Polymerase. Nach H.G. Khorana, in T. Sekiya et al. (1979) Total synthesis of a tyrosine suppressor transfer RNA gene. *Journal of Biological Chemistry* 254, 5787–5801.

synthese eines Gens ist ein weiterer Meilenstein in der Geschichte der Molekularbiologie.

Wie wird der genetische Text gelesen? Wie wird die genetische Information
exprimiert? Dies sind besonders wichtige Fragen, die sich vor allem bei höheren

Organismen stellen, deren Zellen sich differenzieren können und verschiedene Aufgaben übernehmen. Weshalb produzieren nur die roten Blutzellen Hämoglobin und warum wird Insulin nur von bestimmten Zellen der Bauchspeicheldrüse synthetisiert? Der berühmte deutsche Zoologe August Weismann hat gemeint, dass nur die Keimzellen ein vollständiges Genom mit allen Genen hätten und deshalb totipotent seien, so dass sie einen vollständigen Organismus hervorbringen können. Die Körperzellen, die somatischen Zellen, dagegen hätten nur diejenigen Gene (oder Determinanten, wie er sie nannte), die sie für ihre bestimmte Funktion benötigten. Nach Weismann würden die Gene im Verlaufe der Zellteilungen unterschiedlich auf die Tochterzellen verteilt und in diejenigen Zellen gebracht, in denen sie benötigt werden, während sie in den anderen Zellen verloren gingen. Diese Hypothese war allerdings nur schwer vereinbar mit der Tatsache, dass viele Organismen fehlende Körperteile wieder regenerieren können, und somit keinen irreversiblen Verlust von Genen in ihren somatischen Zellen erleiden. Auch die Beobachtung, dass in der Regel alle somatischen Zellen einen vollständigen Chromosomensatz aufweisen, sprach nicht für die Weismann'sche Hypothese, und es gab keine befriedigende Erklärung für die Zelldifferenzierung, bis Thomas Hunt Morgan 1934 die Theorie der differentiellen Genaktivität erstmals formulierte:

«Der gemeinsame Punkt, an dem sich Embryologie und Genetik begegnen, liegt in der Beziehung der Erbeinheiten in den Chromosomen, den Genen, und dem Protoplasma der Zelle, wo der Einfluss der Gene sichtbar wird. Bei der Interpretation der genetischen Experimente wird meist implizit angenommen, dass alle Gene über die ganze Zeit und auf die gleiche Weise wirken. Diese Annahme bietet jedoch keine Erklärung dafür, dass bestimmte Zellen im Embryo den einen Entwicklungsweg einschlagen, während andere sich in einer anderen Richtung entwickeln, falls diese Unterschiede allein durch die Gene bedingt sind. Eine Alternative wäre die Vorstellung, dass verschiedene Batterien von Genen im Verlaufe der Entwicklung aktiv werden.»

und weiter:

«Die Idee, dass verschiedene Gruppen von Genen zu verschiedenen Zeiten in Aktion treten, ist ernsthafter Kritik ausgesetzt, es sei denn, ein Grund für die zeitliche Beziehung ihrer Entfaltung (Aktivierung) kann gefunden werden. Der folgende Vorschlag könnte diesen Einwänden begegnen: es ist bekannt, dass das Protoplasma in verschiedenen Teilen des Eies etwas unterschiedlich ist, und dass die Unterschiede offensichtlicher werden, wenn die Furchungsteilungen ablaufen (d.h. wenn das Ei Zellteilungen

durchläuft) wegen Materialverschiebungen, die zu diesem Zeitpunkt erfolgen. Die Materialien, die für das Chromatinwachstum benötigt werden und für die Substanzen, die von den Genen produziert werden, stammen aus dem Protoplasma. Die ursprünglichen Unterschiede in den verschiedenen Regionen des Protoplasmas könnten möglicherweise die Aktivität der Gene beeinflussen. Die Gene beeinflussen wiederum das Protoplasma, was neue Serien von reziproken Wechselwirkungen auslösen würde. Auf diese Weise können wir uns vorstellen, wie sich allmählich die verschiedenen Regionen des Embryos ausbilden und differenzieren.»

Diese Theorie der differentiellen Genaktivität, die die Entwicklung steuert, erwies sich im Wesentlichen als richtig, aber die Evidenz dafür wurde nur sehr langsam zusammengetragen.

Der erste Durchbruch kam von den Arbeiten von François Jacob und Jacques Monod, nicht an vielzelligen Organismen, sondern an Bakterien und Bakteriophagen, die für molekulargenetische Untersuchungen viel leichter zugänglich sind. Wie Jacob in *La Statue intérieure* lebhaft beschreibt, war das Pasteur-Institut in den 50er Jahren ein Mekka für die Molekularbiologen. Jacob und Monod untersuchten damals die adaptiven Enzyme von *Escherichia coli*, einem Bakterium, das den menschlichen Darm in großer Zahl kolonisiert und normalerweise harmlos ist. Wenn das Bakterium in einem Nährmedium wächst, in dem Glukose enthalten ist, so metabolisiert es diese Glukose und bildet keine Enzyme für den Abbau von Lactose, einen anderen Zucker, obschon es die entsprechenden Gene, die für diese Enzyme kodieren, besitzt . Diese Gene sind also inaktiv oder reprimiert. Falls jedoch Lactose dem Medium beigefügt wird anstelle von Glukose, so werden die Lactose abbauenden Enzyme rasch produziert. Deshalb wird die Aktivität der entsprechenden Gene unter dem Einfluss eines Stimulus in der Umwelt, der Lactose, differentiell reguliert. In einer Reihe von eleganten Experimenten konnten Jacob und Monod zeigen, dass die Enzyme für den Lactose-Abbau von einer eng gekoppelten Batterie von Genen kodiert werden und eine funktionelle Einheit, das sog. lac-Operon, bilden. Ein separates Gen kodiert für ein Repressormolekül, das später als Protein identifiziert wurde, und in Abwesenheit von Lactose an bestimmte DNA Sequenzen im lac-Operon binden und seine Transkription unterdrücken. Lactose kann die Aktivität des Operons induzieren, indem es an den Repressor bindet, so dass dieser seine Struktur verändert und von der DNA abfällt und das Operon nun abgelesen werden kann. Dieser Typ von Regulation wird als negativ bezeichnet, weil das Operon reprimiert ist und durch den Induktor dereprimiert wird. Später wurden andere Fälle beschrieben, in denen die Regulation positiv ist und die Synthese eines Aktivators der Genaktivität entscheidend ist. Bakterien weisen also besondere Regulatorgene auf, deren Funktion darin besteht, die Funktion ihrer Zielgene zu steuern. Basierend auf ihren Resultaten an Bakterien schlugen Jacob und Monod Modelle zur Erklärung der Zelldifferenzierung bei höheren Organismen vor, aber es brauchte viel Zeit und großen Aufwand, bis die Regulatorgene, die die Zelldifferenzierung bei höheren Lebewesen kontrollieren, identifiziert werden konnten.

Der Schlüssel zum Verständnis der Entwicklung: Die homeotischen Gene

Wir betraten ein großes, aus Holz gebautes Gebäude, als Tetsuja Ohtaki und seine Frau mich durch Nara, die alte Hauptstadt des japanischen Kaiserreiches, führten, um mir den Daibutsu, die wundervolle Bronzestatue des Buddha zu zeigen und mich in die Kunstschätze der japanischen Kultur einzuführen. Der Eingang war bewacht von zwei wild dreinblickenden großen Holzstatuen von symbolischen Wächtern, und nachdem wir den Innenhof durchquert hatten, betraten wir einen riesigen, schwach beleuchteten Raum und standen vor dem Daibutsu, der riesigen Statue des Buddha. Diese eindrucksvolle Bronzestatue ist mehr als zwanzig Meter hoch und zeigt den Buddha sitzend mit einer friedvoll erhobenen Hand. Ich werde den in sich selber ruhenden Gesichtsausdruck des Buddha nie mehr vergessen (Abb. 2.1). Vor dem Buddha waren Bronzeskulpturen von Lotusblumen und vier Schmetterlingen, die meine Aufmerksamkeit auf sich zogen, weil ich seit meiner Kindheit Schmetterlinge bewundere. Beim genaueren Hinsehen entdeckte ich, dass sie acht anstatt sechs Beine hatten, wie dies für Insekten die Regel ist (Abb. 2.1). Diese Schmetterlinge stellen offensichtlich homeotische Mutanten dar, bei denen das erste Abdominalsegment in ein thorakales Segment mit einem zusätzlichen Beinpaar umgewandelt ist. Meines Wissens sind diese Skulpturen, die aus dem 9. Jahrhundert stammen, die ältesten Darstellungen einer homeotischen Mutation. In seiner Weisheit wollte Buddha uns zeigen, wo der Schlüssel zum Verständnis der Entwicklung liegt, aber wir Menschen haben während über tausend Jahren nicht auf ihn gehört. Meine japanischen Kollegen wussten nichts von diesem Kunstschatz und man hat mir später berichtet, dass meine Entdeckung der achtbeinigen Schmetterlinge Schlagzeilen in den japanischen Zeitungen machte.

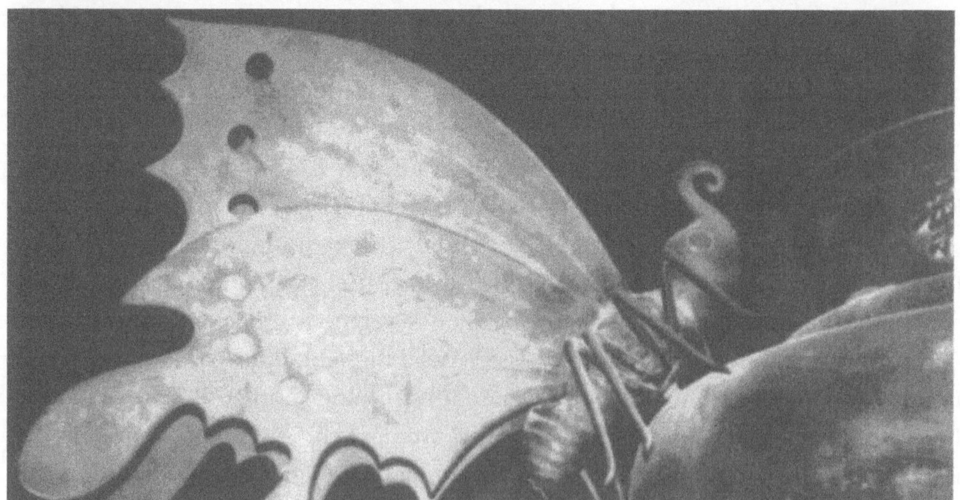

Abb. 2.1
Der grosse Buddha von Nara und der achtbeinige Schmetterling. Aufnahmen des Autors.

Was sind homeotische Mutanten? Der Begriff Homeosis[1] geht auf William Batesons Buch *Materials for the Study of Variation, Treated with Especial Regard to Discontinuities in the Origin of Species* zurück, das er 1894 veröffentlichte. Dreissig Jahre nach dem Erscheinen von Darwins *Origin of Species* stellte Bateson fest, dass viele der Grundfragen über die Evolution ungelöst blieben. Darwins Hypothese besagte, dass die Evolution auf zufälliger Variation der Organismen und anschliessender Selektion der am besten angepassten Individuen beruht, aber die Ursachen der Variationen blieben im Dunkeln. Obwohl Darwin einsah, dass diese Variationen erblich sein müssten, um zur fortschreitenden Evolution beizutragen, unterschied er nicht eindeutig zwischen angeborenen (erblichen) und erworbenen Eigenschaften und ihren Variationen. In seinem sechshundertseitigen Buch unternahm Bateson den Versuch, die Natur dieser Variationen, die zur Entstehung neuer Arten führen, zu verstehen. Er katalogisierte und beschrieb alle ihm bekannten Variationen, speziell die diskontinuierlichen, weil alle Species als diskontinuierlich angesehen wurden. Er unterteilte die Variationen in meristische und substantive: Zahlenmäßige oder geometrische Variationen bezeichnete er als meristisch, z.B. die Narzissenblüte ist normalerweise sechszählig, aber es treten auch Varianten auf, die sieben- oder vierzählig sind. Bateson nahm an, dass meristische Variationen auf physikalischen Ursachen beruhen, weil die wiederholt auftretenden Teile der Pflanze auf einen Teilungsprozess des undifferenzierten Gewebes zurückgehen. Die zweite Art von Variationen bezeichnete er als substantiv und schloss darin z.B. Variationen der Blütenfarbe der Narzisse ein oder Augenfarbenvariationen beim Menschen. Diese Variationen waren für Bateson von chemischer Natur.

Obschon Bateson realisierte, dass die Variationen zwischen den Generationen erfolgen mussten, um einen Einfluss auf die Evolution zu haben, vernachlässigte er die Tatsache, dass solche Variationen erblich sein mussten, vollständig. Er vermied den Gebrauch des Begriffs Vererbung bewusst und beschrieb die Variationen als umfassenden Katalog. Bei der Beschreibung meristischer Variationen erkannte Bateson, dass die Veränderung der Zahlen von Körperteilen einerseits durch Addition oder Subtraktion entstehen kann, wie z.B. die Anzahl der Beinpaare oder Körpersegmente bei *Peripatus*, einem primitiven Gliederfüssler mit 29 bis 34 Segmenten. Andererseits kann ein Strukturelement in ein anderes umgewandelt sein, wie

---

1 Das Wort, ursprünglich Homöosis, ist vom griechischen *homoiosis* abgeleitet und bedeutet Ähnlichkeit oder Assimilation. Als ich 1969 meinen Kollegen an der Yale Medical School die ursprüngliche Schreibweise vorlegte, konnte keiner von ihnen das Wort aussprechen und ich entschloss mich, die Schreibweise zu modernisieren und auch zu ersetzen. Im Deutsch halten zwar einige Puristen an homöotisch fest, aber die meisten wissenschaftlichen Zeitschriften haben die neue Schreibweise akzeptiert. Die menschlichen Sprache evoluiert schliesslich auch, genauso wie die Sprache der Gene.

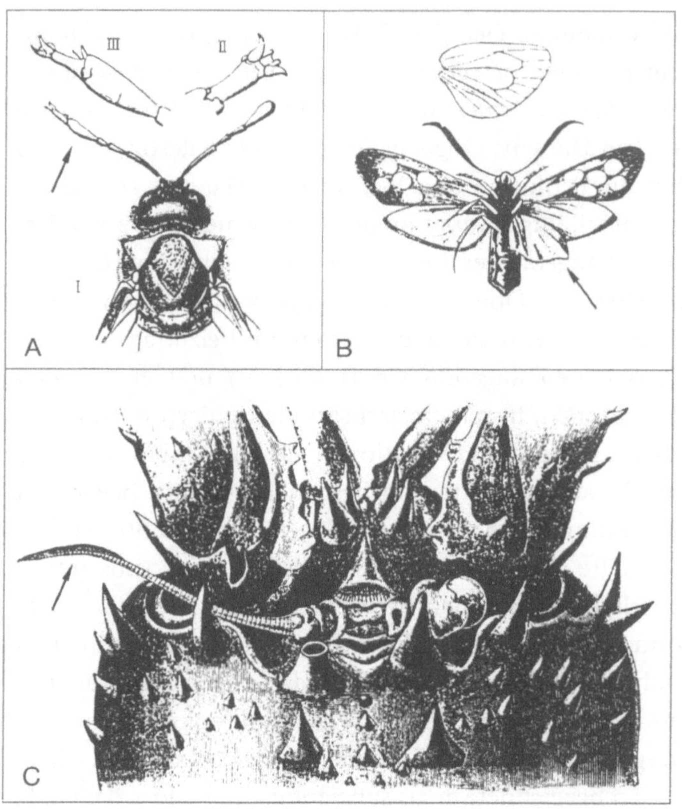

Abb. 2.2
Homeosis. Homeotische Transformationen (Pfeile) von Antenne zu Bein (A), Hinterbein zu Flügel (B), und Auge zu Antenne (C) bei Insekten und Krebstieren. Nach William Bateson (1894) *Materials for the Study of Variation* (MacMillan, New York).

z.B. die Transformation einer Antenne in einen Fuß bei Insekten, oder eines Auges in eine Antenne bei Krebsen (Abb. 2.2). Dieses Phänomen wurde von Goethe bei Pflanzen als «Metamorphose» bezeichnet, und Masters in seiner Abhandlung über «Vegetable Teratology» lieh sich diesen Begriff aus und übersetzte ihn mit «Metamorphy», aber dieser Begriff ist verwirrend, weil Metamorphose in der Entwicklungsbiologie eine andere Bedeutung hat. Deshalb schlug Bateson den neuen Begriff *homeosis* vor und definierte ihn als Veränderung einer Struktur zur Ähnlichkeit mit einer anderen Struktur.

Von der großen Sammlung homeotischer Variationen, die Bateson beschrieben hat, werde ich nur einige prominente Beispiele herausgreifen. Bei der Fliege *Cim-*

bex (Abb. 2.2A) ist eine Antenne in einen Fuß, d.h. ein Kopfsegment ist partiell in ein Thorakalsegment umgewandelt, was einer Transformation von anterior nach posterior entspricht. Beim Widderchen *Zygaena*, einem Schmetterling, ist in Abb. 2.2B. eine Umwandlung eines Hinterbeins in einen Hinterflügel gezeigt, also eine Transformation von ventral nach dorsal innerhalb des gleichen Körpersegmentes. Noch erstaunlicher ist die Transformation eines Auges in eine Antenne beim Krebs *Palinurus* (Abb 2.2C). Homeotische Transformationen sind jedoch nicht auf Gliedertiere (Arthropoden) beschränkt, sie finden sich auch bei Säugetieren und Menschen. Eine zusätzliche Rippe am siebten Halswirbel findet man bei bestimmten menschlichen Individuen, was einer Transformation des siebten Halswirbels in einen ersten Thorakalwirbel mit Rippe entspricht. Es gibt auch Individuen mit zusätzlichen Brustwarzen und Brustdrüsen an der Brust. Einzelne homeotische Variationen verändern den Körperbauplan noch grundlegender; so findet man homeotische Variationen bei Seeigeln und Seesternen, die die radiale Symmetrie betreffen. Seesterne haben normalerweise fünf Arme und weisen radiale Symmetrie auf, obwohl sie sich aus bilateral symmetrischen Larven entwickeln. Bateson beschreibt in seinem Buch aber auch sechsarmige Seesterne und vierstrahlige Seeigel. In keinem dieser Fälle versucht Bateson, zwischen erblichen Veränderungen (homeotischen Mutationen) und Entwicklungsanomalien zu unterscheiden. Es ist unklar, ob ein sechsarmiger Seestern eine homeotische Mutation trägt, oder ob der zusätzliche Arm auf eine abnorme Entwicklung oder Regeneration zurückzuführen ist, die nicht erblich sind. Ein Seestern kann infolge von Verletzungen einen Arm verlieren, nachträglich aber wieder regenerieren. Manchmal entstehen allerdings zwei zusätzliche Arme statt einem. Den einzigen Hinweis, den wir in Batesons Buch dafür finden, dass der sechsarmige Seestern (*Asterias rubens*) eine homeotische Mutante sein könnte, kommt von der Bemerkung, dass sechsarmige Seesterne an der Küste von Wimereux in Frankreich häufig vorkommen. Dies könnte auf einer homeotischen Mutation beruhen, die sich in dieser Seesternpopulation lokal ausgebreitet hat. Die in Abbildung 2.3 gezeigten fünf- und sechsarmigen Seesterne habe ich in Banyuls (Südfrankreich) gefunden, und als ich sie nach Basel transportierte, verlor ein fünfarmiger Seestern infolge von Kannibalismus einen Arm, sodass wir im gleichen Aquarium vier-, fünf- und sechsarmige Individuen hatten. Meine Pläne, den sechsarmigen weiterzuzüchten, um festzustellen, ob diese Veränderung erblich sei, scheiterten daran, dass mir das kostbare Tier von einem Aquariumliebhaber gestohlen wurde. Bei einer anderen Seestern-Art (*Asterina gibbosa*) wurde gezeigt, dass vierarmige Individuen als entwicklungsbiologische Missbildung während der Metamorphose entstehen können.

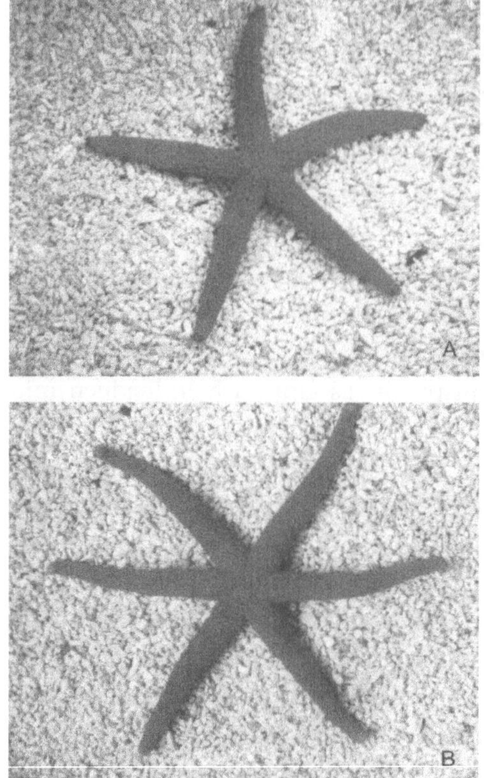

Abb. 2.3
Normaler (fünfarmiger) und sechsarmiger
Seestern (*Echinaster sepositus*).

Bateson hat die Bedeutung von Mendels Experimenten unmittelbar nach ihrer Wiederentdeckung erkannt, und im Jahre 1913 veröffentlichte er *Mendel's Principles of Heredity*. In diesem Buch beschreibt Bateson einen Fall von Brachydactylie, der sich etwas von dem unterscheidet, den ich am Anfang dieses Buches beschrieben habe. Er betrachtete diese Variation, die von einer dominanten Mutation verursacht wird, als homeotisch, weil in diesem Fall die Finger nicht nur kürzer, sondern zu daumenähnlichen Fingern umgewandelt sind. Er ist auch bei der Beschreibung von Rosen und Hahnenfußpflanzen, deren Staubbeutel in Blütenblätter umgewandelt sind («sepals into the likeness of petals») zum Begriff der homeotischen Variation zurückgekehrt. Wir werden später sehen, dass zumindest bei bestimmten homeotischen Mutationen die neu gebildete Struktur nicht nur eine gewisse Ähnlichkeit zu einer andern Struktur aufweist, sondern dass die Umwandlung vollständig ist.

Der eindeutige Beweis für eine genetische Ursache für bestimmte homeotische Transformationen kam von der Isolation homeotischer Mutanten. Die erste home-

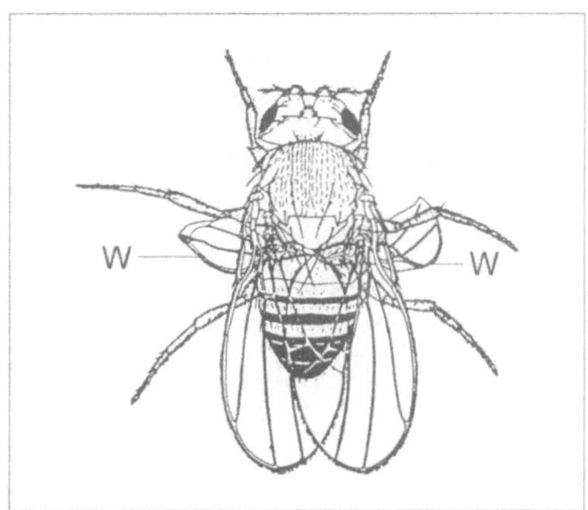

Abb. 2.4
Die Mutation *bithorax*, die von Calvin Bridges 1915 entdeckt wurde. Die Schwingkölbchen (Halteren) sind in kleine Flügelchen umgewandelt (w). Nach T.H. Morgan, C.B. Bridges und A.H. Sturtevant (reprinted 1988) *The Genetics of Drosophila* (Garland, New York).

otische Mutation wurde 1915 von Calvin Bridges in Morgans Laboratorium, dem berühmten Fly Room, entdeckt. Die Mutation führt zu einer partiellen Verdoppelung des Thorax und wurde deshalb als *bithorax* (*bx*) bezeichnet. Sie transformiert das dritte Thorakalsegment (T3), das normalerweise Schwingkölbchen (Halteren) trägt, in ein zweites (T2) mit Flügeln (Abb. 2.4). Die *bithorax*-Mutation entstand spontan im Laboratorium und wurde seither als Mutantenstamm kontinuierlich weitergezüchtet.

Diese Mutation diente als Ausgangspunkt für eine umfassende genetische Analyse des Bithorax-Komplexes durch Edward B. Lewis, die sein Lebenswerk darstellt. Seine genetische Untersuchung zeigte, dass der Bithorax-Komplex aus einer Anzahl eng gekoppelter Gene besteht, die anscheinend durch Tandem-Duplikationen im Verlaufe der Evolution entstanden, und anschließend infolge von Mutationen in ihrer Funktion divergiert sind. Die Deletion (Elimination) des ganzen Bithorax-Komplexes ist letal, aber die Embryonen entwickeln sich so weit, dass ihr Segmentierungsmuster analysiert werden kann (Abb. 2.5). In diesen Embryonen sind T3 und alle abdominalen Segmente in zweite Thorakalsegmente (T2) umgewandelt, die von Lewis als Grundzustand angesehen werden. Um die Funktion der normalen (Wildtyp-) Gene zu bestimmen, hat Lewis verschiedene Genotypen konstruiert, Fliegen, bei denen der ganze Bithorax-Komplex fehlt, aber schrittweise ein Gen nach dem anderen aus dem Komplex zugefügt wurde. Mit diesen Experimenten konnte Lewis zeigen, dass bestimmte Gene (oder Chromosomenabschnitte) die Bildung bestimmter Organe oder Strukturen, wie Beine oder Sinnesorgane, induzieren oder in anderen Fällen zu unterdrücken vermögen. Auf diese Weise werden, ausgehend vom Grundzustand, die verschiedenen Körpersegmente ausge-

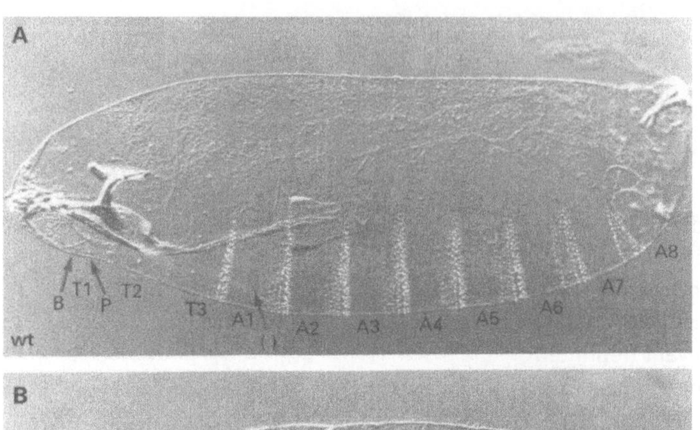

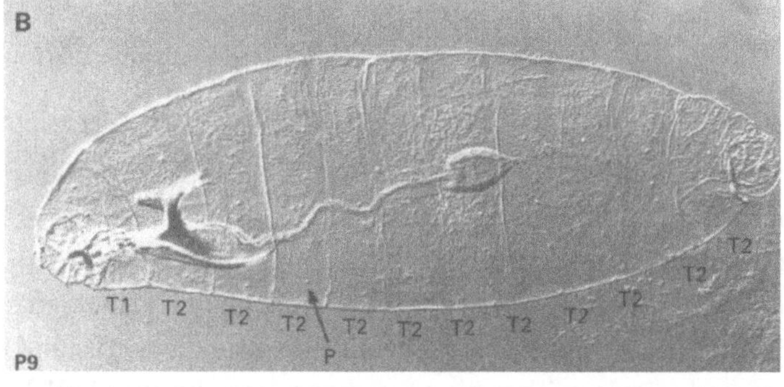

Abb. 2.5
Der Bithorax-Komplex. Der Ausfall (Deletion) aller Gene des Bithorax-Komplexes (Df(3R)P9) in (B) führt zu einer Transformation aller Körpersegmente hinter dem Mesothorax (T2) zu T2-Segmenten. Im Vergleich dazu ist ein Wildtyp-Embryo in (A) gezeigt. Die Thoraxsegmente sind durch bestimmte Zähnchenreihen und ventrale Gruben (P) gekennzeichnet, die in den Abdominalsegmenten fehlen. Das Prothoracalsegment (T1) trägt eine Bart-ähnliche Struktur (B) aus Chitinzähnchen. Aufnahme von U. Kloter.

bildet. Die Analyse enthüllte mehrere grundsätzliche Eigenschaften dieses Systems. Erstens zeigte sich, dass je ein Gen (oder Chromosomenabschnitt) für ein Segment benötigt wird. Zweitens sind die Gene in der gleichen Reihenfolge angeordnet, wie sie entlang der Körperachse exprimiert werden oder wirken. Dieses Phänomen, das als Kolinearitätsregel bezeichnet wird, wurde interessanterweise später auch bei anderen Organismen gefunden. Drittens zeigen die morphologischen Untersuchungen, dass ein bestimmtes Gen primär in einem Körpersegment wirkt, aber auch in den weiter hinten gelegenen Segmenten exprimiert wird. Daraus folgt, dass, ausgehend vom Grundzustand, ein zusätzliches Gen nach dem anderen im nächst hinteren Segment exprimiert wird, bis schließlich im letzten Abdominal-

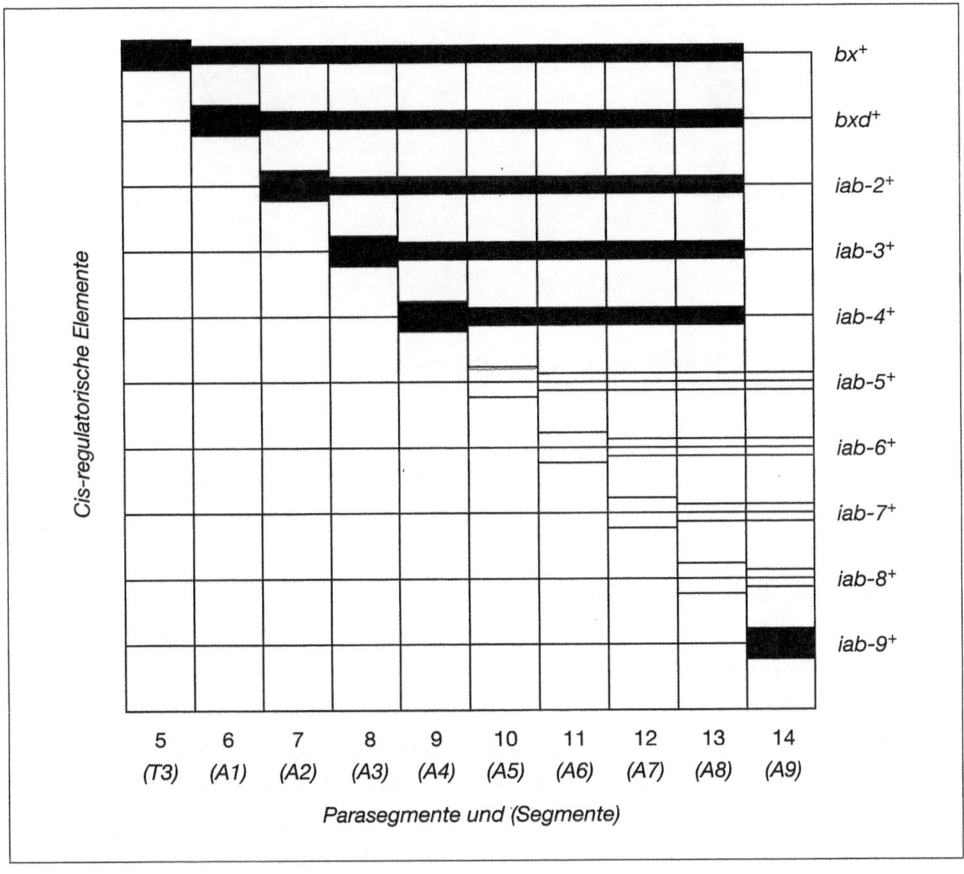

Abb. 2.6
Das Lewis-Modell. Spezifikation der hinteren Parasegmente (bzw. Segmente) durch die Gene des Bithorax-Komplexes, bzw. deren cis-regulatorische Regionen (Verstärkerelemente): Ultra-bithorax (bx⁺ bis iab-4⁺), abdominal-A (iab-5⁺ bis iab-8⁺) und Abdominal-B (iab-9⁺). Nach E.B. Lewis (1992) Clusters of master control genes regulate the development of higher organisms. *Journal of the American Medical Association* 267, 1524–1531.

segment alle Gene aktiv sind (Abb. 2.6). Im Einklang mit dieser Hypothese fand Lewis grundsätzlich zwei Typen von Mutationen, die entweder zu einem Verlust oder zu einem Gewinn der Genfunktion führen. Verlustmutationen inaktivieren das Gen und führen zu homeotischen Transformationen in Richtung thorakalem Grundzustand, also in der anterioren Richtung. Im Gegensatz dazu führen Gewinnmutationen zu Transformationen in der umgekehrten Richtung, weg vom

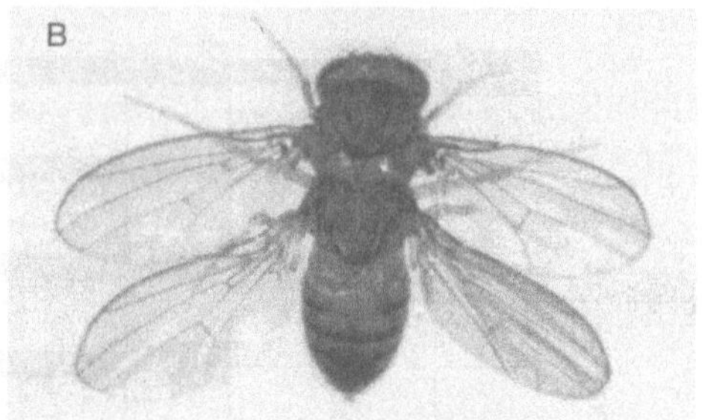

Abb. 2.7
Die normale und die vierflüglige Fliege. Nach E.B. Lewis.

Grundzustand, in posteriorer Richtung. Die Natur dieser Gewinnmutationen, die dominant über das Wildtyp-Gen sind, blieb bis zu Entwicklung der Molekulargenetik rätselhaft.

Das Lewis-Modell, das aufgrund dieser Analyse entwickelt wurde, basiert nicht nur auf genetischen, sondern auch auf entwicklungs- und evolutionsbiologischen Erwägungen. Es postuliert die gleiche Strategie der Duplikation und anschließenden Diversifikation sowohl auf dem genetischen als auch entwicklungsbiologischen Niveau. Während der frühen Embryonalentwicklung bestehen Insekten und die meisten höheren Organismen im wesentlichen aus einer tandemartig angeordneten Reihe duplizierter Körpersegmente. Im Verlaufe der Entwicklung diversifizieren sich diese Segmente und bilden eine Vielfalt von segmentspezifischen Strukturen. Diese Strategie zeigt sich auch in der Evolution; Insekten stammen wahrscheinlich von Vorfahren ab, die aus einer großen Zahl gleichartiger Segmente aufgebaut waren, die je ein Beinpaar trugen. Die Insekten diversifizierten diese Segmente durch Diversifikation ihrer homeotischen Gene. Die Gene des Bithorax-Komplexes beispielsweise entfernten die Beine von den Abdominalsegmenten, ließen nur die Beinpaare an den drei Thorakalsegmenten bestehen und gaben jedem Segment seine Identität und seine charakteristische Struktur. Durch Inaktivierung des Gens, welches das erste Abdominalsegment spezifiziert, gelang es Lewis, eine achtbeinige Fliege zu konstruieren, die genau dem achtbeinigen Schmetterling des Buddha von Nara entspricht.

Eine weitere spektakuläre Konstruktion ist die vierflüglige Fliege (Abb. 2.7). *Drosophila* gehört zur Ordnung der Diptera, die nur zwei Flügel besitzen, während die meisten Insekten vierflügelig sind. Bei den Diptera sind die Hinterflügel des dritten Thorakalsegments durch kleine Schwingkölbchen (Halteren) ersetzt. Inaktivierung des *Ultrabithorax* (*Ubx*)-Gens im dritten Thorakalsegment führt zu einer Transformation von T3 zu T2 und damit zur Umwandlung der Halteren in Flügel. Sowohl die achtbeinige als auch die vierflügelige Fliege repräsentieren eine Transformation in Richtung Grundzustand und entsprechen wahrscheinlich deshalb einem früheren Stadium der Evolution. Das Rad der Zeit kann also bis zu einem gewissen Grad zurückgedreht werden. Die vierflügelige Fliege hat jedoch keine Muskulatur im duplizierten Thorax, sodass sie ein schlechter Flieger ist. Es braucht mehr genetische Experimente, um den perfekten Vierflügler zu rekonstruieren. Umgekehrt kann mit Hilfe der dominanten Gewinnmutationen *Contrabithorax* (*Cbx*) und *Haltere mimic* (*Hm*) auch eine Fliege mit vier Halteren konstruiert werden, die flugunfähig ist. Diese Fliege erinnert an die flügellosen Weibchen, die bei manchen Insekten gefunden werden, bei denen nur die Männchen fliegen können. Diese spektakulären genetischen Konstruktionen weisen deutlich darauf hin, dass die homeotischen Gene den Körperbauplan, die «Architektur» der Fliege, bestimmen. Die Strategie zur Erzeugung von Komplexität, Duplikation und Diversifikation ist dieselbe auf dem genetischen, entwicklungsbiologischen und evolutionsbiologischen Niveau und basiert auf demselben Grundmechanismus, der von allen Lebewesen geteilt wird: der Reproduktion. Eine Serie von Duplikationsereignissen führt zur Entstehung neuer Gene, die sich anschließend infolge von Mutationen diversifizieren. Infolge der Duplikation und Diversifizierung der homeotischen Gene diversifizieren sich die entsprechenden Körpersegmente. Dies weist darauf hin, dass die homeotischen Gene als Masterkontrollgene in Entwicklung und Evolution funktionieren, einem Begriff, der von Lewis vorgeschlagen wurde. Aber die formalgenetische Analyse, die allein auf morphologischen Kriterien basiert, hat ihre Limitationen, und die Aufklärung des Wirkungsmechanismus der homeotischen Gene war nur dank der Entwicklung gentechnologischer Verfahren möglich.

Mein Interesse an homeotischen Genen geht auf die Zeit zurück, während der ich Student bei Ernst Hadorn war. Bei der genaueren Untersuchung eines Fliegenstammes, der von Hadorns Sekretärin und Laborantin gezüchtet wurde, entdeckte ich einzelne Fliegen, die eine bemerkenswerte homeotische Transformation am Kopf aufwiesen; im Extremfall waren die Antennen in vollständige Mittelbeine und die angrenzende Kopfregion in einen Teil des ventralen Thorax umgewandelt (Abb. 2.8 und Farbtafel 1). Es sah so aus, als könnten diese Tiere auf dem Kopf laufen. In jugendlichem Übermut nannte ich die Mutation *Nasobemia* (*Ns*) nach dem Gedicht von Christian Morgenstern, der in einem satirischen Gedicht ein imaginäres Tier, das Nasobem, beschreibt, das auf seiner Nase gehen kann:

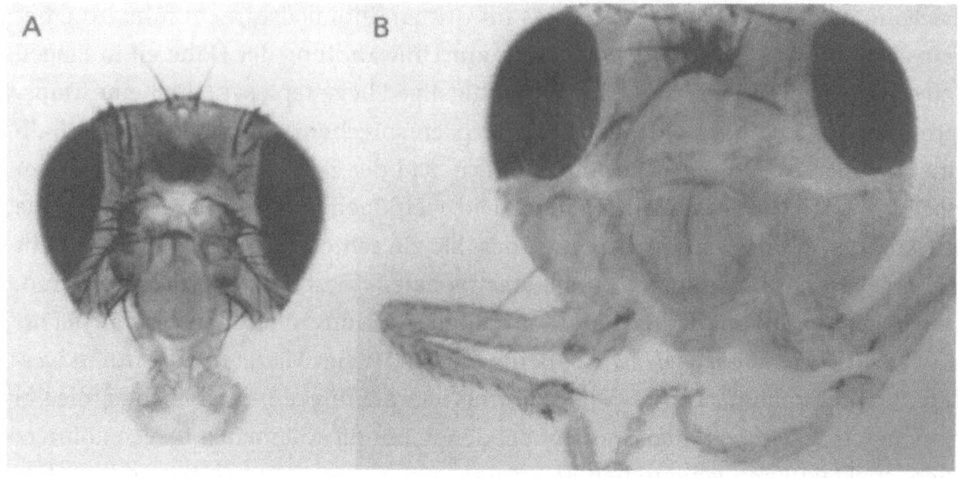

Abb. 2.8
Nasobemia. Kopf einer Wildtyp-Fliege im Vergleich zu einer *Antennapedia*-Mutation (Antp^{Ns}/Antp^{73b}), bei der die Antennen zu Mittelbeinen umgewandelt sind.

Das Nasobem.
«Auf seinen Nasen schreitet
einher das Nasobem
von seinem Kind begleitet.
Es steht noch nicht im Brehm.
Es steht noch nicht im Meyer.
Und auch im Brockhaus nicht.
Es trat aus meiner Leier
zum erstenmal ans Licht.
Auf seinen Nasen schreitet
(wie schon gesagt) seitdem,
von seinem Kind begleitet,
einher das Nasobem.»

Um dieses Gedicht rankt sich eine ganze biologisch-satirische Kultur. Es hat Harald Stümpke (alias Gerolf Steiner) dazu inspiriert, ein Buch über eine bisher unbekannte Ordnung von Säugetieren, die Rhinogradentia, zu schreiben, die er im Hiiay-iay Archipelag, im entfernten Pazifik entdeckt hatte. Stümpke beschreibt ihre Embryologie, Anatomie, Physiologie und Evolution mit großer Hingabe, hauptsächlich basierend auf den Arbeiten von Bromeante De Burlas, einem meiner Lehrer an der Universität Zürich. Stümpke übertrifft sich selbst bei der Beschreibung einzelner Arten, wie etwa dem goldenen Nasenhüpfer *Hopsorhinus aureus*, dem er sogar eine Zeitrafferzeichnung (Abb. 2.9) widmet, um die Art und Weise der Fortbewegung zu demonstrieren. Er beschreibt auch *Thyrannonasus imperator*, ein wildes Raubtier, von dem ich gerüchteweise vernommen habe, dass es als Held in Steven Spielbergs neuestem Film auftreten soll. Ich will deshalb nicht zu viel von dieser hochinteressanten Spezies verraten. Stümpke erweist Christian Morgenstern seine Referenz, indem er eine seiner neu entdeckten Arten *Nasobemia lyricum* benannt hat, zu Ehren des großen Dichters. Gerade als Stümpkes Manuskript über die Rhinogradentia in den Druck ging, wurde der Hi-iay-iay Archipelag bei einem geheimen Atombombentest in die Luft gesprengt mitsamt seinen Bewohnern, sodass Stümpkes Buch das einzige Zeugnis dieser wunderbaren Gruppe von Säugetieren ist.

Die erste homeotische Mutation, die eine teilweise Umwandlung der Antenne in einen Fuß verursacht, wurde von Elizaveta Balkaschina 1929 in der freien Natur gefunden. Es ist wichtig festzuhalten, dass solche Mutationen nicht nur von den Genetikern im Labor erzeugt werden können, sondern dass sie auch spontan in der Natur entstehen. Balkaschina beschreibt ihre Mutante unter dem Namen *aristapedia*, weil die Arista, eine federähnliche Borste an der Spitze der Antenne, in einen viergliederigen Fuß mit Klauen umgewandelt ist. Bei *Nasobemia* hingegen sind im Extremfall die ganzen Antennen in vollständige Mittelbeine umgewandelt. Die erste derartige Mutation wurde 1948 von Jean Le Calvez beschrieben. Sie wurde experimentell durch Neutronenstrahlung erzeugt und ist mit einer Inversion eines Abschnittes des dritten Chromosoms assoziiert. Inversionen können durch zwei Chromosomenbrüche und Reintegration des dazwischenliegenden Chromosomenabschnittes in umgekehrter Orientierung entstehen (Abb. 2.10). Dabei können Mutationen an einem oder beiden Bruchpunkten entstehen, aber es ist nicht einfach festzustellen, an welchem Bruchpunkt Mutationen entstanden sind. Ausserdem verhindern Inversionen die genetische Rekombination (den Austausch von Genen zwischen homologen Chromosomen), sodass Le Calvez nicht in der Lage war, die Mutation genetisch zu kartieren. Die beiden Bruchpunkte liegen in den Sektionen 84A und 92A. Wegen der Ähnlichkeit zu *aristapedia* dachte Le Calvez, es müsse sich bei seiner Mutation um eine dominante Mutation von *aristapedia* handeln, was sich später als falsch herausstellte. Für viele Jahre galt dann die Mutation von Le Calvez als verloren, bis mein Postdoktorand Richard Garber sie «wieder entdeckte» aufgrund der Chromosomensinverison, die von Le Calvez sehr

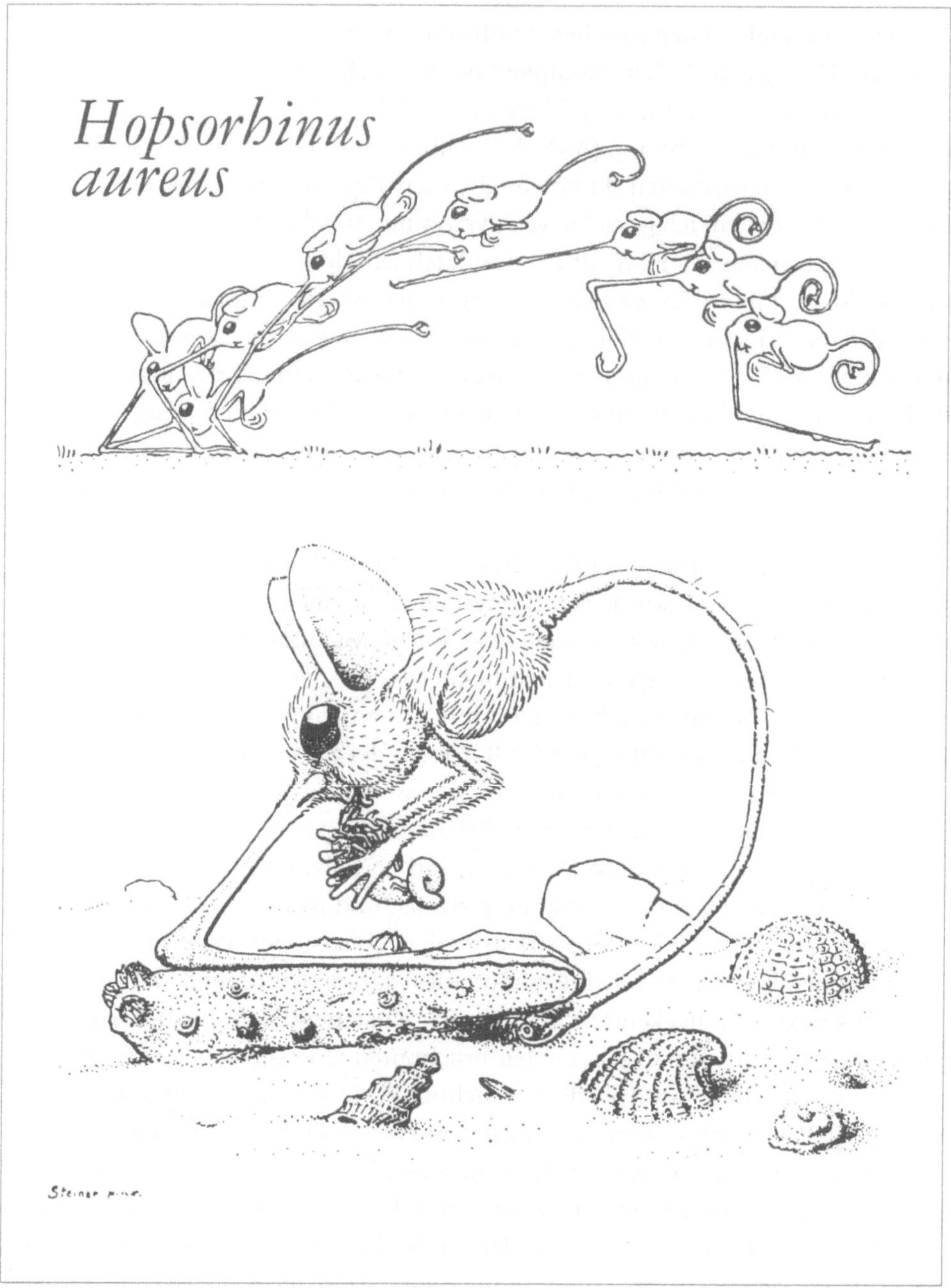

Abb. 2.9
Der goldene Nasenhüpfer (*Hopsorhinus aureus*). Nach H. Stümpke: *Bau und Leben der Rhinogradentia* (Gustav Fischer Verlag, Stuttgart) Tafel 6.

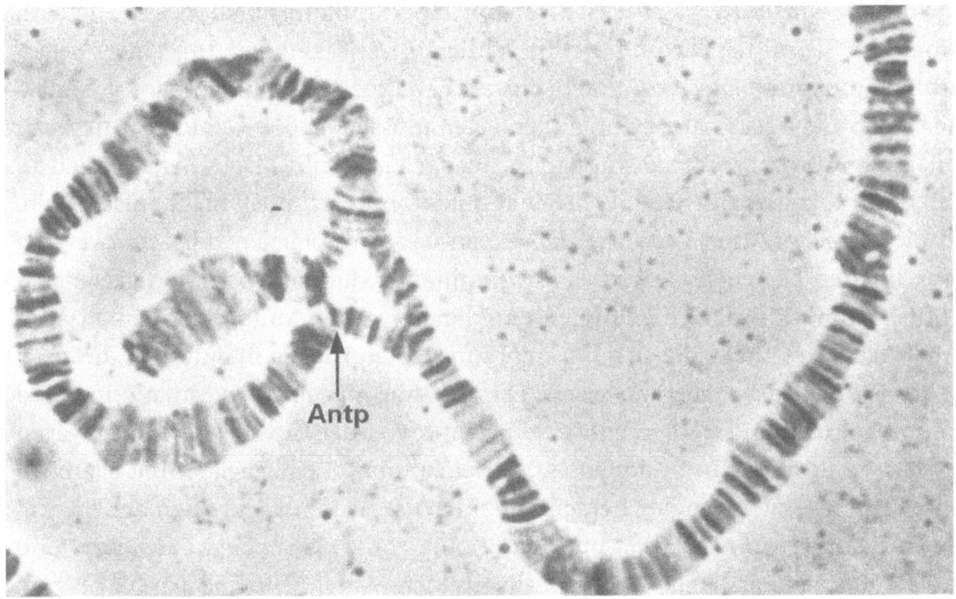

Abb. 2.10
Lokalization des *Antennapedia*-Gens in den Riesenchromosomen. Das *Antennapedia*-Gen, das als Mutation von Jean LeCalvez 1948 entdeckt wurde, ist am proximalen Bruchpunkt (Pfeil) der Inversion (In(3R)Antp^{LC}) lokalisiert. Aufnahme von R.L. Garber.

sorgfältig gezeichnet worden war (Abb. 2.10). Der entsprechende Fliegenstamm war in einem «Stock Center» verwechselt und falsch angeschrieben worden.

Im gleichen Jahr, da Le Calvez seine Mutation gefunden hatte, wurde von Sien-Chiue Yu, einem Doktoranden von Ed Lewis, nach Röntgenbestrahlung eine ähnliche dominante Mutation entdeckt, bei der die Antennen teilweise zu Mittelbeinen transformiert waren, aber im Gegensatz zu *aristapedia* war an der Spitze der Antennenbeine eine Arista anstelle der Klauen zu erkennen. Yu nannte diese Mutation deshalb *Antennapedia*. Diese Mutation ist ebenfalls mit einer Strukturmutation des dritten Chromosoms assoziiert, einer Translokation mit nicht weniger als vier Bruchpunkten, bei 22B, 38F, 83E/F und 98A. Der Bruchpunkt 83E/F liegt direkt neben dem von Le Calvez gefundenen Locus 84A, und in der Folge wurden vier weitere Mutationen gefunden mit ähnlichen homeotischen Transformationen, die alle einen Bruchpunkt in der 84A-Region hatten. Damit war es klar, dass *Antennapedia* in der Nähe von 84A lokalisiert ist, während *aristapedia* der Sektion 89C zugeordnet wird.

Weil die Mutation *Nasobemia* nicht mit einer Strukturmutation assoziiert ist, konnte ich sie mittels Rekombination kartieren. Zwischen *pink* (*p*), einer Augenfarbmutante, und *Nasobemia* traten nur sehr wenige Rekombinanten auf, sodass die beiden Gene sehr nahe beieinander liegen müssen. Dieser Genlocus entspricht genau der Chromosomen-Sektion 84A, in der eine starke DNA-Bande (Pfeil in Abb. 2.10) lokalisiert ist. Zu diesem Zeitpunkt konnte ich noch nicht entscheiden, ob die *Nasobemia* und *Antennapedia* Mutationen im gleichen oder in zwei eng benachbarten Genen sind, weil es für dominante Mutationen keinen geeigneten Test gibt, um die Frage eindeutig zu entscheiden. Beide Mutationen haben auch einen rezessiven Effekt, der sich nur in homozygoten Fliegen manifestiert, die zwei defekte Kopien des Gens aufweisen. Die meisten *Antennapedia*-Mutationen sind homozygot letal und sterben entweder als Embryo oder Larve. *Nasobemia* dagegen ist nur semiletal, weil mindestens 40% der homozygoten Fliegen überleben. In einer Kreuzung zwischen den beiden Mutanten überlebten die meisten der Fliegen, die eine Kopie von *Nasobemia* und eine Kopie von *Antennapedia* aufwiesen, und entwickelten extrem lange und gut ausgebildete Antennenbeine (Abb. 2.8 und Farbtafel 1). Die Schlussfolgerung aus diesem Experiment war, dass die beiden Mutationen entweder das gleiche Gen oder zwei eng benachbarte Gene betreffen, die eine ähnliche Funktion besitzen. Diese Frage konnte erst viel später durch Klonierung der beiden Mutationen und eine molekulargenetische Analyse entschieden werden. Die Information von Le Calvez über den chromosonalen Bruchpunkt in 84A und die genetische Kartierung von *Nasobemia* waren entscheidend für die spätere Klonierung des Gens.[2]

Was mich an *Nasobemia* am meisten faszinierte, war die Vorstellung, dass ein einzelnes Gen alle Gene zu aktivieren vermag, die für die Bildung eines Beines nötig sind. Das musste offenbar ein Kontrollgen sein, ganz oben in der Hierarchie, ein Masterkontrollgen, das bestimmte, ob die Beine am Thorax oder am Kopf gebildet werden, und damit den Bauplan des Tieres mitbestimmte. Ich entschloss mich zu versuchen, herauszufinden, wie ein solches Gen wirken könnte, denn es schien mir, dass der Schlüssel zum Verständnis der Entwicklungsprozesse in diesen homeotischen Genen lag. Zu jener Zeit war der Versuch, den Wirkungsmechanismus eines Gens aufzuklären, mit fast unüberwindbaren Schwierigkeiten verbunden, denn es war b.c. (before cloning), wie meine Postdoktoranden diese Zeitperiode nannten. Viele meiner Kollegen wollten mich von meinen Plänen abbrin-

2 In seiner späteren Untersuchung hat Tom Kaufmann das *Antennapedia*-Gen schließlich 84B anstatt 84A zugeordnet.

gen. Die meisten Molekularbiologen meinten, das System sei viel zu komplex, um jemals auf molekularem Niveau verstanden zu werden. Ihre reduktionistische Strategie bestand immer darin, den einfachsten aller möglichen Fälle zu studieren. Ein Gen allein war kompliziert genug, aber ein Gen, das hunderte von anderen Genen steuert, war eine hoffnungslose Angelegenheit. Andere wiederum meinten, dass ich Jahre damit verbringen würde, das Genprodukt (Protein) der homeotischen Gene zu identifizieren, um schließlich herauszufinden, dass es sich um ein triviales Enzym handle, das überhaupt nichts Neues über die Entwicklung aussagen würde. Die klassischen Biologen waren der Auffassung, dass die Molekularbiologen nicht die richtigen Fragen stellten und es in der Entwicklungsbiologie nie auf einen grünen Zweig bringen würden. Morphogene Faktoren und Positionsinformation wurden als mystische Prinzipien erachtet, und die Möglichkeit, dass sie chemische Substanzen sein könnten, als Materialismus oder als Sakrileg abgetan.

Gerade zu der Zeit, als ich mein Studium abschloss, wurde der genetische Code gebrochen und eine Reihe hervorragender Molekularbiologen wollten sich neuen biologischen Problemen von fundamentaler Bedeutung zuwenden; Problemen wie der Zelldifferenzierung, Entwicklungsbiologie, der Neurobiologie und des Gehirns, einige wagten sich sogar bis zur Verhaltensforschung vor. Einer von ihnen war Alan Garen, der sich für das Problem der Transdetermination interessierte, ein Phänomen, das von Ernst Hadorn und meinem Mitstudenten Theo Schläpfer, mit dem ich das Labor teilte, entdeckt wurde. Über viele Jahre hatte Hadorn an Imaginalscheiben, den Anlagen für die adulten Körperteile von *Drosophila*, gearbeitet. Die *Drosophila*-Larve besitzt Imaginalscheiben, scheiben- oder sackförmige Strukturen, die innen an der Haut befestigt sind und während der Metamorphose als «Bausteine» dienen, aus denen die Fliege zusammengebaut wird. Drei Paar Beinscheiben entwickeln sich zu den sechs Beinen der Fliege. Ein Paar Flügelscheiben bilden den dorsalen Thorax mit einem Flügelpaar, und weitere Imaginalscheiben, wie die Halteren- oder die Augen-Antennenscheibe, bilden die entsprechenden Adultstrukturen. In der Puppenhülle werden die einzelnen Scheiben wie Mosaiksteine zu einem Mosaik zusammengesetzt, wobei jede Scheibe einen genau definierten Bereich der Fliege ausbildet. Die Imaginalscheiben sind determiniert (vorprogrammiert), genau vorausbestimmte Areale der Fliege auszubilden, und selbst die individuelle Imaginalscheibenzelle ist determiniert: Dissoziiert man eine Scheibe in ihre Einzelzellen und mischt man die Zellen verschiedener Imaginalscheiben untereinander, so differenzieren sich die Zellen herkunftsgemäß. Diese Imaginalscheiben können einer Spenderlarve entnommen und in eine Wirtlarve transplantiert werden, deren larvales Blut als Nährmedium dient, in dem das

Transplantat durch Zellteilung wachsen kann. Wenn die Larve reif ist, scheidet sie das Häutungshormon Ecdyson aus, das die Metamorphose der Wirtslarve sowie der transplantierten Imaginalscheibe einleitet. In der mit Blut gefüllten Körperhöhle des Wirtes kann die transplantierte Scheibe einen Flügel, ein Bein oder sogar ein funktionstüchtiges Auge bilden. Hadorn fand auch, dass man die Metamorphose der Scheiben überspringen oder hinauszögern konnte, indem man die Scheibe nicht in eine andere Larve, sondern in eine Fliege implantierte. Am besten waren dazu weibliche Fliegen geeignet, deren Blut eine geringe Konzentration von Ecdyson enthält. In diesem Milieu wachsen die Scheiben zwar, aber sie metamorphosieren nicht. Durch serielle Transplantation von Scheibengewebe von einer Fliege in eine Fliege der nächsten Generation gelang es Hadorn, Scheibengewebe über mehr als fünf Jahre zu züchten, viel länger, als je eine Fliege gelebt hat. Nach jeder Generation wurde ein Teil des Gewebes in eine Larve zurückverpflanzt und zum Metamorphosieren gebracht. Nach kurzer Kulturdauer von Gewebe der Beinscheibe beispielsweise bilden sich nach der Metamorphose entsprechend ihrer ursprünglichen Determination Beinstrukturen. Mit einer bestimmten Wahrscheinlichkeit bilden sich jedoch auch «fremde» Strukturen, wie Flügel, aus. Dieses Phänomen wurde von Hadorn als Transdetermination bezeichnet. Im Rahmen meiner Dissertation kultivierte ich nach der Hadorn'schen Methode Antennenscheiben, die im Verlaufe des Experimentes ausser Antennenstrukturen auch fremde Strukturen wie Flügel- und Beinteile produzierten. Dies waren offensichtlich homeotische Transformationen und die Transdetermination von Antenne zu Bein entsprach Mutationen wie *aristapedia* oder *Antennapedia*. Aber die weiteren Untersuchungen zeigten, dass die Transdetermination kaum durch homeotische Mutationen entsteht. Es gelang mir zu zeigen, dass ein Transdeterminationsereignis gleichzeitig in mehreren benachbarten Zellen erfolgt und nicht als seltenes Ereignis in einzelnen Zellen. Es ist deshalb anzunehmen, dass die Transdetermination auf Wechselwirkungen zwischen Zellen beruht und nicht auf Mutationen. Der Mechanismus der Transdetermination ist noch nicht aufgeklärt worden, aber es gibt starke Hinweise darauf, dass die Aktivität der homeotischen Gene verändert ist, ohne dass die Gene mutiert sind. Transdetermination scheint eher gewissen Regenerationserscheinungen bei Stabheuschrecken und Hummern verwandt zu sein. Wenn z.B. eine Antenne einer Stabheuschrecke oder eines Hummers an der Basis amputiert wird, so regenerieren diese Tiere nach mehreren Häutungszyklen ein Bein anstelle der Antenne. Dieses Phänomen ist zwar noch unverstanden, aber es stehen heute die geeigneten molekularbiologischen Werkzeuge zu Verfügung, um das Problem zu lösen.

Alan Garen glaubte, dass das Phänomen der Transdetermination einen Einstieg vermitteln könne, um das Phänomen der Zelldifferenzierung zu analysieren, und reiste in die Schweiz, um mit Hadorn die Möglichkeit eines Forschungsaufenthaltes in Zürich zu erörtern. Als Garen in Zürich ankam, war Hadorn anderweitig beschäftigt und hatte mich beauftragt, den Besucher zu betreuen. Wir diskutierten das Problem der Transdetermination ausgiebig und am Abend des gleichen Tages beschlossen wir, dass ich als Postdoktorand zu Alan Garen nach Yale gehen sollte, anstatt dass er nach Zürich kommen würde. Das war ein entscheidender Schritt in meiner wissenschaftlichen Laufbahn, den ich nie bereut habe, und es war auch der Anfang einer langjährigen Freundschaft. Yale wurde zu meiner zweiten alma mater. Ich absorbierte alles an Molekularbiologie, dessen ich habhaft werden konnte, und vermittelte meinem Mentor alles, was ich über *Drosophila* und Transdetermination wusste.

Kurz bevor ich in Yale ankam, hatten Walter Gilbert und Benno Müller-Hill den lac-Repressor isoliert und damit eine lange Debatte, ob dieses genregulatorische Molekül ein Protein oder eine RNA sei, zugunsten eines Proteins entschieden. Daraus folgte, dass Proteine die Aktivität bestimmter Gene regulieren können, indem sie an spezifische DNA-Sequenzen in den betreffenden Genen binden. Ausgehend von der Annahme, dass die Zelldifferenzierung bei höheren Organismen auf differentieller Genaktivität beruht, begannen Garen und ich, Proteine aus Imaginalscheiben zu reinigen, die an DNA binden und versuchten, Unterschiede in den Proteinmustern verschiedener Scheiben zu entdecken. Aber die technischen Schwierigkeiten dieses Projektes waren unüberwindbar, und wir mussten auf weniger ambitiöse Projekte umstellen. In der Retrospektive ist es aber befriedigend festzustellen, dass wir auf dem richtigen Weg waren. Zu jener Zeit waren jedoch die Methoden, um die Nadel im Heuhaufen zu finden, noch nicht vorhanden, und wir mussten die Entwicklung der Gentechnologie abwarten, bis wir dieses schwierige Problem wieder in Angriff nehmen konnten.

3

Genklonierung und die Entdeckung der Homeobox

Die Entwicklung gentechnologischer Verfahren zur Rekombination von DNA-Molekülen im Reagenzglas hat die Biologie vollständig revolutioniert, und auch andere Aspekte unserer Kultur ganz wesentlich beeinflusst. Die Gentechnologie hat eines der faszinierendsten Kapitel in der Geschichte der Wissenschaften eröffnet. Die historischen Fakten sind im Buch *The DNA Story* (Watson & Tooze, 1981) ausgezeichnet dokumentiert. Ich beschränke mich im folgenden darauf, die Konzepte und Methoden der Gentechnologie zu umreissen, so dass der Leser, der nicht mit der Materie vertraut ist, wenigstens im Prinzip die Anwendungen versteht, die in den folgenden Kapiteln beschrieben sind.

Die verschiedenen Werkzeuge für die Klonierung von Genen wurden allmählich von verschiedenen Seiten zusammengetragen, bis es 1973 möglich wurde, die ganze Maschinerie zusammenzusetzen und verschiedene DNA-Moleküle in Plasmiden oder Viren zu rekombinieren, sie in Wirtszellen einzuführen, wo sie sich vermehren können, und sie schliesslich in großen Mengen wieder zu isolieren. Dieses Szenario erfordert Enzyme, die es erlauben, DNA-Moleküle an bestimmten Stellen zu zerschneiden und neu zu verknüpfen, sowie geeignete Vektoren, die sich in Wirtszellen vermehren können, und Methoden, um DNA-Moleküle in Wirtszellen einzuschleusen.

Das Verfahren zur Genklonierung in bakteriellen Plasmiden ist in Abbildung 3.1 dargestellt und soll im folgenden kurz beschrieben werden. Bakterien verfügen über ein einzelnes Chromosom, ein ringförmiges DNA-Molekül, können aber zusätzlich noch kleinere ringförmige DNA-Moleküle, sog. Plasmide, beherbergen, die sich selbständig in der Bakterienzelle replizieren (vermehren) können. Diese

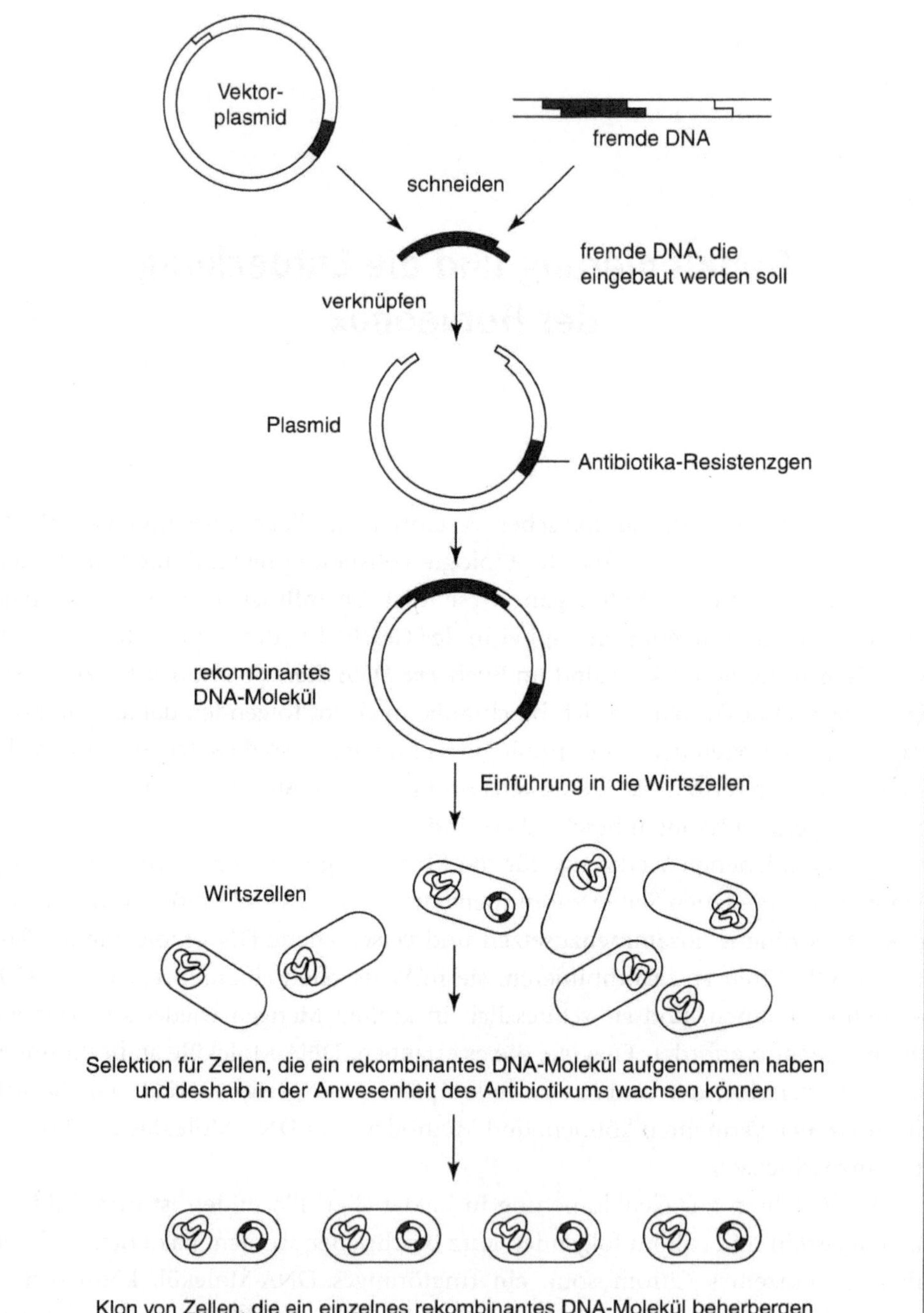

Vektor-plasmid
fremde DNA
schneiden
fremde DNA, die eingebaut werden soll
verknüpfen
Plasmid
Antibiotika-Resistenzgen
rekombinantes DNA-Molekül
Einführung in die Wirtszellen
Wirtszellen
Selektion für Zellen, die ein rekombinantes DNA-Molekül aufgenommen haben und deshalb in der Anwesenheit des Antibiotikums wachsen können
Klon von Zellen, die ein einzelnes rekombinantes DNA-Molekül beherbergen

können als Vektoren verwendet werden, um Gene zu klonieren. Plasmide enthalten eine kurze DNA-Sequenz, die als Ursprung der Replikation (*ori*) bezeichnet wird, und es ihnen erlaubt zu replizieren, d.h. sich autonom zu vermehren. Zusätzlich verfügen diese Vektorplasmide über ein Antibiotika-Resistenzgen, das einer Zelle, die ein Plasmid aufgenommen hat, ermöglicht, auf einem Nährmedium mit dem betreffenden Antibiotikum zu wachsen. Die Plasmid-DNA und fremde Spender-DNA werden mit einem Enzym, das wie eine molekulare Schere wirkt, gespalten. Diese sog. Restriktionsenzyme, die von Werner Arber entdeckt wurden, lassen sich aus verschiedenen Bakterienstämmen isolieren. Sie sind Teil eines Abwehrdispositivs, das gegen eindringende fremde DNA gebraucht wird, um diese DNA zu zerstören. Restriktionsenzyme erkennen bestimmte Basensequenzen in der DNA, z.B. AATTC, und zerschneiden die DNA genau an Stellen mit dieser Basenreihenfolge. Die geschnittenen Vektor-DNA-Moleküle können an ihren Enden mit anderen fremden DNA-Molekülen verknüpft werden, und zwar durch ein anderes Enzym, das als Ligase bezeichnet wird und zwei lineare Moleküle zu einem ringförmigen Rekombinanten-Molekül zusammensetzen kann (Abb. 3.1). Dieses Konstrukt kann in ein Bakterium übertragen werden, das sensitiv für das betreffende Antibiotikum ist, und auf Antibiotikum-haltigem Nährmedium gezüchtet werden. Auf diesem Medium können sich nur Zellen vermehren, die ein Plasmid mit dem entsprechenden Resistenzgen aufgenommen haben. Weil die Aufnahme von DNA in die Bakterienzelle ein seltenes Ereignis ist, werden die meisten Zellen durch das Antibiotikum abgetötet und die wenigen überlebenden Zellen enthalten in der Regel nur ein einziges Plasmid-Molekül. Ausgehend von einzelnen Zellen, die ein einziges Plasmid-Konstrukt enthalten, können nun Zellfamilien, sog. Klone, gezüchtet werden, weshalb dieses Verfahren als Genklonierung bezeichnet wird. Die Bakterienzellen dienen als kleine Genfabriken und vermehren ein einziges DNA-Hybridmolekül, das aus Vektor plus fremder Spender-DNA zusammengesetzt ist. Jeder Klon enthält nur ein bestimmtes Stück fremder DNA und keine anderen

---

Abb. 3.1

Genklonierung. Rekombinante DNA-Moleküle können durch Zerschneiden und neu Verknüpfen erzeugt werden. Die fremde DNA wird in ein Vektorplasmid eingefügt und in bakterielle Wirtszellen eingesetzt. Zellen, die ein rekombinantes DNA-Molekül aufgenommen haben, können sich vermehren und bilden eine Zellfamilie, einen Klon, der von einer Einzelzelle abstammt. Jeder Klon enthält nur ein einziges rekombinantes DNA-Molekül und produziert dieses in großer Menge. Nach J.D. Watson und J. Tooze: *The DNA Story: A Documentary History of Gene Cloning* (W.H. Freeman, San Francisco, 1981).

fremden DNA-Moleküle. Ausser Plasmiden können auch z.B. bakterielle Viren (sog. Bakteriophagen) als Vektoren verwendet werden, um Gene zu klonieren.

RNA-Moleküle können ebenfalls kloniert werden. Dazu synthetisiert man zunächst eine komplementäre DNA-Kette (cDNA) mit Hilfe eines Enzyms, Reverstranskriptase, die anhand einer RNA-Matrize eine komplementäre DNA-Kette synthetisieren kann. Diese verwendet man als Matrize, um den zweiten Strang der DNA-Doppelhelix zu synthetisieren, und das resultierende doppelsträngige DNA-Molkül kann nach dem oben beschriebenen Verfahren kloniert werden.

Genklonierung ist ein Verfahren, mit dem man eine Nadel im Heuhaufen finden kann. Ein DNA-Molekül mit biochemischen Methoden millionenfach zu reinigen, ist ausserordentlich schwierig, aber eine Einzelzelle mit einem einzelnen Hybridplasmid aus einer Million von anderen Zellen zu selektionieren, ist einfach. Dies illustriert das gewaltige Potential dieser Methodik.

Ich erinnere mich noch genau an einen «Journal Club», eine Diskussionsrunde in meinem Labor, an der die neueste Literatur diskutiert wurde, und einer meiner Postdoktoranden, Elisha van Deusen, über eine Arbeit von Paul Berg referierte, in der erstmals über rekombinante Viren berichtet wurde. Es war mir sofort klar, dass damit eine neue Ära der Biologie eingeläutet wurde. Der Fortschritt auf diesem Gebiet war so rasch und das Potential der Methode so hoch, dass verschiedene Wissenschaftler Alarm schlugen und ein Forschungsmoratorium forderten. An der internationalen Konferenz von Asilomar über rekombinante DNA im Jahre 1975 forderten die Wissenschaftler die Aufstellung von Richtlinien für gentechnologische Arbeiten und die Entwicklung von sicheren Vektoren und Bakterienstämmen, die nicht aus dem Labor entweichen konnten. Entsprechende Richtlinien wurden in verschiedenen Ländern, die führend auf dem Gebiet der Gentechnologie waren, ausgearbeitet und in Kraft gesetzt. Es war das erste Mal, dass sich die führenden Wissenschaftler selbst Restriktionen auferlegten. Im Verlaufe der Zeit erwiesen sich allerdings die Befürchtungen als übertrieben, und die Bestimmungen konnten gelockert werden, da keine grundsätzlich neuen Gefahren auftauchten.

Am Anfang dieser Entwicklung der rekombinanten DNA-Technologie wurden die meisten Pionierarbeiten im Department of Biochemistry an der Stanford Universität durchgeführt. Dort wurden die ersten *Drosophila*-Gene von David Hogness und seinen Mitarbeitern kloniert, und es wurde mir klar, dass das Problem der genetischen Steuerung der Entwicklungsprozesse mit dieser neuen Methode angegangen werden konnte. Ich war deshalb hocherfreut, einen Brief von Paul Schedl aus Stanford zu erhalten, der bei mir als Postdoktorand an Imaginalscheiben von *Drosophila* arbeiten wollte, und bat ihn, sich möglichst viele der Methoden zur

Genklonierung anzueignen, bevor er nach Basel käme. Etwa zur gleichen Zeit kam Spyros Artavanis-Tsakonas an das Biozentrum nach Basel, und auch er war begeistert von der Idee, eine *Drosophila*-Genbank zu etablieren. An zivilisierteren Orten, wie Stanford, wurden solche Sammlungen von Hybridplasmiden, die statistisch gesehen das ganze Genom von *Drosophila* umfassen, als Genbibliotheken bezeichnet, aber in der Schweiz schien mir der Begriff einer Genbank leichter verständlich. Um das ganze Genom von *Drosophila* zu erfassen, muss man ca. 50 000 Plasmide mit je etwa 15 000 Basenpaaren (15 Kilobasen, kb) isolieren. Das war in der damaligen Zeit ein heroischer Aufwand, denn es standen uns nur drei verschiedene Restriktionsenzyme zur Verfügung: Eines bekamen wir von Ken Murray in Edinburgh geschenkt, das Zweite wurde in der Abteilung Mikrobiologie das Biozentrums gereinigt, und das Dritte wurde in meiner Forschungsgruppe hergestellt. Heute kann man über hundert verschiedene Restriktionsenzyme einfach aus dem Biochemikalien-Katalog bestellen. Auch das Enzym terminale Transferase, das zur Addition von Verbindungsstücken an die DNA benötigt wird, mussten wir selbst aus mehreren Pfund Kalbsthymus isolieren, so dass mein Labor während einer Woche wie eine Metzgerei roch. Zur gemeinsamen Überwindung dieser anfänglichen Schwierigkeiten taten wir uns mit Susumu Tonegawa vom Basler Institut für Immunologie und mit Werner Arber, Robert Juan und Vincent Pirrotta aus der Abteilung Mikrobiologie zusammen und bauten die erste *Drosophila*-Genbank in Europa auf. Die beiden Zwillinge, wie Paul Schedl und Spyros Artavanis-Tsakonas genannt wurden, weil sie so eng zusammenarbeiteten, isolierten zusammen mit Ruth Steward-Silberschmidt an die 20 000 Klone von Hybridplasmiden, genug für den Anfang.

Von dieser Genbank wurden nun eine Anzahl verschiedener Gene, wie die ribosomalen 5s RNA-Gene, isoliert. Gene können mittels Nukleinsäurehybridisierung aus einer Genbank isoliert werden: Wenn man eine Lösung von doppelsträngigen DNA-Molekülen über die sog. Schmelztemperatur hinaus erhitzt, so werden die Wasserstoffbrücken, welche die beiden Stränge zusammenhalten, gespalten, und die beiden Stränge trennen sich. Senkt man die Temperatur wieder ab, so können sich die beiden Einzelstränge aneinander lagern und wieder eine Doppelhelix bilden. Eine solche Reassoziation ist aber nur dann möglich, wenn die beiden Stränge wenigstens streckenweise komplementär und in Phase zueinander sind. Einer der Partner kann auch ein komplementäres RNA-Molekül sein. Es gibt sowohl DNA-DNA- als auch RNA-DNA- und RNA-RNA-Hybridmoleküle. Die Hybridisierung kann durch radioaktive Markierung von einem der Stränge, z.B. der RNA, verfolgt werden. Um die ribosomalen 5s RNA-Gene zu isolieren, haben wir zuerst 5s

RNA aus *Drosophila*-Ribosomen gereinigt und anschließend radioaktiv markiert. Die 20 000 Stämme, die je ein verschiedenes Hybridplasmid mit einem Stück *Drosophila*-DNA enthalten, wurden ausgesät und die Zellwand der Bakterien aufgelöst, sodass ihre DNA für die Hybridisierungsreaktion zugänglich wurde. Nach der Trennung der beiden DNA-Stränge wurde die radioaktive 5s RNA als Sonde zugegeben und diejenigen Bakterienkolonien identifiziert, die mit der 5s RNA hybridisierten. Die positiven Kolonien wurden weiter gezüchtet und die ribosomalen 5s RNA-Gene konnten daraus isoliert werden.

In Zusammenarbeit mit Alfred Tissières und Mitarbeitern haben wir auch die sog. Hitzeschockgene von *Drosophila* isoliert. Als Reaktion auf einen kurzen Hitzeschock oder andere Formen von Stress werden bei *Drosophila* eine kleine Zahl von Hitzeschockgenen aktiviert, während die meisten Gene, die normalerweise aktiv sind, abgeschaltet werden. Die mRNA-Moleküle, die von den Hitzeschockgenen abgelesen werden, kodieren für die sog. Hitzeschockproteine und werden in den Ribosomen selektiv übersetzt. Die Hitzeschockproteine üben eine Schutzfunktion aus, indem sie Proteine, die unter der Hitzewirkung falsch gefaltet wurden, wieder in ihre normale Struktur zurückführen. Um die Hitzeschockgene zu klonieren, wurde in Genf die mRNA von hitzebehandelten *Drosophila*-Zellen präpariert und nach Basel geschickt, um sie als Sonde für die Genbank zu verwenden. Die radioaktiv markierte Hitzeschock-mRNA hybridisierte nur mit der DNA von denjenigen Bakterienkolonien, die Plasmide mit Hitzeschockgenen enthielten. Diese Gene hybridisieren selektiv mit Hitzeschock-mRNA (d.h. binden an diese mRNA), die ihrerseits in Hitzeschockproteine übersetzt werden kann.

Hybridisierung kann auch direkt auf Chromosomen angewendet werden, insbesondere bei polytänen Riesenchromosomen in den Speicheldrüsen von *Drosophila*. Diese Chromosomen enthalten ungefähr tausend DNA-Doppelhelices, die parallel zueinander angeordnet sind, sodass tausend Kopien eines Gens auf engstem Raum beieinander liegen. Die beiden Stränge der DNA-Doppelhelix können durch Erhitzen des Chromosomenpräparates voneinander getrennt werden. Anschließend kann man das Präparat mit markierter einsträngiger DNA der klonierten Hitzeschockgene hybridisieren. Die markierte DNA bindet (hybridisiert) nur an diejenigen Chromosomenorte, an denen die Hitzeschockgene lokalisiert sind. Mit dieser Methode, die als *in situ*-Hybridisierung bezeichnet wird, können die Hitzeschockgene direkt in den Riesenchromosomen lokalisiert und bestimmten Chromosomenbändern zugeordnet werden.

Die klonierten Hitzeschockgene können auch elekronenmikroskopisch sichtbar gemacht werden: Dazu werden die Hitzeschock-mRNA-Moleküle an Hitzeschockplasmide hybridisiert unter Bedingungen, bei den RNA/DNA-Hybridenmoleküle stabiler sind als DNA/DNA-Dopppelhelices. Unter diesen Bedingungen bindet die mRNA an die komplementäre DNA und verdrängt den zweiten DNA-Strang, sodass im elektronenmikroskopischen Bild eine «Blase», ein sog. r-loop entsteht, der den klonierten Genabschnitt auf dem kreisförmigen DNA-Molekül repräsentiert (Abb. 3.2)

Das *white*-Gen, das erste *Drosophila*-Gen, das durch eine Mutation identifiziert wurde, konnte auch in meinem Labor durch Michael Goldberg und Renato Paro isoliert werden. Wir haben dieses Gen dazu verwendet, die Funktion des isolierten Gens durch Wiedereinsetzen in die Keimzellen zu analysieren. Diese Methode basiert auf der Fähigkeit von mobilen genetischen Elementen, sog. Transposonen, im Genom «herumzuhüpfen» und sich an verschiedenen Stellen in die Chromosomen einzufügen. Das P-Transposon ist ein DNA-Segment von ca. 3 000 Basenpaaren und kodiert für ein Transposase-Enzym, das die Transposition (das «Hüpfen») des Transposons katalysiert. Es ist flankiert von kurzen, umgekehrt repetierten DNA-Sequenzen, die als Substrat für die Transposase dienen und die Integration an irgendeiner Stelle in den Chromosomen ermöglichen. Die chromosomale DNA wird von der Transposase am Integrationsort aufgeschnitten, und das Transposon, flankiert von den umgekehrt repetierten Enden, in das Chromosom eingesetzt.

Allen Spradling und Gerry Rubin haben mit Hilfe des P-Transposons eine effiziente Methode der Genübertragung (Gentransfer) entwickelt (Abb. 3.3). Das zu übertragende Gen wird als Passagier in einen P-Vektor eingesetzt, dessen Gene mit Ausnahme der umgekehrt repetierten Enden zuvor entfernt wurden. Da solche Vektoren nicht transponieren können, wird ein Helferplasmid verwendet, das den Vektor mit Transposase versieht. Das Helferplasmid seinerseits hat defekte, umgekehrt repetierte Enden (seine Flügel sind gestutzt, «wings clipped»), sodass es selbst nicht mehr transponieren kann, aber dem Vektor hilft, in die Chromosomen zu integrieren. Wenn das normale *white*[+]-Gen als Passagier verwendet wird, so werden die beiden Plasmid-DNA-Lösungen (Vektor + Helfer) zusammen in frisch befruchtete *white*[-] mutante Eier eingespritzt. Das Vektorplasmid wird relativ häufig in die Chromosomen eines Furchungskerns integriert. Furchungskerne, die am Hinterpol des Eies lokalisiert sind, werden in die sog. Polzellen eingeschlossen und entwickeln sich später zu Keimzellen. Die Fliegen, welche sich aus den injizierten Eiern entwickeln, werden mit *white*-Fliegen gepaart und in der nächsten Generation können die transformierten Fliegen an ihrer roten (*white*[+]) Augenfarbe erkannt werden. Der Integrationsort des *white*[+]-Gens kann mittels *in situ*-Hybridi-

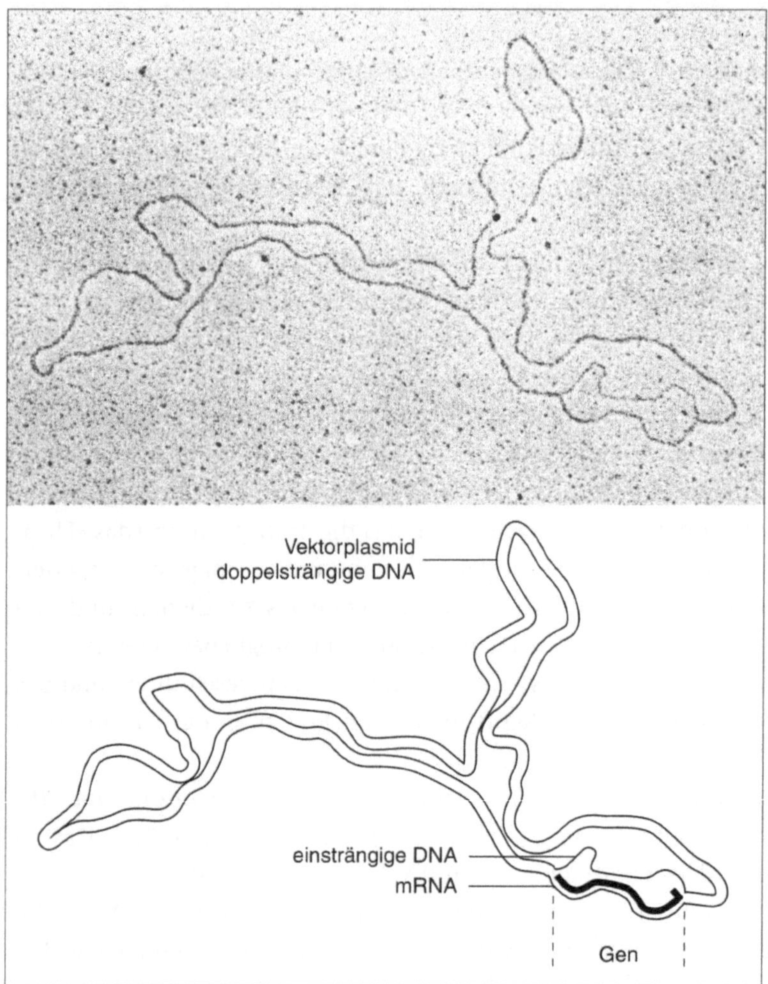

Abb. 3.2
Darstellung eines Gens im elektronenmikroskopischen Bild. Ein Vektorplasmid mit einer eingebauten Kopie des Hitzeschockproteingens (hsp 70) wurde mit seiner messenger RNA (mRNA) zusammengebracht unter Bedingungen, bei welchen RNA/DNA Hybridmoleküle stabiler sind als DNA/DNA Doppelhelices. Unter diesen Bedingungen verdrängt die mRNA den entsprechenden DNA-Strang und es bildet sich eine Blase (r-loop), die das Gen repräsentiert. Präparation und Aufnahme von J. Meyer.

sierung in den polytänen Riesenchromosomen bestimmt werden (Abb. 3.4). Durch solche Komplementationsexperimente kann eindeutig bewiesen werden, dass das klonierte Gen ein funktionstüchtiges *white*[+]-Gen ist, das rote Augenfarbe

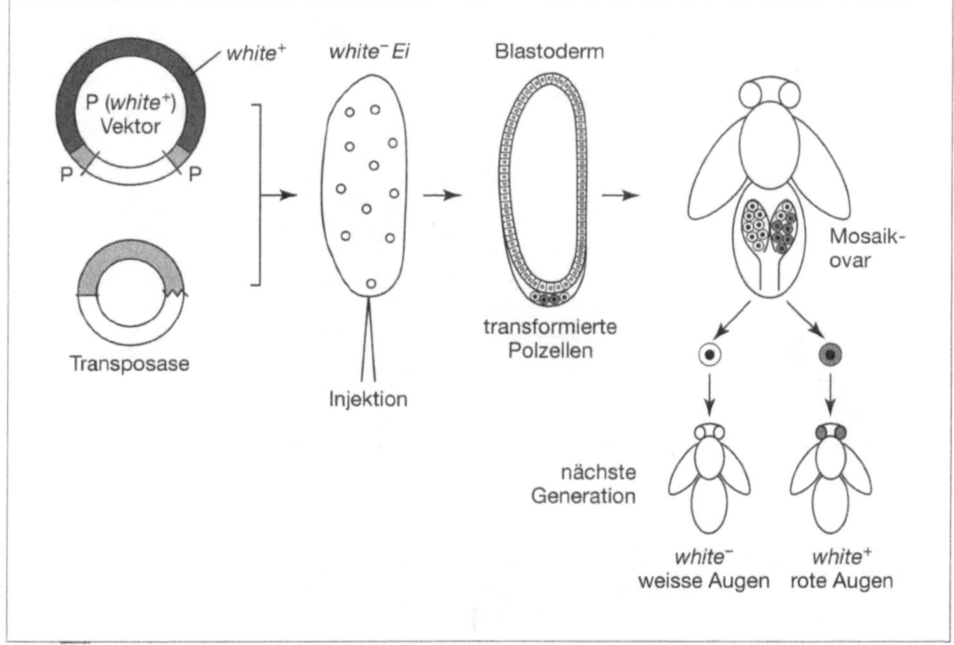

Abb. 3.3
Keimbahn-Transformation bei *Drosophila*. Das P-Transposon dient als Vektor, der ein Passagier-Gen an irgendeiner Stelle im Genom einfügen kann. Das *white⁺* Passagier-Gen, das für rote Augenfarbe kodiert, wird in die Vektorplasmid-DNA eingebaut und zusammen mit einem andern P-Plasmid, das für das Enzym Transposase kodiert, in befruchtete Eier des *white*-Stamms (weisse Augen) injiziert. Die DNA wird von einzelnen Polzellen (zukünftige Keimzellen) des Blastoderm-Embryos aufgenommen. Das Transposase-Gen wird aktiviert und bewirkt die Transposition, den Einbau des P-Transposons mit dem *white⁺* Gen, an einer beliebigen Stelle in den Chromosomen der Wirtszelle. Der Embryo entwickelt sich zu einer Adultfliege, deren Ovarien (oder Hoden) ein Mosaik von *white⁺* und *white⁻* Zellen enthalten. In der nächsten Generation entstehen sowohl weissäugige (*white⁻*) als auch rotäugige (*white⁺*) Fliegen.

erzeugt, während die Verlustmutation *white⁻* zum Verlust der Augenpigmente und damit zu einer weissen Augenfarbe führt. Durch gezielte Mutation des injizierten Gens im Reagenzglas kann man die Funktion der einzelnen DNA-Abschnitte und sogar einzelner Basenpaare analysieren.

Die üblichen Verfahren der Genklonierung erfordern Kenntnisse über die biochemische Natur des entsprechenden Genproduktes; für homeotische Gene waren die Genprodukte jedoch unbekannt. Um solche Gene klonieren zu können, mussten zuerst Methoden entwickelt werden, die es erlauben, Gene zu isolieren, die nur

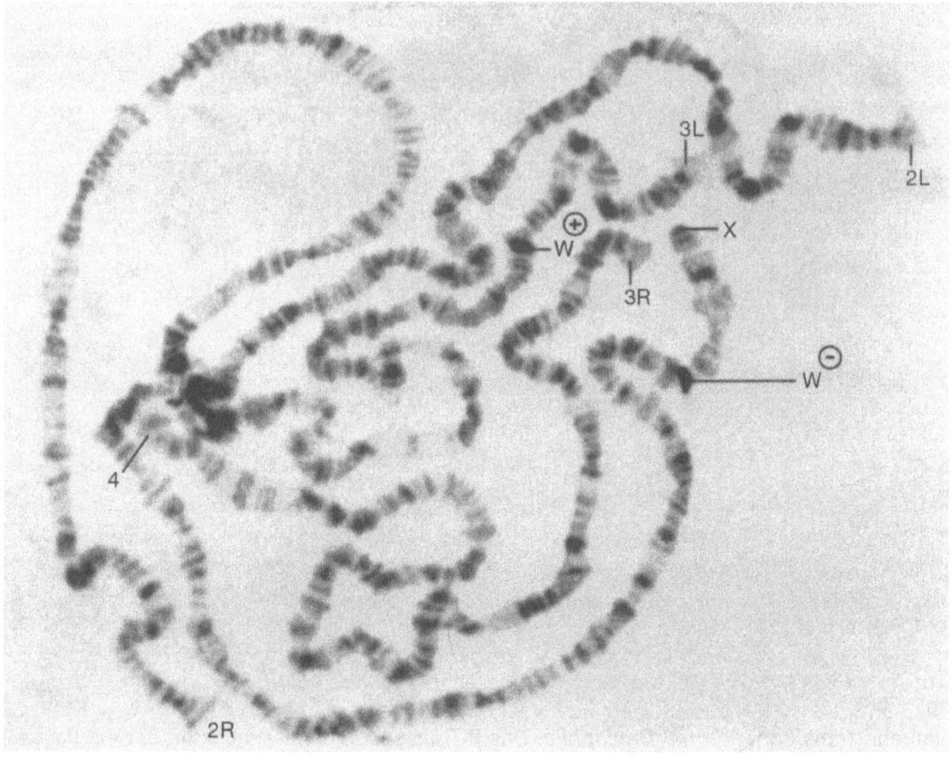

Abb. 3.4
Lokalisation eines *white⁺*-Transposons in den Riesenchromosomen einer transformierten Larve. Mit Hilfe eines *white⁺*-Gens als Sonde kann das *white⁺*-Transposon auf dem linken Arm des dritten Chromosoms lokalisiert werden, während das *white⁻*-Gen das Empfängers, das eine Mutation trägt, an seinem normalen Chromosomenort auf dem X-Chromosom sitzt. Die Chromosomenenden sind mit X, 2, 3 und 4 bezeichnet; L und R kennzeichnen den linken resp. rechten Arm. Präperation und Aufnahme U. Kloter.

aufgrund ihrer Mutationen und ihres Chromosomenortes identifiziert werden konnten. Zu diesem Zweck haben David Hogness und seine Mitarbeiter Welcome Bender und Pierre Spierer eine geniale, aber einfache Methode entwickelt, die «walking along the chromosome», Marsch entlang dem Chromosom, genannt wurde. Diese klingt wie der Titel eines Schlagers, aber sie beinhaltet viel harte Arbeit. Da ein Chromosom aus einem linearen doppelsträngigen DNA-Molekül besteht, kann man von einem bereits isolierten Gen an der Position A nach Position B wandern, wo sich ein noch unbekanntes Gen befindet, indem man schrittweise partiell überlappende DNA-Moleküle isoliert, bis man in B angelangt ist. Partiell überlappende

DNA-Segmente hybridisieren (binden) aneinander und man kann Fragment 1 dazu benutzen, um Fragment 2 zu isolieren, Fragment 2 für Fragment 3 und so weiter, bis man B erreicht hat. Die Richtung, in der man wandert, nach rechts oder links, kann man nach einer genügend großen Zahl von Schritten durch *in situ*-Hybridisierung bestimmen. Diese Methode wurde von der Hogness-Gruppe zum ersten Mal dazu benutzt, ein homeotisches Gen, das *Ultrabithorax*-Gen, zu isolieren.

Sobald wir von der Entwicklung dieser neuen Methode Kenntnis erhielten, unternahm ich alle Anstrengungen, um «mein» homeotisches Gen *Antennapedia* zu isolieren. Zwei Postdoktoranden, Richard Garber und Atsushi Kuroiwa, übernahmen diese Aufgabe, die mehr als drei Jahre dauerte. Zu Beginn dieses Marathonprojektes wussten wir nur, dass *Antennapedia* im Abschnitt 84B des dritten Chromosoms lokalisiert ist, weil alle bekannten chromosomalen Inversionen, die eine Transformation der Antennen in Mittelbeine erzeugen, einen Inversionsbruchpunkt in diesem Band aufweisen (siehe Abb. 2.10). Zu Beginn des Chromosomen-Marsches standen uns jedoch keine klonierten DNA-Fragmente von 84B zur Verfügung. Wir begannen deshalb mit unserem Marsch im Band 84F, mehrere Millionen Basenpaare entfernt von *Antennapedia* und benutzten dann die Inversion *Humeral* (In(3R)Hu), die je einen Bruchpunkt in 84F und 84B aufweist, um von 84F nach 84B zu «springen». Trotzdem mussten wir zuerst über 250 000 Basenpaare weit «wandern», um den 84F-Bruchpunkt zu erreichen und in die *Antennapedia*-Region zu springen. Vom 84B-Bruchpunkt aus mussten weitere 230 000 Basenpaare kloniert werden, um *Antennapedia* zu durchqueren. Dies war nur Dank dem Geschick und der großen Ausdauer von Rick Garber und Atsushi Kuroiwa möglich.

Um herauszufinden, wo sich *Antennapedia* auf diesem klonierten DNA-Abschnitt befindet, kartierten wir zunächst die Bruchpunkte der verschiedenen Inversionsmutanten, die sich alle innerhalb einer Region von etwa 50 000 Basenpaaren lokalisieren ließen. Dann konnten wir die Ausdehnung des *Antennapedia*-Gens mit Hilfe von Deletionen bestimmen, die entweder *Antennapedia* herausnehmen und die flankierenden Gene intakt lassen, oder *Antennapedia* nicht betreffen, aber die flankierenden Gene eliminieren. Nachdem dies gelungen war, begannen wir mit der Identifikation der Transkripte, der *Antennapedia*-mRNA. Michel Goldschmidt-Clermont stellte uns freundlicherweise eine cDNA-Bank zur Verfügung, die er aus RNA von *Drosophila*-Embryonen erstellt hatte, und es gelang uns, aus dieser Bank mehrere cDNA-Klone, d.h. DNA-Kopien von *Antennapedia*-mRNA, zu isolieren. Obwohl diese mRNAs nur 3 400–5 000 Basen lang waren, kamen wir zum Schluss, dass das *Antennapedia*-Gen über 100 000 Basenpaare lang sein musste. Wie die meisten anderen Gene von höheren Organismen ist *Antennapedia* ein gespaltenes Gen: Die kodierende Region besteht aus einer Reihe von Exons, die von Introns (eingeschobenen DNA-Sequenzen) unterbrochen sind (siehe Abb. 1.4). Sowohl die Exons als auch die Introns werden in ein kontinuierliches Transkript überschrieben, aber anschließend werden die Intronsequenzen aus dem primären Transkript herausgeschnitten und zu einem durchgehenden mRNA-Molekül zusammengesetzt. *Antennapedia* hat extrem lange Introns und enthält große Kontrollregionen, sowohl in den Introns als auch den flankierenden Sequenzen, und repräsentiert deshalb eines der größten *Drosophila*-Gene.

Um die Exons genauer zu kartieren, hybridisierte Rick Garber die *Antennapedia* cDNA-Klone an die ganze Sammlung von chromosomalen DNA-Segmenten vom Chromosomenmarsch. In diesem Experiment hybridisieren die cDNA-Klone einzig an die Exonsequenzen, da die Introns aus der mRNA herausgeschnitten werden. Die Exons waren über eine Länge von etwa 100 000 Basenpaaren verteilt. Zu unserer Überraschung hybridisierten jedoch die *Antennapedia*-cDNA-Klone auch mit Sequenzen ausserhalb des *Antennapedia*-Gens. Das war das erste Zeichen der Homeobox. Es stellte sich heraus, dass die *Antennapedia*-cDNA mit dem angrenzenden *fushi tarazu*-Gen kreuzhybridisierte, weil die beiden Gene gemeinsame DNA-Sequenzen aufweisen. Tatsächlich hatten Rick Garber und ich nach solchen Homologien zwischen homeotischen Genen Ausschau gehalten, weil Ed Lewis postuliert hatte, dass homeotische Gene durch Tandemduplikationen und anschließende Diversifikation auseinander hervorgegangen sind, sodass sie eigentlich noch gemeinsame DNA-Sequenzen aufweisen sollten. Das *fushi tarazu*-Gen, das direkt neben *Antennapedia* liegt, wurde erstmals von Barbara Wakimoto beschrieben, die ihm seinen japanischen Namen gab, der «nicht genügend Segmente» bedeutet, weil den mutanten (ftz^-) Embryonen jedes zweite Körpersegment (bzw. Parasegment) fehlt. Nach Garbers Befunden beauftragte ich meinen japanischen Postdoktoranden Atsushi Kuroiwa, das *fushi tarazu*-Gen zu klonieren (siehe Kapitel 6). Dabei stellte es sich heraus, dass die kreuzhybridisierenden DNA-Sequenzen in beiden Genen, *Antennapedia* und *fushi tarazu* im letzten Exon (am 3' Ende) gelegen sind.

Kurz zuvor kam ein neuer Mitarbeiter, William McGinnis, in mein Labor und übernahm mit Begeisterung die Aufgabe, die homologen Sequenzen zwischen *Antennapedia* und *fushi tarazu* genau zu definieren und zu sequenzieren. Innerhalb kurzer Zeit fand er geeignete Bedingungen, um ähnliche, aber nicht identische DNA-Sequenzen zu entdecken. Er suchte das gesamte *Drosophila*-Genom nach Sequenzen ab, die mit den verschiedenen Segmenten der *Antennapedia*- und *fushi tarazu*-cDNAs kreuzreagierten. Dabei fand er eine Reihe von definierten DNA-Banden, die mit diesen Sequenzen im letzten Exon von *Antennapedia* und *fushi tarazu* kreuzhybridisierten. Diese DNA-Banden repräsentierten mindestens ein Dutzend Gene, von denen die meisten später kloniert werden konnten. Um herauszufinden, ob andere homeotischen Gene ebenfalls diese kreuzhybridisierenden Sequenzen enthalten, rief ich Pierre Spierer in Genf an. Pierre Spierer war soeben aus Stanford zurückgekehrt, wo er zusammen mit Welcome Bender im Labor von David Hogness das homeotische *Ultrabithorax*-Gen kloniert hatte. Ich bat ihn, mir nur zwei Klone zu schicken, einen mit dem ersten und einen mit dem letzten Exon, was er nach Rücksprache mit David Hogness auch tat. Schon bald gelang es Bill McGinnis, der zusammen mit Michael Levine und Ernst Hafen ein hervorragendes Team bildete, zu zeigen, dass die kreuzhybridisierenden Sequenzen auch im letzten Exon des *Ultrabithorax*-Gens vorhanden waren. Eureka! Zu diesem Zeitpunkt war uns klar, dass wir etwas Wichtiges entdeckt hatten, und nannten diese kompakte Sequenz Homeobox (Abb. 3.5), weil sie für homeotische Gene typisch war. Die anschließende Sequenzierung (Bestimmung der Basenreihenfolge) der Homeobox zeigte, dass die Kreuzhybridisierung nicht auf einer einfachen Basenreihenfolge beruht, die vielfach repetiert ist, sondern auf einem eindeutig definierten DNA-Abschnitt von 180 Basenpaaren mit 75–77% Sequenzidentität zwischen *Antennapedia, fushi tarazu* und *Ultrabithorax*. Ausserdem weisen diese drei Homeoboxen das gleiche gemeinsame Leseraster auf, nach dem der kodierende DNA-Strang in ein ähnliches Proteinsegment übersetzt wird, das wir als Homeodomäne bezeichneten. Die Sequenzhomologie zwischen *Antennapedia, fushi tarazu* und *Ultrabithorax* wurde unabhängig von uns auch von Matthew Scott und Amy Weiner gefunden, die ebenfalls einen Chromosomenmarsch durch den *Anntennapedia*-Locus durchgeführt hatten.

Der Befund, dass verschiedene Mitglieder einer Genfamilie gemeinsame DNA-Sequenzen haben, war an sich nicht überraschend, aber Bill McGinnis und ich begannen mit der Homeobox als Sonde sofort nach anderen Homeobox-enthaltenden Genen bei *Drosophila* suchen und zu fragen, ob es verwandte Gene auch bei anderen Organismen gibt. Die ersten beiden *Drosophila*-Gene, die mit der Homeobox von *Antennapedia* und *Ultrabithorax* kreuzhybridisierten, waren *Deformed* (*Dfd*) und *abdominal-A* (*abd-A*), die beide von homeotischen Mutanten her bekannt waren. Die Homeobox war also in der Tat charakteristisch für homeotische Gene, und der Begriff Homeobox war berechtigt.

Zu diesem Zeitpunkt arbeiteten Eddy De Robertis und seine Forschungsgruppe in unserer Abteilung des Biozentrums, und wir veranstalteten gemeinsame Semi-

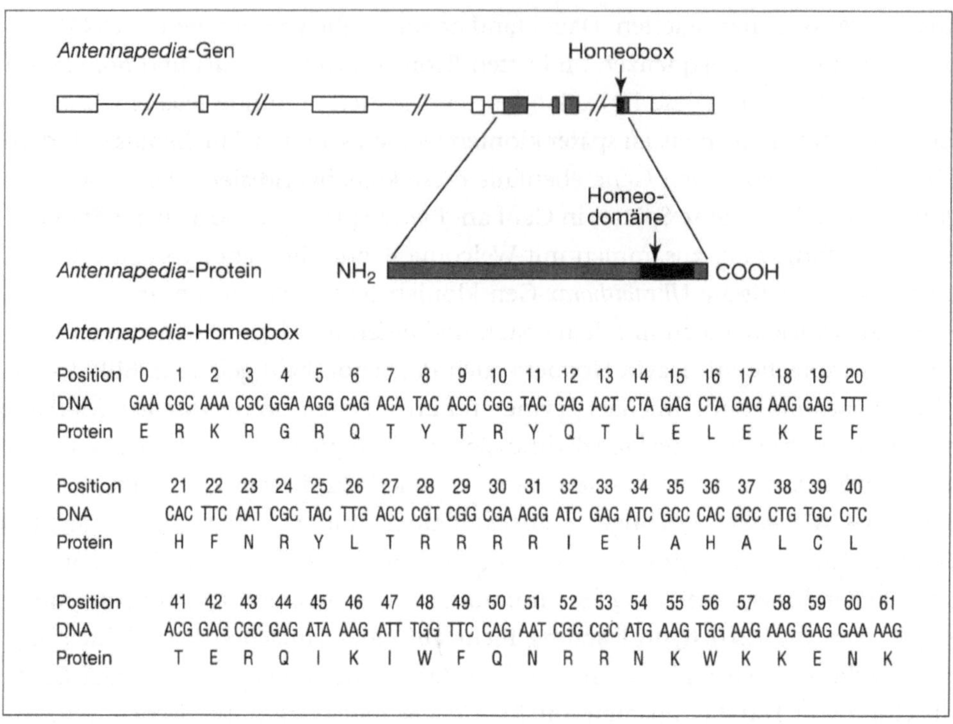

Abb. 3.5
Das *Antennapedia*-Gen und die Homeobox. Das *Antennapedia*-Gen (oben) besteht aus 8 Exons (Segmenten, die für mRNA kodieren). Die Protein kodierenden Sequenzen sind auf die letzten vier Exons beschränkt (schraffiert), einschliesslich der Homeobox (schwarz). Die Homeobox wird in die Homeodomäne übersetzt, die in der Nähe des Carboxyterminus (COOH) des *Antennapedia*-Proteins liegt. Die Homeobox besteht aus 180 Basenpaaren, die für 60 Aminosäuren kodieren, die unterhalb der entsprechenden Codonen in der DNA aufgelistet sind.

narvorträge und Gruppendiskussionen über die neuesten Forschungsergebnisse. Diese Diskussionen waren stets sehr lebendig, stimulierend und produktiv. Am Ende einer solchen Seminarpräsentation gingen Eddy De Robertis und ich zurück in mein Büro, um den Faden der Diskussion noch weiter zu spinnen, und wir kamen auf die Idee, auch bei Wirbeltieren nach Homeobox-Genen zu suchen. Wir waren uns dessen bewusst, dass sich Insekten und Wirbeltiere ganz verschieden voneinander entwickeln, aber weil Eddy De Robertis ohnehin an Krallenfröschen arbeitete, war es ein leichtes, wenigstens ein Pilotexperiment durchzuführen. Bill McGinnis hatte bereits einen «Zooblot» gemacht, wie dieses Experiment im Fachjargon bezeichnet wird. Dazu wird DNA von verschiedenen Organismen mit

Restriktionsenzymen zerschnitten und die Fragmente nach ihrer Länge durch Elektrophorese aufgetrennt, auf ein Filterpapier übertragen und schließlich mit der Homeobox-Sonde hybridisiert. Diese «Zooblots» erbrachten den Hinweis, dass Homeoboxen bei verschiedenen Organismen vorkommen können, einschließlich einem Käfer und einem Regenwurm. Auch Frosch-DNA zeigte kreuzhybridisierende Banden, aber diese mussten zuerst kloniert und sequenziert werden, um sicher zu sein, dass sie tatsächlich Homeoboxen enthielten. Viele Mitarbeiter betrachteten dieses Projekt als viel zu riskant, aber Andres Carrasco, mit Unterstützung durch Eddy De Robertis und Bill McGinnis, klonierte das erste Wirbeltiergen mit einer Homeobox vom Krallenfrosch *Xenopus*. Dieser überraschende Befund wies darauf hin, dass der Entwicklung von Wirbeltieren und Wirbellosen ein gemeinsames Prinzip zu Grunde liegt.

Als Frank Ruddle für einen Forschungsurlaub von der Yale Universität nach Basel kam, wollte er zunächst seine Zeit mit Lesen und dem Verfassen von Publikationen verbringen. Als er jedoch realisierte, welche Entdeckungen im Labor gemacht wurden, konnte er nicht widerstehen und ging zurück an den Labortisch, um mit Bill McGinnis die ersten Homeoboxgene von der Maus zu klonieren, womit eine neue Ära der Säugetiergenetik eingeläutet wurde. Kurze Zeit später klonierte Michael Levine, nachdem er von Basel in die Vereinigten Staaten zurückgekehrt war, das erste menschliche Homeoboxgen (Abb. 3.6).

Die ersten Experimente schienen darauf hinzudeuten, dass nur segmentierte Tiere Homeoboxgene aufwiesen, weil die «Zooblots» von Seeigeln und vom *Acaris*, einem Nematoden, einem Stamm von Würmern, die nicht segmentiert sind, keine kreuzreagierenden Banden zeigten. Bei der Publikation dieser Resultate waren wir jedoch vorsichtig und erwähnten, dass mindestens 60% Sequenzindentität nötig ist, um ein positives Signal zu erhalten. Wir konnten daher nicht ausschließen, dass Seeigel und Nematoden Homeoboxen aufweisen, die in ihrer Sequenz mehr abweichen. Tatsächlich fand Thomas Bürglin unter Verwendung von empfindlicheren Methoden eine große Zahl von Homeoboxgenen bei *C. elegans*, einem Nematoden, und wenig später wurden sie auch bei Seeigeln nachgewiesen.

Die Tatsache, dass die Homeobox bei *Drosophila* hauptsächlich in Genen gefunden wurde, die die Identität der Segmente bestimmen oder an der Gliederung des Körpers in Segmente beteiligt waren, legte den Schluss nahe, dass die Homeoboxgene bei Wirbeltieren eine ähnliche Funktion ausüben könnten. Wir spekulierten deshalb: «Wenn die Homeodomäne, die bei Fröschen, Mäusen und Menschen konserviert ist, an der Kontrolle der Körpersegmentierung maßgeblich beteiligt ist, dann ist es möglich, dass die segmental organisierten Tiere, sowohl die Protosto-

```
                  1        10        20        30        40        50        60
Drosophila        RKRGRQTYTRYQTLELEKEFHFNRYLTRRRRIEIAHALCLTERQIKIWFQNRRMKWKKEN
Bombyx            ............................................................        100%
Apis              ..........................Y.................................         98%
Dugesia           H..S..........................K......................S.......DH      90%
Tripneustes       .............A...............Y........K........Q.V...S...........R    88%
Phallusia         S..T..TH.....................Y..............S................        90%
Lineus            .............................K..............................        98%
Amphioxus         .............................K..............................        98%
Xenopus           ...........................................................H        98%
Gallus            ...........................................................H        98%
Mus               ...........................................................H        98%
Homo              ...........................................................H        98%
```

Abb. 3.6
Die Homeodomänesequenzen von *Drosophila Antennapedia* und die verwandten Sequenzen von anderen Tieren und vom Menschen. Ein Punkt zeigt an, dass die gleiche Aminosäure an der entsprechenden Stelle steht wie bei *Drosophila*. Abkürzungen (Gattungsnamen): *Drosophila*, Taufliege; *Bombyx*, Seidenspinner; *Apis*, Honigbiene; *Dugesia*, Plattwurm; *Tripneustes*, Seeigel; *Phallusia*, Seescheide; *Lineus*, Schnurwurm; *Amphioxus*, Lanzettfischchen; *Xenopus*, Krallenfrosch; *Gallus*, Huhn; *Mus*, Maus; *Homo*, Mensch; %, Sequenzidentität.

mier (die meisten wirbellosen Tiere) als auch die Deuterostomier (hauptsächlich Wirbeltiere) einen gemeinsamen Vorfahren hatten, und dass der Bauplan aller segmentierten Tiere nur ein Mal in der Evolution entstanden ist.» Diese gewagte Spekulation blieb nicht unbestritten. Elisabeth und Rudolf Raff schlugen eine viel «mondänere» Funktion für die Homeodomäne vor. In der Zeitschrift *Nature* machten die Raffs den Vorschlag, es handle sich bei der Homeodomäne ganz einfach um ein Kernlokalisationssignal, also eine Aminosäuresequenz, die für den Transport des Proteins in den Zellkern nötig sei. «Während wir darin mit den Autoren übereinstimmen, dass Protostomier und Deuterostomier zu einem bestimmten Zeitpunkt der Evolution einen gemeinsamen Vorfahren gehabt haben, so möchten wir jedoch festhalten, dass die Chordaten (einschließlich der Wirbeltiere) in der Tat nicht segmentiert sind und sich damit fundamental von den Arthopoden (einschließlich der Insekten) und anderen segmentierten Tieren in Bezug auf den Bauplan und die Entwicklungsprozesse, die diesen Bauplan etablieren, unterscheiden. Die Evolution dieser Entwicklungsprogramme zeigt kaum irgendwelche Evidenz für eine sinnvolle Homologie.» Seitdem haben wir jedoch mehr und mehr Beweisstücke zusammengetragen, dass die gleichen Homeoboxgene sowohl bei Wirbeltieren als auch bei Wirbellosen den Körperbauplan festlegen und dass die Mechanismen der genetischen Steuerung der Entwicklung viel universaler sind, als man zuvor angenommen hatte. Wie Stephen Jay Gould betont hat, ist unsere spekulative Hypothese bereits 1830 von Etienne Geoffroy Saint-Hilaire vorgeschlagen und in einer öffentlichen Debatte in Paris verteidigt worden. Damals hat sich allerdings der entgegengesetzte Standpunkt durchgesetzt, der vom sehr viel wortgewaltigeren George Cuvier vertreten wurde. Heute, hundertfünfzig Jahre später, hat das Pendel wieder in die andere Richtung ausgeschlagen. Ich habe stets den Standpunkt vertreten, dass sich die wissenschaftliche Wahrheit nicht in hitzigen, öffentlichen Debatten finden lässt.

Der erste Hinweis auf die möglichen Funktionen der Homeodomäne kam von einer Computersuche durch die Proteindatenbanken, die von John Shepherd in unserem Labor ausgeführt wurde. Zu unserer Überraschung fand John Shepherd eine geringe, jedoch signifikante Übereinstimmung zwischen den Paarungstyp-Proteinen der Hefepilze und der Homeodomäne (Abb. 3.7). Die Sequenzidentität variiert zwischen nur 22 und 28%, und hätte durch Hybridisierung nicht gefunden werden können, erwies sich aber als statistisch signifikant. Das war ein entscheidender Befund, weil die Hefegenetiker bereits zuvor gezeigt hatten, dass die MAT-Gene, welche den Paarungstyp bestimmen, Regulatorgene sind, und dass MAT α2 für ein Repressorprotein kodiert, das die Gene des Paarungstyps a unterdrückt und damit die Bildung einer Zelle mit dem Paarungstyp α bewirkt[1]. MAT α2 kodiert also für ein genregulatorisches Protein, das den Zelltyp (a oder α) determiniert. Die partielle Homologie zwischen den Paarungstyp- und Homeodomänenprotein war ein deutlicher Hinweis darauf, dass die homeotischen Proteine auch eine genregulatorische Funktion haben, was Alan Garen und ich schon lange zuvor angenommen hatten. Wie wir später sehen werden, erwiesen sich beide Hypothesen als richtig: Hefen haben Proteine mit Homeodomänen, und Homeodomänenproteine haben eine genregulatorische Funktion und steuern ganze Batterien von Genen.

Unsere Entdeckung von Homeodomänen bei Hefen wurde von den Raffs als hauptsächliches Gegenargument gegen unsere Hypothese verwendet, dass Homeoboxgene den segmentalen Körperbauplan bestimmen: «Es gibt sicher wenig Argumente dafür, dass Hefe ein segmentierter Organismus ist» (Hefen sind einzellige Pilze, die sich durch Knospung oder Zweiteilung vermehren). Auch andere Kolle-

---

1 Die Paarungstypen bei den Hefepilzen entsprechen weitgehend den beiden Geschlechtern bei höheren Organismen. Nur Zellen von verschiedenem Paarungstyp (a und α) können miteinander paaren. Dabei verschmelzen zwei haploide Zellen zu einer heterozygoten diploiden Zelle a/α.

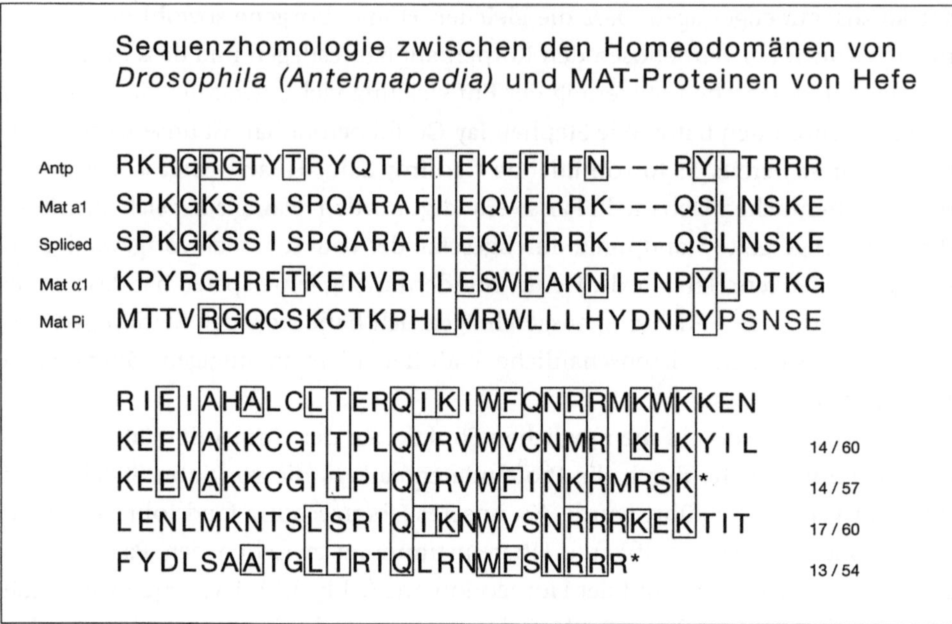

Abb. 3.7

Sequenzhomologie zwischen den homeotischen Genen von *Drosophila* und den Paarungstyp-
genen der Hefen. Sequenzvergleich zwischen den Homeodomänen von *Drosophila Antennapedia* (Antp) und mat Proteinen mat a1, mat a1 spliced (verspleisste Variante) und mat a2 von
der Bäckerhefe (*Saccharomyces cerevisiae*) und mat P1 von der Spalthefe (*Schizosaccharomy-
ces pombe*). Die Zahlenverhältnisse (z.B. 14/60) bezeichnen die Anzahl der Aminosäuren, die
identisch sind zwischen mat und Antp. Identische Aminosäuren sind eingerahmt.

gen waren sehr skeptisch: An einer internationalen Tagung, an der ich unsere
Resultate präsentierte, saß Eric Davidson in der vordersten Reihe und schüttelte
ostentativ seine Kopf während meinem Vortrag, um seiner gegenteiligen Meinung
Ausdruck zu geben. Ein paar Jahre später wechselte er seine Einstellung und
begann selbst, die Homeoboxgene von seinen Lieblingstieren, den Seeigeln, zu
klonieren.

Wie hat die Presse auf diese Entdeckungen reagiert? Der Herausgeber von *Nature*, der unsere Publikation bearbeitete, war von unseren Befunden überzeugt, aber
der Begriff Homeobox gefiel ihm nicht, und so ersetzte er ihn mit homeotischer
Sequenz, kurz bevor das Manuskript in Druck ging. Er vergaß aber, den Begriff weiter unten im Text zu ersetzen, sodass der Begriff homeoobox (in der alten Schreibweise) trotzdem in unserer ersten Publikation erscheint. (Dieser Fall zeigt deutlich,

welche Macht die Journalisten in der Wissenschaft ausüben, auch wenn sie gar nicht qualifiziert sind, solche Entscheidungen zu treffen). Die *New York Times* publizierte einen Kommentar unter dem Titel «Humans and Insects Appear to Share Fragment of Gene», in welchem Gary Struhl, Professor für Biochemie an der Harvard University, die Entdeckung der Homeobox beschrieb und beifügte: «dies könnte ein eigentlicher Durchbruch im Verständnis der Wirbeltierentwicklung sein». Struhls Name wurde mehrfach erwähnt, obschon er mit der Entdeckung der Homeobox weiter nichts zu tun hatte, als dass er uns gewisse Mutanten zur Verfügung gestellt hatte; dann wurden zwei weitere amerikanische Wissenschaftler erwähnt, die nichts zur Entdeckung der Homeobox bei Wirbeltieren beigetragen hatten. Schließlich, in den letzten fünf Zeilen des Artikels, wurden die Autoren aus Basel erwähnt. Im Sport ist diese Form von Nationalismus üblich, aber in der Wissenschaft sollte man etwas weniger chauvinistisch sein, und ich möchte hervorheben, dass an der ersten Publikation, in der wir die Homeobox beschrieben haben, zwei Schweizer, zwei Amerikaner und ein Japaner beteiligt waren. *Die Weltwoche*, eine Schweizer Wochenzeitschrift, konterte gegenüber der *New York Times*, «der Schlüssel zum Leben liegt in Basel», und ein englischer Kollege verglich die Entdeckung der Homeobox sogar mit dem Stein von Rosetta; aber es ist noch ein langer Weg, bis wir das Entwicklungsprogramm in der DNA entschlüsselt haben.

4

Wie entsteht ein Embryo?

Für jeden an der Biologie interessierten Menschen ist es faszinierend, den Vorgang der Befruchtung mit eigenen Augen unter dem Mikroskop zu beobachten. Ich gebe meinen Studenten dazu die Gelegenheit im Laboratoire Arago in Banyuls an der französischen Mittelmeerküste, wo ich regelmäßig einen Kurs in mariner Entwicklungsbiologie erteile. Jeder Student und jede Studentin erhält eine Schale mit Eiern und eine Schale mit Spermien von einem Paar von Seeigeln. Nach Zugabe eines Tropfens verdünnter Spermien-Lösung zu den Eiern, die sich in einer mit Meerwasser gefüllten Schale befinden, können sie das Eindringen des Spermiums in das Ei direkt unter dem Mikroskop beobachten und verfolgen, wie sich der Embryo entwickelt. Die Natur ist ausserordentlich großzügig bei der Produktion von Gameten: Eier werden vom Weibchen zu Millionen abgegeben und das Männchen produziert Milliarden von Spermien im Überschuss, um sicherzustellen, dass eine Befruchtung zustande kommt, auch wenn nur ein sehr geringer Teil der Gameten erfolgreich ist. Der Vorgang der Befruchtung wurde erstmals von Oskar Hertwig 1875 bei Seeigeln beobachtet, die transparente Eier haben und leicht künstlich besamt werden können. Heute kann man die Zellkerne von Ei und Spermium durch Zugabe eines Fluoreszenzfarbstoffes, der die Entwicklung nicht beeinträchtigt, sichtbar machen, und selbst die Chromosomen lassen sich in den lebenden Zellen während den Teilungen erkennen. Es ist wunderbar, die Tausenden von Spermien zu sehen, die das Ei, das von einer Gallerthülle umgeben ist, umschwärmen. Nur ein einziges Spermium ist der glückliche Gewinner, der als erster die Gallerte durchbohrt und die Eioberfläche erreicht. Daraufhin verschmelzen die beiden Zellen, indem die Zellmembranen beim Eindringen des Spermiums miteinander verschmelzen, und dann bewegt sich der Spermakern gegen das Zentrum des kugelförmigen Eies, wo er auf den Eikern stößt und mit diesem verschmilzt. Weil Ei- und Spermakern je einen Chromosomensatz aufweisen, enthält der Fusionskern zwei Chromosomensätze, mit anderen Worten, es vereinigen sich zwei haploide Zellen zu einer normalen diploiden Zelle mit je einem väterlichen und mütterlichen Chromosomensatz. Das erfolgreiche Eindringen des Spermiums kann daran erkannt werden, dass sich eine Befruchtungsmembran bildet, die sich von der Eioberfläche abhebt und eine Barriere gegen das Eindringen von weiteren Spermien bildet. Innerhalb von etwa einer Stunde furcht sich das Ei, das Zytoplasma schnürt sich durch und es entstehen zwei Zellen – die Embryonalentwicklung hat begonnen.

Es gibt zwei Extreme der Embryonalentwicklung, die Sidney Brenner als den europäischen und den amerikanischen Weg bezeichnet hat. Die europäische Lebensart besteht darin, dass die Zellen weitgehend für sich selbst schauen und sich wenig mit ihren Nachbarn unterhalten. Im wesentlichen kommt es auf die Herkunft an, und wenn eine Zelle an einem bestimmten Ort geboren wird, dann bleibt sie im allgemeinen an derselben Stelle und entwickelt sich dort nach strengen Regeln. Selbst der Zelltod ist programmiert. Falls die Zelle bei einem Unfall ums Leben kommt, so kann sie nicht ersetzt werden. Die amerikanische Lebensart ist ganz das Gegenteil. Die Herkunft zählt wenig, die Zelle kennt ihre Vorfahren kaum und weiss meist gar nicht, woher sie ursprünglich kommt. Worauf Wert gelegt wird, sind die Beziehungen zu den Nachbarn. Die Zellen tauschen ständig Informationen untereinander aus. Sie ziehen häufig um, damit sie ihr Ziel erreichen können. Sie sind flexibel und stehen mit anderen Zellen für die gleiche Funktion in Konkurrenz. Kommen sie bei einem Unfall ums Leben, so können sie leicht ersetzt werden.

«Der Wurm»: Die europäische Art, sich zu entwickeln

Das Musterbeispiel für die europäische Lebensart ist in mancher Hinsicht *Caenorhabditis elegans*, ein kleiner Wurm vom Stamm der Nematoden, das Lieblingstier von Sidney Brenner (selbst wenn die genauere Untersuchung auch manche amerikanischen Züge zum Vorschein gebracht hat). «Der Wurm», wie er bei den Insidern heisst, wurde im Jahre 1963 bewusst ausgesucht, als Sidney Brenner und Francis Crick den Eindruck bekommen hatten, dass die meisten fundamentalen Probleme der klassischen Molekularbiologie an Bakterien und Phagen gelöst seien, und man in Zukunft komplexere Probleme angehen sollte:

«Wir müssen andere Probleme der Biologie in Angriff nehmen, die neu, mysteriös und passionierend sind». Brenner wählte die Entwicklung «des Wurms» und Crick versuchte, die Geheimnisse des menschlichen Gehirns zu lüften. Warum *C. elegans*? Brenner wollte ein kleines vielzelliges Tier zähmen, um seine Entwicklung direkt mit den analytischen Methoden der Mikroben-Genetik zu untersuchen. Er wählte *C. elegans*, einen etwa einen Millimeter langen, freilebenden Wurm, der im Erdboden lebt und sich hauptsächlich von Bakterien ernährt. Sein Lebenszyklus dauert nur etwa drei Tage und er produziert mehrere hundert Nachkommen. Er ist für genetische Experimente ideal geeignet, weil er auf Agarplatten gezüchtet werden kann, auf einem Bakterien-Rasen von *Escherichia coli*, dem Paradepferd der Molekularbiologen. Er kommt in zwei «Geschlechtern» vor: Hermaphroditen, die sowohl Eier als auch Spermien produzieren und sich durch Selbstbefruchtung vermehren können, und Männchen, die mit geringerer Häufigkeit spontan auftreten. Männchen können Hermaphroditen befruchten, was dem Experimentator erlaubt, genetische Kreuzungen anzusetzen. Das haploide Genom umfasst etwa 8×10^7 Basenpaare, ist also nur halb so groß als dasjenige der Taufliege *Drosophila*. Vor kurzem wurde das ganze Genom von *C. elegans* durch DNA-Sequenzierung entziffert. «Der Wurm» ist auch anatomisch relativ einfach aufgebaut und besitzt eine fixe Zahl von Körperzellen, die durch direkte Beobachtung im Mikroskop gezählt werden können. Der Hermaphrodit hat nur 959 somatische Zellen, das Männchen 1031, sowie eine variable Zahl von Keimzellen.

Die Zellteilungen von *C. elegans* können direkt im Mikroskop am lebenden Tier beobachtet werden, und der ganze Zellstammbaum («Cell lineage»), der angibt, wie die Zellen des Adulttieres durch Zellteilung aus der Zygote entstehen, ist aufgeklärt worden (Abb. 4.1). Der Zellstammbaum von *C. elegans* ist konstant von Individuum zu Individuum, dieser Organismus wird also mit großer Präzision gebaut.

Grundsätzlich kann man drei verschiedene Typen von Zellteilungen unterscheiden: (1) Die proliferative Zellteilung, die symmetrisch ist und von einer Mutterzelle zu zwei Tochterzellen des gleichen Typs führt $(A \rightarrow A + A)$; (2) die Stammzellteilung, bei der sich eine Stammzelle A wiederholt asymmetrisch in eine Zelle A (die Stammzelle bleibt) und eine Zelle B teilt, die sich differenziert $(A \rightarrow A + B)$; und (3) die diversifizierende Teilung, in der sich die beiden Tochterzellen sowohl von der Mutterzelle als auch voneinander unterscheiden $(A \rightarrow B + C)$.

Die ersten vier Teilungen von *C. elegans* sind Stammzellteilungen, bei denen die P-Zelle stets Stammzelle bleibt (Abb. 4.2) und vier Gründerzellen AB, EMS, C und D abspaltet. P ist die Urkeimzelle, aus der später alle Keimzellen (Eier und Sper-

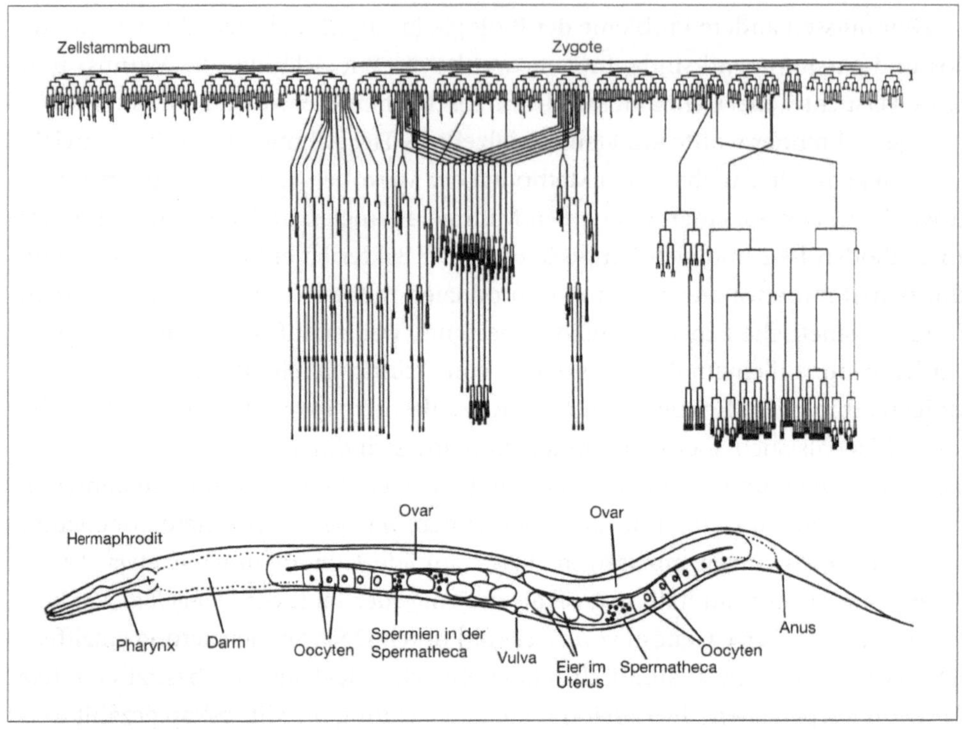

Abb. 4.1

Zellstammbaum und Anatomie des Wurms (*Caenorhabditis elegans*). Jede vertikale Linie entspricht einer Zelle. Das Kopfende (anterior) ist links, das Schwanzende rechts. Die meisten Zellen werden an ihrer endgültigen Position geboren, aber einige wandern über größere Distanzen nach vorn oder nach hinten (überkreuzende Linien). Nach J. Sulston et al. (1980) The embryonic cell lineage of the nematode *Caenorhabditis elegans*. *Developmental Biology* 100, 64–119, und W.B. Wood (1988) Sexual Dimorphism and Sex Determination, in Wood et al.: *The Nematode «Caenorhabditis elegans»* (Cold Spring Harbor Laboratory Press, New York).

mien) hervorgehen. Die EMS-Zelle durchläuft eine diversifizierende Teilung und bringt die Gründerzellen MS und E hervor. Die Gründerzelle E zeigt das einfachste Zellteilungsmuster und erzeugt einen einzigen Klon von 20 Darmzellen. Der Stammbaum der Gründerzelle C ist komplizierter, weil zusätzlich zu proliferativen Teilungen auch diversifizierende auftreten, sodass Nachkommenzellen mit verschiedenem Entwicklungsschicksal entstehen, und zwar Muskel-, Haut- und Nervenzellen, sowie eine Zelle, die den programmierten Zelltod erleidet. Nicht weniger als 113 von insgesamt 1031 Zellen erleiden den programmierten Zelltod, eine überraschend große Zahl. Der Zelltod, ähnlich wie z.B. die Differenzierung zur

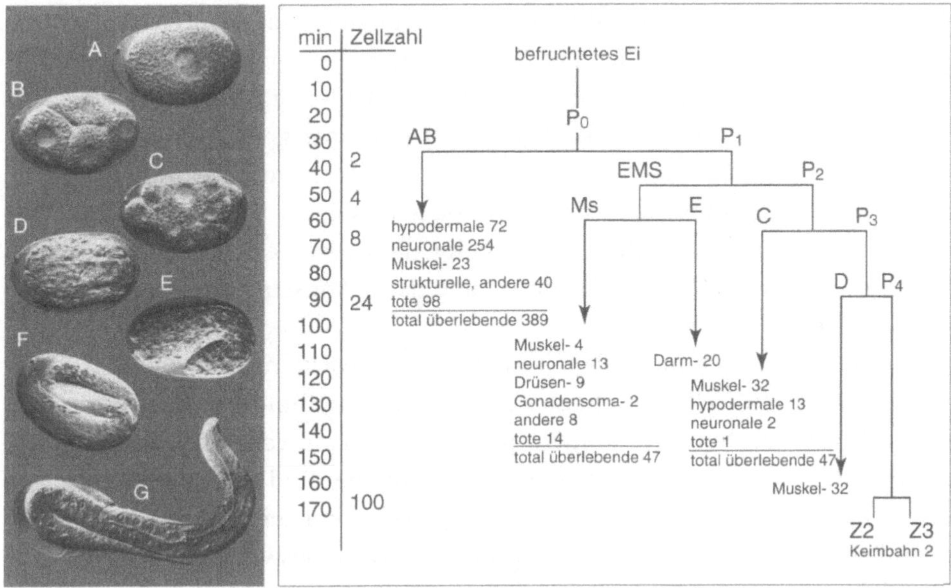

Abb. 4.2

Embryonalentwicklung und Zellstammbaum von *C. elegans*. Links: Stadien der Embryogenese, Aufnahmen von R. Schnabel. Rechts: Stammbaum der Gründerzellen der Keimbahn (Po-P4) und der somatischen Gründerzellen AB, MS, E, C, D und der Anzahl und des Enwicklungsschicksals ihrer Nachkommenzellen. Nach W. Wood (1988) Embryology, in Wood et al.: *The Nematode «Caenorhabditis elegans»* (Cold Spring Harbor Laboratory Press, S. 220).

Muskelzelle, ist auch ein Entwicklungsprogramm, so wie der natürliche Tod ein Teil des normalen Lebenszyklus ist. In den meisten Fällen begehen die zum Tode vorprogrammierten Zellen Selbstmord und sterben ohne äussere Einflüsse. Mutationen, die diesen Mechanismus, der auch als Apoptose (programmierter Zelltod) bezeichnet wird, blockieren, sind schädlich oder sogar letal (tödlich) für den ganzen Organismus. In gewissen Fällen werden die betroffenen Zellen aber von benachbarten Zellen abgetötet und «aufgefressen» (phagozytiert); aber dies eher selten.

Bei *C. elegans* entscheidet der Zellstammbaum in der Regel über das Entwicklungsschicksal; die Herkunft ist entscheidend, was man für die europäische Lebensart auch erwarten würde. Das Entwicklungsschicksal eines Zellkerns hängt von seiner Lage im Eizytoplasma ab, die er einnimmt, und auch von seinen Nachbarn. Wenn eine bestimmte Zelle mit einem Laserstrahl getötet wird, so wird sie in der Regel nicht ersetzt, und sie und ihre Nachkommen fehlen dann im adulten

Wurm. Mutationen, die den Zellstammbaum betreffen, ändern auch das Entwicklungsschicksal der entsprechenden Zellen. Dieser vorprogrammierte Entwicklungsmodus mit einer stark begrenzten Fähigkeit, fehlende Zellen zu ersetzen, ist nur dann erfolgreich, wenn er kombiniert ist mit einer großen Produktion von Nachkommen. Dies erinnert an die Massenproduktion von Wegwerfartikeln in unserer modernen Konsumgesellschaft. Trotzdem spielen beim Wurm Wechselwirkungen zwischen den Zellen eine wichtige Rolle, weil ein festgelegtes Zellteilungsmuster auch konstante Zellkontakte und damit konstante Wechselwirkungen zwischen den Zellen ermöglicht.

Warum durchlaufen die Zellen verschiedene Entwicklungsschicksale? Wie differenzieren sich die Zellen, im Jargon der Entwicklungsbiologen gesagt? Seit dem Beginn des 20. Jahrhunderts werden hauptsächlich zwei verschiedene Mechanismen diskutiert: Einer basiert auf zellinternen Faktoren und führt zur autonomen Differenzierung; der andere beruht auf Zellwechselwirkungen, bei denen eine Zelle die andere dazu induziert, einen bestimmten Entwicklungsweg einzuschlagen. Die ersten Schritte der Zelldifferenzierung, bei denen ein bestimmter Entwicklungsweg eingeschlagen wird, bezeichnet man als Determination. Im Falle des internen, zellautonomen Mechanismus nimmt man an, dass zytoplasmatische Substanzen (Determinanten) unterschiedlich auf die beiden Tochterzellen verteilt werden, und dass diejenige Zelle, der die Determinanten zugeteilt werden, für ein bestimmtes Entwicklungsschicksal determiniert (programmiert) wird.

Es gibt nur wenige gute Beispiele für zytoplasmatische Determinanten, zu denen die Keimzelldeterminanten von *C. elegans* und *Drosophila* (die später beschrieben werden) gehören. Beim Wurm gibt es eine Mutation *cib-1* (cib steht für changed identity of early blastomere), welche die Determination der Urkeimzellen P1, P2, P3 etc. blockiert, die drei asymmetrische Stammzellteilungen durchlaufen sollten (siehe Abb. 4.2) . Das Ei, d.h. die P0-Zelle, enthält Keimbahn-spezifische Partikel (P-Granula) im Zytoplasma, die am Hinterpol des Eies lokalisiert sind. Diese Partikel werden unterschiedlich auf die Tochterzellen verteilt und akkumulieren stets in der P-Zelle, die später alle Keimzellen produziert. Im *cib-1* mutanten Embryo wird keine typische P1-Zelle gebildet, und die entsprechende Zelle verliert ihre Fähigkeit, sich wie eine Stammzelle asymmetrisch zu teilen. Stattdessen teilt sie sich in der Weise, dass die P-Granula gleichmäßig unter den Tochterzellen verteilt werden. Die Mutante P1-Zelle unterdrückt die nächste Zellteilung und durchläuft das gleiche Entwicklungsschicksal wie ihre normale Tochterzelle, d.h. sie wird ebenfalls zu einer EMS-Gründerzelle. Das Produkt des normalen *cib-1*-Gens ist deshalb ein guter Kandidat für eine Determinante, eine Keimzelldeterminante in diesem Fall, oder es könnte die Lokalisation der Keimzelldeterminanten kontrollieren.

Obschon der Wurm ein festgelegtes Zellteilungsmuster aufweist, spielen Zellwechselwirkungen eine wichtige Rolle bei der Zelldifferenzierung. Da jede Zellteilung genau vorprogrammiert ist, sind auch die Positionen, welche die Zellen zueinander einnehmen, fixiert, und induktive Wechselwirkungen, die über das Entwicklungsschicksal einer benachbarten Zelle entscheiden, nicht immer offensichtlich. Trotzdem können solche Wechselwirkungen nachgewiesen werden, indem man z.B. eine bestimmte Zelle mit einem Laserstrahl zerstört und dann das Entwicklungsschicksal der benachbarten Zellen verfolgt. Auf diese Weise wurde nachgewiesen, dass nur die antero-posteriore Achse durch zytoplasmatische Determinanten prädeterminiert wird, die in bestimmten Regionen des Eizytoplasmas lokalisiert sind. Im Gegensatz dazu werden links-rechts-Asymmetrien durch induktive Wechselwirkungen zwischen den Zellen determiniert. Der am besten analysierte Fall von induktiver Wechselwirkung betrifft die Bildung der Vulva beim Hermaphroditen. Die Vulva (siehe Abb. 4.1) wird für die Eiablage benötigt und entwickelt sich von sechs Vorläuferzellen, die in der ventralen Epidermis (Haut) lokalisiert sind. Obwohl jede Vulva-Vorläuferzelle ihr eigenes Entwicklungsschicksal erfährt, deuten verschiedene Experimente darauf hin, dass alle Vorläuferzellen in ihrem Entwicklungspotential äquivalent sind und jede Zelle drei verschiedene Entwicklungsschicksale erfahren kann. Deshalb werden die sechs Vorläuferzellen der gleichen Äquivalenzgruppe zugeordnet. Jedes Entwicklungsschicksal besteht aus einem unterschiedlichen Zellteilungsmuster, das einen bestimmten Satz von Zelltypen hervorbringt (Abb. 4.3). Schicksal 1° und 2° produzieren Vulvazellen von verschiedenen Regionen der Vulva, während Entwicklungsschicksal 3° zu nicht spezialisierter Epidermis führt. Das Schicksal der sechs Vorläuferzellen wird durch drei Signale zwischen den Zellen determiniert. Die eng benachbarte Ankerzelle der Gonade produziert ein Signal, das die nächst gelegenen Vorläuferzellen induziert, Entwicklungsschicksal 1° und 2° zu ergreifen. Ein laterales Signal zwischen den induzierten Vorläuferzellen erzeugt das richtige Muster mit Zelltyp 1° in der Mitte, flankiert von zwei Zellen des Typs 2°. Ein hemmendes Signal, das von der Epidermis ausgeht, hindert die Vorläuferzellen daran, in Abwesenheit des Signals von der Ankerzelle sich zu Vulvazellen zu entwickeln. In der Normalentwicklung differenzieren sich deshalb die Vorläuferzellen nach dem Muster 3° 3° 2° 1° 2° 3° (Abb. 4.3).

Das klassische embryologische Vorgehen, um die Determination der Zellen zu analysieren, besteht darin, eine oder eine Gruppe von Zellen zu entfernen, und die

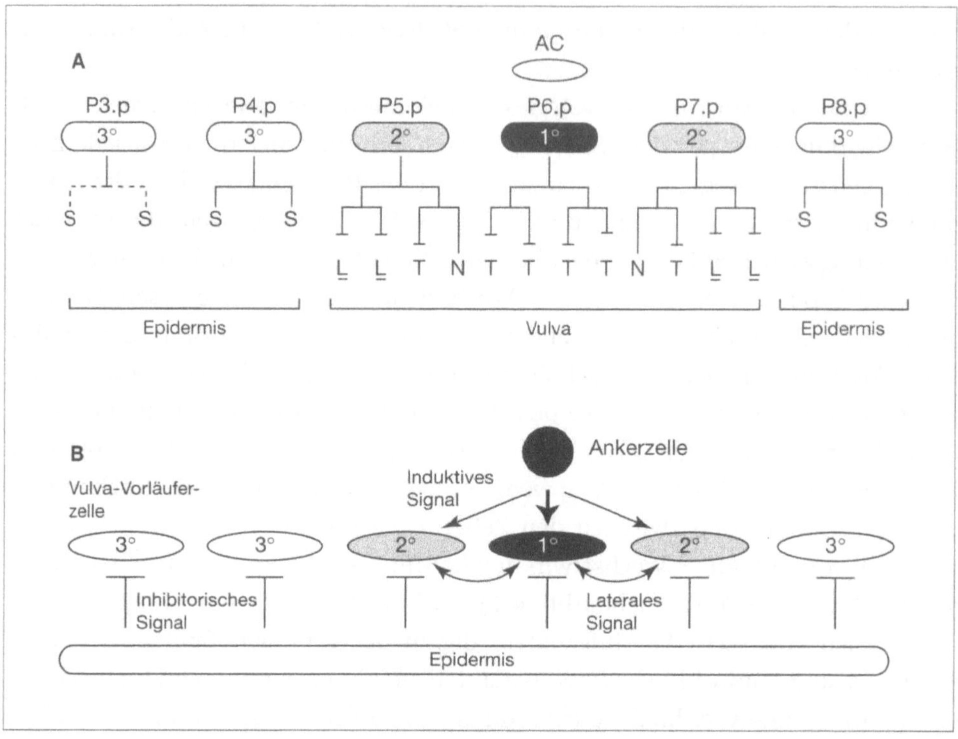

Abb. 4.3
Induktion der Vulva bei *C. elegans*. (A) Zellstammbaum und primäre, sekundäre und tertiäre Entwicklungsschicksale; (B) Induktive Signale (Pfeile) und inhibitorische Signale (T-Balken) zwischen den verschiedenen Zelltypen. Nach R.J. Hill und P.W. Sternberg (1993) Polarity and adhesion in development, in P. Ingham, A. Brown and A. Martinez Arias (Hrsg.): *Development Supplement* (Company of Biologists, Cambridge, S. 9–18).

Wirkung auf die übrigen Zellen zu untersuchen (Tab. 4.1). Wenn die Ankerzelle mit einem Laserstrahl abgetötet wird, dann werden alle Vorläuferzellen zum Zelltyp 3° (Epidermis), und es wird keine Vulva gebildet, was darauf hinweist, dass die Ankerzelle für die Induktion der Vulvazellen (Typ 1° und 2°) nötig ist. Wenn die Zelle P6.p zerstört wird, die normalerweise das Entwicklungsschicksal 1° erfährt, so entwickelt sich die benachbarte Zelle P5.p zum Zelltyp 1°, weil sie zur gleichen Äquivalenzgruppe gehört und P 6.p. ersetzen kann. Die angrenzende Zelle P4.p wird ebenfalls umdeterminiert und wird zum Zelltyp 2°, sodass im Wesentlichen ein normales Muster 3° 2° 1° 2° 3° der Vulva resultiert, ausser dass eine Zelle fehlt.

Tabelle 4.1
Differenzierungsmuster der Vulvazellen

	Entwicklungsschicksal der Vulvavorläuferzellen					
	P3.p	P4.p	P5.p	P6.p	P7.p	P8.p
Wildtyp (normal)	3°	3°	2°	1°	2°	3°
Entfernen von P6.p	3°	2°	1°	X	2°	3°
Entfernen der Ankerzelle	3°	3°	3°	3°	3°	3°
Vulvaless Mutante	3°	3°	3°	3°	3°	3°
Multivulva Mutante	1°	2°	2°	1°	2°	1°
Dig-1 Mutante (Ankerzelle nach vorne verschoben)	3°	2°	1°	2°	3°	3°

Das zweite klassische Verfahren, um Zelldetermination zu studieren, besteht darin, eine bestimmte Zelle an den gleichen Ort in einem anderen Embryo zu transplantieren (homotope Transplantation) oder an einen anderen Ort (heterotope Transplantation), um die Wechselwirkungen zwischen den benachbarten Zellen zu studieren. Transplantationsexperimente von Einzelzellen sind bei *C. elegans* schwierig auszuführen, der Wurm eignet sich jedoch besonders gut für genetische Experimente. In *dig-1*-Mutanten ist die Ankerzelle nach vorne verschoben, sodass sie näher bei P5.p liegt als bei P6.p. Dies entspricht einer Transplantation der Ankerzelle, die dazu führt, dass die Vorläuferzelle P5.p anstatt der Zelle P6.p das Entwicklungsschicksal 1° adoptiert, sodass ein Muster 3° 2° 1° 2° 3° 3° entsteht, das um eine Zelle nach vorne verschoben ist. Durch den Induktionsmechanismus wird garantiert, dass die Zelle 1° direkt neben der Ankerzelle liegt und nicht anderswo. Zellautonomie versus Zellwechselwirkung kann auch durch die Erzeugung von genetischen Mosaiken, bestehend aus normalen Wildtyp- und mutanten Zellen, analysiert werden. Diese Mosaike erlauben es dem Experimentator, Klone von genetisch markierten Zellen zu studieren.

Das enorme Potential des genetischen Vorgehens besteht darin, durch Mutationen diejenigen Gene zu identifizieren, die einen Entwicklungsvorgang steuern. Die identifizierten Gene können anschließend mit gentechnologischen Verfahren isoliert und die Struktur und Funktion ihrer Genprodukte aufgeklärt werden. Dies führt zu einem grundsätzlichen Verständnis der Entwicklungsprozesse auf dem molekularen Niveau. Genetische Methoden haben es erlaubt, die Hauptdarsteller bei der Vulva-Induktion zu identifizieren: Die Signalsubstanz, die von der Ankerzelle produziert wird, und der entsprechende Rezeptor auf der Oberfläche der Vorläuferzellen (siehe Tab. 4.1 und Abb. 4.4). Das *lin-3*-Gen kodiert für das Induk-

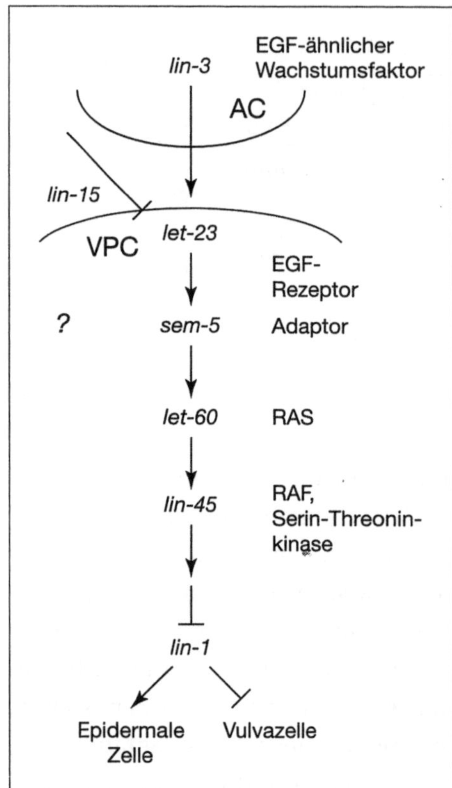

Abb. 4.4
Signalübertragungsmechanismus bei der Induktion der Vulva. Abkürzungen: AC, Ankerzelle; VPC, Vulva-Vorläufer-Zelle; lin-3, lin-15, let-23, sem-5, let-60, lin-45, lin-1, interagierende Gene und ihre Proteinprodukte. EGF, epidermaler Wachstumsfaktor; RAS, RAF, homologe Gene bei Säugetieren; Pfeile, positive Regulation (Aktivierung); T-Balken, negative Regulation (Repression). Nach R.J. Hill und P.W. Sternberg (1993) Polarity and adhesion in development, in P. Ingham, A. Brown and A. Martinez Arias (Hrsg.): *Development Supplement* (Company of Biologists, Cambridge, S. 9–18).

tionssignal. Mutationen in *lin-3*, die zu einem Verlust der Funktion führen, haben einen vulvaless (vulvalosen) Phänotyp, in dem sich die Vorläuferzellen, die sich normalerweise zu den Zellen 1° und 2° entwickeln, zu Epidermiszellen (3°) differenzieren. Im Gegensatz dazu zeigen Würmer, die zusätzlich Kopien des normalen *lin-3*-Gens erhalten (Gewinnmutationen), einen multivulva Phänotyp, in dem alle sechs Vorläuferzellen zu Vulvazellen werden. Dies zeigt, dass das normale *lin-3*-Gen nötig und genügend ist, um die Vulva zu induzieren. Wie erwartet wird *lin-3* nur in der Ankerzelle exprimiert, von der das Signal ausgesendet wird. *lin-3* kodiert für ein Protein aus der Familie der epidermalen Wachstumsfaktoren, zu der auch der epidermal growth factor EGF gehört, der das Wachstum der epidermalen Zellen von Säugetieren stimuliert, und auch andere Liganden umfasst, die an EGF-Rezeptoren binden und diese aktivieren (Abb. 4.4). Die Proteine der EGF-Familie werden als Transmembranproteine synthetisiert, die in ihrem extrazellulären Teil mindestens eine EGF-Domäne aufweisen. Dieses Proteinmotiv besteht aus ungefähr 50 Aminosäuren mit sechs Zysteinresten, die drei Schwefelbrücken bilden und der Domäne eine rigide Struktur verleihen. Im Falle des *lin-3* Proteins wird die EGF-Domäne vermutlich vom Rest des Proteins abgespalten, sodass ein lösliches Polypeptid entsteht, das wie ein Hormon zu benachbarten Zellen diffundieren kann und an ihrer Oberfläche deren EGF-Rezeptoren aktiviert. Die Induktion der Vulva kann deshalb ohne direkten Zell-Zellkontakt zwischen Anker- und Vulvavorläuferzelle erfolgen. In anderen Fällen ist ein solcher Direktkontakt nötig.

Das Gen, das für den Rezeptor kodiert, wurde durch Mutationen ebenfalls identifiziert, und wird als *let-23* bezeichnet. Es ist homolog zum EGF-Rezeptor bei Säugetieren. *let-23* ist ein Transmembranprotein mit einer extrazellulären Domäne, an welche EGF bindet, und einer zytoplasmatischen Domäne, die als Tyrosinkinase funktioniert. Wenn EGF an die extrazelluläre Domäne von *let-23* bindet, so wird die katalytische Domäne durch Phosphorylierung bestimmter Aminosäurereste aktiviert, und der aktivierte Rezeptor phosphoryliert Tyrosinreste in anderen Proteinen und löst damit eine Kaskade der Signalübertragung aus, die das Signal vom Rezeptor an der Zelloberfläche bis in den Zellkern hinein übermitteln (Abb. 4.4). Als Antwort auf das induktive Signal werden im Zellkern bestimmte Gene aktiviert oder reprimiert. Auf diese Weise wird das induktive Signal von der Ankerzelle auf die Vulvavorläuferzellen übertragen.

Seescheiden: Der gelbe Halbmond und halbe Larven

Andere Tierstämme entwickeln sich scheinbar auf ganz andere Weise als die Nematoden, aber es gibt viele Gemeinsamkeiten, gemeinsame Entwicklungsmechanismen und wiederholt auftretende Themen unter den verschiedenen Entwicklungsprogrammen, die vom Ei zum adulten Organismus führen. Wie die Nematoden, so haben auch die Ascidien (Seescheiden) einen konstanten Zellstammbaum. Die Normalentwicklung von *Phallusia mammilata* vom befruchteten Ei bis zur Kaulquappen-ähnlichen Larve wird in Abbildung 4.5 gezeigt. Bereits im Jahre 1905 hat Edwin Conklin den Zellstammbaum des *Styela* Embryos, einer verwandten Ascidie, direkt durch mikroskopische Beobachtung bestimmt und in einer klassischen Monographie *The Organization and Cell-Lineage of the Ascidian Egg* veröffentlicht. Die Resultate dieser bahnbrechenden Arbeit wurden mit moderneren Methoden für *Halocynthia roretzi*, eine japanische Spezies, von Hiroki Nishida und Noriyuki Satoh bestätigt. Einzelne Zellen (Blastomeren) können durch Injektion eines stabilen und unschädlichen Enzyms, wie z.B. Meerrettich-Peroxidase, markiert wer-

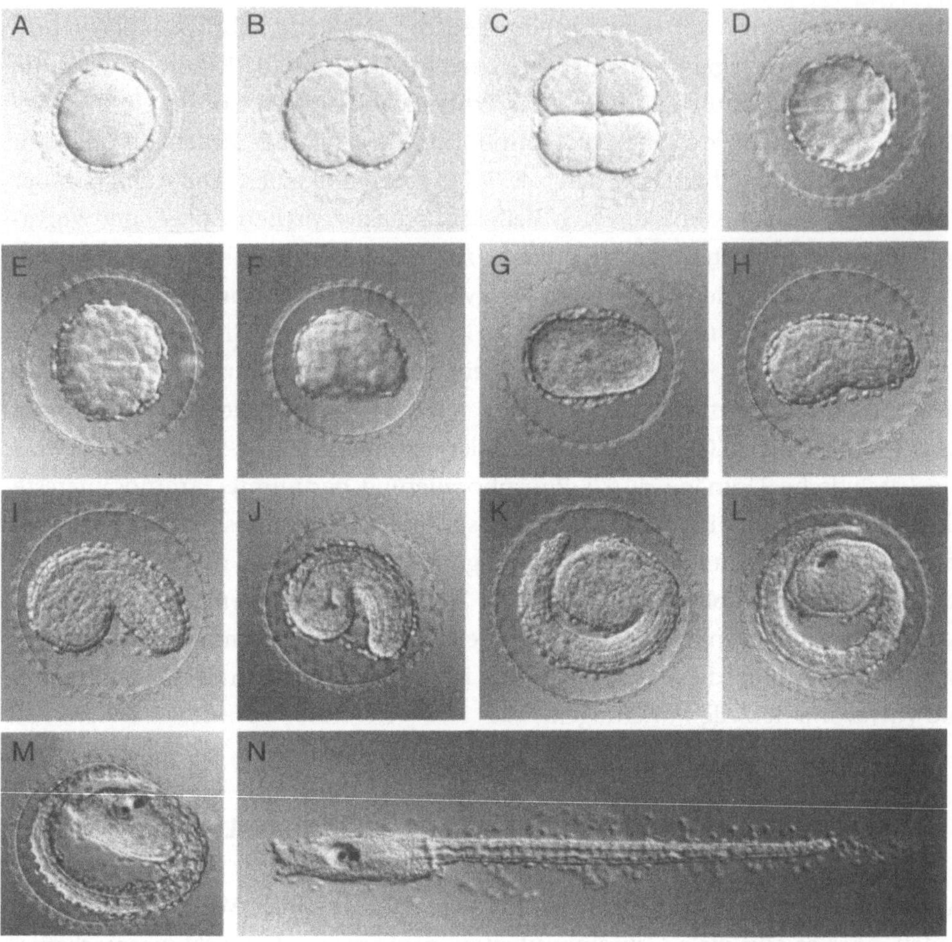

Abb. 4.5
Embryonalentwicklung der Seescheide *Phallusia mammillata*: (A) Ei; (B) 2-Zellstadium; (C) 4-Zellstadium; (D) frühe Blastula; (E) späte Blastula; (F) Gastrula; (G) frühe Neurula, (H) späte Neurula; (I) frühes Schwanzknospenstadium; (J) mittleres Schwanzknospenstadium; (K) spätes Schwanzknospenstadium; (L) frühes Larvenstadium; (M) schlüpfende Larve; (N) schwimmende Larve. Nach S. Glardon.

den, das von der injizierten Zelle an alle Tochterzellen weitergegeben wird. Weil das Enzym aber nicht in benachbarte Zellen eindringt, können die Nachkommen der injizierten Zelle mit einer Farbreaktion für Peroxidaseaktivität sichtbar gemacht werden. Auf diese Weise können die Klone von Zellen, die von der injizierten Zelle abstammen, verfolgt und damit der Zellstammbaum genau rekonstruiert werden. Wenn bei verschiedenen Embryonen die gleiche Zelle injiziert wird, so resultieren stets die gleichen Klone, weil das Zellteilungsmuster bei Ascidien invariant ist (Abb. 4.6). Der Zellstammbaum von *Halocynthia* ist weitgehend mit demjenigen von *Styela* identisch, den Conklin 80 Jahre früher beschrieben hat.

Das unbefruchtete Ei von *Styela*, das Conklin untersuchte, ist radiär symmetrisch in Bezug auf seine animal-vegetative Achse. Der Eikern ist in der Nähe des animalen Pols gelegen, während am gegenüberliegenden vegetativen Pol Dotterkörner angereichert sind. Nach dem Eindringen des Spermiums kommt es zu einer drastischen Umlagerung des Eizytoplasmas, welche die dorsoventrale und anteroposteriore Achse festlegt. Das an der Eioberfläche liegende Rindencytoplasma enthält bei Styela leuchtend gelbe Granula, deren Bewegung im lebenden Ei leicht verfolgt werden kann (Farbtafel 2). Während einer ersten Phase der Zytoplasmaströmung verläuft eine Kontraktionswelle vom animalen zum vegetativen Pol, welche die Pigmentgranula mit sich reisst, sodass sie am vegetativen Pol akkumulieren und dort eine gelbe «Kappe» bilden. Das Spermium dringt in der Regel in der animalen Hemisphäre in das Ei ein und wird durch die Kontraktionswelle ebenfalls zum vegetativen Pol befördert. In einer zweiten Phase der Zytoplasmabewegungen wird die gelbe Kappe zusammen mit dem Spermakern vom vegetativen Pol zum Äquator hin verschoben und bildet in der subäquatorialen Region den sog. gelben Halbmond (Farbtafel 2). Der gelbe Halbmond markiert die posteriore Region des zukünftigen Embryos, und das gelbe Zytoplasma wird in diejenigen Zellen eingeschlossen, welche später die Muskelzellen des Schwanzes der sich entwickelnden Kaulquappe bilden. Die Kerne von Ei und Spermium verschmelzen anschließend im Zentrum des Eies. Die erste Furchungsteilung halbiert den gelben Halbmond exakt, sodass zwei symmetrische Furchungszellen (Blastomeren) entstehen, wovon die eine die linke Seite, die andere die rechte Seite des Embryos bildet.

Im Jahre 1887 veröffentlichte Laurent Chabry den ersten Bericht über mikrochirurgische Experimente an Ascidienembryonen. Er führte die ersten Experimente zur Isolation der ersten beiden Blastomeren im Zweizellstadium durch. Er zerstörte entweder die linke oder die rechte Zelle, und die überlebende Zelle entwickelte sich zu einer Halblarve. Die «demi-individu droit» oder «demi-individu gauche», wie er sie bezeichnete, entwickelten sich recht weit und bildeten einen Schwanz, einen Pigmentfleck und eine Papille (adhaesives Organ). Da er nur einen Pigmentfleck und eine Papille beobachtete, handelte es sich eindeutig um Halblarven, weil die normale Larve zwei Pigmentflecke, den Ocellus (Auge) und den Otolithen (Schweresinnesorgan) und drei Papillen besitzt, mit denen sich die Larve während der Metamorphose zum Adulttier am Substrat anheftet.

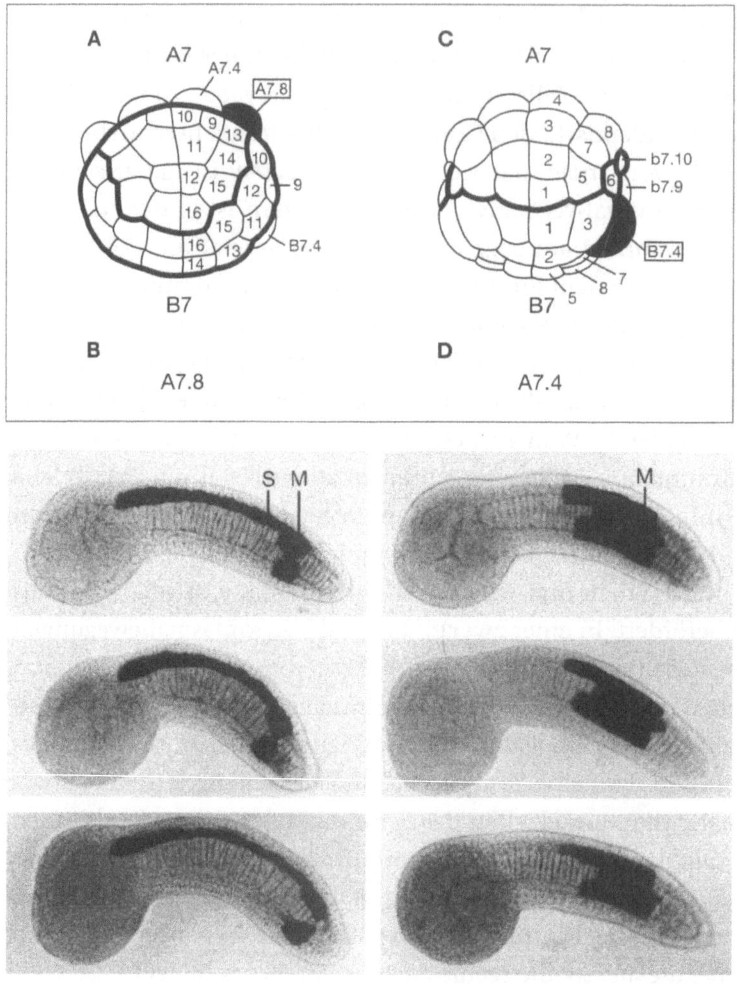

Abb. 4.6
Fixierter Zellstammbaum bei der Seescheide *Halocynthia roretzi*: (A) Injektion der Zelle A7.8 im Blastulastadium mit der Markierungssubstanz; (B) identische Klone von markierten Zellen im Rückenmark (S) und in der Muskulatur (M); (C) Injektion der Markierungssubstanz in die Zelle B7.4; (D) identische Klone von Muskelzellen im Schwanz von drei injizierten Larven. Nach H. Nishida (1987) Cell lineage analysis of ascidian embryos by intracellular injection of a tracer enzyme. *Developmental Biology* 121, 526–541.

Chabrys Experiment wurde 1936 von Arthur Cohen und Norman Berrill wiederholt und quantitativ ausgewertet. Dabei zeigte es sich, dass Halb-Blastomeren sich zu Larven entwickeln, die nur ungefähr die halbe Zahl von Muskelzellen,

Chordazellen und Papillen aufweisen; die Zahl der Pigmentflecke variiert jedoch zwischen null, eins und zwei. Der Ocellus und der Otolith sind assoziiert mit Pigmentzellen, die von einem symmetrisch angeordneten Paar von Blastomeren im 64-Zellstadium abstammen und äquivalent sind. Beide können sich entweder zu einem Ocellus oder zu einem Otolithen entwickeln. Diese beiden Vorläuferzellen wandern dann nach vorne und nehmen schließlich eine mediane Position ein. Die vordere der beiden Zellen wird zur Pigmentzelle des Otolithen, die hintere zur Pigmentzelle des Ocellus. Anscheinend erhalten die wandernden Zellen Positionsinformationen von den Zellen in ihrer Umgebung und differenzieren sich entsprechend. Das Konzept der Positionsinformation werden wir in Zusammenhang mit den homeotischen Genen ausführlich diskutieren. Im jetzigen Zusammenhang ist es wichtig festzuhalten, dass sich die isolierten Halb-Blastomeren im Wesentlichen so verhalten, als befänden sie sich noch im intakten Embryo, aber sie verfügen zum Teil doch über eine begrenzte Fähigkeit zur Regulation und können z.B. ein zusätzliches Sinnesorgan, wie einen Otholiten oder Ocellus, bilden.

Aus dem Zellstammbaum können wir ableiten, wann das Entwicklungsschicksal einer Zelle festgelegt wird, wann sie determiniert ist. Von diesem Zeitpunkt an haben alle Nachkommen dieser Zelle das gleiche Entwicklungsschicksal. Der Zeitpunkt, an welchem das Entwicklungsschicksal der Zellen festgelegt ist, unterscheidet sich in den verschiedenen Linien des Zellstammbaums und spiegelt einen schrittweisen Determinationsprozess wider (Abb. 4.7). Eine alternative Methode, um herauszufinden, ob eine Zelle determiniert ist, besteht darin, die Zelle an einen anderen Ort zu transplantieren. Falls sie sich am fremden Ort autonom (herkunftsgemäß) differenziert, kann man annehmen, dass sie determiniert ist; falls sie sich aber ortsgemäß differenziert, so kann man daraus schließen, dass sie zum Zeitpunkt der Transplantation noch nicht irreversibel determiniert war. Solche Transplantationsexperimente sind bei Ascidien schwierig auszuführen; aber wir werden im Zusammenhang mit der Keimzelldetermination bei *Drosophila* darauf zurückkommen.

Der Seeigelembryo: Blastomeren-Isolation und morphogenetische Gradienten

Als Hans Driesch im Jahre 1891 Blastomeren im Zweizellstadium isolierte, erhielt er beim Seeigel ein ganz anderes Resultat als Chabry bei den Ascidien. Wenn er beim Seeigel die beiden Blastomeren im Zweizellstadium trennte, so

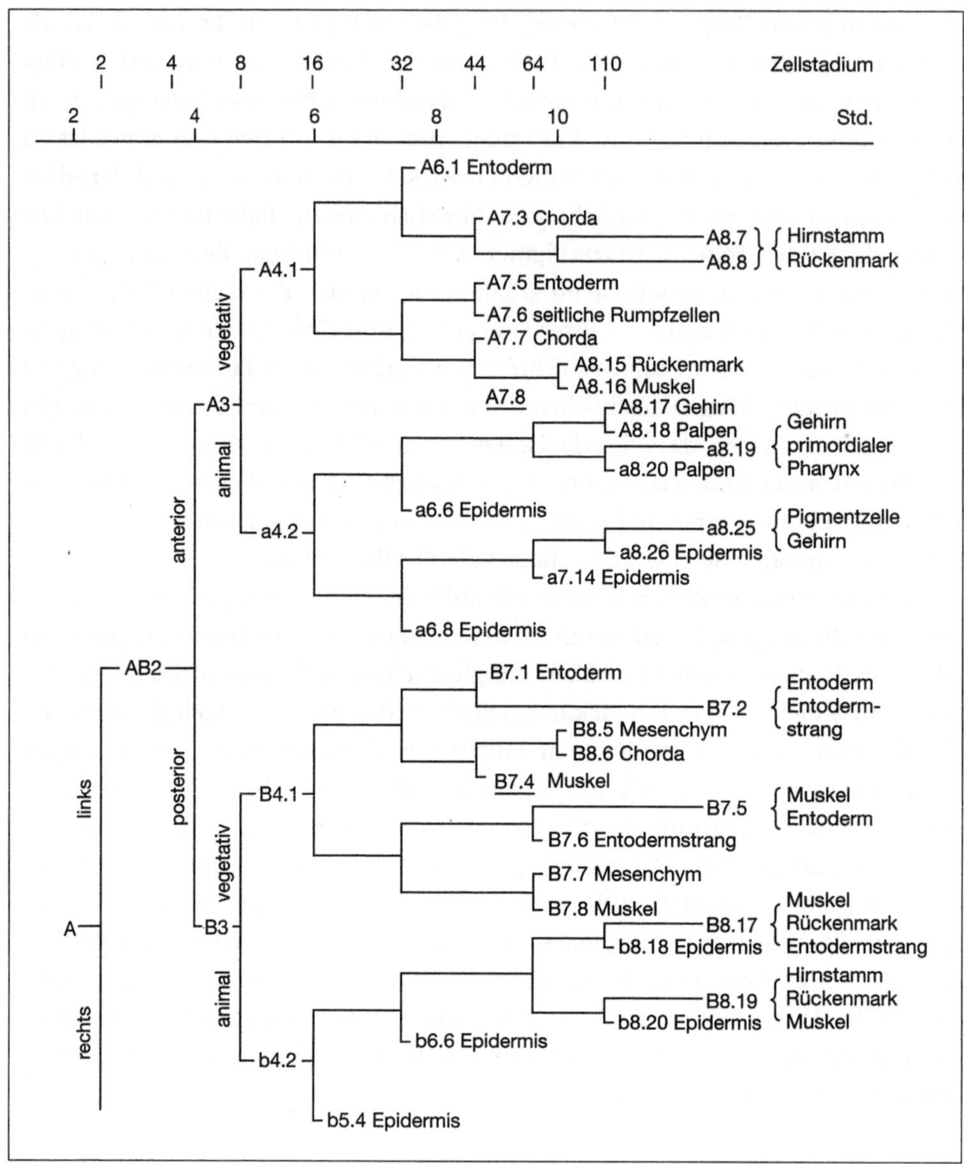

Abb. 4.7

Zelldetermination bei der Seescheide *Halocynthia roretzi*. Nur die linke Hälfte des Zellstammbaums ist gezeigt. Das Entwicklungsschicksal der Zellen wird auf verschiedenen Entwicklungsstadien festgelegt (determiniert); das entodermale Schicksal der Zelle A6.1 z.B., wird auf dem 32-Zellstadium determiniert, während die Zelle A7.3 erst auf dem 44-Zellstadium für Chorda determiniert ist. Nach H. Nishida (1987) Cell lineage analysis of ascidian embryos by intracellular injection of a tracer enzyme. *Developmental Biology* 121, 526–541.

konnten sich beide Zellen zu normalen Larven entwickeln, die zwar kleiner waren als normale Larven, aber normal gestaltete identische Zwillinge bildeten. Im Gegensatz zu den Ascidien ist die rechts-links-Achse beim Seeigelei vor der ersten Furchungsteilung nicht festgelegt, und beide Zellen bleiben totipotent und können vollständige Larven bilden. Driesch hatte die embryonale Regulation entdeckt. Er realisierte sofort, dass dieses Resultat wichtige Implikationen hatte: Wenn jede 1/2 Blastomere einen ganzen statt einen halben Embryo bildet, dann muss in der normalen Entwicklung eine Wechselwirkung das Potential dieser beiden Zellen beschränken. Die Normalentwicklung des Seeigeleies bis zur Pluteuslarve ist in Abbildung 4.8 dargestellt. Nach der Befruchtung durchläuft das Ei zwei meridionale Teilungen, gefolgt von einer äquatorialen Furchung, die zu acht etwa gleich großen Zellen führt. Während der vierten Furchung wird das Zytoplasma ungleich auf die Tochterzellen verteilt: Die vier Zellen am vegetativen Pol werden zu Mikromeren, die viel kleiner sind als ihre Schwesterzellen, die Makromeren, während die vier Zellen am animalen Pol sich gleichmäßig teilen und acht Mesomeren bilden. Nach dem 64-Zellstadium mit zwei animalen und zwei vegetativen Zellkränzen (Abb. 4.8, Nr. 6) bildet der Embryo eine Hohlkugel von bewimperten (Cilien-tragenden) Zellen, die sog. Blastula, die aus der Gallerthülle schlüpft und durch den Cilienschlag angetrieben durch das Meerwasser schwimmt. Trotzdem ist die Blastula nicht kugelsymmetrisch; sie behält ihre animal-vegetative Polarität bei und bildet am animalen Pol einen Wimpernschopf mit langen Cilien aus. Am vegetativen Pol wandern die Mikromeren in das Innere der Hohlkugel ein und bilden das primäre Mesenchym, aus dem später das Skelett der Larve entsteht. Das ist der Anfang eines Prozesses, der als Gastrulation bezeichnet wird. Im Verlaufe der Gastrulation entstehen die drei Keimblätter, das äussere Ektoderm, die innere Schicht, das Entoderm, und das dazwischenliegende Keimblatt, das Mesoderm. Während der Gastrulation kommt es zu einer Einstülpung (Invagination) des zweiten vegetativen Kranzes beim Urmund (Blastoporus), aus dem später der Darm gebildet wird. Die Gastrula biegt sich auf eine Seite und bildet anschließend die bilateral-symmetrische Pluteuslarve, die später zu einem radiär-symmetrischen Seeigel wird.

Das Ei ist bereits vor der Befruchtung polarisiert; der Zellkern ist in der Nähe des animalen Pols lokalisiert und das Zytoplasma enthält entlang der animal-vegetativen Achse ein Konzentrationsgefälle (einen Gradienten) von morphogenetischen Substanzen. Sven Hörstadius hat diesen Gradienten in einer Reihe von klassischen Experimenten nachgewiesen. Dazu hat er das unbefruchtete Ei mit einer

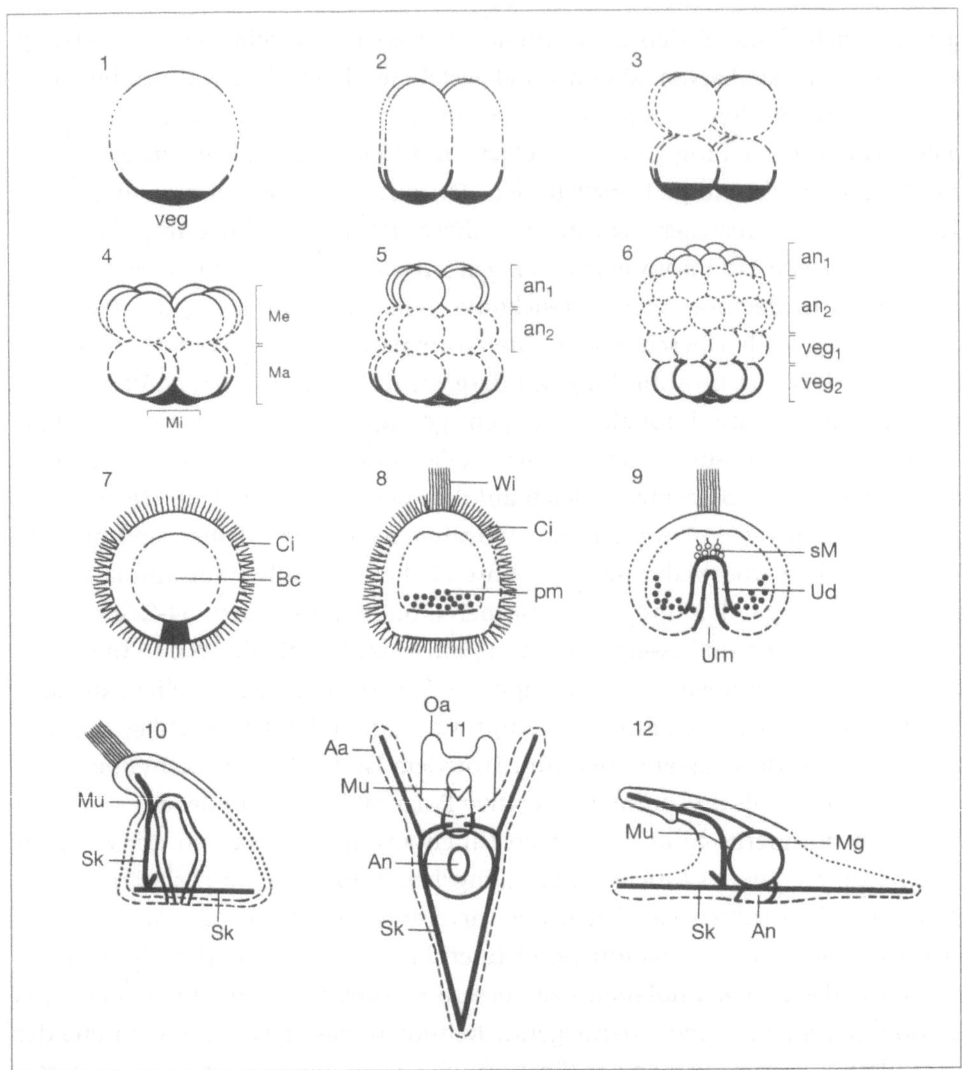

Abb. 4.8

Embryonalentwicklung des Seeigels *Paracentrotus lividus*: (1) Ei; an animaler Pol, veg vegetativer Pol; (2) 4-Zellstadium; (3) 8-Zellstadium; (4) 16-Zellstadium; Me, Mesomeren; Ma, Makromeren; Mi, Mikromeren; (5) 32-Zellstadium; an_1, an_2, animaler Kranz 1 und 2; (6) 64-Zellstadium; veg_1, veg_2 vegetativer Kranz 1 und 2; (7) Cilienblastula; Ci, Cilien; Bc, Blastocoel; (8) Blastula mit Wimperschopf (Wi); pM, primäre Mesenchymzellen; (9) Gastrula; sM sekundäre Mesenchymzellen; Ud, Urdarm; Um, Urmund; (10) Prismenstadium; Mu, Mund; Sk, Skelettstäbe; (11) und (12) Pluteus-Larve; Oa, Oralarme; Aa, Aboralarme; Mu, Mund; An, Anus; Sk, Skelettstäbe; Mg, Magen. Nach S. Hörstadius (1973) *Experimental Embryology of Echinoderms* (Clarendon Press, Oxford).

feinen Glasnadel entzweigeschnitten und die beiden Hälften getrennt besamt. Wenn das Ei entlang einem Meridian geschnitten wird, so entwickeln sich beide Hälften, sofern sie mit einem Zellkern versehen sind, zu normalen Larven, entsprechend den Befunden von Driesch. Wird das Ei dagegen entlang dem Äquator fragmentiert, so erleiden die beiden Hälften unterschiedliche Schicksale: Die animale Hälfte bildet eine Blastula mit einem vergrößerten Wimpernschopf (siehe Abb. 4.8), der fast die ganze Oberfläche der Hohlkugel bedeckt. Solche Embryonen bilden weder Skelettstäbe noch Darmstrukturen aus, mit Ausnahme eines partiellen Mundlappens. Die vegetative Hälfte entwickelt sich weniger abnormal und bildet sowohl Skelett- als auch Darmstrukturen aus, aber der Wimpernschopf fehlt und der Mundlappen ist reduziert. Im Verlaufe der Furchungsteilungen werden verschiedene Regionen des Eizytoplasmas unterschiedlich auf die verschiedenen Blastomeren verteilt. Hörstadius konnte die Existenz eines morphogenetischen Gradienten durch Isolation und Neukombination verschiedener Zellkränze im 64-Zellstadium nachweisen (Abb. 4.9). Der isolierte animale Halbembryo (an1 + an2) bildet eine mit Cilien bedeckte Blastula, mit vergrößertem Wimpernschopf, die aber nicht gastruliert. Durch Zugabe des Zellkranzes veg1 (an1 + an2 + veg1) entsteht eine Larve, der das Skelett vollständig und der Darm größtenteils fehlt. In der Kombination an1 + an2 + veg2 entsteht eine normalere Larve, die sowohl Darm als auch Skelettstrukturen aufweist, aber in diesem Fall werden die Skelettstäbe von veg2-Zellen anstatt, wie in der Normalentwicklung, von Mikromeren gebildet. Schließlich vermag sich die Kombination von an1 + an2-Mikromeren zu einer weitgehend normalen Larve zu entwickeln, deren Skelettstäbe von den Mikromeren gebildet werden.

Diese Experimente zeigen, dass bereits im unbefruchteten Ei ein Gradient von morphogenetischen Substanzen vorliegt, der das Entwicklungsschicksal der Zellen entlang der animal-vegetativen Achse bestimmt. Die Neukombinationsexperimente demonstrieren ausserdem, dass die verschiedenen Zellkränze den Gradienten durch Zell-Zellwechselwirkungen wieder etablieren können; aber die molekulare Natur dieser morphogenetischen Substanzen ist unbekannt. Obwohl Seeigeleier und synchronisierte Embryonen in größeren Mengen gewonnen werden können, haben sich die biochemischen Methoden zur Isolation dieser Substanzen als ungenügend erwiesen. Bisher ist es nur mit genetischen Methoden gelungen, die Gene, welche für diese morphogenetischen Substanzen kodieren, zu identifizieren. Ihre anschließende Klonierung in Organismen wie *Drosophila* haben schließlich zur Identifizierung der morphogenetischen Substanzen und zur Aufklärung ihres Wirkungsmechanismus geführt.

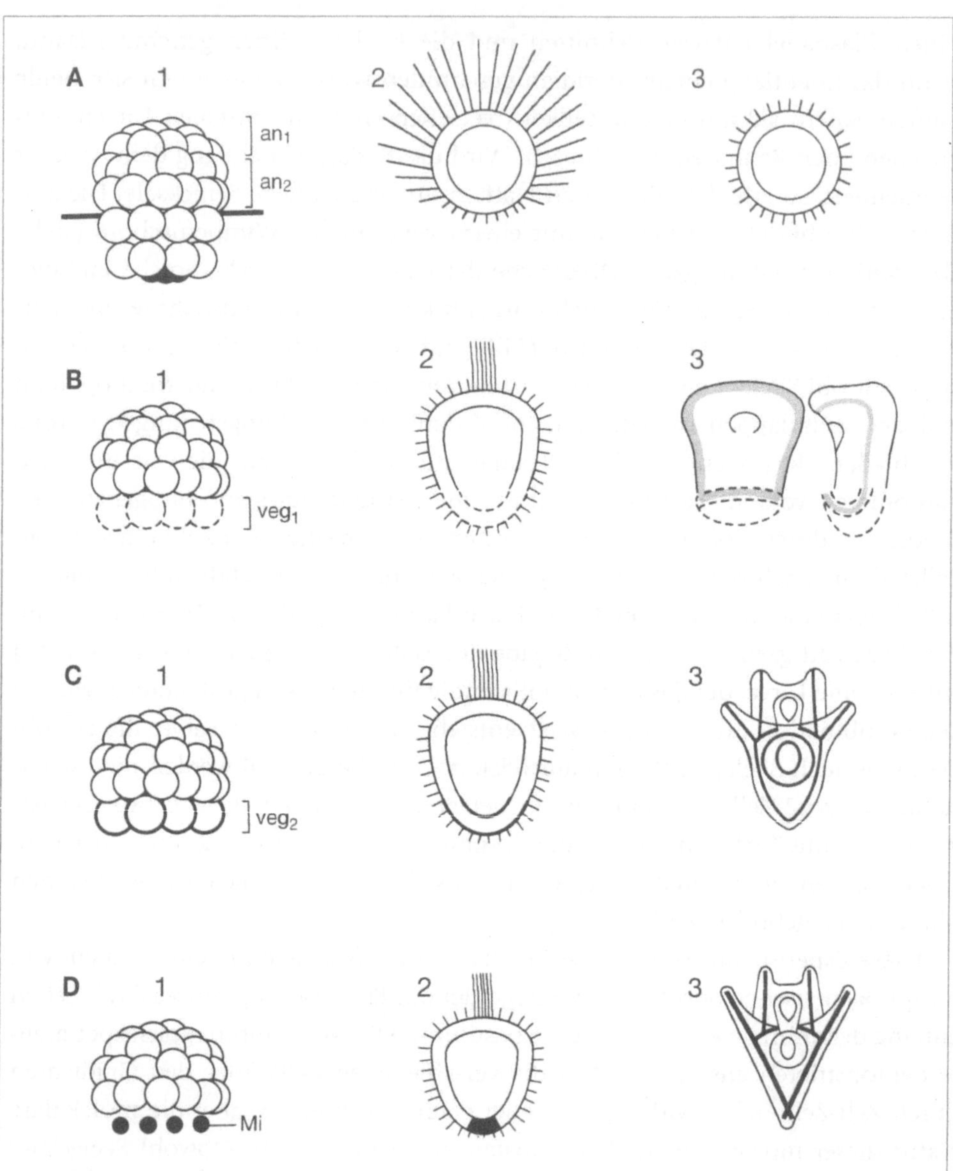

Abb. 4.9

Morphogenetische Gradienten im Seeigelembryo. Entwicklungsleistungen von (A) isolierten $an_1 + an_2$ Kränzen; (B) $an_1 + an_2 + veg_1$; (C) $an_1 + an_2 + veg_2$; (D) $an_1 + an_2 +$ Micromeren (Mi). Man beachtete die fortschreitende Normalisierung der Entwicklung von einer animalisierten Blastula in (A) bis zu einer weitgehend normalen Pluteus-Larve in (D). Die Skelettstäbe werden in (C) von veg_2 Zellen gebildet, während sie in (D) aus Mikromeren entstehen. Nach S. Hörstadius (1973) *Experimental Embryology of Echinoderms* (Clarendon Press, Oxford).

Drosophila: Determinanten und zellautonome Differenzierung

Die frühe Embryonalentwicklung von *Drosophila* (Abb. 4.10) unterscheidet sich wesentlich von derjenigen der Nematoden, Ascidien und Seeigel. Erstens ist die Eiarchitektur weiter fortgeschritten: Alle drei Körperachsen – antero-posterior, dorso-ventral und links-rechts – werden bereits bei der Oogenese (Eibildung) festgelegt und sind am unbefruchteten Ei zu erkennen. Zweitens entwickelt sich der Embryo zuerst nur durch Kernteilung, ohne dass das Zytoplasma unterteilt würde. Erst später, wenn die Kerne an die Eioberfläche gewandert sind, furcht sich das Zytoplasma, aber die Furchung beschränkt sich auf das kortikale Zytoplasma, die Eirinde. Von der Eioberfläche her werden Zellmembranen gebildet, welche die einwandernden Zellkerne umschließen.

Nach der Befruchtung verschmelzen Ei- und Spermakern und der dabei entstehende Zygotenkern teilt sich synchron in 2, 4, 8, 16 usw. Kerne. Diese Kernteilungen verlaufen sehr schnell und dauern nur neun Minuten bei 25°C. Nach der neunten Kernteilung, wenn 512 Kerne gebildet sind, beginnen die Kerne, vom Innern des Eies an die Peripherie in das Rindenzytoplasma zu wandern, und etwa ein Dutzend Kerne stoßen zuerst zum hinteren Pol des Eies vor und werden von sich bildenden Zellmembranen umschlossen. Diese sog. Polzellen werden später zu Keimzellen. Die übrigen Zellkerne, mit Ausnahme von einigen, die im zentralen Dotter des Eies zurückbleiben, reihen sich an der Peripherie in der Eirinde auf, wo sie noch weitere vier Teilungen durchlaufen. Nach der 13. Kernteilung schieben sich Zellmembranen zwischen die dicht gepackten Zellkerne und es entsteht das einschichtige Blastoderm (Abb. 4.10).

Was ist das Entwicklungsschicksal der Polzellen und wie werden sie determiniert? Eine Vielzahl von Experimenten weist darauf hin, dass die Polzellen die Vorläufer der Keimzellen, d.h. Urkeimzellen sind. Die Zellen wandern vom Hinterpol des Eies zu den Gonaden im Innern des Embryos, wo sie zu einem späteren Zeitpunkt Eier und Spermien bilden. Wie zuerst von Rudolf Geigy gezeigt wurde, können die Polzellen durch UV-Bestrahlung im jungen Embryo eliminiert werden. Die bestrahlten Embryonen entwickeln sich zu sterilen Adultfliegen mit Gonaden, die keine Keimzellen enthalten. Den gleichen Effekt zeigen Mutanten, die die Bildung von Polzellen unterbinden. Solche Mutanten zeigen einen Maternaleffekt, weil die Genprodukte, die für die Polzellbildung nötig sind, während der Oogenese im Muttertier gebildet werden. Homozygote Mutantenweibchen produzieren defekte Eier, die keine Polzellen bilden können. Die sich entwickelnden Embryonen werden zu sterilen Adulttieren, die keine Keimzellen in ihren Gonaden haben. Solche

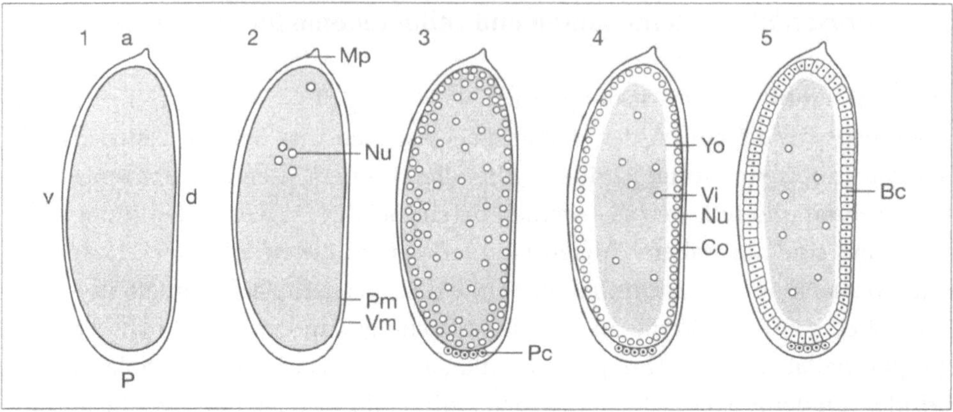

Abb. 4.10
Frühe Embryonalentwicklung der Taufliege (*Drosophila melanogaster*). (1) Im Ei sind die antero-posteriore (a, p) und die dorso-ventrale (d, v) Körperachse bereits festgelegt. (2) Frühes Kernteilungsstadium. Das Spermium dringt durch die Mikropyle (Mp) ins Ei ein, und der Spermakern verschmilzt mit dem haploiden Eikern zum diploiden Zygotenkern, der eine Reihe synchroner Kernteilungen durchläuft. Die Zellkerne sind von einem gemeinsamen Eizytoplasma und der Plasmamembrane (Pm) des Eis umgeben. Diese vielkernige Gebilde wird als Syncytium bezeichnet. Das Syncytium ist von zwei Eihüllen umgeben, der Vitellinmembran (Vm) und dem Chorion, der äusseren Eischale, die nicht gezeigt ist. (3) Auf dem 512-Kernstadium schnüren sich am hinteren Eipol die sog. Polzellen (Pc) ab, die sich später zu Keimzellen entwickeln. (4) Während dem syncytialen Blastodermstadium reihen sich die meisten Zellkerne (Nu) in der Rindenschicht (Co) des Eicytoplasmas auf und nur wenige Kerne bleiben im Innern des Eies, im Dotter (Yo), zurück und werden zu Vitellophagen (Vi), die für die Verdauung des Dotters verantwortlich sind. (5) Zelluläres Blastoderm. Die aufgereihten Kerne werden durch Zellmembranen voneinander getrennt (Zellularisierung) und bilden ein einschichtiges Epithel von Blastodermzellen (Bc), die später die somatischen Zellen des Embryos bilden.

Mutanten werden als großkinderlos (*grandchildless*) bezeichnet, weil die homozygoten Mütter zwar Kinder, aber keine Großkinder (Enkel) produzieren.

Eine alternative Methode, um die Zellgenealogie der Polzellen zu studieren, besteht darin, einzelne Polzellen in den Hinterpol eines genetisch markierten Empfängerembryos gleichen Alters zu transplantieren (Abb. 4.11), so dass man Spender und Empfänger unterscheiden kann. Solche Empfängerembryonen können sich zu Adultfliegen entwickeln, die Nachkommen sowohl vom Spender- wie vom Empfänger-Genotyp produzieren. Die Frage, ob das Entwicklungsschicksal der Polzellen bereits zum Zeitpunkt der Transplantation festgelegt ist, ob die Polzellen bereits determiniert sind, kann durch eine heterotope Transplantation ent-

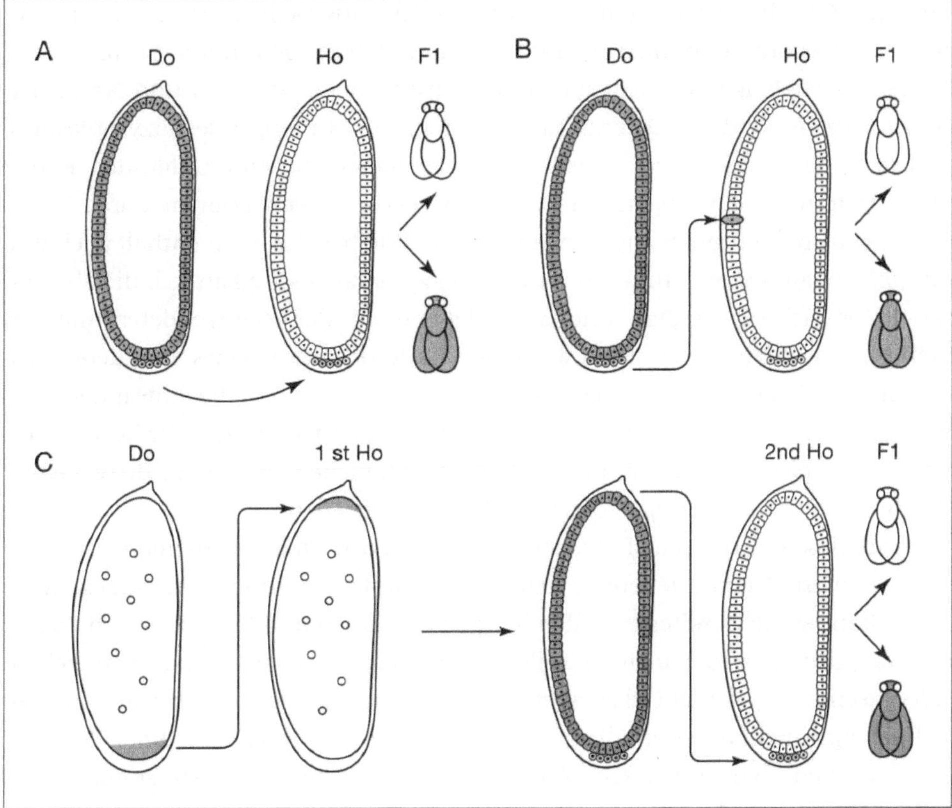

Abb. 4.11
Die Determination der Keimzellen bei *Drosophila*. (A) Homotope Transplantation von genetisch markierten Polzellen vom Hinterpol eines schwarzen Spenders (Do) in den Hinterpol eines weissen Empfängerembryos (Ho); (B) heterotope Transplantation auf die Ventralseite eines Empfänger-Blastoderms; (C) Transplantation von Hinterpol-Cytoplasma an den Vorderpol eines ersten Empfängers; Induktion von Polzellen im ersten Empfänger (schwarz) und deren Transplantation an den Hinterpol eines zweiten Empfängers (weiss), wo sie sich zu fertilen schwarzen Keimzellen entwickeln können. Nach R. Wehner und W.J. Gehring: *Zoologie* (Thieme Verlag, Stuttgart, 23. Auflage, Fig. 3.24), verändert.

schieden werden. Wenn eine markierte Polzelle vom Hinterpol eines Spenderembryos in die mittlere Bauchregion eines Empfängers transplantiert wird, so vermag die transplantierte Zelle trotzdem ihren Weg in die Gonade des Empfängers zu finden und dort normale Keimzellen zu bilden, die sich aufgrund des genetischen Markers von denjenigen des Empfängers unterscheiden lassen. Weil sich die transplantierte Zelle herkunfts- und nicht ortsgemäß entwickelt, müssen wir annehmen, dass sie zum Zeitpunkt der Transplantation bereits determiniert war.

Die nächste Frage, die sich nun stellt, betrifft die Lokalisation und Natur der Determinanten. Sind die Determinanten bereits am Hinterpol des Eizytoplasmas lokalisiert, bevor die Kerne einwandern, oder haben die einwandernden Kerne bereits Determinanten zugeteilt bekommen? Diese Fragen können durch Zytoplasma-Transplantationen angegangen werden. Wie bei *C. elegans* enthält auch das *Drosophila*-Ei an seinem Hinterpol bestimmte zytoplasmische Partikel, die als Polgranula bezeichnet werden, und anschließend an der Keimzelldetermination beteiligt sind. Wenn Zytoplasma aus einer Hinterpolregion eines Spendereies in den vorderen Pol eines Empfängereies injiziert wird, so bilden die einwandernden Kerne in dieser Region keine Blastodermzellen aus, sondern Zellen, die bei elektronenmikroskopischer Betrachtung wie Polzellen aussehen. Aber sind diese Zellen tatsächlich funktionstüchtige Polzellen, d.h. Urkeimzellen?

Wenn diese induzierten «Polzellen» von ihrer Position am Vorderende des Eies in den Hinterpol eines genetisch markierten Empfängerembryos verpflanzt werden, so können sie in seltenen Fällen Keimzellen bilden und Nachkommen erzeugen. Die Gründe, weshalb diese Zellen nur selten funktionstüchtige Keimzellen bilden können, sind nicht klar; aber dieses Resultat wurde in zwei Laboratorien unabhängig voneinander erhalten. Es mag daran liegen, dass es zu einer Konkurrenz zwischen den injizierten Keimzelldeterminanten und den somatischen Determinanten am Vorderpol des Eies kommt, die wir später diskutieren werden. Es gibt also gute Hinweise dafür, dass es im Zytoplasma am Hinterpol des Eies Keimzelldeterminanten gibt, aber über ihre molekulare Natur ist noch wenig bekannt und ihre Identifikation stellt eine Herausforderung für die molekulargenetische Forschung dar.

Schon im Jahre 1929 gelang es Alfred Sturtevant, die Genealogie und das Entwicklungsschicksal der Zellkerne vor der Blastodermbildung mittels Gynandern zu analysieren. Gynander (gynandromorphs) sind genetische Mosaike, die aus männlichen und weiblichen Zellen aufgebaut sind (Abb. 4.12). Der Begriff stammt vom griechischen Gyne (Frau) und Andros (Mann), und auch beim Menschen treten in seltenen Fällen solche genetischen Mosaike auf. Bei *Drosophila* entstehen Gynander durch den Verlust von einem der beiden X-Chromosomen in weiblichen (XX) Embryonen, weil X0 Zellen bei *Drosophila* männlich sind. Bei bestimmten *Drosophila*-Stämmen geht ein bestimmtes (ringförmiges) X-Chromosom mit großer Häufigkeit in der zweiten Kernteilung in beiden Tochterkernen verloren, sodass ein Embryo mit je zwei XX- und zwei X0-Kernen entsteht. Solche Embryonen ent-

Abb. 4.12
Gynandromorph. Die Zellen auf der linken Seite dieser Taufliege besitzen zwei X-Chromosomen und sind weiblich, wie es z.B. aus der Pigmentierung des Abdomens ersichtlich ist. Diese XX-Zellen exprimieren die dominanten Markierungsgene *white⁺* (rote Augen) und *Notch* (gekerbte Flügel), während die Zellen auf der rechten Seite ein X-Chromosom verloren haben (XO) und deshalb männlich sind (Pigmentierung des Abdomens) und die rezessiven Markierungsgene *white* (weisse Augen) und *forked* (gegabelte Borsten) exprimieren. Nach T.H. Morgan, C.B. Bridges und A.H. Sturtevant: *The Genetics of Drosophila* (reprinted Garland, New York, 1988).

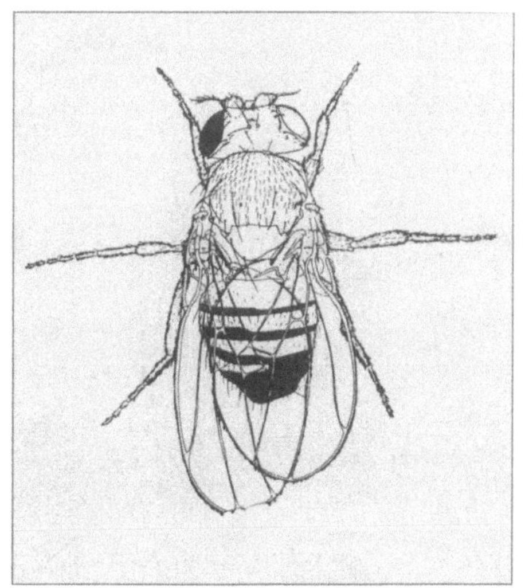

wickeln sich zu Fliegen, die je aus etwa 50% weiblichen (XX) und 50% männlichen (X0) Zellen aufgebaut sind. Die Untersuchung individueller Blastodermembryonen zeigt, dass die beiden Zelltypen (XX und X0) zufällig im Blastoderm verteilt sind (Abb. 4.13). Obschon sich die Kerne nicht beliebig durcheinandermischen, ist die Trennungslinie zwischen XX- und X0-Zellen zufällig. Der Wanderungsweg der Kerne vom Innern an die Peripherie das Eies ist deshalb nicht vorausbestimmt, sondern zufällig.

Das spätere Schicksal der Blastodermzellen kann mit genetischer Markierung verfolgt werden. Durch Einführung rezessiver Mutationen auf dem normalen X-Chromosom, das in den männlichen X0-Zellen zurückbleibt, können die männlichen von den weiblichen Zellen unterschieden werden. So kann man z.B. die rezessive Mutation *yellow* (*y*) in das X-Chromosom der Männchen einführen. Weil das zweite X- Chromosom beim Weibchen ein normales Wildtyp-Gen (*y⁺*) trägt, das dominant ist über das mutante *yellow*-Gen (*y*), exprimieren die weiblichen Zellen braune (Wildtyp-) Körperfarbe. Die männlichen Zellen, die nur ein mutiertes X-Chromosom aufweisen, exprimieren im Gegensatz dazu gelbe Körperfarbe. Betrachtet man die Verteilung der braunen (XX) und gelben (X0) Zellen bei einer grösseren Zahl von Gynander (Abb. 4.13), so wird es offensichtlich, dass das Verteilungsmuster zufällig ist. Weil die Adultfliege im Wesentlichen durch eine Expansion des Blastoderms entsteht, muss die Wanderung der Furchungskerne an die Eioberfläche ebenfalls zufällig sein. Aus diesen Gründen können wir schließen,

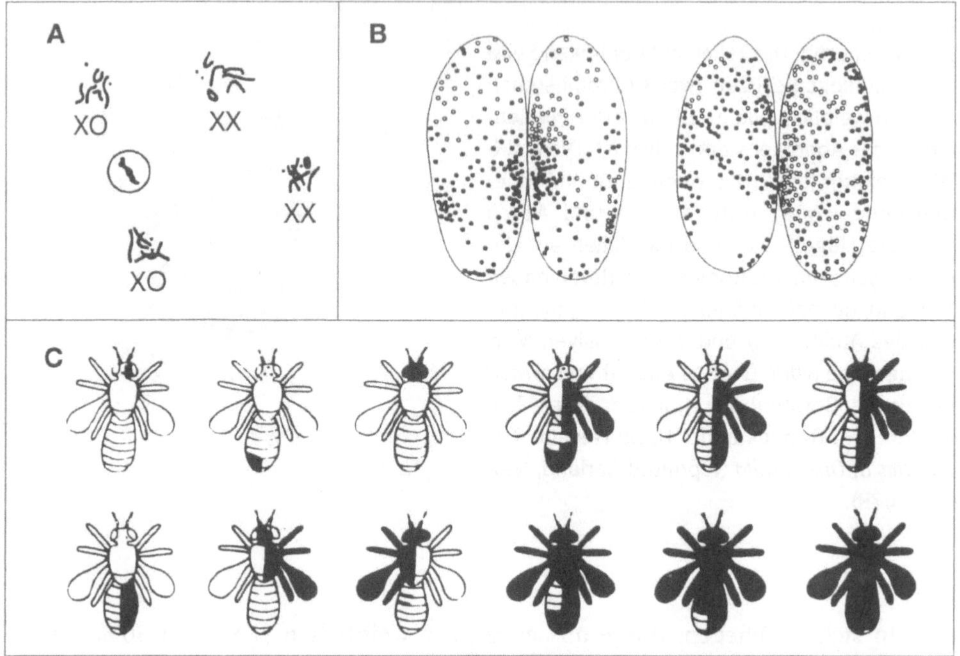

Abb. 4.13

Gynandromorphismus verursacht durch Chromosomenverlust. (A) Verlust von zwei verhängten, ringförmigen X-Chromosomen (Kreis) von zwei der vier Tochterkerne nach der 2. Kernteilung führt zu je zwei männlichen (XO) und zwei weiblichen (XX) Kernen; (B) Verteilung von weiblichen (weiss) und männlichen (schwarz) Kernen auf der Oberfläche von zwei aufgeschnittenen Blastodermembryonen; (C) Verteilung von weiblichen (weiss) und männlichen (schwarz) Geweben in einem Satz von 12 Gynandromorphen. Nach M. Zalokar, I. Erk und P. Santamaria (1980) Distribution of ring-X chromosomes in the blastoderm of gynandromorphic *D. melanogaster.* *Cell* 19, 131–141.

dass die Genealogie der Zellkerne vor der Blastodermbildung irrelevant ist für ihr späteres Entwicklungsschicksal. Vielmehr muss das Rindenzytoplasma Positionsinformation enthalten und die Kerne instruieren. Ein Kern, der z.B. am Vorderpol des Eies anlangt, wird instruiert, eine vordere (Kopf-) Struktur zu bilden (die molekularen Grundlagen für diese «Instruktion» werden wir im nächsten Kapitel besprechen). Aus diesen Gynanderstudien ergeben sich folgende Schlüsse: Die Zellkerne sind vor der Blastodermbildung äquivalent und totipotent; wenn sie in eine Polzelle eingeschlossen werden, so differenzieren sie sich später zu Keimzellen; wenn sie an den Vorderpol gelangen, so bilden sie eine Kopfstruktur, etc. Sie erhalten somit ihre Positionsinformation vom Rindenzytoplasma. Diese Schlussfolgerung wurde später durch Kerntransplantationsexperimente und Isolation von zytoplasmatischen Determinanten bestätigt.

Das Entwicklungsschicksal und die Determination der Blastodermzellen ist in verschiedenen genetischen und embryologischen Experimenten analysiert worden. Im Gegensatz zu den Nematoden und Ascidien ist die Zellgenealogie der Blastodermzelle nicht konstant, sondern variabel. Wenn eine einzelne Blastodermzelle genetisch markiert wird, z. B. mit dem yellow-Marker-Gen oder durch Injektion eines Farbstoffs, so enthalten die von dieser Zelle abstammenden Zellklone nicht immer die gleiche Anzahl von Zellen, und sie nehmen auch nicht stets dieselben Positionen ein in späteren Stadien der Entwicklung. Die Größe und Topographie der Klone ist variabel (Abb. 4.14). Es gibt aber Restriktionen; die Klone sind beschränkt auf bestimmte Körpersegmente, z.B. das erste oder das zweite Thoraxsegment. Diese Begrenzung könnte darauf hindeuten, dass die ersten Schritte der Determination bereits bei der Blastodermbildung erfolgen, was durch das folgende Experiment belegt wird: Dissoziiert man Vorderhälften von Blastodermen in ihre Einzelzellen und kultiviert sie, so bilden sie nur vordere Strukturen, Kopf und Thorax, auch wenn man sie mit genetisch markierten Zellen aus Hinterhälften mischt. Daraus folgt, dass vordere Blastodermzellen determiniert sind, vordere Strukturen zu bilden und sich autonom entwickeln.

Die hinteren Zellen können die vorderen nicht dazu bringen, ihr Entwicklungsschicksal zu ändern und hintere Strukturen zu bilden, und umgekehrt. Diese Resultate sind durch Transplantation von Einzelzellen bestätigt worden. Wird z.B. eine Blastodermzelle vom Vorderpol des Embryos an die gleiche Position in einem genetisch markierten Empfängerblastoderm transplantiert, so assoziiert sich die Spenderzelle mit den sie umgebenden Empfängerzellen, sie wird integriert und trägt zur Bildung einer Kopfstruktur bei. Im Gegensatz dazu kann eine vordere Blastodermzelle, die nach hinten transplantiert wird, nicht in das sie umgebende Gewebe integrieren, aber es kann Kopfstrukturen bilden, die sich isoliert im Abdomen der Empfängerfliege entwickeln. Dies zeigt uns deutlich, dass die Spender-Blastodermzelle bereits determiniert ist, und darauf festgelegt ist, Kopfstrukturen zu bilden; sie entwickelt sich unabhängig von ihrer Umgebung.

Amphibien: Spemanns Organisator und die Rolle der Gene

Molche und Frösche haben große Eier von ein bis zwei Millimeter Durchmesser, und an ihren Embryonen lassen sich relativ leicht Operationen durchführen. Aus

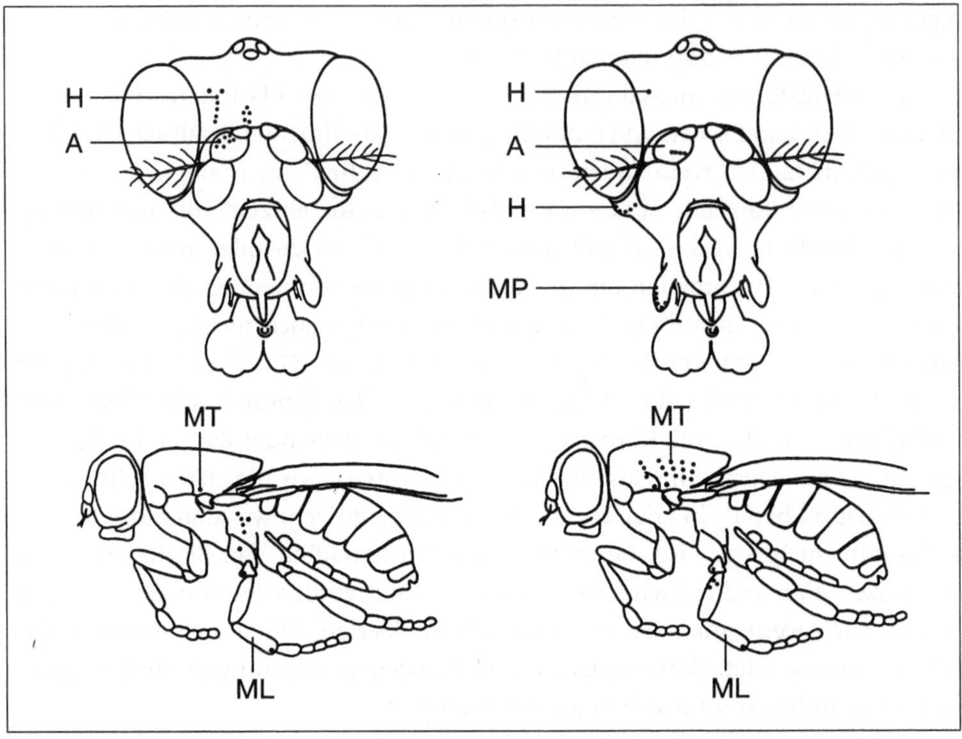

Abb. 4.14
Muster von Klonen genetisch markierter Borstenzellen (Punkte) auf dem Kopf und Thorax von
Drosophila. Die Mutterzellen dieser Klone wurden im Blastoderm genetisch markiert. Ihre Tochterzellen variieren sowohl im Bezug auf ihre Anzahl als auch ihre Lokalisation auf der Oberfläche der Fliege und können sich über die Grenzen der Areale erstrecken, die von zwei verschiedenen Imaginalscheiben gebildet werden: Die Augen- und Antennenscheibe (obere Reihe)
resp. die Flügel- und Mittelbeinscheibe (untere Reihe). Abkürzungen: H, Kopf; A, Antenne; MP,
Maxillarpalpus; MT, Mesothorax; ML, Mittelbein. Nach E. Wieschaus.

diesem Grunde sind viele der fundamentalen embryologischen Experimente erstmals bei Amphibien durchgeführt worden. Weil Amphibien, wie wir Menschen, zu
den Wirbeltieren gehören, lassen sich die an Amphibien gewonnenen Resultate in
vielen Fällen auch auf den Menschen übertragen. Dieses Argument lässt sich aber,
wie wir später sehen werden, auch auf *Drosophila* ausdehnen, in viel stärkerem
Maße, als man früher geglaubt hätte. Im jetzigen Zusammenhang beschreibe ich
nur zwei fundamental wichtige Experimente: Das Organisatorenexperiment von
Hans Spemann und die Transplantation von Zellkernen.

In seinem historisch wertvollen Buch *The Heritage of Experimental Embryology: Hans Spemann and the Organizer* beschreibt Viktor Hamburger die Geschichte des Organisatorexperimentes äusserst lebendig und stellt es in den historischen Zusammenhang. Viktor Hamburger war nicht nur ein Doktorand von Spemann und deshalb ein «insider», sondern er hat selbst hervorragende Beiträge zur experimentellen Embryologie geleistet, sodass er von kompetenter Warte aus diese wichtige Entdeckung beschreiben kann. Hans Spemann selbst hat, basierend auf seinen «Silliman Lectures», die er 1931 an der Yale Universität gehalten hat, eine Synthese seiner Arbeiten unter dem Titel *Embryonic Development and Induction* (Yale University Press, 1936) veröffentlicht.[1]

Als Voraussetzung für das Verständnis des Organisatorexperimentes müssen wir uns zunächst mit der Embryonalentwicklung der Amphibien, insbesondere der Gastrulation, vertraut machen. Das kugelige Ei der Amphibien ist schon vor der Befruchtung polarisiert. Man kann schon von aussen eine pigmentierte animale Hemisphäre von der helleren unteren Hälfte unterscheiden, und der Eikern lässt sich als transparente helle Stelle am animalen Pol erkennen. Beim Frosch (*Rana*) lassen sich infolge der Pigmentierung die zytoplasmatischen Umlagerungen verfolgen, die beim Eindringen des Spermiums auftreten. Die schwarzen Pigmentgranula sind auf die Oberflächenschicht des Zytoplasmas beschränkt, die das Ei wie eine Kappe überzieht. Beim Eindringen des Spermiums verlagert sich diese Pigmentkappe um etwa 20° relativ zum inneren Eizytoplasma und nimmt eine schräge Position ein. Dadurch wird ein Teil des grauen inneren Zytoplasmas sichtbar, und zwar auf der dem Spermaeintritt gegenüberliegenden Seite. Diese graue Zone wird als grauer Halbmond bezeichnet. Diese Verschiebung des peripheren Rindenzytoplasmas relativ zum inneren Zytoplasma des Eies ist unerlässlich für die späteren Gastrulationsbewegungen. Die erste Furche beginnt, am animalen Pol «einzuschneiden» und setzt sich zum vegetativen Pol hin fort. Wenn die erste Furche den grauen Halbmond halbiert, sodass beide Blastomeren etwa gleich viel des grauen Materials erhalten, können beide Blastomeren nach Isolation eine normale Larve bilden und es entstehen eineiige Zwillinge. Enthält dagegen eine der beiden Blastomeren zu wenig vom grauen Material, so kann sie nach Isolation im weiteren Verlauf der Entwicklung nicht gastrulieren. Bei Amphibien sind die beiden ersten Blastomeren so groß, dass die Furche zwischen ihnen mit einer feinen Haarschlinge durchgeschnürt werden kann. Durchschnürung von späteren Stadien

1 Spemanns Buch war ein Ansporn für mich, die Terry Lectures, die ich 1993 an der Yale Universität – meiner zweiten alma mater – hielt, in Buchform zu veröffentlichen und die Tradition von Ross Harrison, der ebenfalls in Yale gearbeitet hat, und Spemann fortzusetzen.

bis kurz vor der Gastrulation, wenn die Determination erfolgt, kann ebenfalls Zwillinge produzieren. Die Gastrulation umfasst Gestaltungsbewegungen von ganzen Zellschichten, die zur Bildung der drei Keimblätter führen und die Organisation des Embryos nach seinem Bauplan festlegen.

Die Furchungsteilungen des frühen Embryos führen zur Bildung einer Hohlkugel, der Blastula, die dem Blastoderm bei *Drosophila* entspricht. Am animalen Pol befinden sich die pigmentierten Zellen, die später zum Ektoderm werden und die Haut und das Nervensystem bilden. Am vegetativen Pol liegen die dotterhaltigen Zellen, die sich später zum Darm differenzieren. Die dazwischen liegenden Zellen werden zum Mesoderm. Die Gastrulation ist ein Einstülpungsprozess, bei dem die Zellen der vegetativen Hemisphäre durch den Urmund ins Innere verlagert werden, während die animale Hälfte sich streckt und die Zellen abflachen, um die eingestülpten Gewebe zu bedecken (Abb. 4.15).

Die Veränderungen, die während der Einstülpung erfolgen, sind sehr komplex und können hier nur grob umrissen werden. Während des Einstülpungsvorganges spaltet sich das invaginierende Gewebe: Die vegetativen, dotterhaltigen Zellen bilden einen Trog, den Vorläufer des Darms, der als Urdarm bezeichnet wird. Die Wände dieses Troges wachsen nach oben und trennen sich von der dorsal gelegenen Zellschicht, dem Urdarmdach, und vereinigen sich schließlich dorsal in der Mittellinie, so dass ein hohles Rohr, der zukünftige Darm, entsteht. Das Urdarmdach bildet anschließend die mesodormalen Strukturen aus, die Chorda, die in der dorsalen Mittellinie liegt, zwei Reihen von Somiten (Muskelsegmenten), je eine zu beiden Seiten der Chorda, sowie die Lateralplatten. Im anschließenden Prozess, der sog. Neurulation, bildet die äussere dorsale Zellschicht, das Ektoderm, das über dem Urdarmdach liegt, zuerst die sog. Neuralplatte, die sich anschließend zum Neuralrohr einrollt. Der vordere Teil des Neuralrohrs bildet später das Gehirn, der hintere Teil wird zum Rückenmark. Am Ende der Neurulation streckt sich der Embryo und bildet das Schwanzknospenstadium, in welchem die Grundorganisation des Embryos deutlich sichtbar ist (Abb. 4.16). In einem Querschnitt können wir den Grundbauplan des Wirbeltierembryos erkennen, der bei Fischen, Amphibien, Reptilien, Vögeln und Säugetieren grundsätzlich derselbe ist. Das Schwanzknospenstadium zeigt ein weiteres wichtiges Faktum, die zeitliche Steuerung der Entwicklung: Der Kopf bildet sich zuerst, die hinteren Organe später, und der Schwanz ist erst als Knospe von wenig differenzierten Zellen angelegt.

Frühe Experimente von Hans Spemann hatten gezeigt, dass die Fähigkeit halbierter Embryonen, Zwillinge zu bilden, am Ende der Gastrulation erlischt. Um zu eruieren, ob in diesem Stadium die verschiedenen Teile des Embryos bereits auf

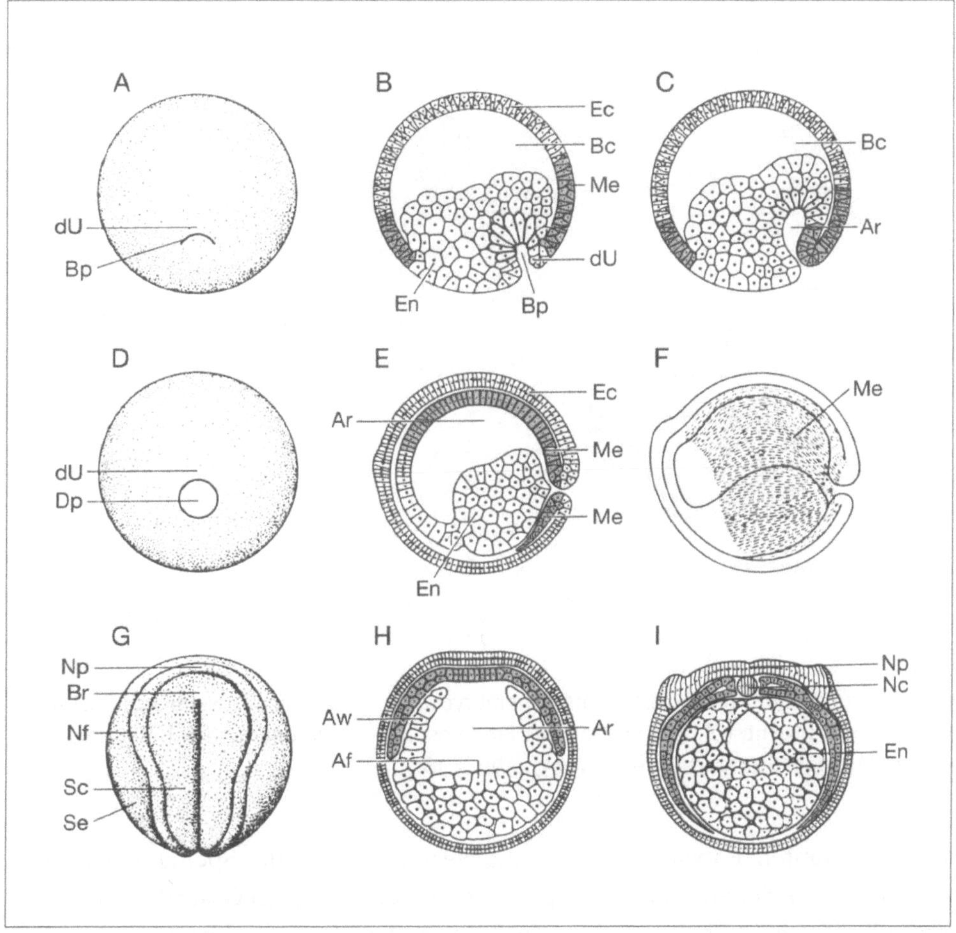

Abb. 4.15

Gastrulation und Neurulation bei Amphibien. (A) Oberflächenansicht eines Embryos auf dem frühen Gastrulastadium mit Urmund (Blastoporus) und dorsaler Urmundlippe, dem Organisator von Spemann; (B) Schnitt durch A mit den flaschenförmigen Zellen, die durch den Urmund ins Innere des Embryos wandern; (c) Schnitt durch ein mittleres Gastrulastadium; (D) Aufsicht auf eine späte Gastrula mit rundem Urmund (Dotterpfropf); (E) Schnitt durch D; (F) Darstellung des Mesodermmantels, der sich zwischen Ektoderm und Entoderm schiebt; (G) Dorsalansicht einer Neurula; (H) Frontalschnitt, der zeigt, wie die Wände des Urdarms nach oben wachsen; (I) Dorsaler Verschluss des Urdarms und Bildung der *Chorda dorsalis* (Frontalschnitt). Abkürzungen: Af, Urdarmboden; Ar, Urdarm (Archenteron); Aw, Urdarmwand; Bc, Blastocoel; Bp, Urmund; Br, Gehirnanlage; Dp, Dotterpfropf; dU, dorsale Urmundlippe; Ec, Ektoderm; En, Entoderm; Me, Mesoderm; Nc, *Chorda dorsalis*; Nf, Neuralfalten; Np, Neuralplatte; Sc, Rückenmarkbereich; Se, Hautektoderm. Nach R. Wehner und W.J. Gehring: *Zoologie*, 23. Auflage (Stuttgart, Thieme, 1995), Abb. 3.17.

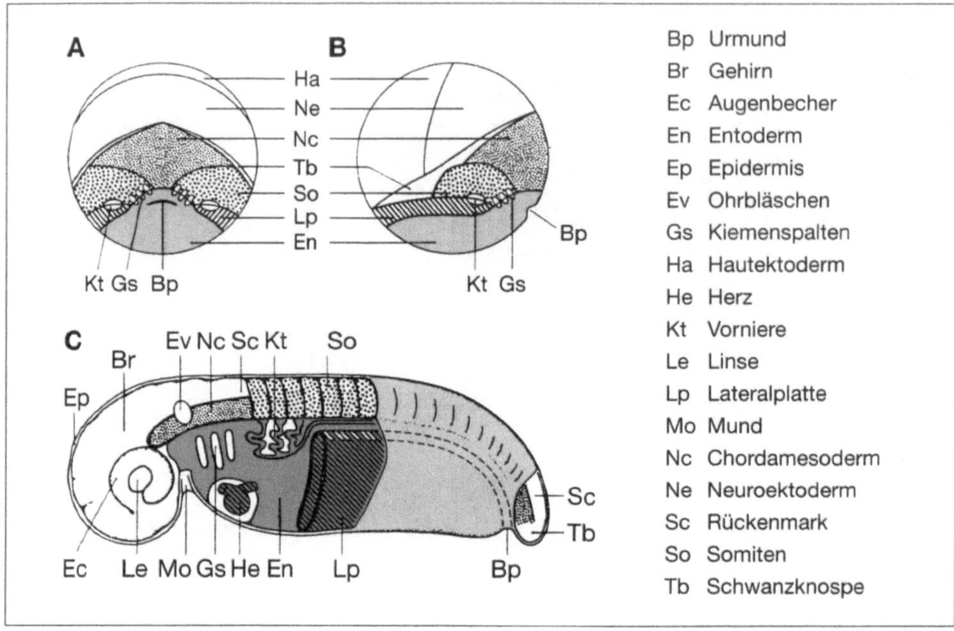

Abb. 4.16

Anlageplan und Organisation des Amphibienembryos. (A) Anlageplan, Dorsalansicht, (B) Anlageplan, Lateralansicht, (C) Organisation des Embryos. Nach R. Wehner und W.J. Gehring: *Zoologie*, 23. Auflage (Stuttgart, Thieme, 1995), Abb. 3.18.

einen bestimmten Entwicklungsweg festgelegt waren, wollte Spemann systematisch die verschiedenen Teile eines Spenderembryos im frühen Gastrulastadium an eine andere Stelle (heterotop) eines gleichartigen Empfängerembryos transplantieren, um ihren Determinationszustand zu ermitteln. Falls solche Transplantate sich autonom differenzieren, so würde dies bedeuten, dass die transplantierten Zellen bereits determiniert sind. Falls sich die transplantierten Zellen jedoch ortsgemäß entwickeln, müsste man annehmen, dass sie im frühen Gastrulastadium noch nicht irreversibel determiniert sind.

Wenn im frühen Gastrulastadium Teile der entstehenden Neuralplatte mit Teilen der zukünftigen Epidermis ausgetauscht werden, so differenzieren sich die Zellen ortsgemäß (und nicht herkunftsgemäß), d.h. sie sind also noch nicht determiniert. Im Gegensatz dazu differenzieren sich die gleichen Teile kurz nach der Gastrulation, gerade wenn die Neuralplatte sichtbar wird, autonom, also herkunftsgemäß. Wenn z. B. der Teil der Neuralplatte, der die Augenanlage enthält, in die Flanke eines gleich alten Empfängers transplantiert wird, so entsteht jetzt ein zusätzliches Auge in der Flanke des Empfängers, anstelle von Epidermis. Dieses Experiment zeigt deutlich, dass die Determination im Verlaufe der Gastrulation erfolgt. Ähnlich differenziert sich ein Stück Epidermis autonom, wenn es nach der Gastrulation in die Neuralplatte des Empfängers transplantiert wird.

Der einzige Teil des Embryos, der sich anders verhielt, war die dorsale Urmundlippe. Wenn Spemann die obere Urmundlippe vom Spender in die Flanke des Empfängers transplantierte, so differenzierte sich das Transplantat nicht ortsgemäß, sondern stülpte sich in das Innere des Empfängers ein und bildete ein sekundäres Neuralrohr mit darunter liegender Chorda und zwei Reihen von Somiten. Die frühen Experimente von Spemann hatten jedoch einen großen Nachteil: Spender und Empfänger waren von der gleichen Molchart, *Triturus taeniatus*, dem Teichmolch, und liessen sich nur aufgrund der Färbung, die individuell etwas verschieden ist, unterscheiden. Spender- und Empfängerzellen konnten deshalb nicht mit Sicherheit unterschieden werden. Zu diesem Zeitpunkt entwickelte der führende amerikanische Embryologe Ross Harrison die Methode der heteroplastischen Transplantation, bei der zwei verschiedene Tierarten als Spender bzw. Empfänger verwendet werden, die sich in Bezug auf ihre Zellmorphologie wesentlich unterscheiden. In diesen frühen Entwicklungsstadien gibt es noch keine immunologische Abwehrreaktion des Wirtes (Empfängers) gegen das transplantierte Spendergewebe. Spemann ging deshalb zu dieser neuen Methode über und beauftragte seine Schülerin Hilde Mangold mit der Ausführung der entscheidenden Experimente. Als Spender wurde die fast unpigmentierte Gastrula des Kammmolchs (*Triturus cristatus*) gewählt, und die dorsale Urmundlippe in die linke Flanke einer Empfängergastrula vom Teichmolch (*T. taeniatus*) transplantiert (Abb. 4.17). Anstatt ortsgemäß Epidermis zu bilden, invaginierte das Transplantat fast vollständig, und induzierte die Bildung einer sekundären Neuralplatte im Empfänger. Die Spenderzellen induzierten auch sekundäre Somiten, beiderseits einer sekundären Chorda. Nach der fehlenden Pigmentierung der Zellen zu schließen, wurde die sekundäre Chorda ausschließlich von Spenderzellen gebildet, während die Somiten sowohl aus Spender- als auch aus Wirtszellen zusammengesetzt waren. Der wichtigste Fall, Um 132, ist in Abb. 4.17 wiedergegeben; und in ihrer Publikation beschreiben Spemann und Mangold nur vier weitere Fälle, aber zu jener Zeit war die experimentelle Embryologie noch keine quantitative Wissenschaft und die Resultate wurden weder in Tabellen zusammengestellt noch statistisch analysiert. Trotzdem haben sich diese Resultate von Spemann und Mangold vielfach bestätigt, und die Studenten in meinem Entwicklungsbiologie-Kurs haben diese Experimente häufig reproduziert. Johannes Holtfreter hat das Experiment vereinfacht, indem er die dorsale Urmund-

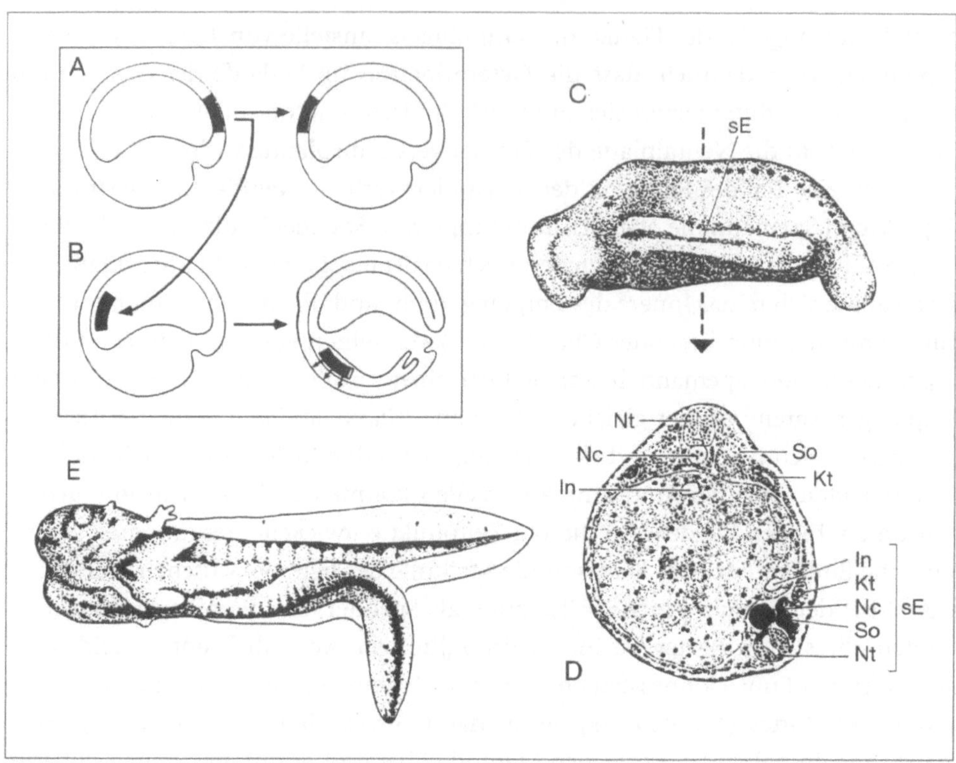

Abb. 4.17
Das Organisator-Experiment. (A) Transplantation der dorsalen Urmundlippe (Organisator) auf die Ventralseite einer Empfängergastrula. (B) Einsteckversuch: Einstecken der dorsalen Urmundlippe ins Blastocoel des Empfängers. (C) Induktion eines sekundären Embryos (s. E) auf der Ventralseite. (D) Querschnitt durch den Embryo in C. Spendergewebe schwarz. Die Chorda des sekundären Embryos ist abgeleitet von Spenderzellen. Das Neuralrohr und die Somiten setzen sich aus Spender- und Empfängerzellen zusammen. (E) Entwicklung eines sekundären Embryos. Abkürzungen: In, Darm; Kt, Nieren; Nc, Chorda; Nt, Neuralrohr; So, Somiten. Nach R. Wehner und W.J. Gehring: *Zoologie*, 23. Auflage (Stuttgart, Thieme, 1995), Abb. 3.27.

lippe durch einen Schlitz direkt in das Blastocoel (den Hohlraum im Innern des Empfängerembryos) steckte, gegenüber dem Urmund. Durch diesen «Einsteckversuch» gelang es Holtfreter, nahezu vollständige sekundäre Embryonen zu induzieren (Abb. 4.17). Da die obere Urmundlippe fähig ist, eine neue embryonale Achse und einen vollständigen sekundären Embryo zu induzieren, wurde die Urmundlippe als Organisationszentrum oder Organisator bezeichnet.

Spemann interpretierte die Resultate ausschließlich epigenetisch und betonte allein die Wechselwirkung zwischen den Geweben. Er realisierte nicht, dass eine große Zahl von Genen aktiviert werden mussten, um einen sekundären Embryo zu bilden. Er sah keine direkte Verbindung zwischen Embryologie und Genetik, obschon sein Mitarbeiter Oskar Schotté die Bedeutung der Gene in einem spektakulären Experiment nachgewiesen hatte. Wie Viktor Hamburger in seinem historischen Buch *The Heritage of Experimental Embryology* beschrieben hat, kam Schotté 1928 in das Labor von Spemann und konzipierte ein Traumexperiment, das damals völlig unrealistisch erschien. Schotté wollte ventrales Ektoderm einer Frosch-Gastrula in die zukünftige Mundregion einer Molch-Gastrula, und umgekehrt, transplantieren. Nach einer Diskussion mit Hamburger behauptete Schotté, er würde sich nicht mehr rasieren, bis er das Experiment erfolgreich durchgeführt habe. Sein Bart wuchs und wuchs, bis er eines Morgens frisch rasiert und strahlend im Labor erschien: Die erste transplantierte Larve hatte überlebt. Es war eine Molchlarve mit den Mundorganen eines Frosches. Die transplantierten Froschzellen hatten auf die Induktionssignale des Molches mit der Bildung eines Mundes geantwortet, aber die Struktur der Mundorgane wurde durch die Gene in den Froschzellen bestimmt, sodass kein Molchmaul, sondern ein Froschmaul mit Hornzähnen und Saugnäpfen entstand. Trotzdem betonte Spemann die Wechselwirkung zwischen den Geweben, die nicht artspezifisch sind, und vernachlässigte die Wirkung der Gene im Spendergewebe. Die Idee, dass diese Methode zum Studium der Genaktivierung verwendet werden könnte, wurde weder in der Publikation von Spemann und Schotté (1932), noch im Buch von Spemann, in welchem er seine Silliman Lectures zusammenfasste, erwähnt.

Das Studium des Organisators machte eine Wende, als Johannes Holtfreter zeigte, dass selbst tote Gewebe eine Neuralplatte induzieren können, was darauf hindeutete, dass das induzierende Agens nicht ein lebendes Gewebe sein musste, sondern chemischer Natur ist. Aber die zahlreichen Versuche, diese chemische(n) Substanz(en) zu isolieren, waren während mehr als 70 Jahren vergeblich. Das rein biochemische Vorgehen erwies sich als zu schwierig. Embryologische Untersuchungen hatten ergeben, dass eine mesodermale Induktion der neuralen vorausgeht: Wenn Blastulazellen vom animalen Pol (der sog. animalen Kappe) explantiert und in einer einfachen Salzlösung gezüchtet werden, so bilden sie nur ektodermale Strukturen, während Zellen vom vegetativen Pol entodermale Strukturen produzieren. Kombiniert man dagegen animale mit vegetativen Zellen, so entstehen zusätzlich mesodermale Strukturen (siehe Modellvorstellung in Abb. 4.18). Der Organisator, der im Mesoderm lokalisiert ist, signalisiert dann zum darüber liegenden Ektoderm und induziert die Bildung einer Neuralplatte, ein Vorgang, der als neurale Induktion bezeichnet wird. Ein Mesoderm-induzierender Faktor wurde

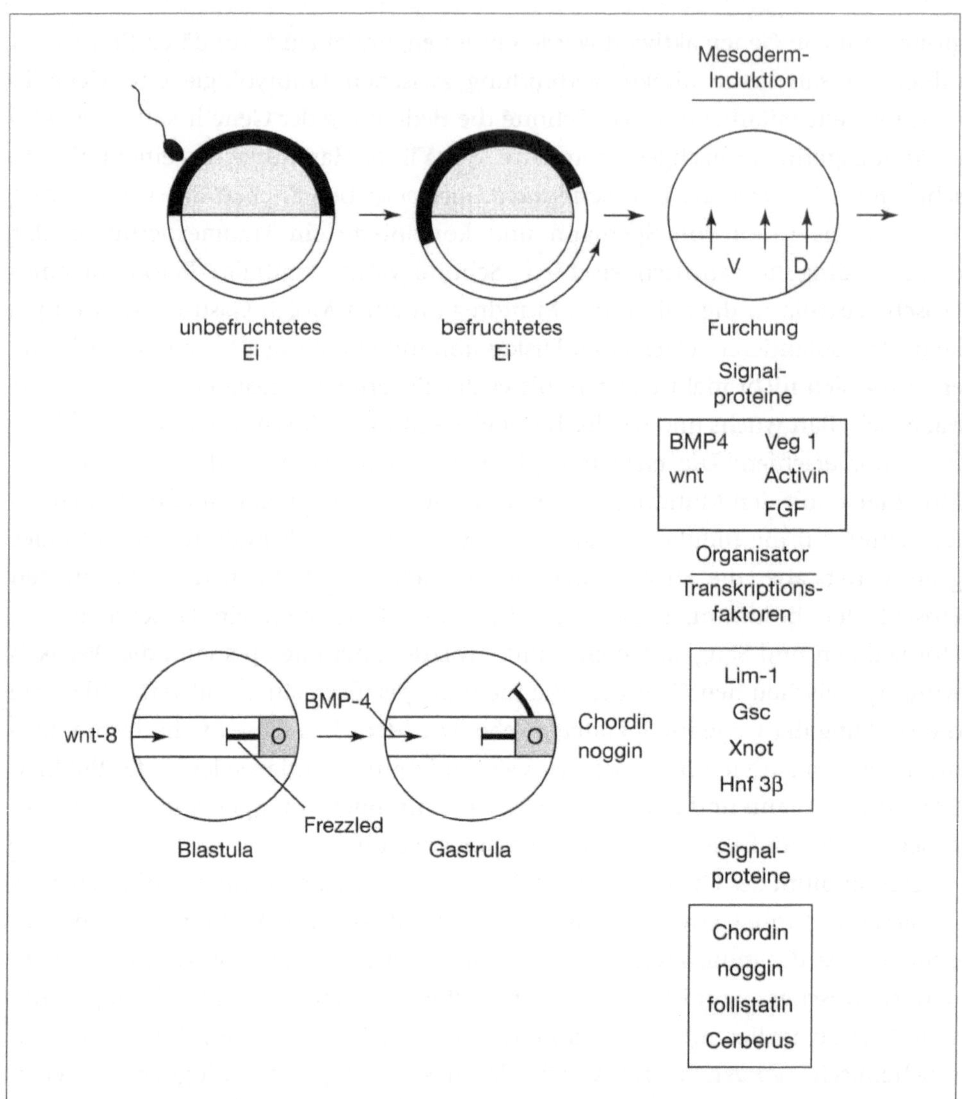

Abb. 4.18

Mesoderminduktion und Organisatorwirkung. Nach dem Eindringen des Spermiums rotiert das Rinden-Zytoplasma (schwarz) des Eis und exponiert den grauen Halbmond, die zukünftige Organisatorregion (o). Mindestens fünf Gene (eingerahmt) kodieren für Signalproteine, die an der Mesoderminduktion beteiligt sind. Verschiedene Gene, die für Transkriptionsfaktoren und Signalproteine kodieren (Boxen), werden spezifisch in der Organisatorregion exprimiert. Ihre Proteinprodukte hemmen die Wirkung von BMP4 (bone morphogenetic protein 4) bei der Induktion der verschiedenen mesodermalen Gewebe und der Neuralplatte. Pfeile bedeuten Aktivierung, T-Balken Repression.

biochemisch von James Smith aus Gewebekultur-Zellen des Krallenfrosches *Xenopus* isoliert. Aber diese biochemischen Experimente müssen durch genetische bestätigt werden, die entscheiden, ob Activin tatsächlich auf diesem Entwicklungsstadium produziert wird und ob es tatsächlich der natürliche Mesoderm-induzierende Faktor ist. *Xenopus* und andere Amphibien sind aber für genetische Untersuchungen wenig geeignet, sodass die Fortschritte im Vergleich zu *Drosophila* nur langsam sind. Durch Anwendung von revers-genetischen Methoden, d.h. ausgehend von bereits isolierten Genen, sind eine Reihe mutmaßlicher Signalmoleküle und Transkriptionsfaktoren, die für den Organisator spezifisch sind, identifiziert worden, und ein klareres Bild beginnt sich abzuzeichnen (Abb. 4.18). Nach gegenwärtiger Auffassung besteht die Bildung und Wirkung des Organisators aus folgenden Schritten: 1. Induktion des Mesoderms durch Gene wie *Activin*, *veg 1* und *wnt*. 2. Expression von Homeoboxgenen wie *goosecoid*, *Lim-1*, *Xnot* und weiteren Transkriptionsfaktoren aus der *forkhead* Familie (HNF 3b), speziell im Gebiet der dorsalen Urmundlippe. 3. Aktivierung von Signalmolekülen durch diese Transkriptionsfaktoren. Diese Signalmoleküle wie *chordin*, *noggin* und *follistatin* werden von den induzierenden Zellen ausgeschieden und agieren auf die Empfängerzellen. Diese Signalmoleküle wirken einem anderen Signalmolekül, BMP4, entgegen, indem sie an BMP4 binden und dessen Bindung an seinen Rezeptor im Ektoderm blockieren. Die Hemmung der ventralisierenden Signale von BMP4 führt zur Differenzierung des Nervensystems auf der dorsalen Seite des Embryos. Weil *Xenopus* sich genetisch nur schwer manipulieren lässt, wurden die homologen Mausgene kloniert. Durch homologe Rekombination können bei der Maus die entsprechenden Gene im Mausembryo ausgeschaltet werden. Die sog. knock-out-Maus, in der das *Lim-1* Homeobox-Gen durch Mutation inaktiviert ist, zeigt einen dramatischen Effekt: Die *Lim-1$^-$/Lim-1$^-$* Maus entwickelt sich ohne Kopf. Es ist noch unklar, warum nur der Kopf betroffen ist und nicht auch das Nervensystem des Rumpfes, weil *Lim-1* bei der normalen Maus auch im Rumpf exprimiert wird. Es ist möglich, dass der Ausfall von *Lim-1* im Rumpfgebiet durch ein anderes Gen mit ähnlicher Funktion kompensiert wird. In diesem Fall müsste man beide Gene ausschalten (double knock-out), um das ganze Wirkungsmuster von *Lim-1* zu sehen. Jedenfalls dürfte es möglich sein, bei der Maus oder dem Zebrafisch, die sich für genetische Untersuchungen besser eignen, den Mechanismus der neuralen Induktion aufzuklären.

Die erste genetische Theorie der Entwicklung wurde von August Weismann vorgeschlagen, der den Lehrstuhl für Zoologie an der Universität Freiburg in Deutschland inne hatte und ein Verfechter des Darwinismus war. In seinem Buch *Das Keimplasma: Eine Theorie der Vererbung* entwickelte Weismann 1892 eine Theorie, nach der Erbmaterial im Eikern während den Furchungsteilungen nach einem genau definierten Muster ungleicher (inaequaler) Kernteilungen auf die Furchungszellen verteilt wurde. Auf diese Weise würden die Gene, die Weismann als erbliche Determinanten bezeichnete, differenziell auf die verschiedenen Zelllinien verteilt und bestimmten anschließend das Entwicklungsschicksal derjenigen Zellen, denen sie zugeteilt worden waren. Er diskutierte auch die alternative Hypothese, wonach die Furchungszellen und ihre Nachkommen das gesamte Erbmaterial durch aequale Kernteilungen erhielten. In diesem Fall würde die Zelldifferenzierung durch Wechselwirkungen zwischen Kern und Zytoplasma und zwischen den Zellen und ihren Nachbarzellen durch differenzielle Aktivierung der Gene gesteuert. Weismann entschied sich für die erste Hypothese, die sich später als falsch herausstellte. Das Experiment von Driesch, die Trennung der Blastomeren im Zwei- und Vierzellstadium, sprach gegen die Weismann'sche Theorie, weil jede dieser Zellen sich zu einem vollständigen Embryo entwickeln konnte und offenbar ein vollständiges Genom besaß.

Es dauerte allerdings mehrere Jahrzehnte, um den Beweis zu erbringen, dass die Zellen auch in späteren Entwicklungsstadien über ein vollständiges Genom verfügen. Dieser Beweis kam von Kerntransplantationsexperimenten. Als ich Student im Institut von Ernst Hadorn war, kam Fritz Baltzer nach Zürich, um einen Seminarvortrag über die Kerntransplantationsexperimente von Thomas Briggs und Robert King zu halten. Fritz Baltzer war, wie Spemann, ein Schüler von Theodor Boveri in Würzburg. Im Jahre 1918, als Spemann die Nachfolge von Weismann an der Universität Freiburg antrat, fragte er Baltzer an, ob er mit ihm nach Freiburg kommen wolle und Baltzer nahm das Angebot an. 1921 kehrte er jedoch in die Schweiz zurück, wo er den Zoologie-Lehrstuhl an der Universität Bern übernahm und zum führenden Entwicklungsbiologen wurde. Der prominenteste unter Baltzers Schülern war mein Mentor Ernst Hadorn. Baltzer und Hadorn teilten ein gemeinsames Interesse für die Rolle des Genoms in der Entwicklung und beide haben deshalb an Merogonen gearbeitet, um den Einfluss von Zellkern und Zytoplasma getrennt zu analysieren. Merogone sind Organismen, die aus entkernten Eiern entstehen und mit einem normalen Spermium besamt werden, sodass sie ein mütterliches Zytoplasma und ein väterliches Genom aufweisen. Solche Merogone haben nur ein begrenztes Entwicklungspotential, weil sie einerseits haploid sind und andererseits keine mütterlichen Chromosomen aufweisen. Den Einfluss des Zellkerns hätte man eigentlich besser durch Kerntransplantation analysieren können, was Hadorn beim Molch verschiedentlich versucht hatte, ihm aber nie gelungen war. Ich war von Baltzer, dem berühmten alten Mann, sehr beeindruckt; er war groß und kräftig gebaut, wie ein Bär mit kurz geschnittenem Haar und einem Schnurrbart. Er präsentierte die Kerntransplantationsexperimente mit großer Überzeugungskraft und diskutierte sie kritisch im Lichte früherer Experimente. Hadorn hatte großen Respekt vor seinem Mentor und sprach ihn niemals mit seinem Vornamen an. Er nannte ihn stets «Herr Baltzer», ließ aber den Titel «Herr Professor» weg.

Zu meiner Überraschung war Hadorn konservativer als sein Lehrer, und er hatte Schwierigkeiten zu glauben, dass Briggs und King beim Frosch ein Experiment gelungen war, das er selbst erfolglos beim Molchei versucht hatte. Briggs und King hatten den Kern von Froscheiern durch Absaugen mechanisch entfernt und injizierten den Zellkern einer Blastomere oder Blastulazelle in das entkernte Ei. Sie fanden, dass sich solche Eier furchen konnten und sich zum Teil bis zu normalen Kaulquappen entwickelten. Dies führte zum Schluss, dass die Zellen mindestens bis zum Blastulastadium ein vollständiges Genom besitzen und widerlegte Weismanns Theorie. Trotzdem dauerte die Kontroverse noch jahrelang an, weil die Erfolgsrate mit zunehmendem Alter der Embryonen deutlich abnahm, und es blieb umstritten, ob der Zellkern von differenzierten Zellen noch totipotent ist. Die Kontroverse wurde durch John Gurdon entschieden, der zeigte, dass es möglich war, fertile Frösche zu erhalten, von Spenderkernen aus vollständig differenzierten Darmzellen von Kaulquappen des Krallenfrosches *Xenopus*. Die letzten Zweifel liessen sich allerdings nicht ausräumen, weil der Eikern bei *Xenopus* durch UV-Bestrahlung inaktiviert und nicht vollständig entfernt wurde, und weil die Erfolgsrate mit differenzierten Zellen weniger als 1% betrug. Ausserdem wurde festgestellt, dass im Gegensatz zu *Xenopus* die Zellkerne der Gameten (Eier und Spermien) der Säugetiere durch das Phänomen des «Imprinting» genetisch vorgeprägt sind. Die Klonierungsexperimente haben jedoch später gezeigt, dass, abgesehen von wenigen speziellen Ausnahmen, das Genom keine irreversiblen Veränderungen erfährt, und dass somatische Zellen ein vollständiges Genom aufweisen. Diese Befunde sprechen für die alternative Hypothese der differenziellen Genaktivierung und widerlegen die Weismann'sche Theorie.

Säugetiere: Die amerikanische Lebensart

Der Säugetierembryo ist das Musterbeispiel für den amerikanischen Entwicklungsmodus nach Sidney Brenner: Die Abstammung einer Zelle hat wenig Einfluss auf ihre Entwicklung; was wichtig ist, sind die Wechselwirkungen mit ihren Nachbarn. Die embryonalen Säugetierzellen sind sehr flexibel, sie wandern umher, bis sie ihren richtigen Platz gefunden haben, und wenn sie sterben, übernehmen andere Zellen ihre Funktion. Dieser Entwicklungsmodus geht auch aus Blastomeren-Isolationsexperimenten hervor: Trennung der Blastomeren im Zwei- oder Vierzellstadium führt zu identischen Zwillingen oder Vierlingen, und wenn man zwei Embryonen im Vierzellstadium zusammenbringt, so fusionieren sie und entwickeln sich zu einer Maus von normaler Größe, die ein genetisches Mosaik aus den beiden verschiedenen Zelltypen ist und auch als Chimäre bezeichnet wird. Die Zellzahl wird noch vor dem Gastrulastadium auf die Normalzahl reduziert. Der Mechanismus dieser Größenregulation des ganzen Embryos oder auch von Organen ist ein großes, noch ungelöstes Rätsel in der Biologie.

Wenn Blastomeren eines *black* Embryos mit Zellen eines *albino* Embryos kombiniert werden, so entsteht ein chimaerisches Tier, das ein unregelmässiges Muster von schwarzen und weissen Arealen aufweist (Abb. 4.19). Dieses Muster kommt dadurch zustande, dass die Neuralleisten-Zellen von der dorsalen Mittellinie des Embryos nach beiden Seiten auswandern und unter anderem die Pigmentzellen an der Basis der Haare bilden. Die Klone der Neuralleistenzellen besetzen nicht genau definierte Areale in der Haut, wie dies bei Ascidien der Fall ist (Abb. 4.6), vielmehr ist ihr Wanderungsweg variabel und ihre Zellen mischen sich mit Zellen von anderen Klonen.

Nach dem 16-Zellstadium differenzieren sich die Zellen in zwei Typen, die Trophektodermzellen, die später zur Plazentabildung beitragen, und die Zellen der inneren Zellmasse, die später den eigentlichen Embryo bilden. Dieses frühe Entwicklungsstadium wird als Blastozyste bezeichnet. Die Trophektodermzellen sind bereits irreversibel determiniert, während die Zellen der inneren Zellmasse noch totipotent sind. Jede dieser Zellen kann noch irgendeinen Teil eines Embryos bilden, einschließlich der Keimzellen. Eine solche Zelle kann von der inneren Zellmasse einer Blastozyste in den Hohlraum einer anderen, genetisch markierten Blastozyste transplantiert werden, und mehr als 90% aller Zellen der entstehenden Maus liefern. Diese Beobachtung war die Anregung für Martin Evans und Gail Martin, Kulturen von Zellen der inneren Zellmasse von Blastozysten zu etablieren, die ihre Totipotenz in Zellkultur beibehielten. Diese embryonalen Stammzellen waren von entscheidender Bedeutung für die Entwicklung von Gentransfermethoden und stellen einen Durchbruch in der Entwicklungsgenetik der Säugetiere dar. Vor diesem Zeitpunkt wurde der allgemeine Status der Mausgenetik im *Laboratory Manual for Manipulating the Mouse Embryo* folgendermaßen umschrieben: «Es ist schwierig, der allgemeinen Schlussfolgerung zu entgehen, dass trotz all der Arbeit, die über viele Jahre in die phänotypische Analyse und Züchtung von Mausmutanten

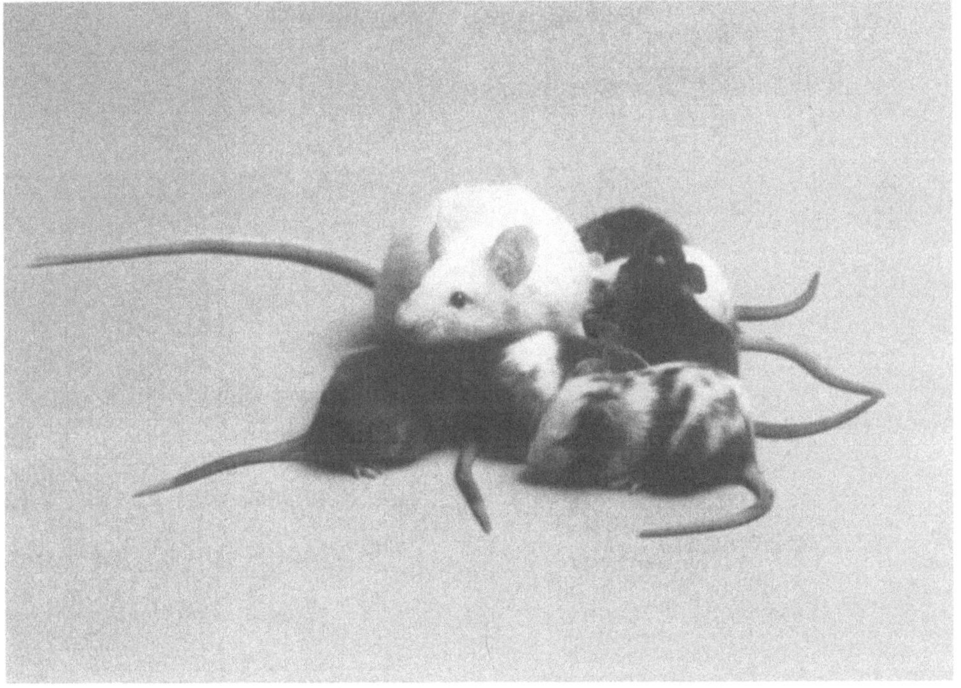

Abb. 4.19
Chimärische und transgenische Nachkommen. Weisse Ammenmutter mit ihren chimerischen
(gescheckten) und transgenischen (schwarzen) Jungen, die Mutation *black* tragen.

gegangen ist, äusserst wenig über die genetische Kontrolle der Differenzierung und
Morphogenese gelernt wurde.» Dies hat sich nun aber grundlegend geändert.
Durch die Pionierarbeiten von Mario Capecchi wurden neue und äusserst effi-
ziente Methoden zur Gensubstitution entwickelt (Abb. 4.20). Sie basieren darauf,
dass Säugetiere über effiziente Enzymsysteme verfügen, die es erlauben, DNA-
Moleküle mit identischer Basensequenz zu erkennen und an die entsprechende
Stelle im Chromosom zu integrieren durch einen Vorgang, der als homologe
Rekombination bezeichnet wird. Ein konstruiertes DNA-Molekül, das ein selektio-
nierbares Markierungsgen sowie eine gerichtete Mutation aufweist, und flankiert
ist von zwei ausgedehnten homologen Regionen, kann in embryonale Stammzellen eingeführt werden. Rekombinante Zellen, in denen das residente Gen durch
das konstruierte Gen mit der Mutation ersetzt ist, können in Zellkultur selektioniert und isoliert werden. Die rekombinanten Zellen können anschließend in eine

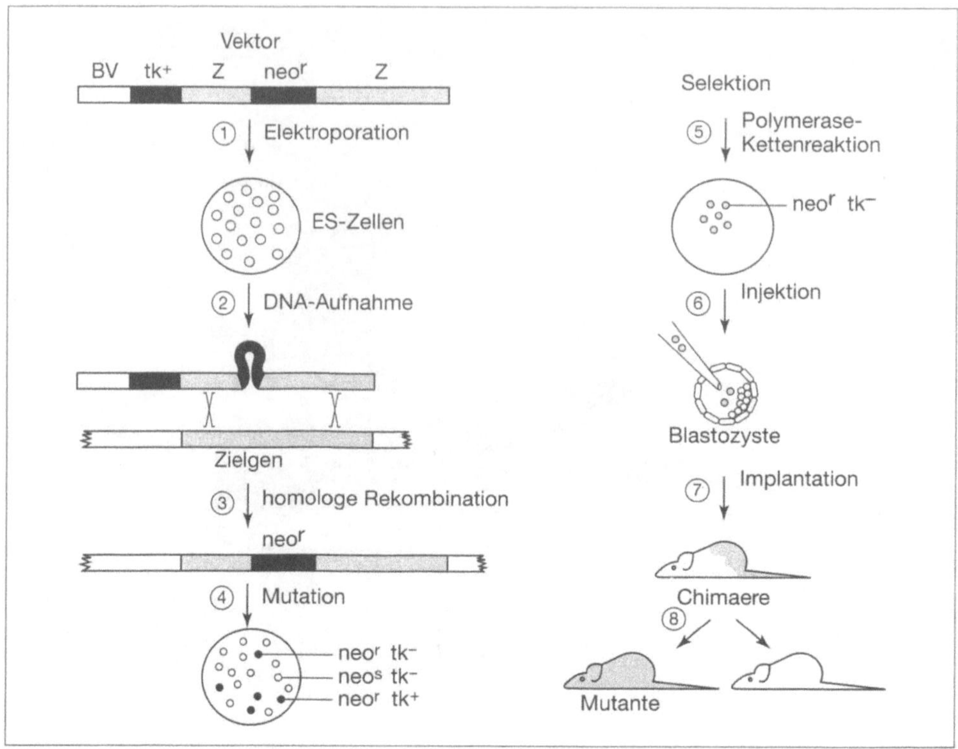

Abb. 4.20

Gezielter Gentranfer durch homologe Rekombination. (1) Zwei selektive Markierungsgene Thymidinkinase (tk$^+$) des Herpesvirus und Neomycinresistenz (neo$^+$) werden ins klonierte Gen Z eingefügt und in einem bakteriellen Vektor vermehrt. Die gereinigte DNA wird den kultivierten embryonalen Stammzellen (ES) zugesetzt. Durch Anlegen eines elektrischen Feldes wird die Bildung von Poren in der Zellmembran induziert (Elektroporation). (2) Die DNA wird von den ES-Zellen durch die Poren aufgenommen. (3) In einem Vorgang, der als homologe Rekombination bezeichnet wird, kann die DNA spezifisch an das residente homologe Gen binden und als Folge von zwei Rekombinationsereignissen (X) das residente Gen ersetzen. (4) Infolge der homologen Rekombination ersetzt das transferierte Gen, das den Neomycinmarker trägt, das residente Gen und inaktiviert dieses («Gen Knockout»). (5) Zellen, die diese Mutation tragen, sind neomycin-resistent, haben jedoch den tk$^+$-Marker verloren und können deshalb auf selektivem Medium als neomycinresistente tk$^-$ Zellen isoliert werden. Die Präsenz der Mutation kann durch die Polymerasekettenreaktion bestätigt werden. (6) Die neo^{R}tk$^-$ Zellen können in Zellkultur gezüchtet und anschliessend in Empfänger-Blastocysten injiziert werden, die andere Markergene tragen. (7) Nach Implantation in eine Ammenmutter können solche Blastocysten chimärische Nachkommen bilden, die aus neo^{R}tk$^-$ Zellen und Zellen des Empfängers bestehen. (8) Mutante Mäuse können in der nächsten Generation erzeugt werden, falls die neo^{R}tk$^-$ Zellen Keimzellen produzieren. Nach R. Wehner und W.J. Gehring: *Zoologie*, 23. Auflage (Stuttgart, Thieme, 1995), Box 2.2.

geeignete Empfängerblastozyste injiziert und auf eine Ammenmaus übertragen werden, die eine chimaerische Maus gebären kann. Wenn die rekombinanten Zellen die Gonaden der chimaerischen Maus kolonisieren, so kann diese Nachkommen erzeugen, die das konstruierte Gen in allen ihren Zellen enthalten (Abb. 4.20). Diese Methode hat die Entwicklungsgenetik der Maus revolutioniert.

Trotzdem wird die Säugetiergenetik nie so rasch vorankommen wie z.B. die Genetik von *Drosophila* oder *C. elegans*. Nicht nur das Säugergenom, sondern auch die Generationszeit ist viel größer, und die Embryonalentwicklung dauert viel länger und ist besonders in den frühen Stadien nur schwer zugänglich. Aus diesen Gründen ist eine größere Zahl von Entwicklungsgenetikern in neuerer Zeit zur Analyse des Zebrafisches (*Danio rerio*) übergegangen. Dieser Bärbling, der von George Streisinger als Forschungsobjekt eingeführt wurde, besitzt wunderschöne transparente Embryonen, die sich ausserhalb des Muttertiers entwickeln, verfügt über eine kürzere Generationszeit, produziert eine große Zahl von Nachkommen, und eignet sich viel besser für eine genetische und entwicklungsbiologische Analyse als andere Wirbeltiere. Eine substanzielle Sammlung von Mutanten steht bereits zur Verfügung. Der Zebrafisch hat jedoch auch Nachteile: Es fehlt bisher eine effiziente Gentransfermethode und Teile seines Genoms sind verdoppelt. Trotzdem kann man erwarten, dass der Zebrafisch wesentlich zu unserem Verständnis der Wirbeltierentwicklung beitragen wird.

Diese kleine Führung durch die Embryologie hat uns gezeigt, dass es eine große Vielfalt von Entwicklungsmodi gibt, vom «Wurm» mit dem fixierten Zellstammbaum bis zu den Säugetieren, die große Flexibilität zeigen, aber darunter liegt ein gemeinsames Prinzip: Die genetische Steuerung der Entwicklung. Die Erbsubstanz DNA enthält ein detailliertes Entwicklungsprogramm, das bisher bei *Drosophila* am weitgehendsten entziffert worden ist. In den folgenden Kapiteln werden wir das Programm der sich entwickelnden Taufliege vom Ei bis zur Metamorphose ausloten und schließlich auch die evolutionären Aspekte in Betracht ziehen.

5

Das Geheimnis ist im Ei verborgen

Wenn man über den Hügel von Cadaquez zum kleinen Fischerdorf Port Lligat an der katalanischen Küste kommt, so sieht man zwei riesige weisse Eier, die aus den silbergrünen Olivenbäumen herausragen, welche die Villa von Salvador Dali umgeben (Abb. 5.1). An diesem Ort hat Dali den größten Teil seines Lebens als Künstler gemeinsam mit seiner Muse Gala verbracht. Anfänglich eine Fischerhütte ohne Wasser und Elektrizität, wandelte sie Dali in eine fantastische Villa um, mit zwei einander zugeneigten Köpfen aus Stein, einem heiligen indischen Elefanten, und zwei riesigen Eiern, die über den Wipfeln der Bäume aus großer Entfernung sichtbar sind. Dali war vom Ei als Symbol des Ursprungs des Lebens fasziniert und hat dem Ei mehrere Kunstwerke gewidmet. Eier und frühe Entwicklungsstadien von Embryonen zieren auch das Dach des Dali-Museums in Figueras (Abb. 5.2).

Es ist ein ernüchternder Gedanke, dass wir alle aus einer winzigen Eizelle von etwa einem Zehntel Millimeter Durchmesser, gerade noch sichtbar von bloßem Auge, hervorgegangen sind. Unabhängig davon, wie wichtig wir werden in unserem späteren Leben als Politiker, Geschäftsleute, Künstler, Wissenschaftler oder Rocksänger, haben wir alle winzig klein angefangen. Nach der Befruchtung ist die zukünftige Entwicklung im Ei enthalten, und seit der Zeit von Aristoteles versuchen die Biologen, seine Geheimnisse zu lüften.

Zusätzlich zur genetischen Information enthält das befruchtete Ei in seinem Zytoplasma räumliche Information für die Architektur des zukünftigen Embryos. Die meisten Eizellen sind polarisiert, und mindestens eine Achse des zukünftigen Embryos ist bereits festgelegt. Die meisten isolierten Zellen sind nicht kugelig oder tropfenförmig wie eine Amoebe, sondern sie weisen eine definierte Form auf.

Abb. 5.1
Symbolische Eier auf dem Dach der Villa von Salvador Dali in Port Lligat, Spanien. Aufnahme des Verfassers.

Diese basiert auf ihrem Zytoskelett, das entweder ausserhalb der Zelle als Zellwand oder Schale angelegt ist, oder innerhalb der Zelle in Form von Strukturfasern (Mikrofilamenten) oder Röhrchen (Mikrotubuli). Ausserdem können Mikrofilamente und Mikrotubuli andere Moleküle, Molekülkomplexe und Organellen in bestimmte Richtungen wie Förderbänder transportieren, wobei sie einerseits die Zellarchitektur aufrechterhalten und andererseits eine gewisse Flexibilität gewährleisten. Es sind nur wenige Fälle von kugelsymmetrischen, nicht-polarisierten Eizellen bekannt, z. B. bei der Braunalge *Fucus*. In diesem Fall wird das Ei durch einen äusseren Faktor, die Richtung des einfallenden Lichtes, polarisiert.

Bei Ascidien ist das Ei bereits im Ovar polarisiert, wo die animal-vegetative Achse festgelegt wird, aber beim Eindringen des Spermiums finden wichtige Zytoplasma-Bewegungen statt, die zur bilateralen Symmetrie führen. Zusätzlich zum Zellkern steuert das Spermium zwei Zentriolen (Zentralkörperchen) bei, die als Organisationszentren für Mikrotubuli dienen, welche ihrerseits für den Transport des Zellkerns ins Zentrum des Eies sorgen, wo sich die beiden Kerne von Sper-

Abb. 5.2
Der furchende Embryo auf dem Kopf der Tänzerin überragt das Dach des Salvador Dali
Museums in Figueras, Spanien. Aufnahme des Verfassers.

mium und Ei vereinigen. Mikrofilamente und Mikrotubuli sind auch für die Cyto-
plasmaströmungen verantwortlich, die zur Bildung der gelben Kappe und des gelben Halbmondes bei *Styela* führen (Farbtafel 2).

Beim *Drosophila*-Ei sind bereits alle drei Hauptachsen, antero-posterior, dorso-
ventral und links-rechts festgelegt und an der Form der Eischale erkennbar (Abb.
5.3). Die Oozyte wird während ihrer Entwicklung im Eifollikel polarisiert, und

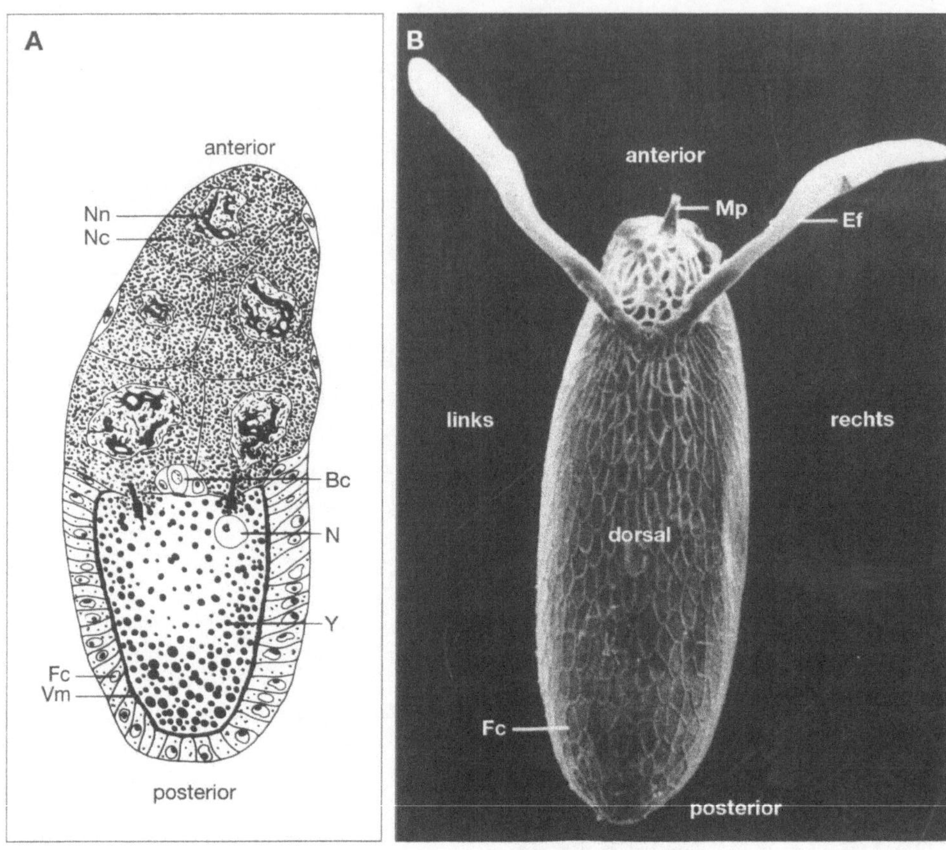

Abb. 5.3
Die Eientwicklung (Oogenese) von *Drosophila*. (A) Eifollikel umgeben von Follikelzellen. Der Inhalt der Nährzellen ergiesst sich durch die Ringkanäle in die Oozyte (Pfeile). Nach R. King (1970) *Ovarian Development in Drosophila melanogaster* (New York, Academic Press). (B) Reifes Ei. Die Spuren der Follikelzellen sind noch auf der äusseren Eischale (Chorion) sichtbar. Abkürzungen: Bc, Randzellen; Ef, Eifilamente; Fc, Follikelzellen; Mp, Mikropyle; N, Nucleus (Kern) der Oocyte; Nc, Nährzellcytoplasma; Na, Nährzellkern; Vm, Vitellinmembran (innere Eischale); Y Dotter. Aufnahme H. Gutzeit.

wenn das reife Ei den Eileiter passiert und im Uterus anlangt, so entsprechen seine Achsen den Körperachsen der Mutter, die Dorsalseite entspricht der Rückenseite der Mutter etc. Eipolarität und Festlegung der Körperachsen wurden also bereits von den Vorfahren der Taufliege im Verlaufe der Evolution «erfunden» und über Millionen von Jahren von Generation zu Generation weitergegeben. Ausserdem garantiert die räumliche Orientierung des Eies in der Mutter die Befruchtung: Das besamte Muttertier bewahrt den Spermavorrat im Receptaculum seminis, einem aufgewundenen Samenbehälter, auf, und die Öffnung in der Eischale, die Mikropyle, durch welche das Spermium in das Ei eindringen kann, passiert direkt vor der Öffnung des Receptaculums. Dadurch wird eine extrem hohe Befruchtungsrate gewährleistet.

Wir wissen nicht, wieviel Information im Ei in anderer Form als DNA gespeichert ist, aber man muss sich daran erinnern, dass auch das Eizytoplasma unter der genetischen Kontrolle durch das mütterliche Genom steht. Deshalb sind auch Oogenese und frühe Embryonalentwicklung der genetischen Analyse zugänglich.

Wie entsteht ein *Drosophila*-Ei? Die ersten Zellen, die im *Drosophila*-Embryo ausgesondert werden, sind die Polzellen, die zukünftigen Keimzellen (siehe Abb. 4.10). Im Verlaufe der Entwicklung wandern die Polzellen in das Innere des Blastoderms und kolonisieren die Gonaden, Ovarien oder Hoden, wo sie zu Stammzellen werden. Stammzellen haben die Fähigkeit, sich asymmetrisch zu teilen, einerseits in eine Tochterzelle, die sich differenziert, und andererseits in eine Tochterzelle, die Stammzelle bleibt. Im adulten Ovar sind diese Stammzellen an der Spitze der Eischnüre (Ovariolen) zu finden, wo sie kontinuierlich Oogonien abschnüren, die sich, wie auf einem Förderband, zu reifen Eiern entwickeln. Jedes Oogonium durchläuft vier mitotische Teilungen, die zu 16 Zellen führen (eine Oozyte plus 15 Nährzellen). Diese Gruppe von Zellen ist umgeben von Follikelzellen, die mesodermalen Ursprungs sind, und einen Eifollikel bilden. Die Oozyte ist immer am Hinterende des Eifollikels gelegen. Nährzellen und Oozyte sind durch Zytoplasmakanäle untereinander verbunden, sodass die Nährzellen ihr Zytoplasma durch diese Kanäle in das Ei transportieren können (Abb. 5.3A). Makromoleküle und sogar Organellen wie Ribosomen und Mitochondrien, die für Proteinsynthese bzw. Zellatmung benötigt werden, können durch diese Kanäle in das Ei gelangen. Am Ende der Oogenese ergießt sich der ganze Inhalt der Nährzellen in das Ei, und die Follikelzellen synthetisieren die Eischalen und sterben anschließend ab. Ihre hexagonalen Umrisse bleiben auf der äusseren Eischale, dem Chorion, sichtbar (Abb. 5.3B). Die Körperachsen des zukünftigen Embryos sind in der Form der Eischalen bereits deutlich erkennbar: Die Mikropyle markiert den Vorderpol, die beiden Eifilamente die Dorsalseite und die linke bzw. rechte Seite. Die Eipolarität ist aber auch im Innern, im Ei-Zytoplasma deutlich zu erkennen; am Hinterpol des Eies z.B. findet sich das Polplasma mit den charakteristischen Polargranula.

Klassische embryologische Experimente wie Schnürung, Anstechen, lokale Destruktion, Entfernen bestimmter Zytoplasmabezirke, Zentrifugation und Transplantation bei verschiedenen größeren Insekten weisen darauf hin, dass das antero-posteriore Differenzierungsmuster durch zwei Organisationszentren, ein anteriores und ein posteriores, festgelegt wird. Da diese Insekten jedoch für eine genetische Analyse nur schwer zugänglich sind, blieb die Natur dieser Organisationszentren für mehr als ein halbes Jahrhundert im Dunkeln. Der Mechanismus der Erzeugung von Positionsinformation entlang der antero-posterioren Achse wurde weitgehend durch die Pionierarbeiten von Janni Nüsslein-Volhard aufgeklärt. Sie begann mit der Analyse der *bicaudal*-Mutation von *Drosophila* als Postdoktorandin in meinem Labor und verfolgte das Problem hartnäckig und mit viel Geschick bis hinunter zum molekularen Niveau.

Die Mutante *bicaudal* wurde erstmals von Alice Bull beschrieben und zeigt einen typischen Maternaleffekt: Homozygot mutante Weibchen (mit zwei defekten Genen) produzieren defekte Eier, die sich zu letalen Larven entwickeln, deren Kopf und Thorax durch ein zweites Abdomen in spiegelbildlicher Anordnung ersetzt sind. Mit anderen Worten: Die Larve besteht aus zwei Schwänzen (bi = zwei, cauda = Schwanz) in umgekehrter Orientierung und hat weder Kopf noch Thoraxsegmente (Abb. 5.4). Diese bedauernswerten Kreaturen sind offensichtlich nicht lebensfähig, aber sie geben uns wichtige Hinweise über die Positionsinformation im Ei. Obwohl der *bicaudal*-Embryo spiegelbildlich symmetrisch ist in Bezug auf die Abdominalsegmente, bilden sich Polzellen (Urkeimzellen) nur am ursprünglichen Hinterpol des Eies. Dieser Befund führte zur Arbeitshypothese, dass mindestens drei Determinanten im Ei vorhanden sind: Eine vordere, eine hintere und eine Keimzelldeterminante. Die ersten beiden sind heute bekannt, aber die Keimzelldeterminanten stellen immer noch eine Herausforderung an die Forscher dar.

Nüsslein-Volhard und Mitarbeiter haben gezeigt, dass das Entfernen von Zytoplasma am Vorderpol des Eies zu einer schweren Reduktion der Kopfstrukturen führt, die in einigen Fällen durch ganz hinten gelegene Strukturen des sog. Telsons ersetzt sind. Ein ähnliches Resultat liefert die Transplantation von Zytoplasma des Hinterpols an den Vorderpol des Eies: Die Kopfstrukturen sind reduziert und die hinteren Strukturen verdoppelt. Die Kombination beider Verfahren hat den eindrücklichsten Effekt und erzeugt *bicaudal*-ähnliche Embryonen mit großer Häufigkeit. Die Transplantation von Zytoplasma aus der mittleren Eiregion dagegen hatte keinen Effekt auf das Segmentierungsmuster. Interessanterweise führte die Entfernung von Zytoplasma vom Hinterpol des Eies zum Verlust von Abdominalsegmenten, die nicht unmittelbar am Hinterpol gelegen sind, während die Entfernung von Zytoplasma aus der Abdominalregion (30% der Eilänge vom Hinterpol aus gemessen) kaum einen Effekt auf die Segmentierung zeigte. Diese Resultate weisen auf eine Wirkung auf Distanz hin und führten zu einer Modellvorstellung mit zwei

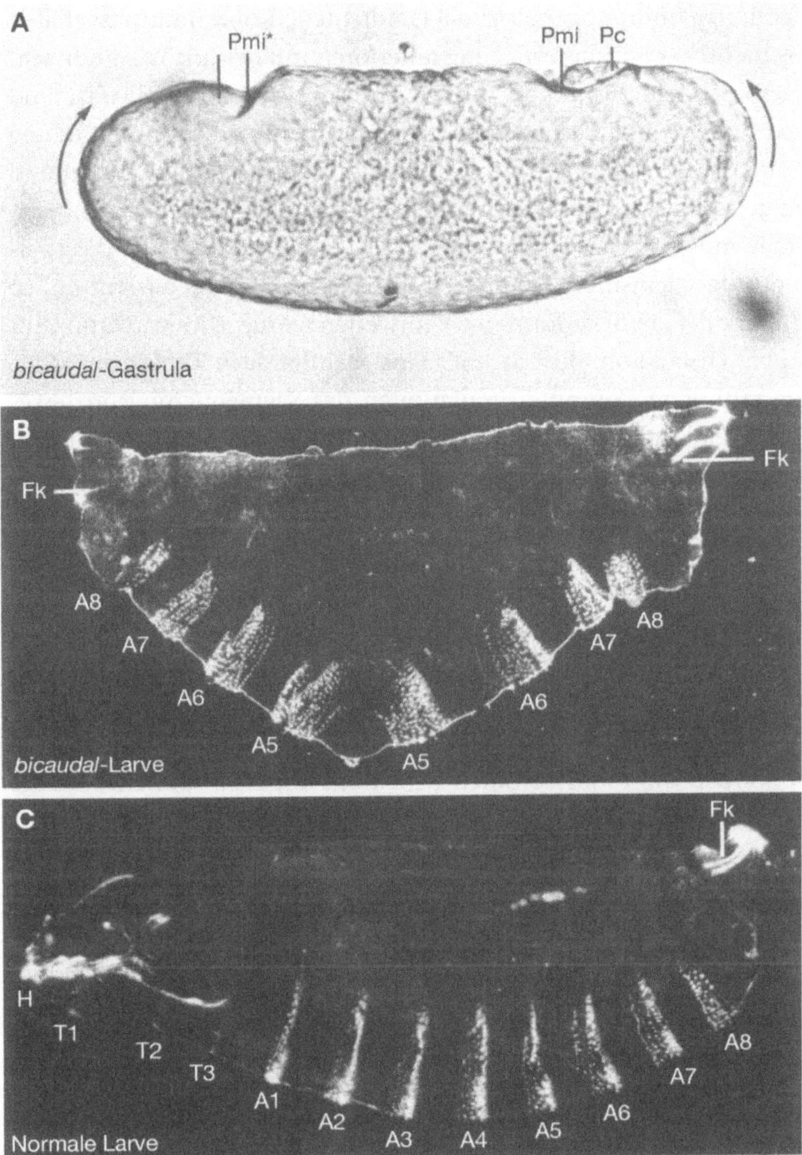

Abb. 5.4
Mutation *bicaudal*. (A) *bicaudal*-Gastrula. Es bilden sich zwei hintere Darmeinstülpungen, eine normale am Hinterpol (Pmi) mit Polzellen (Pc) und eine vordere (Pmi*), bei der die Polzellen fehlen. (B) *bicaudal*-Larve mit zwei spiegelbildlich symmetrischen Abdomina (A8–A5, A5–A8). (C) Normale Larve zum Vergleich. Abkürzungen; A1-A8, Abdominal Segmente; Fk, Filzkörper mit den hinteren Atmungsöffnungen; H, Kopf; T1–3, Thorakalsegmente. Aufnahmen C. Nüsslein-Volhard.

umgekehrt orientierten morphogenetischen Gradienten, Konzentrationsgefällen zweier morphogenetischer Substanzen, einer anterioren mit der höchsten Konzentration am Vorderpol, die für Kopf- und Thoraxentwicklung verantwortlich ist, und einer posterioren mit maximaler Konzentration am Hinterpol, die für die Bildung des Abdomens unerlässlich ist. Das an der Spitze des Kopfes gelegene Akron und das ganz hinten gelegene Telson schienen anders determiniert zu werden.

An dieser Stelle muss ich darauf hinweisen, dass dieses Modell nicht das sparsamste ist, das mit der kleinstmöglichen Zahl von Determinanten auskommt, so wie es ein Ingenieur oder ein Bioinformatiker entwerfen würde. Dies wird am deutlichsten durch eine Diskussion, die ich mit Hans Meinhardt in Tübingen führte. Meinhardt hatte raffinierte Computersimulationen des Segmentierungsprozesses durchgeführt, basierend auf Alan Turings Reaktions-Diffusionsmodell. In diesem Gespräch betonte Meinhardt, dass man für seine Simulationen nur eine posteriore morphogenetische Substanz benötige, und dass wir auf unserer Suche nach der anterioren Determinante einem Gespenst nachjagen würden. Dies erwies sich jedoch als falsch. Hans Meinhardt hat andere Modelle aus rein theoretischen Überlegungen richtig vorausgesagt; aber im Falle der morphogenetischen Gradienten im *Drosophila*-Ei hat die Natur nicht die einfachste und sparsamste Lösung gewählt. Wie wir später noch sehen werden, gleicht die Evolution meist einer Bastelarbeit mit vielen Doppelspurigkeiten und baut auf dem Prinzip der doppelten Sicherung auf. Erst später werden die Prozesse durch Selektionsvorgänge «poliert», bis sie «stromlinienförmig» sind.

Im Verlaufe einer systematischen Suche nach Maternaleffektmutanten, die das Segmentierungsmuster des sich entwickelnden Embryos beeinflussen, haben Janni Nüsslein-Volhard, Trudi Schüpbach und Eric Wieschaus, der mein erster Doktorand war, drei Klassen von Mutationen entdeckt: Mutanten, die das anteriore System betreffen, das posteriore und das terminale System (die beiden extremen Enden: Akron und Telson). Die Mutation, die am meisten Informationen lieferte, war *bicoid* (*bcd*). Homozygote *bicoid*-Weibchen produzieren defekte Eier, die sich zu Embryonen ohne Kopf und Thorax entwickeln (Abb. 5.5). Das *bicoid*-Gen wurde unabhängig von Gabriela Frigerio im Laboratorium von Markus Noll kloniert, und sie hat nachgewiesen, dass es eine Homeobox enthält. Die *bicoid*-messenger-RNA wird in den Nährzellen synthetisiert und von dort in die Oozyte transportiert, wo sie am Vorderende akkumuliert und eine Kappe bildet (Abb. 5.6). Das war der erste Nachweis einer lokalisierten zytoplasmatischen Determinante. Mindestens drei weitere Gene, *exuperantia* (*exu*), *swallow* (*swa*) und *staufen* (*stau*) werden benötigt, um die *bicoid*-mRNA am Vorderpol des Eies zu lokalisieren. In Eiern, die von *exu-*

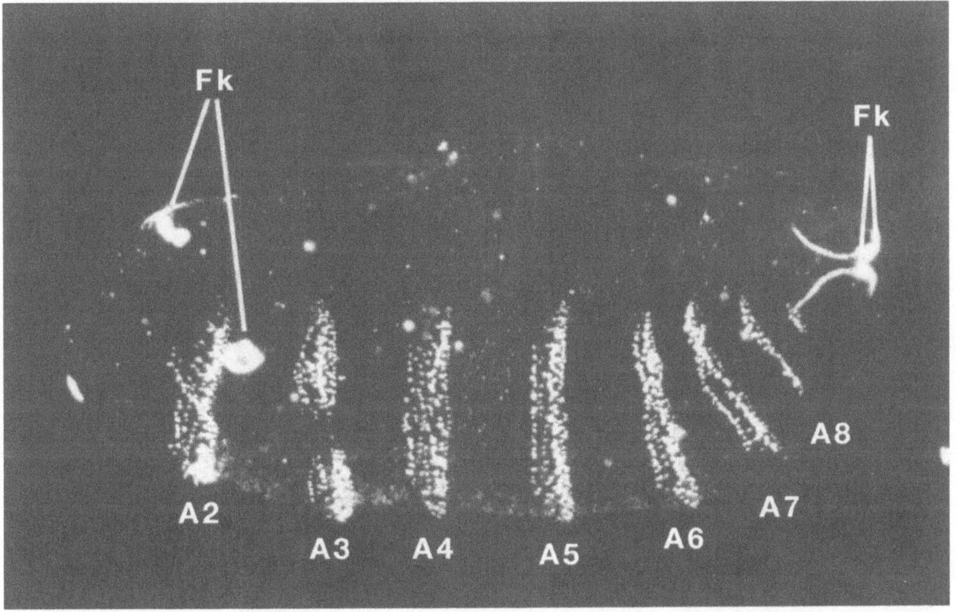

Abb. 5.5
bicoid-Larve. Kopf, Thorakalsegmente (T1–3) und erstes Abdominalsegment (A1) fehlen und
sind durch die hintersten Abdominalstrukturen, die Filzkörper, ersetzt. Aufnahme U. Kloter.

perantia-Müttern stammen, ist die *bicoid*-mRNA gleichmäßig im Zytoplasma verteilt[1]. Die Produkte dieser drei Gene werden anscheinend zum Transport und zur Verankerung der *bicoid*-mRNA am Vorderpol benötigt. Der nicht-übersetzte Nachspann (siehe Abb. 1.4) der *bicoid*-mRNA ist unerlässlich für die zytoplasmatische Lokalisation am Vorderpol des Eies. Ausserdem ist die *bicoid*-mRNA maskiert, d.h. sie kann nicht in Protein übersetzt werden. Erst nach der Befruchtung wird sie demaskiert und übersetzt. Der genaue Mechanismus der zytoplasmatischen Lokalisation, Maskierung und Demaskierung, muss noch aufgeklärt werden.

Nach der Befruchtung wird die *bicoid*-mRNA in ein Protein mit Homeodomäne übersetzt, das einen Gradienten, ein Konzentrationsgefälle, mit der höchsten Konzentration am Vorderpol bildet (Abb. 5.6C). Dieser Gradient ist in *exuperantia*-Mutantenembryonen zerstört. Das *bicoid*-Protein reichert sich in Zellkernen noch vor der Bildung der Blastodermzellen an. Es repräsentiert eine morphogenetische Substanz und versieht die Zellkerne mit Positionsinformation. Die Kerne ihrerseits

---

1 Die Mutation *exuperantia* erzeugt übrigens ebenfalls kopflose Embryonen und wurde deshalb nach Exuperantia, einer Zürcher Stadtheiligen, benannt, die als Märtyrerin im Mittelalter geköpft wurde.

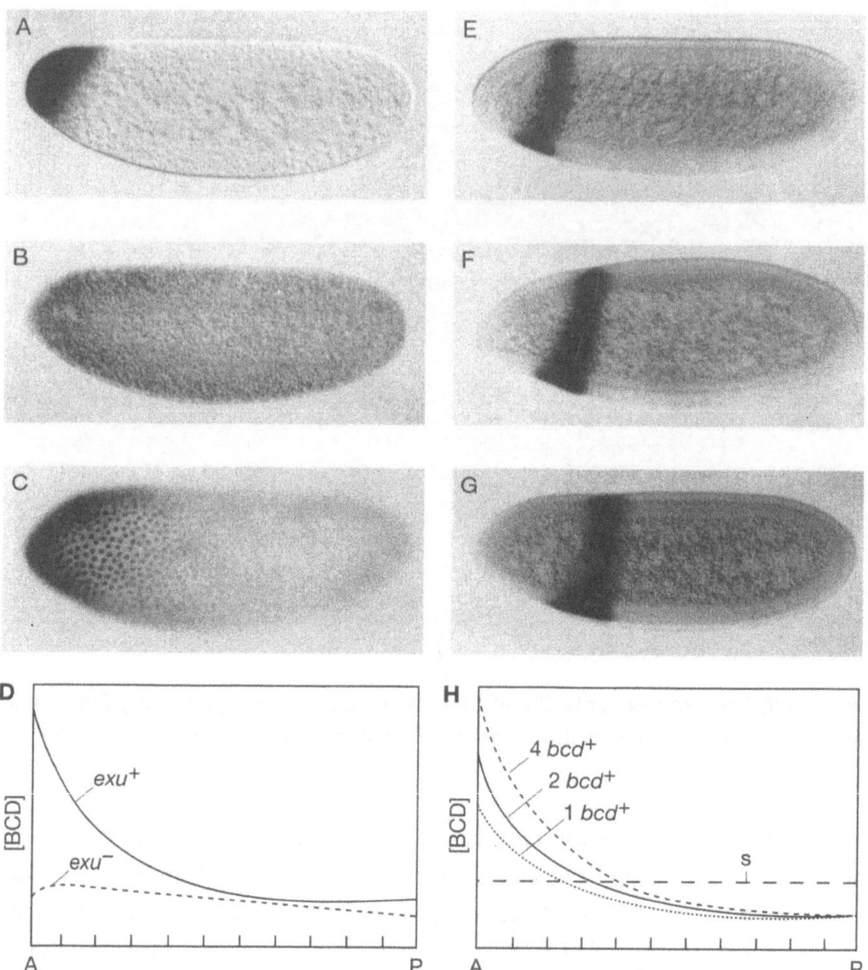

Abb. 5.6

Zytoplasmatische Lokalisation der *bicoid-* (*bcd-*) messenger-RNA und die Erzeugung eines morphogenetischen Proteingradienten. (A) Die mütterliche *bcd*-mRNA akkumuliert am Vorderpol des unbefruchteten Eis. (B) Die zytoplasmatische Lokalisation der *bcd*-mRNA ist aufgehoben in Eiern der Mutante *exuperantia*. (C) Die Translation der lokalisierten *bcd*-mRNA führt zu einem BCD-Proteingradient (Konzentrationsgefälle). Das BCD-Protein ist in den Zellkernen angereichert. (D) BCD-Protein bildet einen Gradienten mit der höchsten Konzentration am Vorderpol (A) im Wildtyp (*exu⁺*). In der Mutante *exuperantia* (*exu⁻*) bildet sich kein Gradient. (E)–(G) Expression des Zielgens *empty spiracles* (*ems*) in einem einzelnen Streifen in der Kopfregion des Embryos auf dem Blastodermstadium. Der Streifen wird zunehmend nach hinten verschoben in Abhängigkeit von der Anzahl *bcd⁺* Genkopien (1, 2 und 4 Kopien). (H) Abhängigkeit des BCD-Gradienten von der Anzahl *bcd⁺*-Kopien. Nach R. Wehner und W.J. Gehring: *Zoologie*, 23. Auflage (Stuttgart, Thieme, 1995), Box 3.1.

reagieren auf das *bicoid*-Protein, indem sie bestimmte Zielgene anschalten. Eines dieser Zielgene ist *empty spiracles* (*ems*), das ebenfalls eine Homeobox besitzt. Dieses Gen enthält in seinen flankierenden Sequenzen ein Steuerungselement, an welches das bicoid Protein bindet, und damit ist *empty spiracles*-mRNA in einem einzelnen gürtelartigen Streifen in der Kopfregion des Blastoderms exprimiert (Abb. 5.6F). In Abwesenheit von *bicoid* wird *empty spiracles* nicht exprimiert. In Abhängigkeit von der Dosis, d.h. der Anzahl der Genkopien von *bicoid* (ein bis vier Genkopien), verschiebt sich der Streifen schrittweise von vorn nach hinten (Abb. 5.6). Dies deutet darauf hin, dass ein Schwellenwert von *bicoid*-Protein benötigt wird, um *empty spiracles* zu aktivieren. Am Vorderende des Blastoderms wird *empty spiracles* durch das Genprodukt von *tailless* (*tll*) reprimiert.

Das entscheidende Experiment, das zeigt, dass *bicoid* tatsächlich die anteriore Determinante ist, wurde in Janni Nüsslein-Volhards Labor von Wolfgang Driever ausgeführt, der am meisten zur molekularen Analyse von *bicoid* beigetragen hat. Driever konnte durch Injektion von reiner *bicoid*-mRNA zeigen, dass bei Embryonen, bei denen ein Teil des Zytoplasmas am vorderen Eipol entfernt wurde, die Bildung von Kopf- und Thorakalsegmenten wieder restauriert werden kann. Dies war ein schwieriges Experiment, weil *bicoid*-mRNA sehr instabil ist. Durch Ersetzen der Nachspannsequenzen von *bicoid* durch diejenigen von Hämoglobin kann jedoch die mRNA stabilisiert werden, was zu einer Restauration von Kopf und Thorax führt.

Diese Experimente haben eine langjährige Kontroverse, ob die Positionsinformation in diskret lokalisierten Determinanten oder morphogenetischen Gradienten gespeichert sind, beendigt. Im Falle von *bicoid* sind beide Ansichten richtig: Die mRNA ist als Kappe am Vorderpol des Eies lokalisiert und wird anschließend in einen morphogenetischen Proteingradienten übersetzt.

Das posteriore Organisationszentrum ist wesentlich komplexer. Seine molekulargenetische Analyse begann mit der Isolation und Charakterisierung des Homeoboxgens *caudal* (*cad*). Als mein damaliger Doktorand Marek Mlodzik *caudal*-DNA als Sonde verwendete, um die *caudal*-messenger-RNA zu lokalisieren, stellte er fest, dass *caudal*-mRNA bereits im unbefruchteten Ei eingelagert und gleichmäßig über das Eizytoplasma verteilt ist. Noch vor der Blastodermbildung bildet sich jedoch ein Konzentrationsgefälle, ein Gradient mit der höchsten mRNA-Konzentration am Hinterende des Eies. Embryologen wie Sven Hörstadius und Charles Child hatten vor langer Zeit die Existenz solcher Gradienten postuliert, aber nie molekular nachweisen können. Die *caudal*-mRNA war der erste physikalisch-chemische Nachweis eines solchen Gradienten noch vor der Entdeckung von *bicoid*. Die Situation bei *caudal* ist aber wesentlich komplexer als bei *bicoid*. Dem mRNA-Gradienten von *caudal* geht ein Stadium im unbefruchteten und im frisch befruchteten Ei voraus, in dem die mRNA uniform verteilt ist, und im späteren Blastodermstadium setzt die Transkription von *caudal* wieder ein, wobei sich diese zygotischen Transkripte in ihrer Struktur von den maternalen unterscheiden und in einem einzigen Gürtelstreifen am Hinterende des Blastoderms exprimiert werden. Als Mlodzik spezifische Antikörper, die gegen das *caudal*-Protein gerichtet sind, dazu verwendete, das *caudal*-Protein im frühen Embryo zu lokalisieren, so stellte er fest, dass dem mRNA-Gradienten ein Proteingradient vorausgeht. Das Protein ist in den Zellkernen am Hinterende des Embryos angereichert und seine Konzentration nimmt in anteriorer Richtung allmählich ab. Die Existenz des *caudal*-Proteingradienten kann in *bicaudal*-Embryonen eindeutig nachgewiesen werden (Abb. 5.7). In *bicaudal*-Embryonen, die zwei Hinterenden in spiegelbildlicher Symmetrie bilden, ist der caudal Proteingradient aufgehoben, und im Blastodermstadium entstehen zwei Gürtelstreifen, einer am ursprünglichen Hinterende, und ein spiegelbildlich symmetrischer am sekundären Hinterende. In der Oozyte, wenn die mRNA gleichmässig verteilt ist, wird kein *caudal*-Protein synthetisiert, was darauf hinweist, dass die mRNA maskiert ist. Es ist nicht bekannt, wie die mRNA demaskiert wird, und über die Entstehung des Proteingradienten konnten wir damals nur spekulieren. Mlodzik und ich machten den Vorschlag, dass das *bicoid*-Protein, welches eine komplementäre Verteilung aufweist, an die *caudal*-mRNA binden und auf diese Weise den Proteingradienten erzeugen könnte. Diese Hypothese war schwer zu beweisen, aber mit der tatkräftigen Unterstützung durch Herbert Jäckle und Rolando Rivera-Pomar gelang der Nachweis, dass das *bicoid*-Protein tatsächlich an *caudal*-mRNA bindet und deren Translation blockiert. Gary Struhl hat unabhängig mit ähnlichen Experimenten ebenfalls Evidenz für diese Hypothese erhalten. Weil Mutationen in der Homeodomäne von *bicoid* die Bindung an *caudal*-mRNA blockieren, vermittelt die Homeodomäne offenbar nicht nur die Bindung an DNA, sondern auch an RNA. Aber die physiko-chemische Evidenz für RNA-Bindung ist noch sehr beschränkt. Mutationen im *caudal*-Gen, die von Gary Struhl isoliert wurden, zeigen überraschenderweise nur geringe Effekte auf die Segmentierung des Abdomens, was dazu geführt hat, dass *caudal* nicht als Hauptdeterminante für das posteriore Organisationszentrum betrachtet wird. Ein *caudal*-mRNA-Gradient wurde jedoch auch im Embryo des Seidenspinners (*Bombyx mori*) gefunden, was darauf hinweist, dass dieser Gradient im Verlaufe der Evolution konserviert wurde. Weil der frühe Embryo von *Bombyx* aus Zellen besteht und nicht ein Synzytium ist wie derjenige von *Drosophila*, der aus vielen Zellkernen in einem gemeinsamen

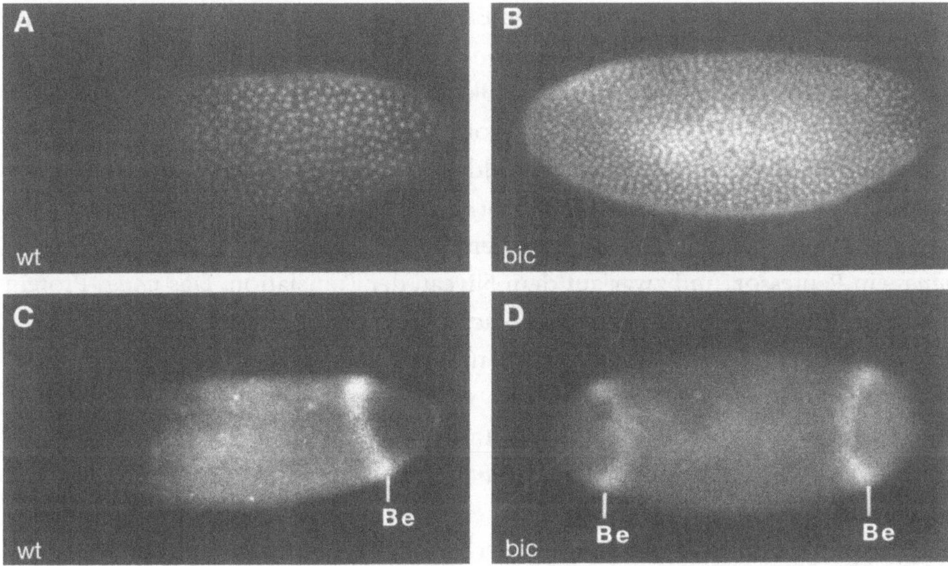

Abb. 5.7
Konzentrationsgefälle des *caudal-* (*cad-*) Proteins. (A) *caudal*-Proteingradient im normalen (Wildtype, wt) Präblastoderm-Embryo. Das CAD-Protein ist in den Zellkernen angereichert. (B) Uniforme Verteilung im *bicaudal-* (*bic-*) Embryo. (C) CAD-Expression in einem einzelnen Gürtelstreifen in der hinteren Abdominalregion des Embryos. (D) Bildung zweier spiegelbildlich symmetrischer Streifen im *bicaudal-* (*bic-*) Embryo. Nach M. Mlodzik und W.J. Gehring (1987) Expression of the caudal gene in the germline of *Drosophila*: Formation of an RNA and protein gradient during early embryogenesis. *Cell* 48, 465–478.

Zytoplasma besteht, so wird die Bildung des Gradienten durch Bildung von Zellmembranen zwischen den Kernen offenbar nicht behindert.

Ein entscheidendes Gen für die Bildung des hinteren Organisationszentrums ist das Maternaleffektgen *nanos* (*nos*). Weibchen, die homozygot für die Mutation *nanos* sind, produzieren defekte Eier, aus denen sich Embryonen mit fehlenden Abdominalsegmenten entwickeln, die jedoch eine normale Anzahl von Polzellen (Urkeimzellen) bilden. Dieser Phänotyp beweist, dass sich posteriore und Keimzell-Determinanten voneinander trennen lassen. *nanos* kodiert für ein Protein, das zwar keine Homeodomäne aufweist, aber trotzdem homologe Motive zu Proteinen von Wirbeltieren, wie *Xcat2* vom Krallenfrosch *Xenopus*, besitzt. Die *nanos*-mRNA ist ganz präzis am Hinterpolplasma des Eies lokalisiert, wofür mindestens sieben andere Gene der sog. posterioren Gruppe verantwortlich sind. Die Injektion von *nanos*-mRNA in den Hinterpol von Eiern aller dieser Mutanten restauriert die abdominale Segmentierung, hat aber keinen Effekt auf deren Polzellen, die in diesen Mutationen auch defekt sind. Die lokalisierte mRNA dient als Quelle für die gradientenartige Verteilung des *nanos*-Proteins, das ein Konzentrationsgefälle mit dem höchsten Niveau am Hinterpol bildet. Die hauptsächliche Funktion dieses Proteins besteht darin, das Gen *hunchback* (*hb*) am Hinterpol zu reprimieren. Im Gegensatz zu *bicoid*, das als Aktivator der Transkription seiner Zielgene dient, ist *nanos* ein Repressor, und zwar auf dem Niveau der Translation. Das *nanos*-Protein bindet an bestimmte Sequenzen des Nachspanns der *hunchback*-mRNA (die sog. nanos-response Elemente) und verhindert damit deren Übersetzung in *hunchback*-Protein. Die Funktion von hunchback wird im nächsten Kapitel beschrieben. Wenn man nanos-response Elemente an fremde mRNA anknüpft, so wird die Translation dieser mRNA durch das *nanos*-Protein am hinteren Eipol ebenfalls gehemmt.

Die Spezifikation der extremen Vorder- und Hinterenden wird durch Maternaleffektgene des terminalen Systems gewährleistet. Das Hauptgen, das aus offensichtlichen Gründen *torso* (*tor*) genannt wird, kodiert für eine Rezeptortyrosinkinase ähnlich derjenigen, die wir bei der Induktion der Vulva von *C. elegans* erwähnt haben.

Die Maternaleffektgene des anterioren, posterioren und terminalen Systems legen ein antero-posteriores Koordinatensystem fest, das den Zellkernen, die bei der Blastodermbildung vom Inneren des Eies an die Peripherie wandern, Positionsinformation vermittelt, nach der sie sich ihrer Position entsprechend differenzieren.

Auch die dorso-ventralen Koordinaten werden durch maternale Genprodukte vermittelt. Der dorso-ventrale Gradient wird jedoch durch einen anderen Mechanismus erzeugt, nämlich durch die Lokalisation der entsprechenden Proteine im Zellkern. Proteine werden an den Polyribosomen im Zytoplasma durch Übersetzung der entsprechenden messenger-RNA synthetisiert. Die synthetisierten Proteine werden anschließend an verschiedene Orte in der Zelle transportiert, Rezeptoren z.B. werden in die Zellmembran eingebaut, während Transkriptionsfaktoren (Aktivatoren und Repressoren) in den Kern gelangen müssen, um ihre genregulatorische Funktion ausüben zu können. Kernproteine besitzen bestimmte Kernlokalisationssignale, bestimmte Aminosäuresequenzen, die eine Translokation in den Zellkern ermöglichen. Das entscheidende Gen, das die dorso-ventrale Positionsinformation vermittelt, ist *dorsal* (*dl*) und wurde wiederum durch Maternaleffektmutanten identifiziert. Verlustmutationen von *dorsal* erzeugen defekte Eier, und die sich daraus entwickelnden Embryonen bestehen nur aus dorsaler Epidermis und Dotter. Die Normalfunktion von *dorsal* wird also benötigt, um ventrale Strukturen zu erzeugen. Im Gegensatz dazu sind *cactus* (*cact*)-Mutanten ventralisiert und haben einen antagonistischen Effekt zu *dorsal*. Das *dorsal*-Gen wurde von meiner ehemaligen Doktorandin Ruth Steward-Silberschmidt kloniert und sie konnte zeigen, dass es sich wiederum um einen Transkriptionsfaktor handelt. Weder *dorsal*-mRNA noch *dorsal*-Protein sind unterschiedlich entlang der dorsoventralen Achse des Embryos verteilt, aber das *dorsal*-Protein ist selektiv in den Zellkernen auf der Ventralseite des Blastodermembryos angereichert, in geringerem Ausmaß in den seitlichen Zellen, während es in den dorsalen Zellen ausschließlich im Zytoplasma zu finden ist. In ventralisierten Embryonen, die von homozygoten *cactus*-Mutantenweibchen abstammen, ist das *dorsal*-Protein in den Kernen aller Blastodermzellen angereichert, während es in dorsalisierten Embryonen ausschließlich im Zytoplasma lokalisiert ist. Diese Resultate stimmen mit der Hypothese überein, dass *dorsal* (trotz seines Namens, der sich auf den Mutantenphänotyp bezieht) eine ventrale Determinante ist, und dass der *dorsal*-Proteingradient in den Zellkernen das dorso-ventrale Koordinatensystem der Positionsinformation festlegt. Im Gegensatz dazu verhindert das *cactus*-Protein das Eindringen des dorsal Proteins in den Zellkern und hält es im Zytoplasma zurück, wo es inaktiv ist.

Zusammenfassend kann man festhalten, dass das Ei in diesen frühen Entwicklungsstadien ein antero-posteriores und ein dorso-ventrales System von morphogenetischen Gradienten enthält, das ein Koordinatensystem bildet, dessen Positionsinformation während der Blastodermbildung an die Zellkerne vermittelt wird. Dies ist der erste Schritt in der Festlegung des Körperbauplans.

6

Von Gradienten zu Streifen

Ernst Hafen und Atsushi Kuroiwa stürmten in mein Büro und zogen mich in das Labor zum Mikroskop. Sie hatten soeben die ersten *in situ*-Hybridisierungen mit *fushi tarazu*-DNA als Sonde entwickelt. Das Resultat war spektakulär; *fushi tarazu* war in einem wunderschönen Muster von sieben Streifen oder Gürteln im Blastodermembryo exprimiert (Abb. 6.1). Dieses Gen wurde als Mutation von Barbara Wakimoto identifiziert, der Tochter von japanischen Einwanderern, die dem Gen diesen japanischen Namen gab, der «nicht-genug Segmente» bedeutet. *fushi tarazu*-Mutanten-Embryonen fehlt jedes zweite Körpersegment (oder genauer jedes zweite Parasegment) und sie sind deshalb letal (Abb. 6.2). Die Mutation wurde nahe bei *Antennapedia* kartiert und von Kuroiwa aufgrund ihrer Homeobox kloniert.

Ungefähr zur selben Zeit hatten Hafen und Michael Levine die Methode der *in situ*-Hybridisierung so weit verbessert, dass sie empfindlich genug war zum Nachweis homeotischer Transkripte, was sie an *Antennapedia* zeigen konnten. Als Kuroiwa die ersten *fushi tarazu*-mDNA-Sonden präpariert hatte, fragte er mich, ob er mit Hafen zusammen *in situ*-Hybridisierungen durchführen könne, um die *fushi tarazu*-RNA, d.h. die Genexpression, im normalen Embryo studieren zu können. Gleichzeitig machte er die Voraussage, dass dieses Gen wahrscheinlich in Streifen exprimiert sei, unter der Annahme, dass das Gen in denjenigen Abschnitten im normalen Embryo exprimiert ist, die bei der *fushi tarazu*-Mutante fehlen. Ich war begeistert von dieser Idee, warnte ihn aber, dass er nicht enttäuscht sein dürfe, wenn das Expressionsmuster nicht seinen Erwartungen entspreche. Die mRNA könne auch gleichmäßig verteilt sein, wenn die Regulation nicht auf dem Niveau der Transkription, sondern auf der Stufe der RNA oder des Proteins erfolge. Trotz-

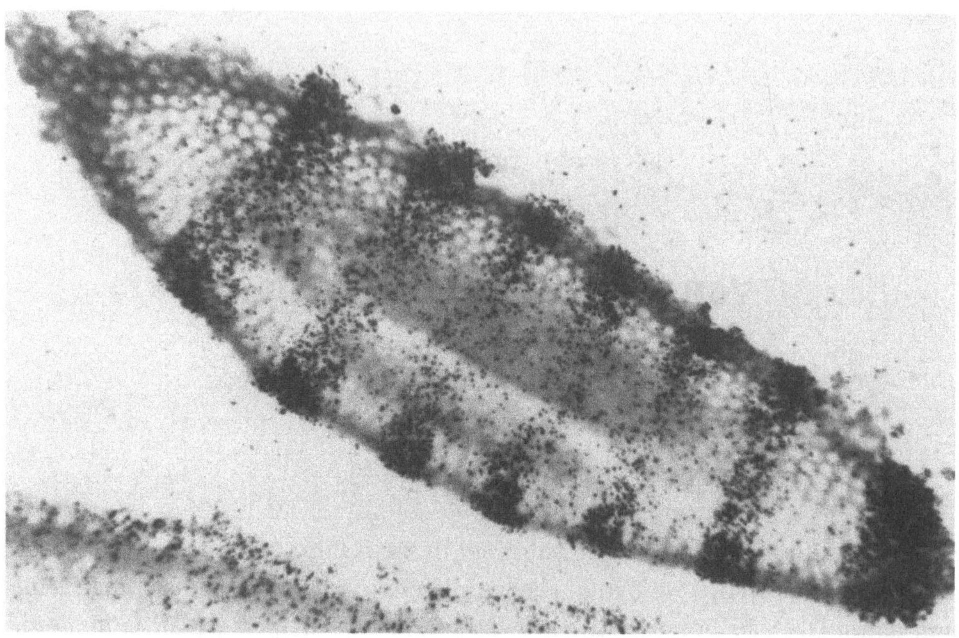

Abb. 6.1
Die sieben Streifen der Expression des Segementierungsgens *fushi tarazu*. Präparat und Aufnahme E. Hafen.

dem blieb Kuroiwa optimistisch und schloss sich mit Hafen zusammen, um das Experiment auszuführen. Jetzt konnten wir mit Begeisterung feststellen, dass sich seine Voraussage bestätigt hatte. Da waren sie, die Streifen! Es war einer jener seltenen Momente, die Höhepunkte im Leben eines Forschers sind. Die Streifen entsprachen genau dem Anlageplan des Embryos, der durch Laserablation, durch Abtöten kleiner Zellgruppen mit einem Laserstrahl, ermittelt worden war. Der Anlageplan war sozusagen auf das Blastoderm «aufgemalt». Obwohl die Blastodermzellen, mit Ausnahme der Polzellen, alle gleich aussehen, exprimieren nur die Zellen in den Streifen das *fushi tarazu*-Gen. Die Blastodermzellen haben sich also bereits zu differenzieren begonnen. Sogar schon vor dem Blastodermstadium, wenn die Zellen wohl noch nicht durch Zellmembranen voneinander getrennt sind, unterscheiden sich die Kerne in Bezug auf die Genexpression; die Transkripte sind bereits in Streifen lokalisiert, was zeigt, dass die RNA nicht frei diffundieren kann, und dass es nicht nur die Zellmembranen sind, welche die Diffusion verhindern. Das war eine Überraschung für viele meiner Kollegen aus der Biochemie, die meist den Embryo homogenisieren und nur lösliche Extrakte untersuchen. Da

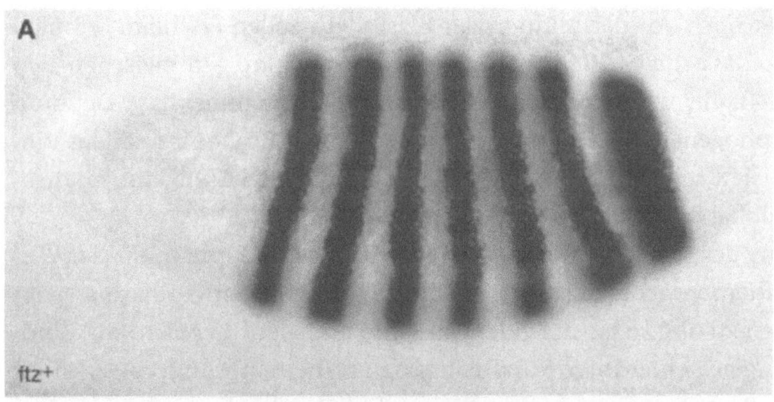

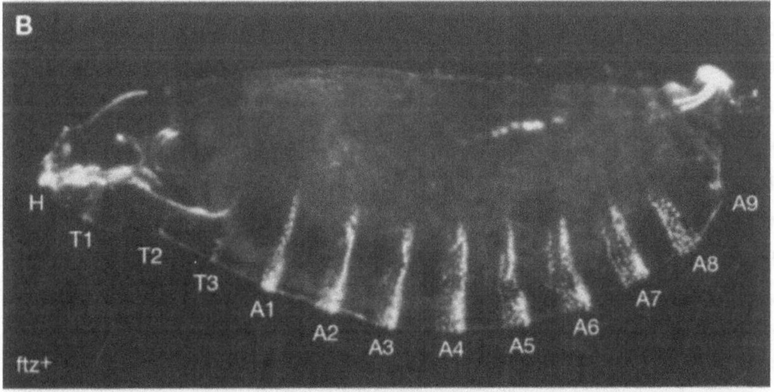

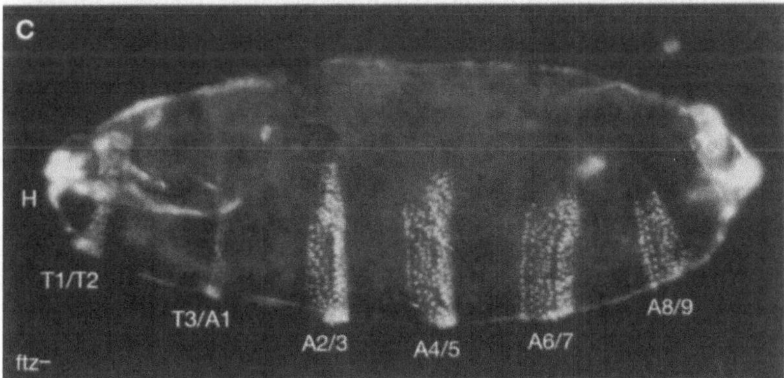

Abb. 6.2

Muster der Genexpression und Mutantenphänotyp von *fushi tarazu*. (A) Expression der *fushi tarazu*-mRNA in sieben Steifen in einem normalen *ftz*+ Embryo. (B) Segementierungsmuster einer normalen Larve im 1. Larvenstadium. (C) Segmentierungsmuster einer *fushi tarazu* (*ftz*−)-Larve. Jedes zweite Parasegment fehlt und die verbleibenden Segmentabschnitte (z.B. der vordere Teil von T3 und der hintere Teil von A1) sind verschmolzen.

das Streifenmuster noch vor der Bildung der Blastodermzellen erscheint, können wir ausschließen, dass die Musterbildung auf Wechselwirkungen zwischen den Zellen beruht. Vielmehr unterstützte dieser Befund die Annahme, dass Determinanten oder morphogenetische Substanzen im peripheren Eizytoplasma, der Rindenschicht, lokalisiert sein müssten, die in die einwandernden Zellkerne eindringen können und lokal das *fushi tarazu*-Gen aktivieren.

Die Entdeckung der Streifen brachte einen Durchbruch im Verständnis der Wirkung der Segmentierungsgene, und ich rief sofort Janni Nüsslein-Volhard an, um ihr die Neuigkeiten zu übermitteln. Leider war Janni an jenem Tag nicht in Tübingen, und Gerd Jürgens, einer ihrer Mitarbeiter, nahm meinen Anruf entgegen. Er vermochte meine Begeisterung nicht zu teilen und blieb sehr skeptisch, versprach mir aber, Janni die Botschaft zu überbringen, wenn sie nach Tübingen zurückkehre. Janni und Eric Wieschaus hatten eine umfassende Suche nach Segmentierungsmutanten unternommen und versucht, das *Drosophila*-Genom mit Mutationen zu sättigen, die das Segmentierungsmuster verändern. Ihre umfassende Mutantensammlung konnte in verschiedene Klassen unterteilt werden, die sich für das Verständnis der genetischen Kontrolle der Segmentierung als essentiell erwiesen. Die erste Klasse, die sie als gap (Lücken)-Mutanten bezeichneten, betreffen eine Reihe aneinander grenzender Segmente und hinterlassen eine Lücke im Segmentierungsmuster. Die zweite, als Paarregelmutanten bezeichnete Klasse, hat einen alternierenden Effekt in jedem zweiten Segment oder Parasegment. Die dritte Klasse, die sog. Segmentpolaritätmutanten, führt zu Veränderungen in jedem Segment. Janni gab uns freundlicherweise mehrere *fushi tarazu*-Mutantenstämme, ohne die die weitere Analyse wohl kaum möglich gewesen wäre.

Die ersten *in situ*-Hybridisierungen wurden an Gewebeschnitten durch normale Embryonen ausgeführt, sodass das dreidimensionale Expressionsmuster aus den Schnittbildern rekonstruiert werden musste. Glücklicherweise war das Streifenmuster in Tangentialschnitten (Abb. 6.1) offensichtlich. Aber wir wollten auch herausfinden, ob die Defekte in den Mutanten genau mit dem Expressionsmuster im Wildtyp übereinstimmen. Die genauere Untersuchung des Mutanten-Phänotyps von *fushi tarazu* ergab, dass nicht jedes zweite Körpersegment fehlte, sondern die hintere Hälfte von einem Segment und die vordere Hälfte des nächsten, angrenzenden Segments, d.h. einer Einheit, die von Peter Lawrence und Alfonso Martinez-Arias als Parasegment bezeichnet wurde. Unsere *in situ*-Hybridisierungen zeigten deutlich, dass *fushi tarazu* in Parasegmenten und nicht in Segmenten exprimiert ist. Später wurden Methoden zur *in situ*-Hybridisierung an ganzen Embryonen mit nicht-radioaktiven Sonden entwickelt, welche die Analyse wesentlich erleichterten

(Abb. 6.2). Durch Doppelmarkierung mit *engrailed* (*en*), einem Gen, das nur im hinteren Kompartiment eines jeden Segments exprimiert wird (siehe Abb. 6.10 und 6.11), wurde die parasegmentale Expression von *fushi tarazu* bestätigt.

Um die Expression des *fushi tarazu*-Proteins zu analysieren, produzierte Henri Krause, ein Postdoktorand, das Protein in Bakterien und immunisierte damit ein Kaninchen, das uns spezifische Antikörper lieferte. Das Muster der Proteinexpression stimmte mit demjenigen der RNA überein, was darauf hinweist, dass die Regulation hauptsächlich auf dem Niveau der Transkription stattfindet. Sean Carroll und Matthew Scott erhielten ähnliche Resultate. Wie erwartet für einen Transkriptionsfaktor ist das *fushi tarazu*-Protein hauptsächlich im Zellkern lokalisiert (Abb. 6.3). Aber unsere Untersuchungen brachten ein weiteres Dogma zum Fallen, das Dogma der geringen Anzahl der genregulatorischen Moleküle pro Zelle. Seit den Untersuchungen des lac-Repressors bei Bakterien war die Meinung weit verbreitet, dass solche Moleküle in ganz wenigen Kopien pro Zelle vorliegen, gerade genug, um ein einzelnes Gen zu regulieren. Ein Skeptiker in dieser Beziehung war Don Brown, der mich an einer Tagung in Cold Spring Harbor fragte, wie viele *fushi tarazu*-Moleküle denn pro Zelle vorhanden seien. Als ich ihm sagte, dass es schätzungsweise zehn- bis zwanzigtausend Moleküle sind, bemerkte er, dass *fushi tarazu* wohl kaum ein genregulatorisches Protein sein könne. Höhere Organismen haben jedoch viel größere Genome als Bakterien und lösen das Problem, ein einzelnes Gen in einem riesigen Genom zu finden, dadurch, dass sie eine größere Konzentration von genregulatorischen Molekülen einsetzen, anstatt die Bindungsaffinität des Proteins, die schon bei Bakterien sehr hoch ist, weiter zu erhöhen.

Immunlokalisationsexperimente zeigten, dass das *fushi tarazu*-Protein nach der Expression im Streifenmuster auch im ventralen Nervensystem exprimiert wird, und zwar in jedem Segment und nicht alternierend in jedem zweiten. Die Expression in bestimmten Nervenzellen ist ganz exakt und bilateral symmetrisch, was zeigt, dass die Genexpression präzise auf dem Niveau der Einzelzelle reguliert wird und nicht diffus und statistisch verteilt. Noch später in der Embryonalentwicklung wird *fushi tarazu* in einem Ring von Darmzellen exprimiert; aber die Expression ist auf das embryonale Stadium beschränkt.

Die beste Nachweismethode, um zu zeigen, dass ein kloniertes Gen tatsächlich dem von der Mutation betroffenen Gen entspricht, besteht darin, die klonierte DNA in die Keimbahn einer transgenen Fliege einzuführen und zu testen, ob das Transgen die Mutation komplementieren kann. Yash Hiromi, der Atsushi Kuroiwas Arbeiten weiterführte, nahm dieses Experiment in Angriff. Im Vergleich zu *Anten-*

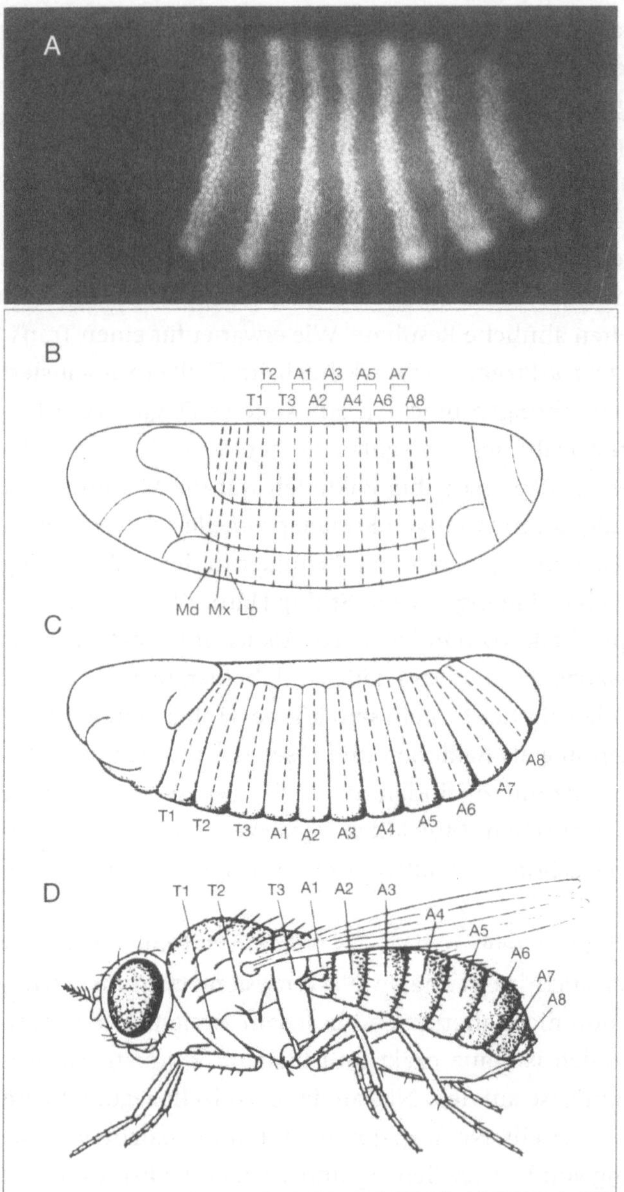

Abb. 6.3

Der Körperbauplan ist dem Embryo «aufgedruckt» und wird durch das Expressionsmuster von *fushi tarazu* wiedergegeben. (A) Expressionmuster des *fushi tarazu*-Proteins sichtbar gemacht durch Antikörperfärbung. (B) Anlageplan des Embryos auf dem Blastodermstadium. (C) In späteren Entwicklungsstadien wird das Segmentierungsmuster des Embryos morphologisch sichtbar. (D) Segmentierungsmuster der Adultfliege.

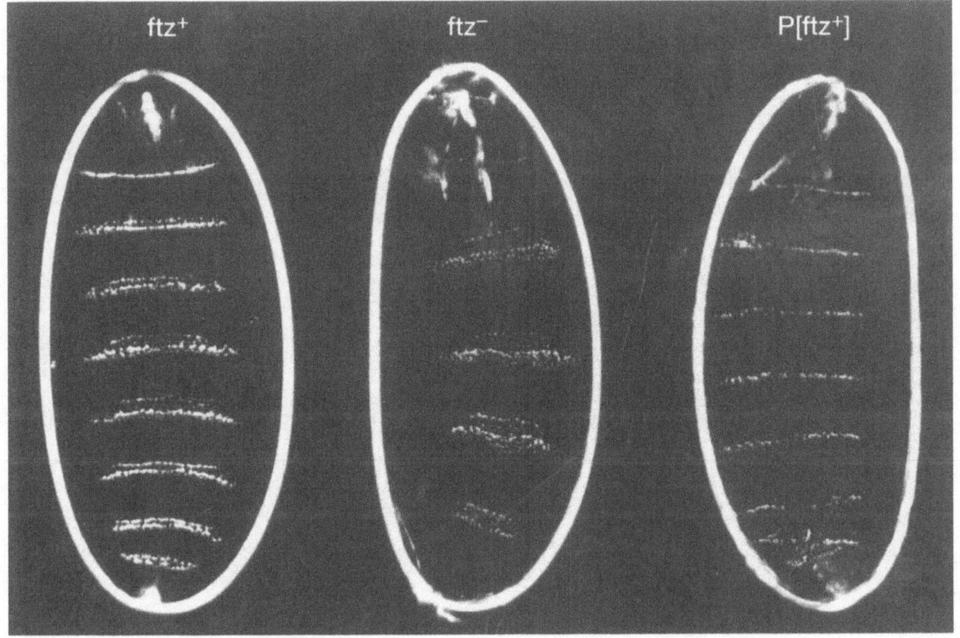

Abb. 6.4
Gentherapie bei der Mutation *fushi tarazu* durch Transfer des normalen (*ftz⁺*) Gens. Je ein normaler (*ftz⁺*) Wildtyp-Embryo, ein mutanter (*ftz⁻*) und ein *ftz⁻*-Embryo nach Transfer eines normalen *ftz⁺* Gens sind gezeigt. Die Embryonen sind umgeben von der Vitellimembran. Das *ftz⁺*-Gen wurde in einen P-Vector eingesetzt und ins Ei injiziert. Das *ftz⁺*-Gen kann die normale Segmentzahl bei der *ftz⁻*-Mutante retablieren.

napedia, das über 100 000 Basenpaare lang ist, schien *fushi tarazu* dafür besser geeignet. Die kodierende Region von *fushi tarazu* misst nur etwa 2 kb (1 kb = 1000 Basenpaare). Wie in vielen Genen liegt die Homeobox von *fushi tarazu* im zweiten Exon, das für das Carboxylende des Proteins kodiert, in der Nähe der Intron-Exon Grenze. Hiromi fügte das DNA-Segment mit den beiden Exons und dem dazwischen liegenden Intron in einen P-Element-Vektor ein, transformierte Fliegeneier damit und kreuzte das Transgen in *fushi tarazu*-Mutanten ein; aber ohne Erfolg. Das klonierte DNA-Segment vermochte den Mutantenphänotyp nicht zu korrigieren. Ich ermunterte ihn, immer größere werdende DNA-Segmente zu verwenden; aber der Erfolg stellte sich erst ein, als er zusätzlich zur kodierenden Region noch sechs kb-flankierende Sequenzen am 5′ Ende des Gens beifügte. An diesem Punkt war die Gentherapie erfolgreich, und anstelle von letalen Embryonen erhielt er lebensfähige Larven und fertile Adultfliegen mit der normalen Zahl von Körper-

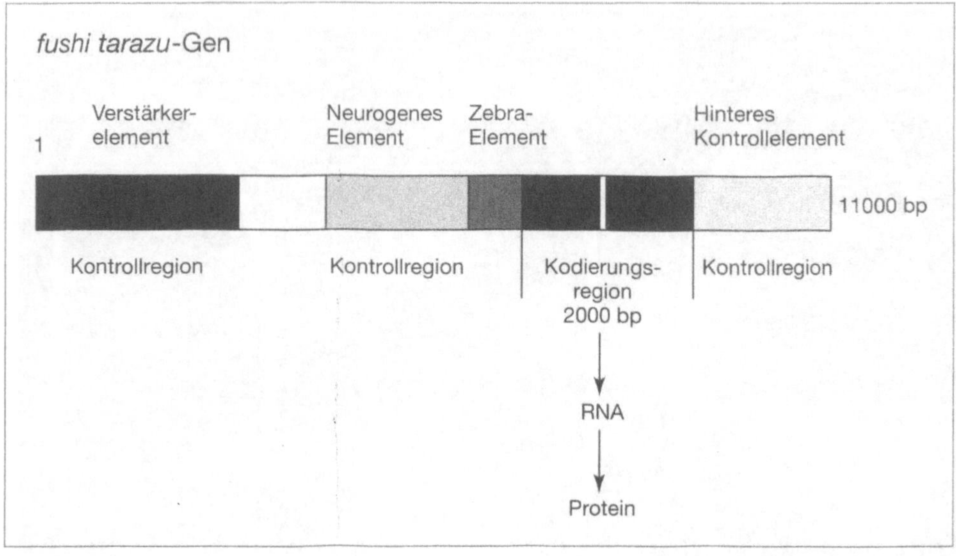

Abb. 6.5
Struktur des *fushi tarazu*-Gens. Die Kontrollregion vor dem Gen besteht aus seinem autoregulatorischen Enhancer-Element, einem neurogenen und einem Zebra-Element, das auch den
Promotor enthält. Die Kontrollregion ist gefolgt von der kodierenden Region und einem
dahintergelegenen (downstream) Kontrollelement.

segmenten (Abb. 6.4). Offensichtlich ist die Kontrollregion des Gens von großer
Bedeutung und dreimal so lang wie die kodierende Region. In manchen Genen
sind die Kontrollelemente auch in den Introns oder am 3′ Ende des Gens lokalisiert, bei *fushi tarazu* dagegen sind die Kontrollelemente auf die flankierenden
Sequenzen am 5′ Ende beschränkt, mit Ausnahme eines eher quantitativen Elements am 3′ Ende (Abb. 6.5).

Die regulatorischen Elemente wurden daraufhin genauer analysiert, indem sie
Hiromi mit einem Reportergen, β-Galaktosidase, fusionierte, eine Methode, die
erstmals von John Lis bei *Drosophila* verwendet wurde. In transgenen Fliegen, die
ein solches Fusionskonstrukt in die Keimbahn eingebaut haben, kann man die
Genaktivität mit einer einfachen Färbung für β-Galaktosidase-Aktivität nachweisen. Dazu gibt man den fixierten und permeabilisierten Embryonen ein Substrat
zu, das von β-Galaktosidase enzymatisch in ein unlösliches blaugefärbtes Produkt
umgewandelt wird. Diese Experimente wurden von Kuroiwa begonnen und von
Hiromi mit großem Erfolg weitergeführt. Hiromi konnte vier klar definierte Kon-

trollelemente identifizieren: Ein sog. «Zebra-Element» in der Nähe des Startpunktes der Transkription, das für die Expression in den sieben Streifen verantwortlich ist, das «neurogene Element», das die Expression im ventralen Nervensystem kontrolliert, eine «ersetzliche» Region, die ohne Nebenwirkungen herausgeschnitten werden kann, und schließlich ein Verstärker (enhancer), der die Expression in den sieben Streifen wesentlich verstärkt (Abb. 6.5).

Wenn man das «Zebra-Element» und den Verstärker an das Reportergen anfügt, so vermögen sie die β-Galaktosidase in sieben Streifen zu exprimieren und es entsteht ein «β-Galaktosidase-Zebra». Das neurogene Element vermag das präzise Expressionsmuster im ventralen Nervensystem zu erzeugen. In Zusammenarbeit mit Dieter Maier haben wir später die DNA-Sequenz dieser Kontrollelemente bei verschiedenen *Drosophila*-Spezies verglichen und gefunden, dass die Kontrollelemente in der Evolution stark konserviert sind, sogar noch stärker als die kodierenden Regionen. Dies zeigt, dass ein starker Selektionsdruck auf diese Kontrollelemente ausgeübt wird, sodass in der Regel keine Mutationen toleriert werden. Einzig die «ersetzliche» Region ist vollständig divergiert zwischen den verschiedenen Spezies; in diesem Segment, das keine funktionelle Bedeutung hat, werden zahlreiche Mutationen toleriert.

Ich beschreibe diese Experimente etwas mehr im Detail, um dem Leser die Prinzipien der Genregulation näher zu bringen. Ein Gen muss nicht nur an- oder abgeschaltet werden, sondern fein reguliert und nach einem präzisen räumlichen und zeitlichen Muster in einer konzertierten Aktion mit tausenden von anderen Genen exprimiert werden. Es ist nur ein mitwirkender Musiker in einem großen Orchester, das die Symphonie des Lebens spielt. Dieses Orchester wird von den Master-Kontrollgenen dirigiert und die Partitur ist in der DNA niedergeschrieben.

Die meisten Gene sind grundsätzlich mit zwei Typen von regulatorischen Elementen, Promotoren und Verstärkern (enhancers), ausgerüstet. Der Promotor liegt unmittelbar «stromaufwärts» vom Startpunkt der Transkription. Er enthält eine Konsensus-Sequenz TATAAA, die Hogness-Goldbergbox (oder TATA-Box) genannt wird, die von David Hogness identifiziert wurde. Von 1978 bis 1979 verbrachte David Hogness einen Forschungsurlaub in meinem Labor am Biozentrum der Universität Basel und entdeckte die TATA-Box, als er die DNA-Sequenzen der Histongene von Drosophila analysierte, die sein Doktorand Michael Goldberg bestimmt hatte. Wir haben später den Raum, in dem die Entdeckung gemacht wurde, «Hogness-Box» getauft. Die TATAAA-Sequenz wird von einem DNA-bindenden Protein, dem «TATA binding factor» erkannt, der daran bindet und den RNA-Polymerasekomplex in die richtige Startposition bringt, um mit der Transkription, d.h. mit der

Synthese der messenger-RNA (mRNA), zu beginnen. Die Verstärkerelemente (enhancers) sind weiter stromaufwärts, innerhalb oder stromabwärts von der kodierenden Region gelegen und sind ebenfalls Bindungsstellen für genregulatorische Proteine. Es wird allgemein angenommen, dass diese Proteine gleichzeitig an Proteine in der Promotorregion binden, und dass die dazwischen liegende DNA eine Schleife bildet.

Die Gene, die oberhalb von *fushi tarazu* in der Hierarchie der Kontrollgene liegen, können durch Mutationen identifiziert werden, die das Expressionsmuster von *fushi tarazu* verändern. Dazu kreuzt man einen Reporter in die entsprechende Mutante ein. Wenn z. B. ein Reporterkonstrukt mit dem Zebra-Element in *hairy* (*h*)-Mutanten eingekreuzt wird, so werden die Streifen viel breiter und verschmelzen schließlich miteinander (Abb. 6.6), weil *fushi tarazu* in den Regionen zwischen den Streifen ebenfalls exprimiert wird, und nur die Kopfregion ungefärbt bleibt. Dies weist darauf hin, dass *fushi tarazu* normalerweise in den Interstreifen von *hairy* reprimiert; wenn *hairy* durch eine Mutation inaktiviert ist, so wird *fushi tarazu* dort dereprimiert. Damit stimmt der Befund überein, dass *hairy* ebenfalls in sieben Streifen exprimiert wird, die in den Interstreifen von *fushi tarazu* lokalisiert sind. Anscheinend senden die Präblastodermkerne einander Signale; die einen produzieren *fushi tarazu*, die daran angrenzenden *hairy*.

Weil im Präblastodermembryo noch keine Zellgrenzen bestehen, können Transkriptionsfaktoren (genregulatorische Proteine) direkt von Kern zu Kern signalisieren. Ähnlich wie *fushi tarazu* kodiert *hairy* für einen Transkriptionsfaktor, aber nicht mit einer Homeodomäne, sondern mit einem anderen DNA-Bindungsmotiv, dem sog. Helix-Schleife-Helixmotiv (helix-loop-helix). Diese Experimente beweisen jedoch nicht, dass die Wechselwirkungen zwischen *hairy* und *fushi tarazu* direkt sind. Die reprimierende Wirkung von *hairy* könnte auch indirekt über einen anderen Transkriptionsfaktor sein. Die molekulargenetischen Methoden zum Nachweis einer direkten Interaktion werden später erklärt.

Morphogenetische Effekte von *bicoid* auf den Anlageplan über größere Distanz können auch durch Einkreuzen eines *fushi tarazu*-Reporterkonstrukts in *bicoid*-Mutantenembryonen nachgewiesen werden. Der ganze Anlageplan ist nach vorne verschoben, und einzelne *fushi tarazu*-Streifen verschmelzen miteinander oder fehlen (Abb. 6.7).

Wenn das Verstärkerelement-Fusionskonstrukt, das ebenfalls ein Expressionsmuster von sieben Streifen erzeugt, in *fushi tarazu*-Mutantenembryonen eingekreuzt wird, so verschwinden die Streifen fast vollständig (Abb. 6.6). Dies deutet auf eine autoregulatorische Funktion hin: Normalerweise bindet das fushi tarazu

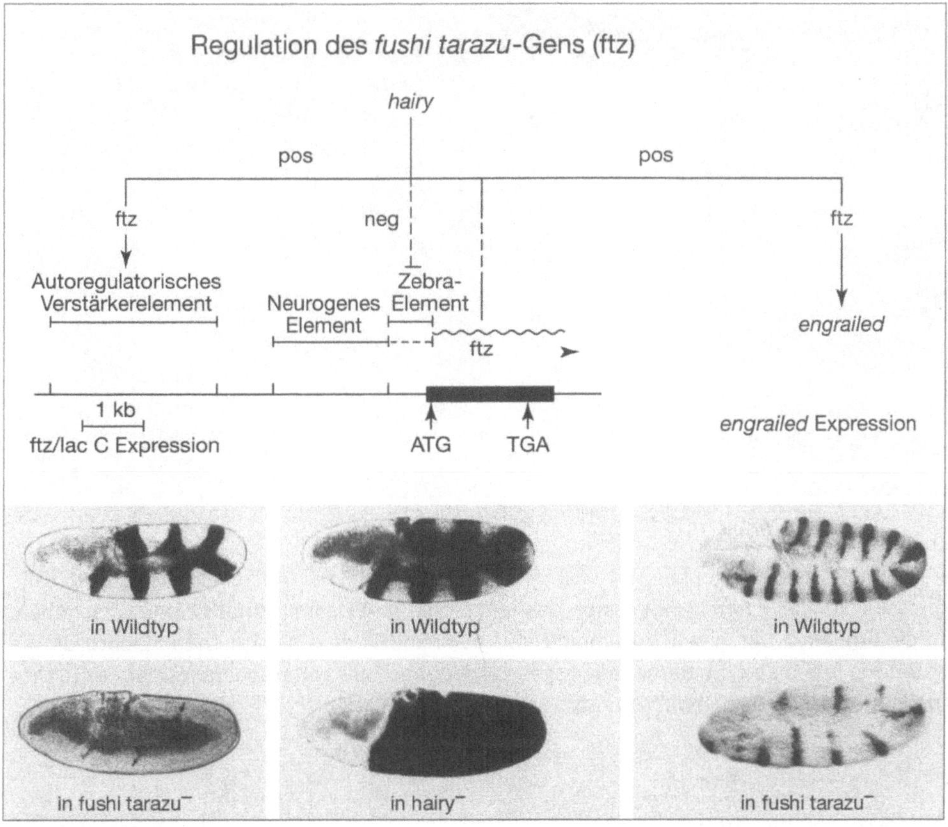

Abb. 6.6
Regulation von *fushi tarazu*. Die kodierende Region von *ftz* ist als schwarzer Balken gezeichnet, die Kontrollelemente als horizontale Linien. Die Wellenlinie bezeichnet das *ftz*-Transkript (mRNA). *ftz* aktiviert *engrailed* (pos) und reguliert sich selbst über positive autokatalytische Rückkopplung. *ftz* wird von *hairy* reprimiert (neg), welches auf das Zebra-Element wirkt. Unterer Teil: Expression eines *ftz*/lac C Fusionsgens, in welchem die kodierende Region von *ftz* durch das β-Galactosidase-Reportergen ersetzt ist. Das Reportergen wird im Wildtyp im normalen sieben Streifenmuster exprimiert, während die Streifen im *ftz*⁻ Embryo fehlen. Im *hairy*-Embryo wird das Reportergen auch in den Zwischenstreifen exprimiert. Im Wildtyp-Embryo wird *engrailed* in 14 Streifen exprimiert, während im *ftz*⁻-Embryo alternierende Streifen fehlen.

Protein an sein eigenes Verstärkerelement und verstärkt seine eigene Expression in 7 Streifen. Diese autoregulatorische Rückkopplung wird in *fushi tarazu*-Embryonen, die kein aktives Protein produzieren, unterbrochen. Diese Modellvorstellung einer autoregulatorischen Rückkopplung wurde später von Alexander Schier

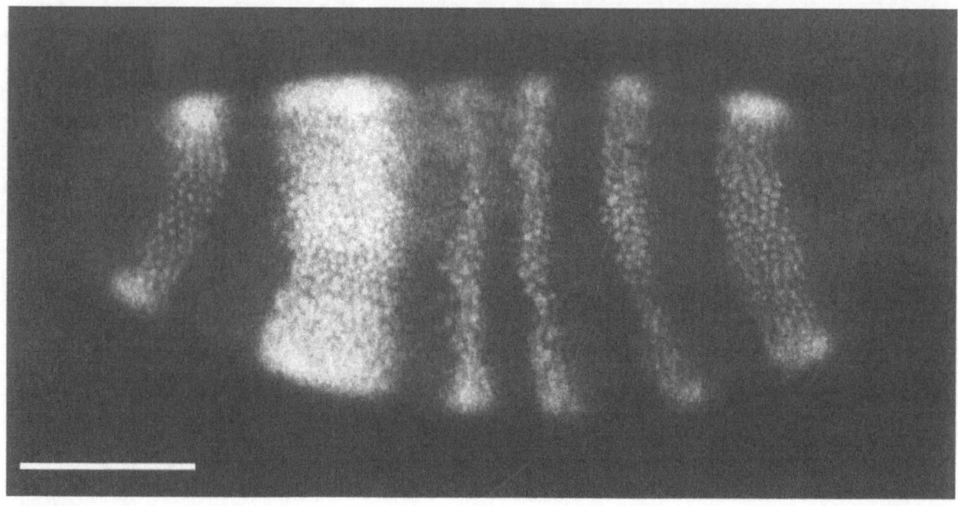

Abb. 6.7
Verschiebung des Anlageplans im *bicoid*-Mutantenembryo. Der Anlageplan wird durch die Expression von *fushi tarazu* aufgezeigt. Das Muster der *ftz*-Streifen ist nach vorne verschoben, und die Streifen 2 und 3 sind verschmolzen. Nach Mlodzik et al. (1987) The influence on the blastoderm fate map of maternal-effect genes that affect the antero-posterior pattern in *Drosophila. Genes and Development* 1: 603–614.

bewiesen, der die direkte Bindung des *fushi tarazu*-Proteins an das Verstärkerelement im lebenden Embryo demonstrieren konnte. Solche autoregulatorischen Rückkopplungssysteme wurden von Hans Meinhardt aufgrund von theoretischen Überlegungen vorausgesagt.

Das Verstärkerelement enthält ausser Bindungsstellen für *fushi tarazu* auch mehrere Bindungsorte für andere Transkriptionsfaktoren. Diese sind aber nicht *fushi tarazu*-spezifisch, sondern kontrollieren auch andere Gene oder Gengruppen. Daraus ergibt sich ein kombinatorisches Modell für die Genregulation, die an das Telefonnetz erinnert: Wenn man die ganze Stadt Paris z.B. telefonisch verbinden will, so genügen dazu 10 Ziffern (0–9). Damit kann man 10 Millionen Telefonnummern komponieren, die je aus siebenstelligen Zahlen bestehen. In Analogie dazu braucht es nur eine begrenzte Zahl von Transkriptionsfaktoren, die von regulatorischen Genen kodiert werden, um eine riesige Zahl von Zielgenen untereinander zu verbinden. Jedes Zielgen hat eine bestimmte Kombination von Bindungsstellen für verschiedene Transkriptionsfaktoren, wie eine Telefonnummer. Natürlich ist die Analogie nicht perfekt, weil z.B. die Reihenfolge der Bindungsstellen (Ziffern) ver-

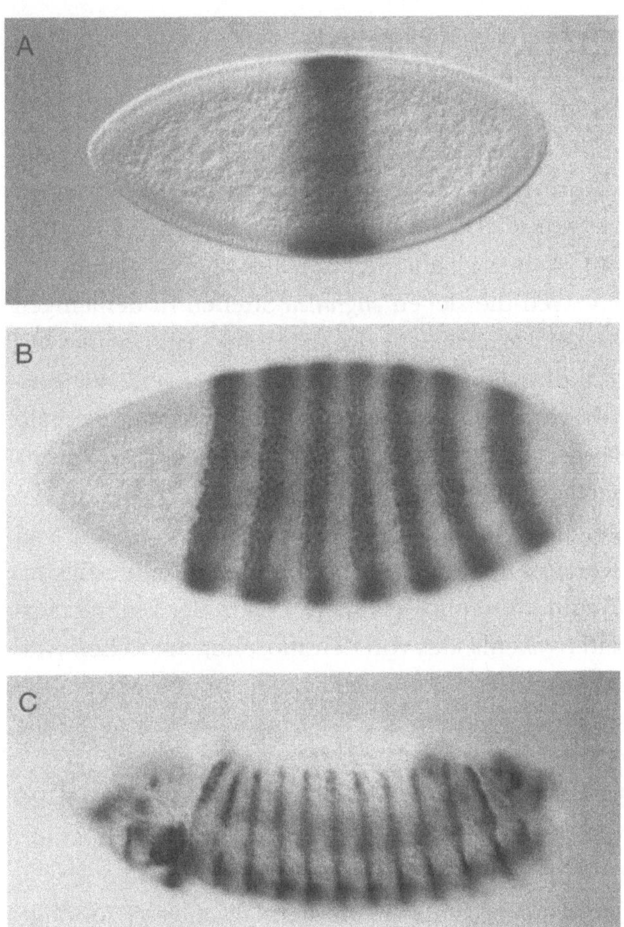

Abb. 6.8
Hierarchie der Segmentierungsgene. Schrittweise Unterteilung des Embryos in breite Domä-
nen (A), (Para-)Segmente (B), und Kompartimente (C): Expression des Lückengens Krüppel im
Präblastodermstadium. (B) Expression des Paarregelgens *fushi tarazu* im Präblastodermsta-
dium. (C) Expression des Segmentpolaritätsgens *engrailed* auf einem späteren Stadium der
Körpersegmentierung. Aufnahmen S. Flister.

ändert sein kann; aber grundsätzlich gibt sie die Idee von kombinatorischen Wechselwirkungen recht gut wieder. Wenn jedes Gen unabhängig von den anderen reguliert würde, so wären die Genaktivitäten nicht koordiniert, und die Entwicklung
verliefe chaotisch. Deshalb haben die meisten Gene einen pleiotropischen Effekt,

d.h. sie üben eine Vielzahl von verschiedenen Funktionen aus, indem sie mit vielen anderen Genen und deren Genprodukten interagieren.

Die Zielgene von *fushi tarazu*, die unterhalb in der genetischen Hierarchie liegen, können mit analogen Experimenten identifiziert werden, indem man ihre Expression in normalen (*fushi tarazu*⁺) und mutanten (*fushi tarazu*⁻) Embryonen untersucht. Zum Beispiel wird *engrailed* (*en*) im normalen Embryo in 14 Streifen exprimiert, je einem pro Segment (Abb. 6.6); aber in *fushi tarazu*⁻-Embryonen werden nur sieben Streifen gebildet. Weil die sieben *engrailed*-Streifen in denjenigen Regionen fehlen, in denen *fushi tarazu* normalerweise exprimiert ist, können wir daraus schließen, dass *fushi tarazu* direkt oder indirekt *engrailed* aktiviert. Wir können zusammenfassen: *fushi tarazu* wird reguliert durch Kontrollgene, die oberhalb in der regulatorischen Kaskade liegen. Es reguliert sich selbst und steuert seinerseits die Aktivität seiner unterhalb gelegenen Zielgene.

Die Klassifizierung der Segmentierungsgene in Lücken-, Paarregel- und Segmentpolaritätgene hat wesentlich zur Aufklärung der Regulationskaskade beigetragen. Der Bauplan des Embryos wird allmählich etabliert, indem der Embryo aufgrund des räumlichen Koordinatensystems, das von den morphogenetischen Gradienten erzeugt wird, zunächst in größere Domänen von mehreren Segmenten und dann in zunehmend feinere Streifen unterteilt wird, bis schliesslich jede Zelle determiniert ist (Abb. 6.8 und Farbtafel 3).

Die Pionierarbeiten über die Lückengene wurden von Herbert Jäckle und Mitarbeitern ausgeführt. Einige Forscher haben «grüne Finger»; aber Herbert unterscheidet sich von allen anderen, indem er «Zinkfinger» besitzt. Jedes Gen, das er anrührt, hat Zinkfingermotive, und das trifft für die meisten Lückengene zu. Zinkfinger bilden DNA-Bindungsmotive von genregulatorischen Proteinen, in denen Zink von je zwei Paaren von Cystein- und Histidinresten gebunden wird, eingebettet in eine Finger-ähnliche Struktur. Zinkfingerproteine können sowohl als DNA- als auch als RNA-bindende Proteine dienen. Das Expressionsmuster von Lückengenen, wie z.B. *Krüppel* (*Kr*), ist verändert in maternalen Koordinatenmutanten, wie *bicoid*, und auch in anderen Lückenmutanten, wie *hunchback* (*hbk*) und *knirps* (*kni*), nicht aber in Paarregel- und Segmentpolaritätmutanten. Dagegen ist die Expression der Paarregelgene verändert, sowohl in maternalen Koordinaten- und in Lückenmutanten als auch in anderen Paarregelmutanten, nicht aber in Segmentpolaritätmutanten. Die regulatorische Kaskade geht also von maternalen Koordinatengenen zu Lücken-, zu Paarregel- und schließlich zu Segmentpolaritätgenen, was zu einer feineren Unterteilung des Embryos führt (Abb. 6.8) und auch der zeitlichen Abfolge entspricht, mit der die betreffenden Gene exprimiert werden. Ausserdem gibt es regulatorische Wechselwirkungen zwischen Genen auf dem gleichen Niveau der Hierarchie, wie wir es oben für *fushi tarazu* und *hairy* beschrieben haben.

Wie entsteht ein Streifen? Wenn ein Ingenieur gefragt würde, wie er einen Gradienten in ein Streifenmuster umwandeln würde, so würde er den Gradienten einfach in eine Wellenfunktion umwandeln und damit gleichzeitig alle Streifen erzeugen. Aber die Natur funktioniert nicht in dieser Weise: Jeder Streifen wird im *Drosophila*-Embryo, anders als alle anderen, durch eine einmalige Kombination von Genen erzeugt. Dies kann z.B. am Streifen Nummer 6 der *hairy*-Expression illustriert werden (Abb. 6.9): Im normalen Embryo sind die beiden Lückenproteine *Krüppel* und *Knirps* in zwei teilweise überlappenden glockenförmigen Domänen verteilt (Abb. 6.9A). *Knirps* ist ein Aktivator, *Krüppel* ein Repressor von *hairy*. Der sechste Steifen von *hairy* bildet sich deshalb nur in dem Bereich, in dem diese beiden Expressionsdomänen nicht überlappen. Entfernt man einerseits *Knirps* durch eine Mutation, so fehlt der Aktivator und es wird kein sechster Streifen gebildet (Abb. 6.9B). Fehlt anderseits *Krüppel*, so expandiert der sechste Streifen in der anterioren Richtung (Abb. 6.9C). Schließlich unterbleibt die Bildung des sechsten Streifens dann, wenn der Repressor *Krüppel* künstlich über den ganzen Embryo exprimiert wird (Abb. 6.9D). Die anderen Streifen von *hairy* werden durch eine andere Genkombination kontrolliert. Die Bildung der Streifen ist das Produkt eines langen Evolutionsprozesses, der viel mehr einer Bastelarbeit als gerichtetem Design entspricht. Die Kontrollregionen der Paarregelgene wie *hairy* und *even-skipped* (*eve*) enthalten modulartige Anordnungen von «Streifenelementen». Wie am deutlichsten von Michael Levine und Mitarbeitern gezeigt wurde, enthält jedes «Streifenelement» Bindungsstellen für einen bestimmten Satz von Aktivatoren und Repressoren. Das am besten untersuchte Beispiel ist der zweite Expressionsstreifen von *even-skipped*: Das Streifenelement für diesen zweiten Streifen enthält Bindungsstellen sowohl für die Akivatorproteine *bicoid* und *hunchback*, als auch für die Repressoren *giant* und *Krüppel*, während die anderen *even-skipped*-Streifen von einer verschiedenen Kombination von genregulatorischen Proteinen erzeugt werden.

Die Paarregelstreifen sind von der Breite eines Parasegmentes und werden durch die Segmentpolaritätgene weiter unterteilt. Im späten Blastoderm- und frühen Gastrulastadium (d.h. später als das Paarregelgen *fushi tarazu*), wird ein weiteres Homeoboxgen, *engrailed*, exprimiert. Es wurde in meinem Labor von Anders Fjose aufgrund seiner Homeobox, und in Tom Kornbergs Gruppe durch einen Marsch entlang dem Chromosom kloniert. Frühere genetische Untersuchungen

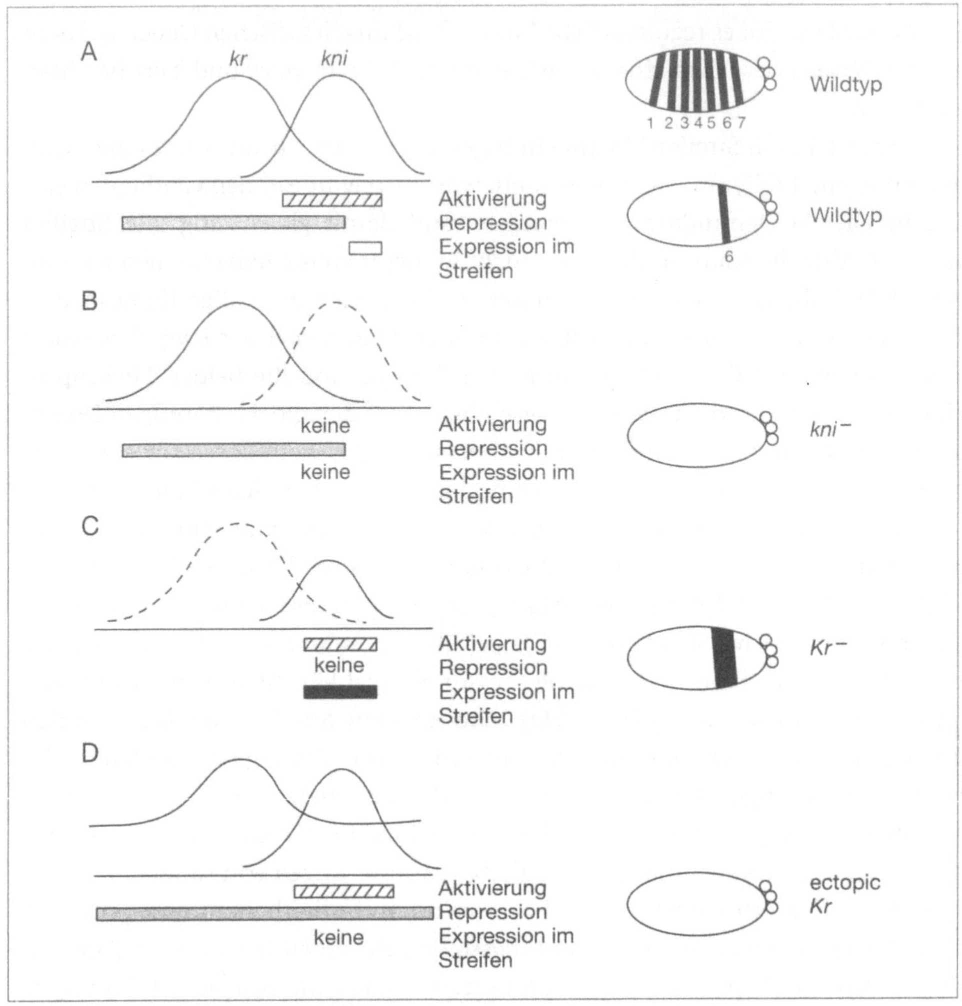

Abb. 6.9
Die Bildung einzelner Streifen: Der sechste Streifen von *hairy*. Nach M.J. Pankratz und H. Jäckle (1990) Making stripes in the *Drosophila* embryo. *Trends in Genetics* 6: 287–292.

von Gines Morata, Antonio Garcia-Bellido und Peter Lawrence hatten gezeigt, dass die Körpersegmente in ein vorderes und ein hinteres Kompartiment unterteilt werden, und dass *engrailed* für die Bildung des hinteren Kompartimentes unerlässlich ist. Unsere *in situ*-Hybridisierungsexperimente unterstützten diese These ganz direkt. Das erste Bild, das Fjose erhielt, ist in Abbildung 6.10 wiedergegeben. Wenn

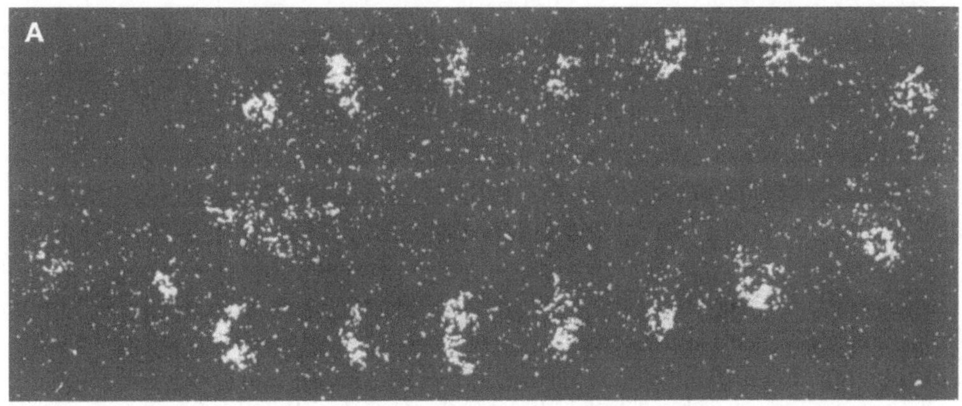

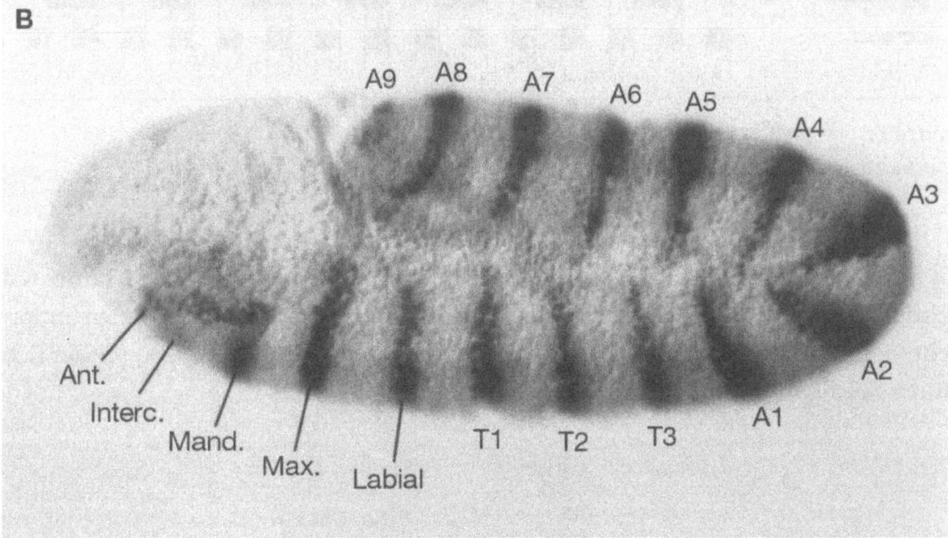

Abb. 6.10
Expression von engrailed mRNA und Protein. (A) Nachweis von engrailed mRNA durch in situ Hybridisierung. (B) Lokalisation des engrailed Proteins durch Antikörperfärbung. Aufnahmen von A. Fjose und S. Flister.

man die Expressionsmuster von *fushi tarazu* und *engrailed* in einem Stadium vergleicht, so ist es offensichtlich, dass *fushi tarazu* in Streifen exprimiert wird, die über die Segmentgrenzen hinweggehen. Es handelt sich also um Parasegmente, und zwar die geradzahligen, von Parasegment zwei bis 14 (Abb. 6.11). Im Gegensatz dazu wird *engrailed* im posterioren Kompartiment eines jeden Segmentes, d.h. in

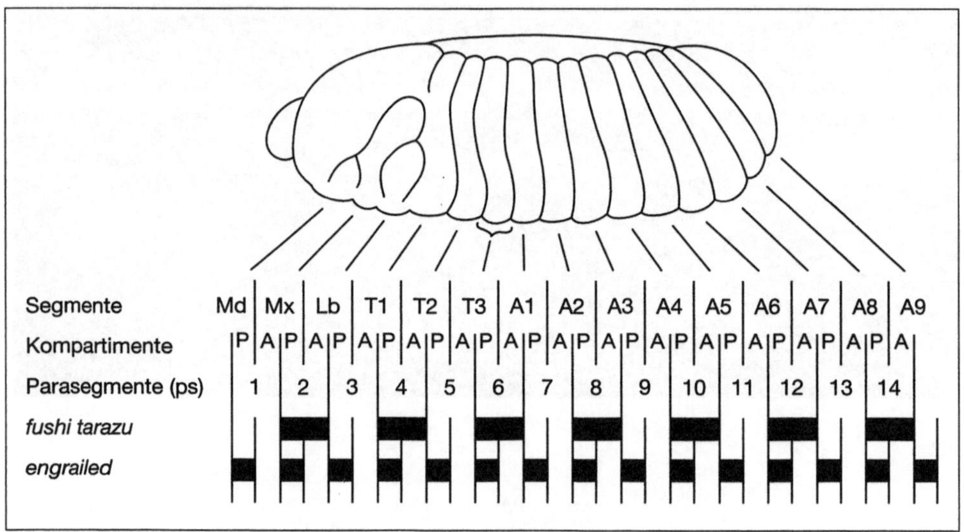

Abb. 6.11
Expression von *fushi tarazu* und *engrailed* in Segmenten und Parasegmenten.

14 Streifen exprimiert (Abb. 6.11). Ausgehend von morphogenetischen Gradienten wird also der Bauplan schrittweise durch Lückengene in breite Domänen unterteilt, dann durch Paarregelgene in segmental-repetierte Einheiten, und schließlich durch Segmentpolaritätgene in Kompartimente.

7

Die Masterkontrollgene

Im Januar 1986 an der ersten Konferenz, die von den Herausgebern der Zeitschrift *Nature* veranstaltet wurde, kamen bekannte Wissenschaftler aus der ganzen Welt, um in Japan über die neuesten Fortschritte auf dem Gebiet der Molekularbiologie zu berichten. Im Programm wurde angekündigt: «Die Konferenz wird durch die Anwesenheit seiner Kaiserlichen Hoheit Prinz Hitachi geehrt, der die Begrüßungsbotschaft überbringen wird.» In einem separaten Brief wurden die Referenten darüber informiert, dass seine Kaiserliche Hoheit vor der Eröffnung der Konferenz einen Empfang geben werde, in einer Empfangshalle des großen Hotels, in dem die Konferenz abgehalten wurde. Dieser Einladung folgend versammelten wir uns vor dem Empfangssaal, und zu gegebener Zeit erschien der Prinz mit seinem Stab, und wir wurden gebeten, ihm in den Saal zu folgen, wo uns Tee offeriert wurde. Er nahm Platz auf einer langen Sofabank auf zwei Kissen, und sein Sekretär informierte uns, dass der Prinz wünschte, mit jedem Referenten der Reihe nach ein kurzes privates Gespräch zu führen. Dank jahrelanger Erfahrung bekomme ich normalerweise kein Lampenfieber, wenn ich vor einer großen Zuhörerschaft sprechen muss, aber in dieser Situation wurde ich zunehmend nervöser, denn ich hatte keine Idee, worüber ich mit dem Prinzen sprechen sollte. Ich wusste zu wenig über japanische Kultur und Politik, um mit dem Prinzen eine interessante Konversation führen zu können, und mit einem Prinzen konnte man schließlich nicht nur über das Wetter sprechen. Und so wurde ich zunehmend nervöser. Unmittelbar vor mir wurde Sidney Brenner dem Prinzen vorgestellt, und in kurzer Zeit plauderten und lachten die beiden miteinander, als wären sie zusammen zur Schule gegangen. Sidney ist meistens sehr witzig und stets zu einer humoristischen Einlage bereit.

Dann war ich an der Reihe. Der Sekretär geleitete mich zum Prinzen und stellte mich mit meinem Namen vor. Ich versuchte, so gut ich es konnte, eine Verneigung zu machen; aber es muss ziemlich linkisch ausgesehen haben (die Engländer hatten da einen klaren Vorteil, denn sie haben immer noch eine Königin; aber die Schweizer haben die Habsburger bereits im 13. Jahrhundert verjagt und hatten seither nie mehr einen König oder Kaiser). Auf jeden Fall forderte mich der Prinz freundlich auf, neben ihm auf der Bank Platz zu nehmen, und bevor ich auch nur darüber nachdenken konnte, irgendetwas zu sagen, fragte er mich «What's new about the homeobox?» (Was gibt es Neues über die Homeobox?). Ich war völlig überrascht und muss das erstaunteste Gesicht meines Lebens gemacht haben, aber seine Frage brach das Eis. Man hatte mir zuvor gesagt, dass Prinz Hitachi Biologie studiert hatte, aber ich hatte auf keinen Fall erwartet, dass er meine Arbeiten kennen würde. Ich informierte ihn kurz über die neuesten Ergebnisse und er folgte mir mit großem Interesse. Er sprach ein perfektes Englisch, und als ich ihm dazu ein Kompliment machte, winkte er ab und sagte, er sei in Cambridge, England, ausgebildet worden. Nach dem Empfang begab er sich in den Konferenzsaal, gefolgt von seinem Stab und den Referenten. Zu meiner Überraschung erhob sich die ganze Zuhörerschaft im Saal und stand stramm, bis sich der Prinz und die Referenten auf dem Podium gesetzt hatten. Ich erinnere mich nicht mehr genau an die Eröffnungszeremonie; aber es ist mir in lebhafter Erinnerung geblieben, wie beeindruckt die Japaner von meiner Entdeckung der achtbeinigen Schmetterlinge zu Füßen des Buddha in Nara waren, die ich im Kapitel 2 (Abb. 2.1) erwähnt habe.

Das bringt uns zurück zu den homeotischen Genen und ihrer Funktion in der Entwicklung. In *Drosophila* wird der Bauplan in vier aufeinanderfolgenden konzeptionellen Schritten festgelegt (Farbtafel 3). Zuerst wird eine zytoplasmatische Determinante im Ei plaziert, in diesem Fall die messenger-RNA des maternalen Koordinatengens *bicoid* am Vorderpol des unbefruchteten Eies. Nach der Befruchtung wird die lokalisierte RNA in *bicoid*-Protein übersetzt, das sich infolge von Diffusion im Ei ausbreitet und einen morphogenetischen Gradienten bildet. Der *bicoid*-Proteingradient liefert den in das Rindenzytoplasma einwandernden Kernen Positionsinformation. In einem dritten Schritt wird das Gradientenmuster unter dem Einfluss der Segmentierungsgene in ein repetitives Muster von Streifen konvertiert, wie in Kapitel 6 besprochen. Schließlich differenzieren sich die individuellen Segmente und erlangen ihre eigene Identität (Positionsinformation entlang der antero-posterioren Achse). Die Identität und Reihenfolge der Segmente werden von den homeotischen Genen spezifiziert. Homeoboxgene sind an allen vier konzeptionellen Schritten beteiligt; aber die homeotischen Gene im engeren

Sinne des Wortes sind hauptsächlich für den vierten Schritt, die Festlegung der Segmentidentität, verantwortlich. Zusätzlich wird die Reihenfolge (Ordnung) der Segmente durch Wechselwirkungen zwischen den homeotischen Genen festgelegt. Neben diesen homeotischen Genen, die regionsspezifisch wirken, gibt es auch Organ-, Gewebe- und Zelltyp-spezifische homeotische Gene. Im allgemeinen determinieren homeotische Gene das Entwicklungsschicksal der Zellen in einer bestimmten Körperregion, in einem bestimmten Körpersegment, Organ, Gewebe oder im Extremfall in individuellen Zellen.

Als Paradebeispiel möchte ich hier *Antennapedia* herausgreifen, das homeotische Gen, über das wir am meisten gearbeitet haben. Ein Grund, weshalb ich *Antennapedia* gewählt habe, liegt darin, dass es ein Schaltergen ist, oder wie Antonio Garcia-Bellido vorgeschlagen hat, ein Selektorgen. Es schaltet um, oder wählt zwischen zwei alternativen Entwicklungswegen aus. Solche Gene haben wahrscheinlich eine regulatorische Funktion, viel wahrscheinlicher als Gene, die einen Entwicklungsweg blockieren, wenn sie durch Mutation inaktiviert werden. Dieses Argument trifft allerdings nicht in allen Fällen zu, wie wir später sehen werden. Der *Antennapedia*-Schalter kann in beide Richtungen gestellt werden. Funktionsgewinn-Mutationen wie *Nasobemia* sind dominant und transformieren die Antennen (Fühler) in Mittelbeine, während Funktionsverlust-Mutationen umgekehrt zu einer Umwandlung von Mittelbeinen in Antennenstrukturen führen. Weil Verlustmutationen im Embryonalstadium homozygot-letal sind, musste dieses Experiment mit genetischen Mosaiken ausgeführt werden. Wie zuerst von Gary Struhl gezeigt wurde, entwickeln sich Klone von *Antennapedia*-Zellen, wenn sie im Mittelbein gelegen sind, zu Antennen- statt zu Beinstrukturen, während sich solche Klone in anderen Körperregionen normal entwickeln. Die umgekehrte Wirkung von Gewinn- und Verlustmutationen kann auch im Embryo festgestellt werden (Abb. 7.1). Die späteren Embryonalstadien sind durch Zähnchenreihen charakterisiert, die eine Zuordnung zu bestimmten Körpersegmenten im Thorax und Abdomen ermöglichen. Im Wildtyp-Embryo ist das erste Thorakalsegment (T1) durch eine Bart-ähnliche Struktur charakterisiert, die in T2 und T3 fehlt. In *Antennapedia*-Verlustmutanten ist T2 teilweise in T1 umgewandelt (T2 → T1) mit einem zusätzlichen «Bart», und ein normales T2 fehlt. In starken Gewinnmutationen wird die gegenteilige Transformation von T1 zu T2 beobachtet, und sogar die hinteren Kopfsegmente werden in T2 umgewandelt. Der Verlust von T2 in Verlustmutanten und die Bildung zusätzlicher T2-Segmente in Gewinnmutanten ist ein deutlicher Hinweis, dass Antennapedia T2 bzw. das Mittelbein spezifiziert und nicht die Antenne.

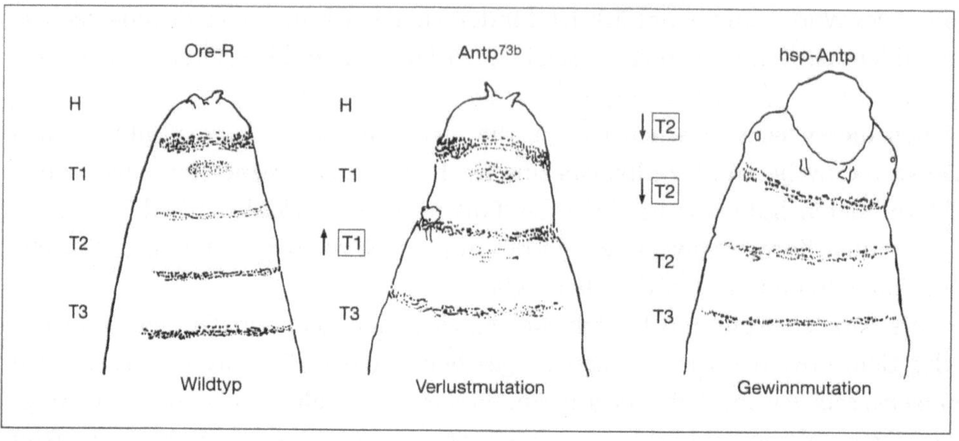

Abb. 7.1

Homeotische Transformationen bei *Antennapedia*-Mutanten. Die Wildtyp-Larve (Ore-R) zeigt ein normales Segmentierungsmuster und ist gegliedert in Kopf (H) und Thoraxsegmente (T1, T2 und T3). Bei der Verlustmutante (Antp^{73b}/Antp^{73b}) ist T2 zu T1 umgewandelt (anteriore Transformation), während bei der Gewinnmutation (hsp-Antp) H und T1 zu T2 transformiert sind (posteriore Transformation). Nach T. Kaufman und G. Gibson.

Diese Hypothese ist in Einklang mit dem frühen Expressionsmuster von *Antennapedia*. Im Blastoderm- und frühen Gastrulastadium wird *Antennapedia* in einem einzelnen Streifen exprimiert, der im Anlageplan dem zweiten Thorakalsegment (T2 bzw. Parasegment vier) entspricht, und in der Antennenregion findet man keine Expression (Farbtafel 3). In späteren Stadien dagegen findet man auch Expression in den hinteren Körpersegmenten, obschon das *Antennapedia*-Protein hauptsächlich in den drei Thoraxsegmenten akkumuliert wird, sowohl in der Epidermis wie im ventralen Nervensystem. Im ventralen Nervensystem akkumuliert es im hinteren Kompartiment von T1 und im anterioren Kompartiment von T2 (d.h. im Parasegment vier), mit einer Lücke im posterioren Kompartiment von T2 und zusätzlicher Expression im anterioren T3. In Larven ist *Antennapedia*-Protein in allen drei Thorakalsegmenten des ventralen Nervensystems exprimiert sowie in allen thorakalen Imaginalscheiben, aber nicht in der Augenantennenscheibe. Aber das Expressionsmuster ist weniger klar als erwartet: Einzig in der dorsalen Prothorakalscheibe (T1) wird *Antennapedia* uniform in allen Zellen der Scheibe exprimiert, während die Expression auf das hintere Kompartiment der Vorderbeinscheibe und die vorderen Kompartimente von Mittel- und Hinterbeinscheibe beschränkt ist. Ausserdem exprimieren nur diejenigen Bezirke von Flügel- und Halterenscheibe, die später das Notum (den dorsalen Teil des Thorax) bilden und nur wenig *Antennapedia*-Protein kann in den Anlagen für Flügel und Haltere nachgewiesen werden. Wenn *Antennapedia* nur zur Spezifikation von T2 benötigt würde, so würde man eine spezifische Expression in allen Zellen der Mittelbein- und Flügelscheibe erwarten. Offenbar spielen kombinatorische Wechselwirkungen mit anderen homeotischen Genen auch in anderen Körpersegmenten eine wichtige Rolle. Wir werden auf diesen wichtigen Punkt noch zurückkommen.

Der Schlüssel zum Verständnis der Funktion von *Antennapedia* kam hauptsächlich von den Gewinnmutationen, die Antenne zu Bein-Transformationen auslösen. Aber worin besteht die molekulare Basis dieser Mutationen? Wie konnte eine Chromosomeninversion mit einem Bruchpunkt innerhalb des Gens und einem zweiten ausserhalb einen Gewinn der Funktion erzeugen? Dieses Problem bereitete mir zahlreiche schlaflose Nächte. Der Begriff Funktionsgewinn (gain-of-function) war von Ed Lewis geprägt worden, als er eine dominante Mutation mit einem gegenteiligen Effekt zur rezessiven *bithorax*-Mutation gefunden hatte. Er nannte die Mutation *Contrabithorax*, weil sie den entgegengesetzten Phänotyp zeigte und eine Fliege mit vier Halteren (Schwingkölbchen) statt mit vier Flügeln wie bei *bithorax* erzeugen konnte, während die normale Fliege je zwei Flügel und zwei Halteren besitzt. Die *bithorax*-Mutationen waren mit Sicherheit Verlustmutationen (loss-of-function), weil sie den gleichen Phänotyp hatten wie eine Deletion (ein Verlust) des *bithorax*-Locus. Nicht nur zeigte *Contrabithorax* einen entgegengesetzten Effekt zu *bithorax*, sondern die Mutation war auch dominant in Fliegen, die zusätzlich zu dieser Mutation zwei Kopien des normalen *bithorax*⁺-Gens besaßen. Lewis betrachtete Contrabithorax deshalb als eine Gewinnmutation, aber ihre molekulare Grundlage blieb rätselhaft. Als die Hogness-Gruppe den *bithorax*-Locus kloniert hatte, analysierten sie auch *Contrabithorax* und stellten fest, dass diese Mutation mit einer komplizierten chromosomalen Neuanordnung, einer Transposition (Verlagerung) eines DNA-Segmentes und zusätzlich einer Inversion dieses Segmentes assoziiert war. Es war deshalb schwierig oder unmöglich, diese Mutation zu interpretieren. Das war also nicht sehr hilfreich und ich bat Stephan Schneuwly, einen meiner begabten Doktoranden, dieses Problem bei der *Antennapedia*[73b]-Mutante zu untersuchen, einer einfachen Inversion mit dominantem Gewinnmutationsphänotyp (Umwandlung von Antenne zu Mittelbein), um die molekularen Grundlagen aufzuklären. Die Strukturanalyse des *Antennapedia*-Locus hatte ergeben, dass bei allen Gewinnmutationen (die meisten davon Inversionen) die Protein-kodierende Region des Gens unverändert ist, aber durch einen Bruchpunkt der Inversion vom Promotor getrennt ist. Es war deshalb zu erwarten, dass der

Gewinnphänotyp nicht durch eine Veränderung des Genproduktes, sondern durch veränderte Expression des normalen *Antennapedia*-Proteins zustandekam. Mindestens für *Antennapedia*[73b] gelang es Schneuwly nachzuweisen, dass die Inversion in der Fusion einer normalen Protein-kodierenden Region an die Promotorregion mit RNA-kodierenden Regionen eines fremden Gens resultierte. Das rearrangierte Gen produziert ein Fusionstranskript und wird durch einen fremden Promotor kontrolliert. Aus diesem Grunde wird es anscheinend ektopisch, d.h. in der Antennenscheibe anstatt wie normalerweise in der Beinscheibe exprimiert. Da mindestens acht unabhängig voneinander isolierte Inversionsmutanten Antenne zu Bein-Transformationen erzeugen, schien es mir sehr unwahrscheinlich, dass alle diese Promotorfusionen Antennen-spezifische Promotoren betrafen. Vielmehr schien es mir, dass irgendein Promotor, der zu einem frühen Zeitpunkt in der Antennenscheibe aktiv ist, Antenne zu Bein-Transformationen erzeugen könnte. Ein solcher Promotor könnte auch in anderen Körperregionen aktiv sein, aber sein Effekt wäre auf die Antenne beschränkt, wenn dort das *Antennapedia*-Protein in genügender Konzentration gebildet würde, genau zu dem Zeitpunkt, wenn die Antennenzellen determiniert werden.

Diese Überlegungen brachten mich auf die Idee, ein künstliches *Antennapedia*-Fusionsgen zu konstruieren, um diese Hypothese zu testen. Ich berief eine Gruppensitzung ein und stellte meinen Plan vor, einen Hitzeschockpromotor mit der Protein-kodierenden Region von *Antennapedia* zu fusionieren. Der Hitzeschockpromotor kann jederzeit aktiviert werden, indem man die Fliegen für kurze Zeit erhöhten Temperaturen aussetzt, und erlaubt es, *Antennapedia*-Proteinsynthese zu jedem gewünschten Zeitpunkt zu induzieren, und zwar in allen Zellen ohne Einschränkung. Weil das *Antennapedia*-Gen mit 100 kb viel zu lang war für solche Fusionen, schlug ich vor, die cDNA (ohne Introns) zu verwenden, obschon das zuvor noch niemand versucht hatte. Die Voraussage war klar. Durch Applikation eines kurzen Hitzeschocks zum entscheidenden Zeitpunkt sollte es möglich sein, gezielt Antennen zu Bein-Transformationen zu induzieren, wie bei natürlichen Gewinnmutationen. Die Reaktionen der Gruppe reichten von Enthusiasmus bis großer Skeptik. Stephan Schneuwly war begeistert von der Idee und gewillt, das Experiment zu versuchen, während Roman Klemenz eher skeptisch war, aber dennoch versprach, den Hitzeschockvektor zu konstruieren, da er ohnehin über Hitzeschockgene arbeitete. Klemenz konstruierte einen Vektor, der sich mit kleinen Verbesserungen als besonders geeignet erwies, und über viele Jahre gute Dienste geleistet hat. Schneuwly setzte die *Antennapedia*-cDNA mit einer vollständigen Protein-kodierenden Region in diesen Vektor ein und erhielt transgene Fliegen mit diesem Fusionskonstrukt. In diesen transgenen Fliegen kann die Synthese des *Antennapedia*-Proteins in allen Zellen durch einen Hitzeschock, eine Temperaturerhöhung von 25° auf 37°C für eine Stunde oder mehr, induziert werden. Durch Antikörperfärbungen konnte das *Antennapedia*-Protein in allen Zellen der hitzebehandelten Embryonen und insbesondere auch in den Augenantennenscheiben geschockter Larven nachgewiesen werden. In den ersten Experimenten zeigten jedoch alle Fliegen normale Antennen. Es war nicht einfach, den kritischen Zeitpunkt für die Hitzeinduktion zu finden. Eine Woche später jedoch beobachtete Stephan drei Borsten auf der Antenne einer transgenen Fliege nach Hitzebehandlung, die ich als Beinborsten identifizieren konnte, weil sie unmittelbar neben ihrem Sockel bestimmte Schuppen aufwiesen, die für bestimmte Beinborsten charakteristisch sind. Von da an war ich überzeugt, dass das Experiment gelingen würde. Nach einigen weiteren Wochen gelang es Stephan, große Antennenbeine mit Klauen und allen Charakteristika von Mittelbeinen zu induzieren (Farbtafel 4). Es war das erste Mal, dass der Bauplan eines Tieres gezielt und in voraussagbarer Weise geändert worden war und wir nannten es stolz «Redesigning of the body plan of the fruit fly». Diese Experimente bestätigten, dass wir tatsächlich das *Antennapedia*-Gen kloniert hatten, und dass *Antennapedia* ein Masterkontrollgen für die Morphogenese des Beines war. Durch Anschalten dieses einzigen Gens wurde von den betroffenen Zellen der Entwicklungsweg in Richtung Bein eingeschlagen, und dieser Weg wird von hunderten oder tausenden von Genen gesteuert.

Wie verhielt sich der dorsale Teil des zweiten Thorakalsegmentes? Ausser den Antenne zu Bein-Transformationen zeigten die hitzebehandelten transgenen Fliegen auch Kopf zu Thorax-Umwandlungen (Farbtafel 4). Diese entsprechen einer anderen Gewinnmutation, *Cephalothorax*, die mit einer komplizierten chromosomalen Neuanordnung assoziiert ist, mit einem Bruchpunkt im *Antennapedia*-Locus. Die thorakalen Strukturen, die gebildet werden, stammen von jenen Arealen der Flügelscheibe, in denen *Antennapedia* stark exprimiert ist. Verlustmutationen ($Antp^{PW}/Antp^{PW}$) zeigen die umgekehrte Transformation von Thorax zu Kopf. In den transgenen Fliegen werden nach Hitzeschockbehandlung keine Umwandlungen des Kopfes (bzw. der Augen) in Flügel beobachtet, wie dies bei der Mutation *ophthalmoptera* (*opht*) der Fall ist. Der Grund, weshalb keine Flügelstrukturen induziert werden, besteht darin, dass die Expression von *Antennapedia* in der Augenscheibe zum Zelltod (Apoptose) führt, und damit zu einer starken Reduktion der Facettenzahl im Auge, anstelle einer Auge zu Flügel-Transformation. Erst in neuester Zeit ist es uns gelungen, mit einem genetischen Trick den Zelltod zu verhindern und Fliegen mit kleinen Flügelchen in der Augenregion zu erhalten. Diese Befunde zeigen, dass *Antennapedia* nicht nur das Mittelbein, sondern das ganze zweite Thoraxsegment spezifiziert, einschliesslich des dorsalen Thorax und der Flügel.

Antenne zu Bein-Transformationen wurden seither von Richard Mann auch in Hitzeschock-*Ultrabithorax*-Fusionskonstrukten gefunden, aber es scheinen eher Hinter- als Mittelbeine zu sein. Hitzeschock-*Sex combs reduced*-Fusionen, die von Peter LeMotte in meinem Labor konstruiert wurden, führen zur Transformation der Arista an der Spitze der Antenne zu Fußstrukturen, die aber nicht mit Sicherheit dem Vorderbein zugeordnet werden können. Da mehr als nur ein homeotisches Gen pro Thorakalsegment exprimiert wird, ist es anscheinend eine Kombination verschiedener homeotischer Gene, die die Identität eines bestimmten Segmentes bilden.

Diese Experimente zeigen eine weitere Komplikation auf: Das ektopisch exprimierte Gen steht nämlich in Konkurrenz zu den «residenten» homeotischen Genen, die normalerweise in dieser Körperregion exprimiert werden, und muss diese reprimieren, bevor es die Zellen umprogrammieren kann. Die Antennenscheibe scheint ein Schwachpunkt im Schaltschema der Kontrollgene zu sein und kann deshalb viel leichter durch *Antennapedia* transformiert werden als beispielsweise die weiter posterioren Imaginalscheiben. Sowohl kompetitive Wechselwirkungen mit den Zielgenen, als auch gegenseitige Interaktionen zwischen den homeotischen Genen scheinen von Bedeutung zu sein; aber wir müssen noch mehr vom genetischen Schaltschema wissen, bevor wir die Prinzipien der Festlegung des Bauplanes, sowohl die molekularen als auch die evolutionsbiologischen Mechanismen, wirklich verstehen können.

Eine wichtige Rolle spielt bei diesen Überlegungen der Bithorax-Komplex. Ed Lewis hatte ursprünglich die Modellvorstellung entwickelt, dass jedes Körpersegment durch ein bestimmtes homeotisches Gen spezifiziert wird, und verfeinerte genetische Kartierungsdaten zeigten, dass die homeotischen Gene in der gleichen Reihenfolge auf dem Chromosom angeordnet sind wie sie entlang der anteroposterioren Achse exprimiert werden. Als jedoch Gines Morata und seine Mitarbeiter den Bithorax-Komplex mit letalen Mutationen sättigten, fanden sie nur drei Gene: *Ultrabithorax, abdominal-A* und *Abdominal-B*. Dieser scheinbare Widerspruch wurde durch die Klonierung und molekulare Analyse des Bithorax-Komplexes gelöst. Unter der Leitung von David Hogness führten Welcome Bender, Pierre Spierer und andere seiner Mitarbeiter einen langen «Marsch dem Chromosom entlang» durch und klonierten *Ultrabithorax* als erstes homeotisches Gen. Meine Gruppe und diejenige von Matthew Scott zeigte kurz danach, dass *Ultrabithorax* eine Homeobox aufweist. Mit der Homeobox als Sonde isolierten wir daraufhin *abdo-*

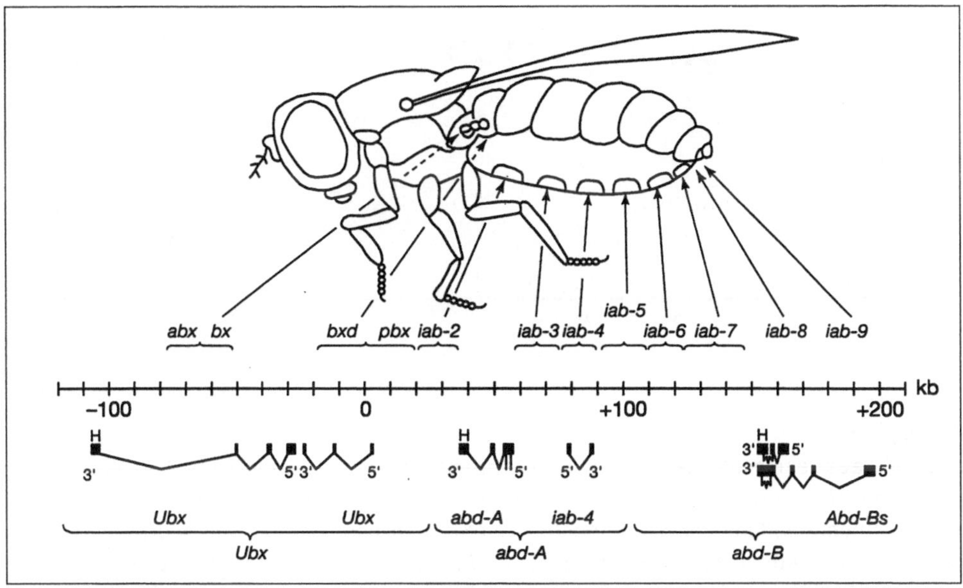

Abb. 7.2
Genomische Organisation des Bithorax-Komplexes. Die drei Gene *Ultrabithorax* (*Ubx*), *abdominal-A* (*abd-A*) und *Abdominal-B* (*Abd-B*) und ihre cis-regulatorischen Regionen *abx* bis *iab-9* sind in der gleichen Reihenfolge angeordnet auf dem Chromosom, das durch 330 Kilobasen DNA repräsentiert ist, wie sie entlang der antero-posterioren Körperachse der Fliege exprimiert werden (Pfeile). Nach E.B. Lewis (1992) Clusters of master control genes regulate the development of higher organisms. *Journal of the American Medical Association* 267: 1524–1531.

minal-A und fanden eine dritte Homeobox, die von *Abdominal-B* stammte. Als schließlich François Karch und Welcome Bender den «Chromosomenmarsch» zu Ende führten, konnten sie zeigen, dass der Bithorax-Komplex nur drei Protein-kodierende Gene, *Ultrabithorax*, *abdominal-A* und *Abdominal-B* enthält, mit je einer Homeobox, wie Gines Morata postuliert hatte. Die übrigen von Ed Lewis durch Mutationen identifizierten «Gene» erwiesen sich als regulatorische Elemente, d.h. segment-spezifische Verstärkerelemente (enhancer). Verschiedene dieser regulatorischen DNA-Sequenzen werden allerdings in RNA übersetzt und es bleibt ein gewisser Zweifel bestehen, ob diese Transkripte nicht doch eine unbekannte regulatorische Funktion besitzen. Die Kolinearitätsregel, wonach die Gene bzw. Verstärkerelemente in der gleichen Reihenfolge auf dem Chromosom angeordnet sind wie sie entlang der Körperachse exprimiert werden, blieb jedoch in dieser modifizierten Version des Lewis' Modells bestehen (Abb. 7.2).

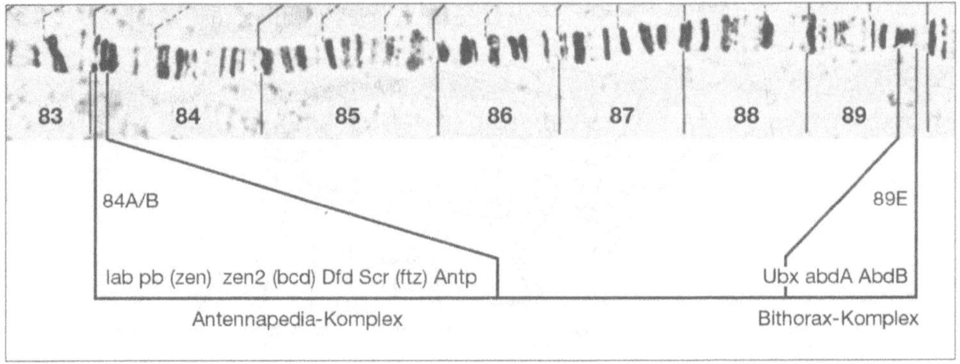

Abb. 7.3

Ausschnitt aus dem rechten Arm des 3. Riesenchromosoms von *Drosophila* mit der Lokalisation des Antennapedia- und Bithorax-Komplexes. Homeoboxgene, die nicht an der Spezifikation der Körpersegmente entlang der antero-posterioren Körperachse beteiligt sind, wurden in Klammern gesetzt. Abkürzungen: lab, *labial*; pb, *proboscipedia*; zen, *zerknüllt*; bcd, *bicoid*; Dfd, *Deformed*; Scr, *Sex comb reduced*; ftz, *fushi tarazu*; Antp, *Antennapedia*; Ubx, *Ultrabithorax*; abd A, *abdominal-A*; Abd B, *Abdominal-B*.

Aufgrund seiner genetischen Analyse machte Thomas Kaufman den Vorschlag, dass der Antennapedia-Komplex einen Komplex von Genen darstellt, der die vorderen Thorax- und Kopfsegmente spezifiziert, ganz ähnlich wie der Bithorax-Komplex die hinteren Thorakal- und Abdominalsegmente determiniert. Das Bild wurde zunächst durch die Anwesenheit von nicht-homeotischen Genen im Antennapedia-Komplex getrübt; aber die Klonierung des ganzen Komplexes gab Kaufman schließlich Recht. Das am weitesten vorne exprimierte Gen *labial* (*lab*) wird gefolgt von *proboscipedia* (*pb*), *Deformed* (*Dfd*), *Sex combs reduced* (*Scr*) und *Antennapedia* (*Antp*), die zunehmend in den weiter hinten gelegenen Körpersegmenten exprimiert werden (Abb. 7.3). Ihre Expressionsdomänen sind etwas vereinfacht in Abbildung 7.4 wiedergegeben. Sie umfassen stets mehr als nur ein Körpersegment und überlappen gegenseitig, auch wenn es meist unklar ist, ob zwei Gene wirklich in den gleichen Zellen exprimiert sind. Dieser Befund ist in Übereinstimmung mit dem kombinatorischen Modell und der Annahme, dass mehr als ein Gen benötigt wird, um ein Körpersegment zu spezifizieren.

Bei einem anderen Insekt, dem Käfer *Tribolium castaneum*, bilden die homeotischen Gene des Antennapedia- und des Bithorax-Komplexes einen einzigen homeotischen Genkomplex. Weil homologe Komplexe auch bei vielen Wirbeltieren und

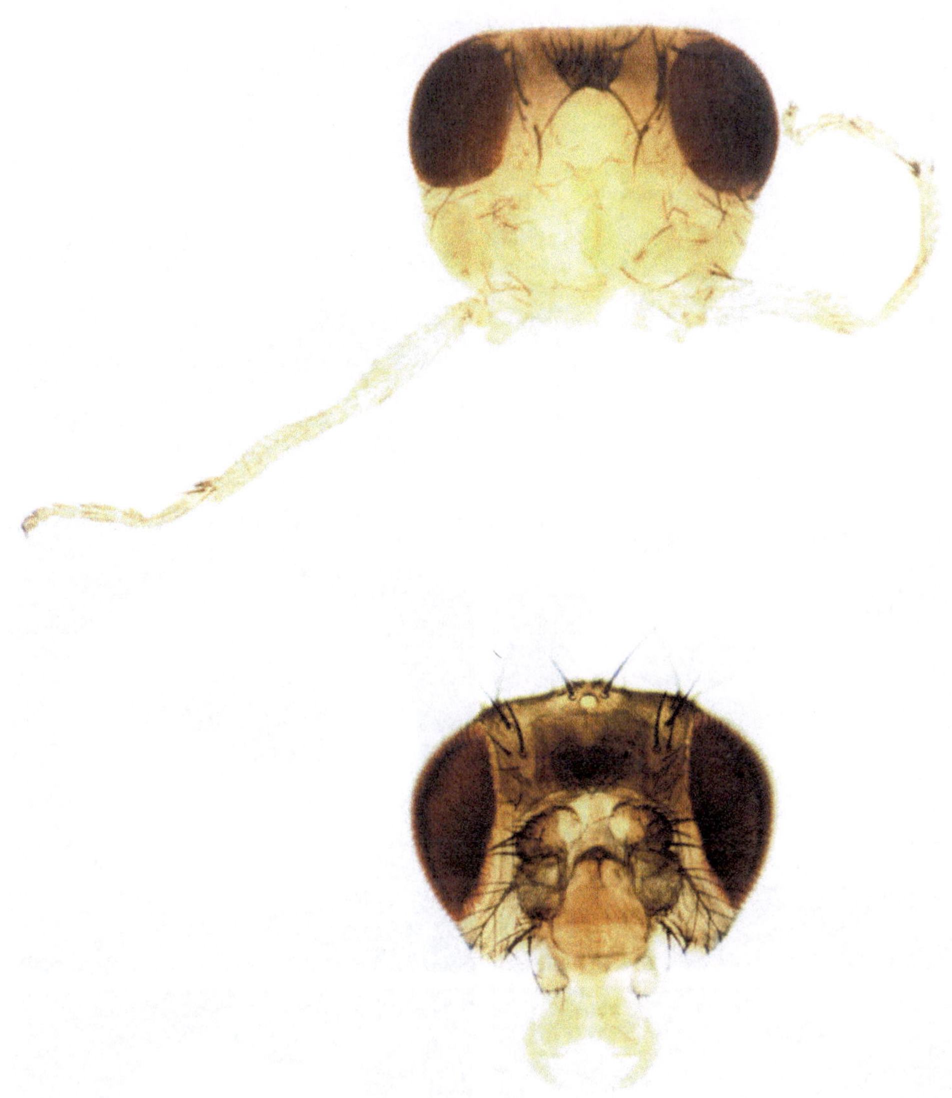

Antennapedia. Der Kopf einer normalen (Wildtyp-) Taufliege (*unten*) kann mit demjenigen einer homeotischen *Antennapedia*-Mutante verglichen werden. Bei der Mutante sind die Antennen (Fühler) am Kopf in Mittelbeine umgewandelt.

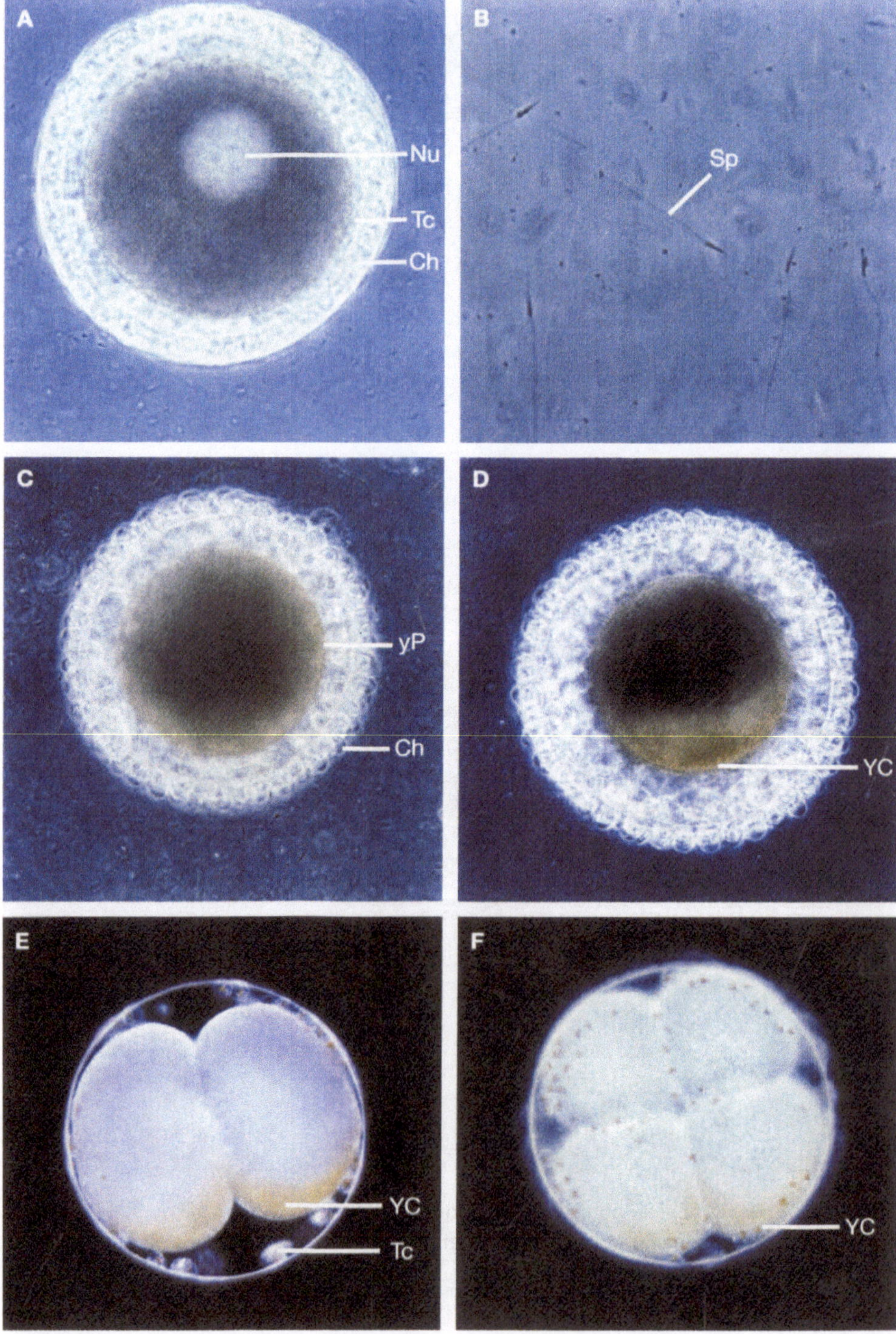

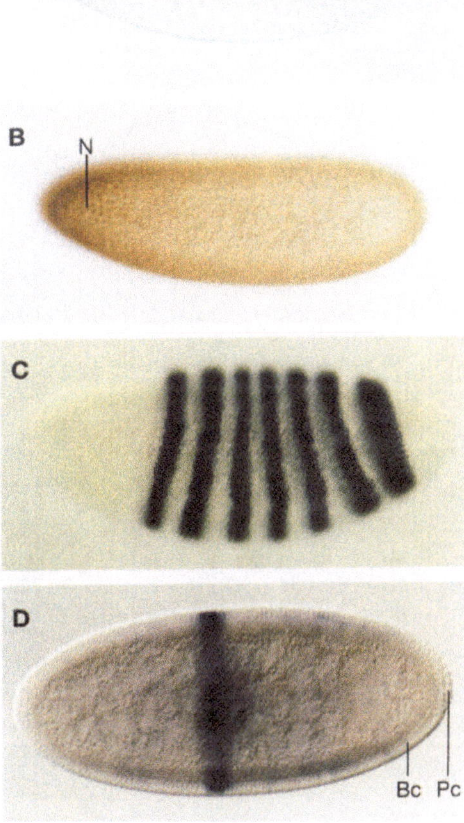

Die vier konzeptionellen Schritte der Musterbildung in der Embryonalentwikklung von *Drosophila*. (A) Zytoplasmatische Lokalisation der *bicoid*-mRNA am Vorderpol des Eis in einer Kappe. (B) Bildung eines morphogenetischen Gradienten des *bicoid*-Proteins mit der höchsten Konzentration in den Zellkernen am Vorderpol des Eis. (C) Expression der *fushi tarazu*-messenger-RNA in einem repetitiven Muster von sieben Gürtelstreifen. (D) Expression der *Antennapedia*-mRNA als einzelner Streifen im mittleren Thoraxbereich des Embryos auf dem Blastodermstadium. Abkürzungen: Bc, Blastodermzellen; C, Kappe; N, Kern; Pc, Polzellen. Anterior ist links und dorsal oben. (A, C und D sind *in situ*-Hybridisierungen, B ist eine Antikörperfärbung).

Die Bildung das gelben Halbmondes im Ei der Seescheide *Styela plicata*. (A) Oozyte mit Zellkern (Nu) umgeben von Testazellen (Tc) und Chorion (Ch). (B) Spermien. (C) Unbefruchtetes Ei mit gleichmässiger Verteilung der gelben Pigmentgranula (yP) in der Rindenschicht. (D) Befruchtetes Ei. Der gelbe Halbmond (YC) bildet sich am vegetativen Pol des Eis. (E) Zweizellstadium. Der gelbe Halbmond wird durch die erste Furchungsteilung exakt halbiert. (F) Vierzellstadium. Zuteilung des gelben Halbmondmaterials an zwei der vier Zellen. Aufnahmen des Verfassers.

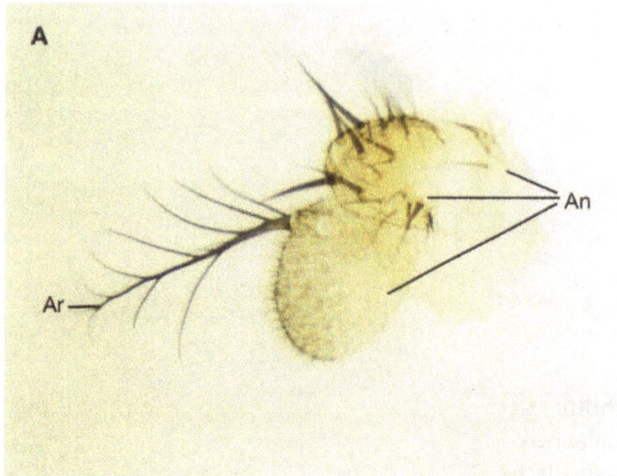

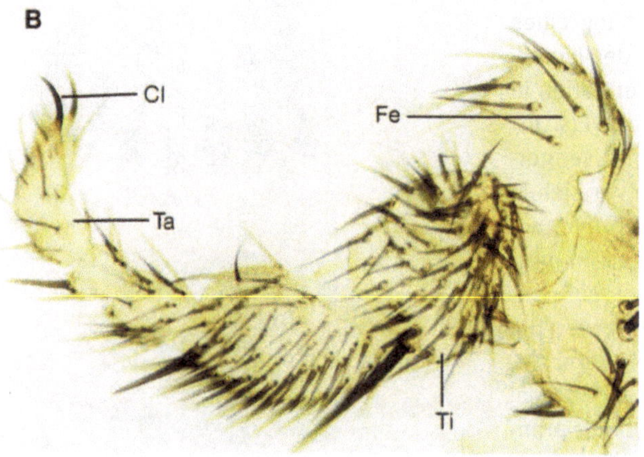

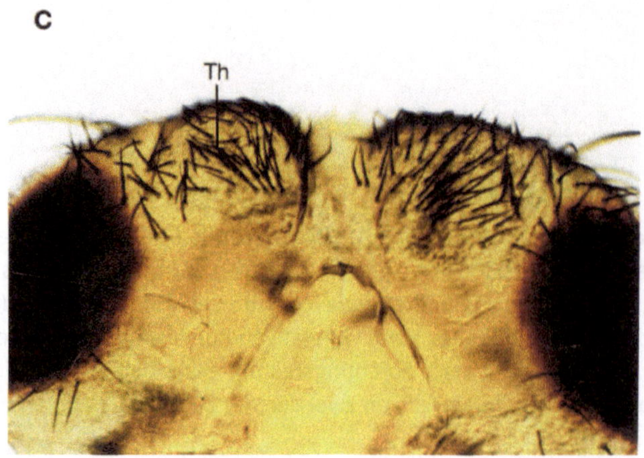

Farbtafel 4

Homeotische Transformation der Antennen in Mittelbeine und der dorsalen Kopfregion in Mesothoraxstrukturen nach ubiquitärer Expression von *Antennapedia*. (A) Normale Antenne mit drei Antennengliedern (An) und der Fühlerborste Arista (Ar). (B) Antenne-zu-Bein Transformation. Cl, Klauen; Ta, Tarsus; Ti, Tibia; Fe, Femur. (C) Kopf-zu-Mesothorax Transformation. Th, Thorakalborsten.

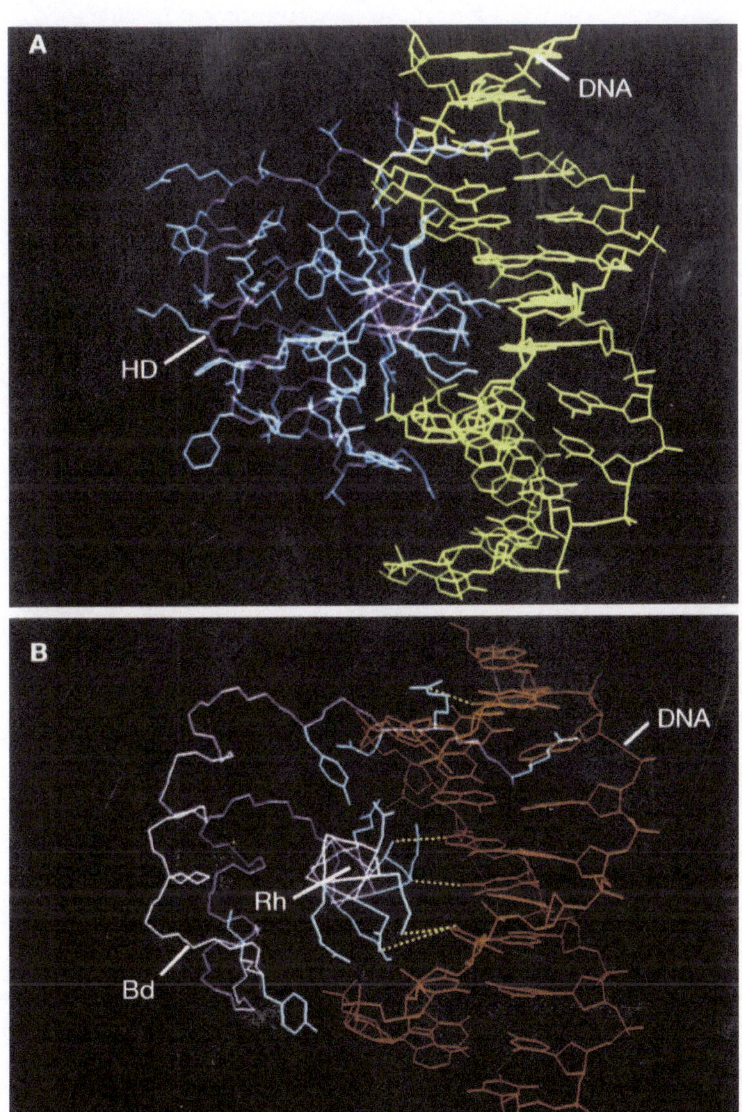

Farbtafel 5

Struktur des *Antennapedia*-Homeodomänen-DNA Komplexes bestimmt mittels Kernmagnetischer Resonanz-Spektroskopie. (A) Struktur mit allen Seitenketten. DNA (gelb), Homeodomäne (HD), Rückgrat (magenta), Aminosäureseitenketten (blau). (B) Kontakte zwischen Homeodomäne und DNA. DNA (rot), Rückgrat der Homeodomäne (Bb, magenta), Aminosäureseitenketten, welche die DNA kontaktieren (blau), Direktkontakte zwischen Aminosäuren und bestimmten Basen (gestrichelte gelbe Linien). Nach K. Wüthrich und M. Billeter.

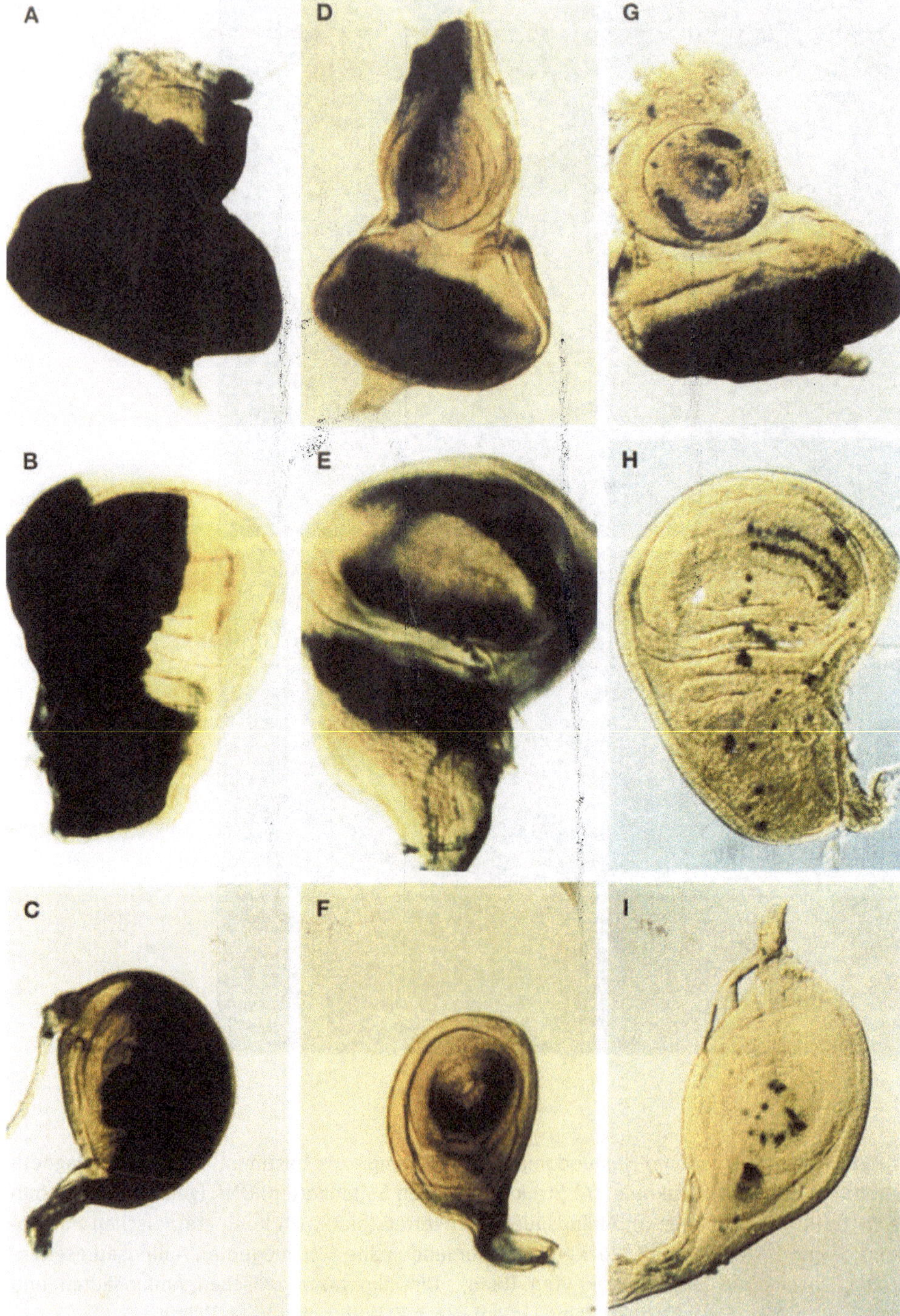

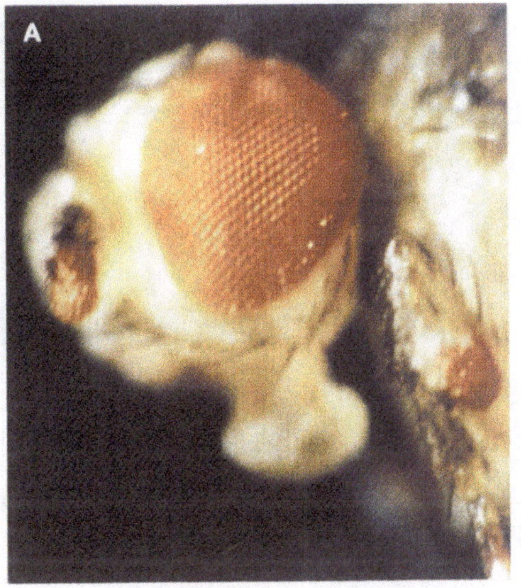

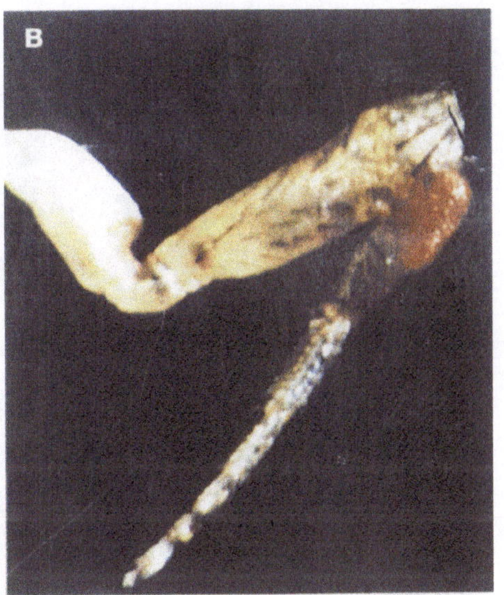

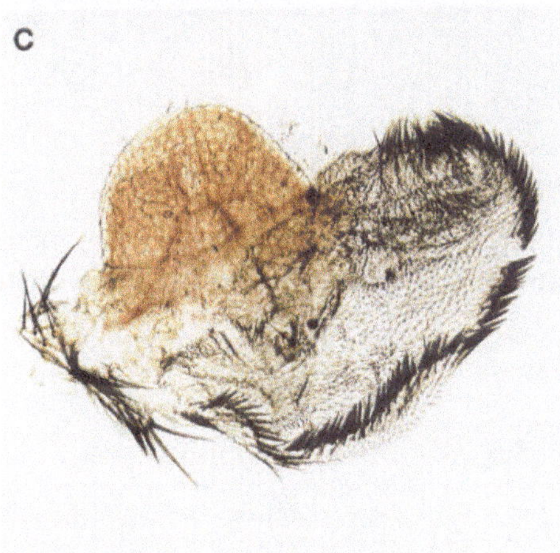

Induktion zusätzlicher Augen auf Antennen, Beinen und Flügeln von transgenischen Fliegen nach Expression des normalen *eyeless*-Gens. (A) Zusätzliche Augen auf Fühler und Vorderbein. (B) Stärkere Vergrösserung eines induzierten Auges auf der Tibia des Vorderbeins. (C) Grosses Auge auf dem Flügel. Nach G. Halder, P. Callaerts und W.J. Gehring (1995) Induction of ectopic eyes by targeted gene expression of the eyeless gene in *Drosophila, Science* 267: 1788–1792, with permission from the American Association for the Advancement of Science (AAAS), Washington, D.C.

Expressionsmuster verschiedener «Enhancertrap»-Linien in Imaginalscheiben. A, D, G, Augenantennenscheiben; B, E, H, Flügelscheiben; C, F, I, Beinscheiben. A–C, diese Enhancertrap-Linie ist ausschliesslich im vorderen Kompartiment der Imaginalscheiben exprimiert. D–F zeigt ein hufeisenförmiges Expressionsmuster in Antennen-, Flügel- und Beinscheiben. G–I, diese Linie ist spezifisch in den Sinnesorganen der Antennen-, Flügel- und Beinscheiben sowie in den Photorezeptorzellen der Augenscheibe exprimiert. Die Blaufärbung gibt die Expression des Reportergens (β-Galaktosidase) unter dem jeweiligen Enhancer (Verstärkerelement) wieder. Nach G. Gibson.

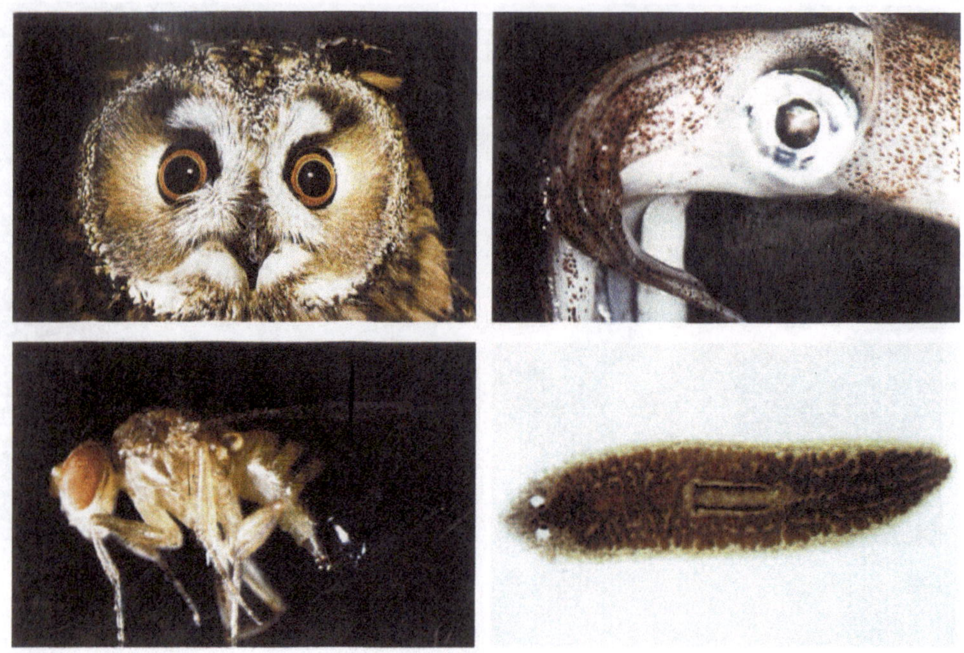

Unterschiedliche Augentypen in verschiedenen Tierstämmen. Oben: Wirbeltiere (Eule), Tintenfische (Kalmar). Unten: Insekten (Taufliege), Plattwürmer (Planaria). Aufnahmen von E. Zbären (Eule) und vom Verfasser.

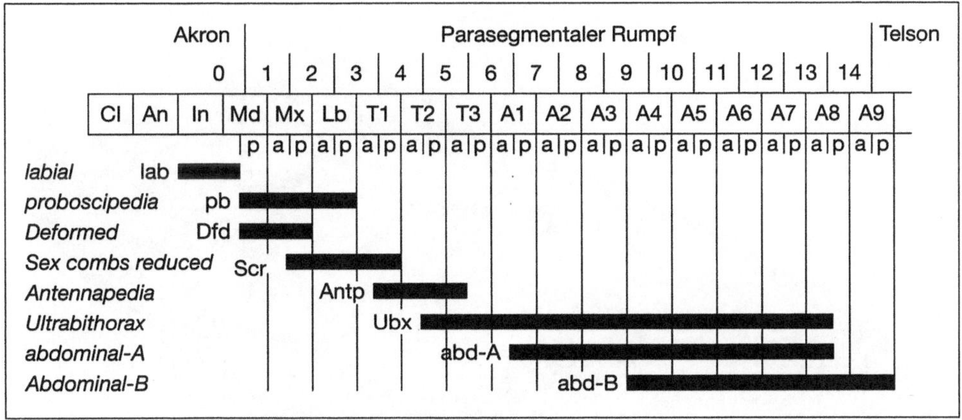

Abb. 7.4

Expressionsmuster der homeotischen Gene entlang der antero-posterioren Körperachse von *Drosophila*. Das Vorderende ist links gezeichnet. Das Akron, die vorderste Kopfregion, besteht aus drei verschmolzenen Kopfsegmenten, Clypeolabrum (Cl), Antenne (An) und dem Interkalarsegment (In). Der parasegmentale Rumpfabschnitt umfasst 14 Parasegmente bestehend aus Mandibel (Md), Maxille (Mx), Labium (Lb), den drei Thoraxsegmenten (T1, T2 und T3) sowie den Abdominalsegmenten (A1–A9). Die hinterste Region wird vom Telson gebildet. Die Expressionsmuster sind vereinfacht, besonders im Bezug auf die hinteren Grenzen der Expression. Nach D. Bachiller, A. Macias, D. Duboule und G. Morata (1994) Conservation of a functional hierarchy between mammalian and insect Hox/HOM genes. *EMBO Journal* 13: 1930.

beim Menschen gefunden werden, muss dieser homeotische Genkomplex, auch «*Hox*-Cluster» genannt, früh in der Evolution entstanden sein, noch bevor sich Invertebraten und Vertebraten in der Evolution voneinander getrennt und die Basis für den Bauplan der Metazoen geliefert haben.

Die gegenseitigen Wechselwirkungen zwischen homeotischen Genen wurden ebenfalls mit *Antennapedia* und den Genen des Bithorax-Komplexes gezeigt. Ernst Hafen und Michael Levine verwendeten die Methode der *in situ*-Hybridisierung, die sie neu entwickelt hatten, um die Expression von *Antennapedia* in normalen (Wildtyp-) und *bithorax*-Mutantenembryonen zu studieren. Mutantenembryonen, denen das *Ultrabithorax*-Gen fehlt, zeigen eine Transformation des dritten Thorakal- (T3) und ersten Abdominalsegmentes (A1) in sekundäre T2-Segmente, und weisen daher drei aufeinander folgende T2-Segmente anstelle von einem einzigen auf. Deletion von allen drei Genen des Bithorax-Komplexes führt zu einer Transformation von allen hinteren Körpersegmenten zu T2-Segmenten (siehe Deletion P9 in Abb. 2.5). *In situ*-Hybridisierungen an Wildtyp-, *Ultrabithorax*- und *P9*-Dele-

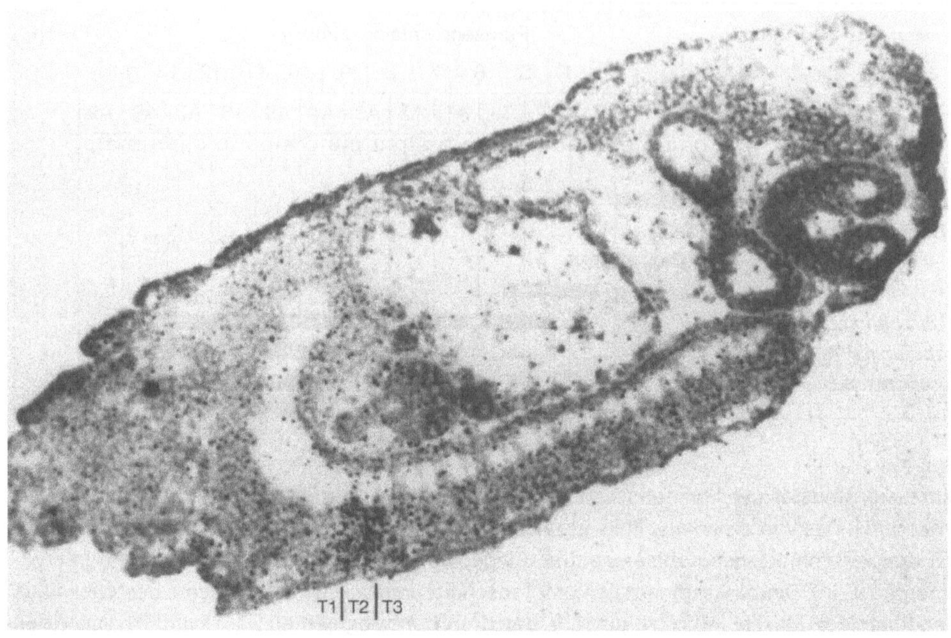

Abb. 7.5
Nachweis von *Antennapedia*-messenger RNA in den drei Thoraxsegmenten (T1–3) des *Drosophila*-Embryos. Nach E. Hafen, M. Levine, R.L. Garber und W.J. Gehring (1983) An improved in situ hybridization method for the detection of cellular RNAs in *Drosophila* tissue sections and its application for localizing transcripts of the homeotic *Antennapedia* gene complex. *EMBO Journal* 2: 617–623.

tionsembryonen zeigen, dass die Expression von *Antennapedia* strikt mit der Bildung von T2 korreliert (Abb. 7.5 und 7.6). Dies impliziert, dass *Antennapedia* in den hinteren Körpersegmenten des normalen Embryos durch die Gene des Bithorax-Komplexes reprimiert wird. Das Entfernen dieser Gene führt zu einer Derepression von *Antennapedia* und damit zur Umwandlung dieser Segmente zu T2. Da das *Ultrabithorax*-Protein *in vitro* direkt an die regulatorische Region des *Antennapedia*-Gens bindet, wurde vorgeschlagen, dass das *Ultrabithorax*-Protein direkt die Transkription von *Antennapedia* reprimiert. Aber es gibt auch Hinweise für eine Kompetition zwischen *Antennapedia* und *Ultrabithorax* für ihre Zielgene, die in den hinteren Körpersegmenten zugunsten von *Ultrabithorax*, *abdominal-A* und *Abdominal-B* ausgeht. Trotzdem wird *Antennapedia* im normalen Embryo auch in bestimmten Zellen der hinteren Körpersegmente exprimiert und trägt offenbar auch zur Differenzierung der hinteren Körpersegmente bei, wenn auch in geringe-

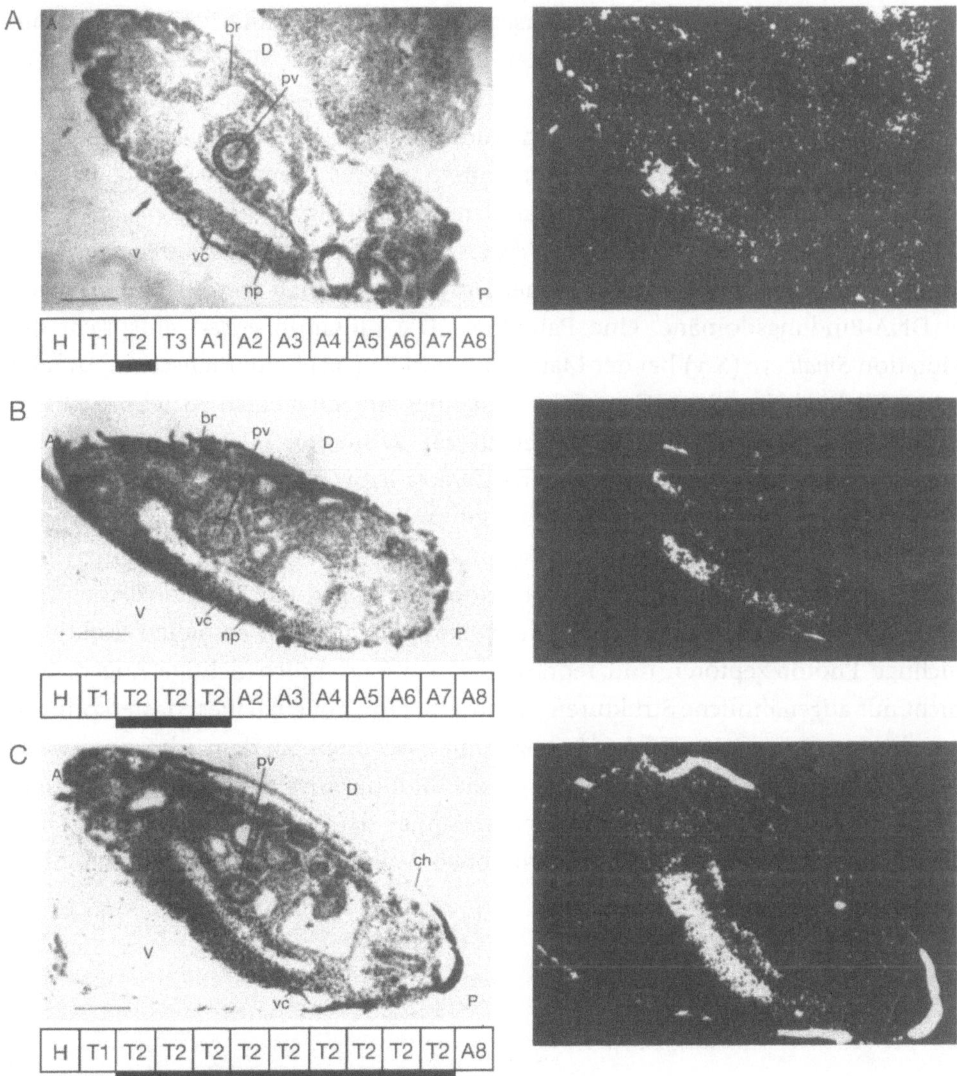

Abb. 7.6

Expression von *Antennapedia* in Deletionen des Bithorax-Komplexes. (A) Im Wildtyp ist die Expression am stärksten im Mesothorax (T2). (B) In einer Deletion von *Ultrabithorax* sind T3 und A1 zu T2 umgewandelt und die Expression von *Antennapedia* ist auf alle drei T2 Segmente ausgedehnt. (C) Eine Deletion des ganzen Bithorax-Komplexes führt zur Transformation von T3–A7 zu T2 und die Expression von *Antennapedia* ist entsprechend expandiert. Abkürzungen: A, anterior; br, Gehirn; D, dorsal; np, Neuropil (Nervenfasern); P, posterior; pv, Proventrikel; V, ventral; vc, ventrales Nervensystem. Nach E. Hafen, M. Levine, W. Gehring (1984) Regulation of *Antennapedia* transcript distribution by the Bithorax complex in *Drosophila*. *Nature* 307: 287–289.

rem Ausmass. Ein bestimmtes Körpersegment benötigt demnach eine bestimmte Kombination von homeotischen Genen für seine normale Entwicklung, so wie es in Lewis' Modell postuliert wurde.

Eine Anzahl von Homeoboxgenen wurde auch ausserhalb der Hox-Komplexe gefunden. Sie entstanden entweder innerhalb des Komplexes und wurden anschließend transloziert, oder entstanden unabhängig und bildeten einen Teil des Komplexes. Eines dieser Gene, *eyeless* (*ey*), wurde zum Paradebeispiel für Masterkontrollgene. Zusätzlich zu einer Homeobox enthält dieses Gen eine zweite DNA-Bindungsdomäne, eine Pairedbox. Die Mutation *eyeless* entspricht der Mutation *Small eye* (*Sey*) bei der Maus und *Aniridia* (*An*) beim Menschen. Auf den ersten Blick scheint dieses Gen nicht unbedingt ein Schaltergen zu sein, weil Verlustmutationen neben anderen Defekten zur Reduktion oder zum Verlust der Augen führen. Aber der programmierte Zelltod kann auch ein Entwicklungsprogramm sein. In Experimenten, ähnlich zu denjenigen, die ich für *Antennapedia* beschrieben habe, kann *eyeless* ektopisch in den Flügel-, Bein- und Antennenscheiben exprimiert werden und induziert ektopische Augen auf Flügeln, Beinen und Antennen der transgenen Fliegen. Diese ektopischen Augen enthalten funktionstüchtige Photorezeptoren und repräsentieren offensichtlich richtige Augen, und nicht nur augenähnliche Strukturen. Demnach kann ein einzelnes Masterkontrollgen das ganze Augenentwicklungsprogramm anschalten, an dem schätzungsweise 2 500 weitere Gene beteiligt sind, die für die Bildung eines Auges benötigt werden. Diese Befunde eröffnen ein ganz neues Kapitel der Entwicklungsbiologie, und seine evolutionsbiologischen Implikationen werden im letzten Kapitel diese Buches besprochen.

8

Die molekulare Basis

An einer der jährlichen Tagungen der Schweizerischen Gesellschaften für Experimentelle Biologie hörte ich einen Plenarvortrag von Kurt Wüthrich, der einen wesentlichen Einfluss auf meine zukünftige Forschungsarbeit haben sollte. Wüthrich begann seinen Vortrag mit einigen spektakulären Diapositiven über eierfressende Schlangen, die die Geheimnisse, die im Ei verborgen sind, auf ihre besondere Weise lösen (Abb. 8.1). Dies zeigte mir, dass Kurt nicht nur einen guten Sinn für Humor hatte, sondern auch breite Interessensgebiete, die von der Biophysik und Chemie bis hin zur Biologie reichen. Im Verlaufe seines Vortrages demonstrierte er die von ihm entwickelten Methoden zur Bestimmung der dreidimensionalen Struktur von kleinen Proteinmolekülen aus kernmagnetischen Resonanzspektren (NMR-Spektroskopie, Abb. 8.2). Es grenzte fast an ein Wunder, dass er aus diesem Irrgarten von tausenden von Punkten eine molekulare Struktur ableiten konnte; aber ein Vergleich mit den Daten, die Robert Huber mittels Röntgenkristallographie erhalten hatte, zeigte, dass die beiden Methoden unabhängig das im wesentlichen gleiche Resultat ergaben.

Als Biologe war ich an Kurt Wüthrichs NMR-Daten besonders interessiert, da mir meine Intuition sagte, dass die Struktur eines Moleküls in Lösung seiner Struktur in der lebenden Zelle näher kam als die Struktur im Kristall. Ich hatte darüber mehrfach mit meinen Kollegen aus der biophysikalischen Chemie und der Strukturbiologie debattiert, aber diese hatten meine Bedenken zerstreut, ohne mich vollständig überzeugen zu können. Für mich waren die Kristallstrukturen zu starr, zu statisch und zeigten die dynamischen Aspekte der Moleküle zu wenig. Da mir von vornherein klar war, dass wir die Funktion der Homeodomäne nicht verstehen

Abb. 8.1
Eier fressende Schlange. Aufnahme K. Wüthrich.

können, ohne ihre Struktur zu kennen, rief ich Kurt Wüthrich an und fragte ihn über das Telefon, ob er an einer Zusammenarbeit zur Bestimmung der Struktur der Homeodomäne interessiert sei und wieviel Protein er benötigen würde, um seine Struktur zu bestimmen. Nachdem wir das ungefähre Molekulargewicht der isolierten Homeodomäne geschätzt hatten, antwortete er in seinem bedächtigen Berndeutsch, dass etwa 50 Milligramm reichen würden, aber dass das Protein sehr rein sein müsse, da er sonst die Struktur nicht lösen könne. Ich hatte fast einen Herzinfarkt, weil wir gewohnt waren, in Mikrogramm zu rechnen statt in Milligramm, also in tausendmal geringeren Quantitäten. Als ich mich von diesem Schock zu erholen versuchte, fragte er mich, ob ich noch am Apparat sei. Nachdem ich wieder Mut gefasst hatte, sagte ich ihm, dass wir mindestens versuchen würden, das Protein in Milligrammquantitäten zu produzieren, und dass ich ihn zurückrufen würde.

Nach dieser Konversation sprach ich mit meinem tapfersten Doktoranden, Martin Müller, und konnte ihn davon überzeugen, dass dies ein wichtiges Projekt

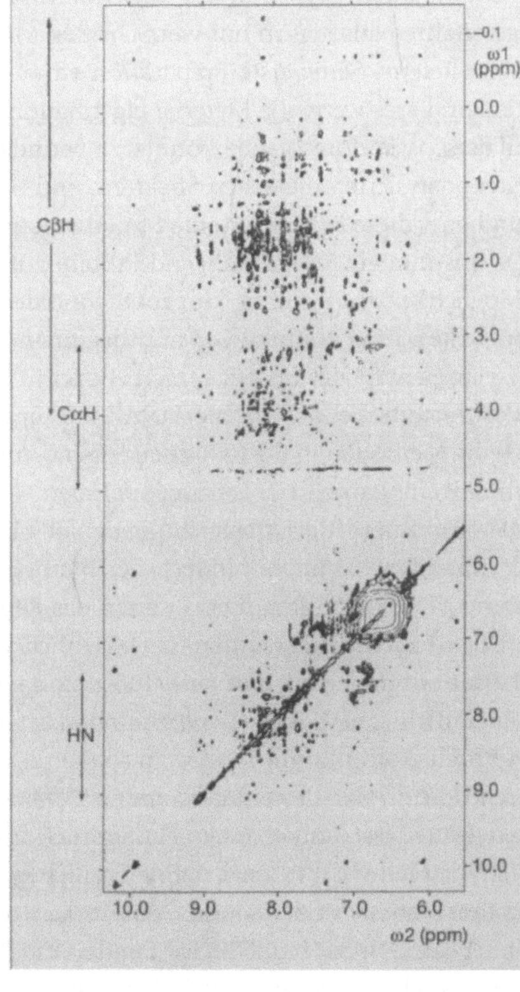

Abb. 8.2
Nuklear Overhauser Spektrum des *Antennapedia*-Homeodomänen-Polypeptids aufgenommen bei 600 Megaherz. Region des Spektrums mit Resonanzen von allen Amidprotonen (NH) entlang der ω_1 Achse, und ganzes Spektrum der Amidprotonen, der α und β Kohlenstoffatome ($C^\alpha H$ und $C^\beta H$) entlang der ω_2 Achse. Nach G. Otting, Y.-Q. Qian, M. Müller, M. Affolter, W.J. Gehring und K. Wüthrich (1988) Secondary structure determination for the *Antennapedia* homeodomain by nuclear magnetic resonance and evidence for a helix-turn-helix motif. *EMBO Journal* 7: 4305–4309.

sei. Er stellte sich der Herausforderung, obwohl ich ihn darauf aufmerksam machte, dass Milligrammquantitäten benötigt würden. Zu jener Zeit, 1987, war es noch schwierig, große Mengen von Homeodomänen-Proteinen in Bakterien zu synthetisieren, weil diese DNA-bindenden Moleküle für Bakterienzellen sehr toxisch sind. Aber William Studier hatte Vektoren entwickelt, die auf dem Bakteriophagen T7 basieren, die es uns erlaubten, dieses Problem zu überwinden. Martin Müller setzte die Homeobox von *Antennapedia* in diesen Vektor ein, und *Escherichia coli* arbeitete wunderbar mit uns zusammen und synthetisierte große Mengen von Homeodomänen-Polypeptid für uns. Martin arbeitete ein vereinfachtes Reinigungsverfahren aus, das in nur vier Schritten Milligrammquantitäten von Homeodomäne lieferte. Seine erste Präparation erbrachte 11 Milligramm und wir transportierten dieses wertvolle Material eigenhändig nach Zürich, um das Risiko, dass es auf der Post verloren gehen könnte, zu vermeiden. Kurt Wüthrich und seine Mitarbeiter analysierten die ersten Spektren, und fanden, dass das Protein rein genug ist, und dass diese Menge für eine Strukturbestimmung ausreichen kann.

Da uns nun einerseits genügend Protein zur Verfügung stand und andererseits die Möglichkeit zur Synthese kurzer Oligonukleotide, die der Bindungsstelle in der DNA entsprachen, konnten wir nun beginnen, die DNA-Protein-Wechselwirkungen zu studieren. Dies versetzte mich wieder in die gute alte Zeit zurück, in der ich als Postdoctoral Fellow in Yale DNA-Bindungsstudien betrieb. Glücklicherweise waren die Methoden in der Zwischenzeit enorm verbessert worden, und die Wechselwirkungen konnten viel genauer analysiert werden. Im speziellen die Methoden des «Footprinting» (die Untersuchung der Fußabdrücke, welche das Protein auf der DNA hinterlässt, wenn es bindet), der Methylierungs- und Aethylierungsinterferenz und der Gelretardation erweiterten das Repertoire der Untersuchungsmethoden. Diese Experimente wurden hauptsächlich von Markus Affolter und Tony Percival-Smith in meinem Labor ausgeführt, und ergänzten die Strukturuntersuchungen in Zürich aufs Beste. «Footprinting» besteht im Wesentlichen darin, einen DNA-Proteinkomplex mit DNAse zu spalten. Dabei wird die freie DNA abgebaut, während die an das Protein gebundene DNA vor Degradation geschützt ist. Das Protein hinterlässt deshalb einen Fußabdruck auf der DNA. In ähnlicher Weise verhindert die Methylierung bzw. Aethylierung bestimmter Basen in der DNA die Bindung des Proteins und verändert damit das Degradationsmuster der DNA nach Spaltung mit DNAse. Schließlich verändert die Bindung eines Proteinmoleküls an ein Oligonukleotid dessen Molekulargewicht, und damit auch seine Wanderungsgeschwindigkeit in einem elektrischen Feld während der Elektrophorese. Mit Hilfe dieser Techniken konnten Affolter und Percival-Smith DNA-Bindungsstellen in der regulatorischen Region des *engrailed*-Gens identifizieren, an die intaktes *fushi tarazu*-Protein, ein verkürztes *Antennapedia*-Protein, sowie die isolierte *Antennapedia*-Homeodomäne mit hoher Affinität binden. Später konnten wir zeigen, dass diese Bindungsstellen, die minimal aus 14 Basenpaaren bestehen, auch in vivo funktionieren. Entgegen unseren Erwartungen bindet die Homeodomäne als einzelnes Molekül, als Monomer, mit hoher Affinität an seine Bindungsstelle, während genregulatorische Proteine von Bakterien und Phagen als Di- oder Tetramere binden.

Die Gleichgewichts-Dissoziationskonstante für den DNA-Homeodomänenkomplex beträgt 1.6×10^{-9} molar und der Komplex ist sehr stabil mit einer Halbwertszeit von etwa 90 Minuten. Diese Werte waren nicht nur von theoretischer, sondern auch von praktischer Bedeutung, weil sie es uns ermöglichten, auch den DNA-Homeodomänenkomplex durch NMR-Spektroskopie zu studieren.

In kurzer Zeit bestimmten Kurt Wüthrich und seine Mitarbeiter Yan-qin Qian, Gottfried Otting und Martin Billeter die dreidimensionale Struktur der *Antennapedia*-Homeodomäne mit hoher Auflösung (Abb. 8.3). 19 Konformere, das Resultat von 19 unabhängigen Distanz-Geometrie-Berechnungen, die das Rückgrat des Polypeptides repräsentiert, sind in Abbildung 8.3 oben gezeigt. Die Struktur des Polypeptids zeigt drei klar definierte α-Helices: Helix 1 zwischen den Aminosäuren 10 bis 21, gefolgt von einer Schleife, welche Helix 1 mit Helix 2 verbindet, die ihrerseits etwa antiparallel zu Helix 1 verläuft. Helix 2 (von Aminosäuren 28 bis 38) steht über eine kurze Windung von nur drei Aminosäureresten mit Helix 3 (Aminosäure 42–52) in Verbindung. Helix 2 und 3 bilden zusammen das Helix-Windung-Helix-Motiv («helix-turn-helix motif»), das erstmals bei prokaryotischen Repressoren beschrieben wurde. Helix 3 wird durch eine vierte, weniger klar abgegrenzte Helix verlängert. Der N-terminale Arm, der die Aminosäuren 1-6 umfasst, ist flexibel, ungeordnet, ebenso wie der C-Terminus (60–68), der sich noch über die letzte Aminosäure der Homeodomäne (60) hinaus erstreckt. Die drei helikalen Regionen sind zu einer dichten globulären Struktur gefaltet mit 11 Aminosäuren, die den hydrophoben Kern des Moleküls bilden. Die hydrophilen Aminosäuren sind im Gegensatz dazu hauptsächlich an der Oberfläche des Moleküls lokalisiert. Die basischen Aminosäuren sind gegen die DNA, die man sich vorne im Bild vorzustellen hat, gerichtet, während die sauren Aminosäurereste nach «hinten» orientiert sind (Abb. 8.3 unten). Die MATα2-Homeodomäne der Hefe, die nur 28% Aminosäuresequenzidentität und eine Insertion von drei Aminosäuren aufweist, zeigt eine sehr ähnliche Struktur wie die Homeodomäne von Antennapedia, wie Cynthia Wolberger und Sandy Johnson an Kokristallen der MATα2-Homeodomäne mit ihrer DNA-Bindungsstelle durch Röntgenkristallographie bestimmt haben. Das zusätzliche Tripeptid ist in der Schleife zwischen Helix 1 und 2 untergebracht, ohne die globale Struktur des Moleküls wesentlich zu verändern. Deshalb besitzt Hefe tatsächlich Homeodomänen, wie John Shepherd vorausgesagt hatte.

Einige Jahre später fanden Eric Wieschaus und seine Mitarbeiterin Cornelia Rauskolb, dass die *Drosophila*-Homeodomäne von *extradenticle* (*exd*) ebenfalls eine Insertion von drei Aminosäuren an der genau gleichen Stelle wie MATα2 aufweist. Eric hatte nach Abschluss seiner Dissertation mein Labor mit dem Gelübde verlas-

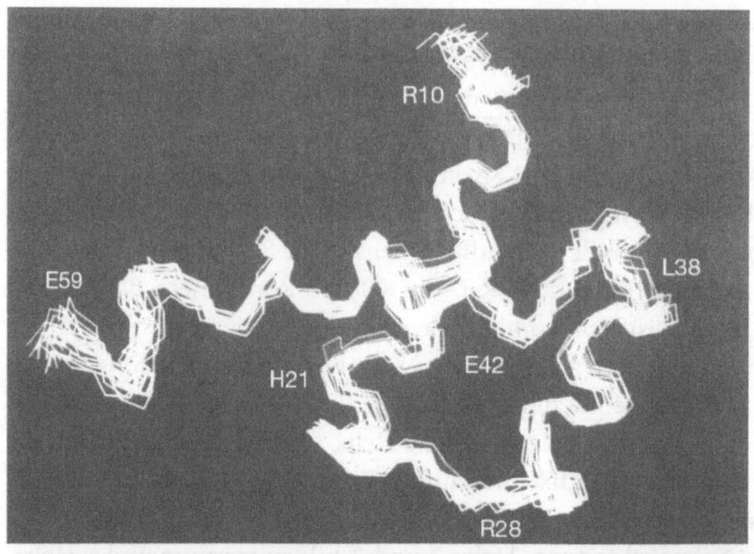

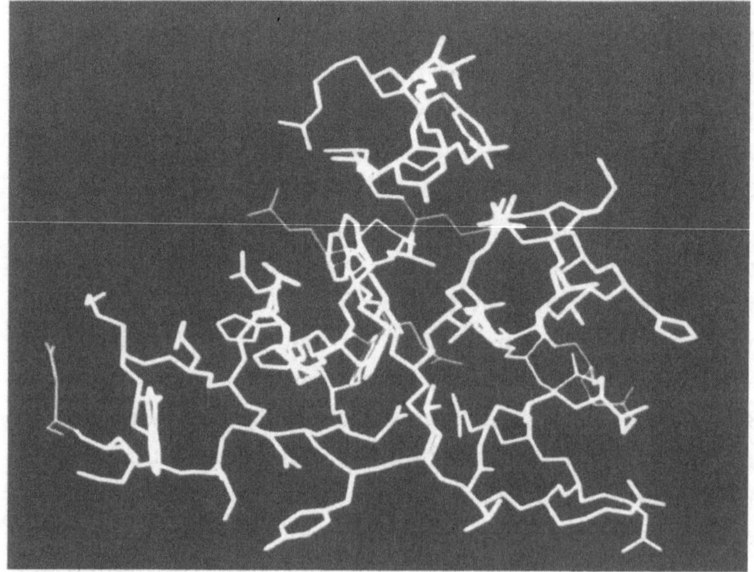

Abb. 8.3
Struktur der *Antennapedia*-Homeodomäne bestimmt durch Kern-magnetische Resonanz-Spektroskopie. *Oben*: Struktur des Polypeptidrückgrates basierend auf 19 unabhängigen Distanzgeometrie-Berechnungen für die Aminosäuren 7–59. Einzelne Aminosäuren (z.B. R10) sind als Landmarken beschriftet. *Unten*: Struktur mit allen Aminosäuren-Seitenketten. Nach Y.Q. Qian, M. Billeter, G. Otting, M. Müller, W.J. Gehring und K. Wüthrich (1989) The structure of the *Antennapedia* homeodomain determined by NMR spectroscopy in solution: Comparison with prokaryotic repressors. *Cell* 59: 573–580.

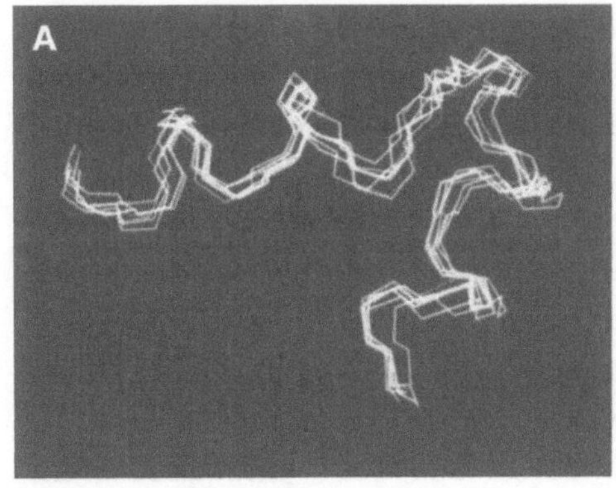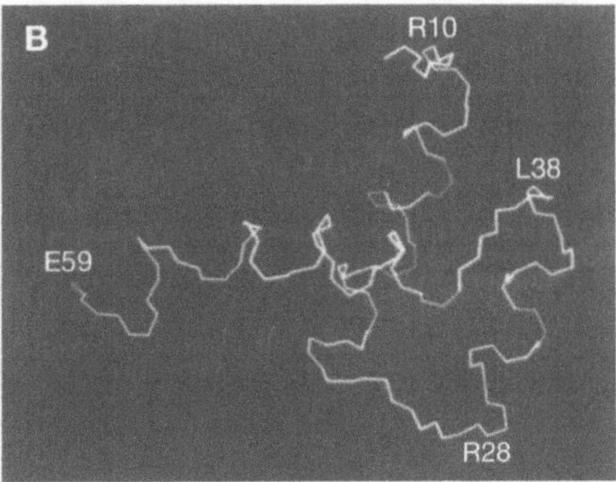

Abb. 8.4

«Helix-turn-helix»-Motiv in der *Antennapedia*-Homeodomäne und bakteriellen Repressoren.
(A) Vergleich der Rückgratstrukturen des «Helix-turn-helix»-Motivs der *Antennapedia*-Homeodomäne mit den entsprechenden Motiven in sechs bakteriellen Repressor-Proteinen. (B) Vollständige Struktur des *Antennapedia*-Homeodomänenrückgrates in der gleichen Orientierung wie in (A). Einzelne Aminosäure sind als Landmarken beschriftet. Helix II erstreckt sich von R28 bis L38, gefolgt von drei Aminosäuren in der Windung. Helix III/IV erstreckt sich von E42–E59. Nach W.J. Gehring, M. Müller, M. Affolter, A. Percival-Smith, M. Billeter, Y.-Q. Qian, G. Otting und K. Wüthrich (1990) The structure of the homeodomain and its functional implications. *Trends in Genetics* 6: 323–329.

sen, nie in seinem Leben ein Gen zu klonieren; offenbar liess sich dies trotzdem nicht vermeiden, und das erste Gen, das er und seine Gruppe klonierten, war *extradenticle* und hatte eine Homeobox. Soviel zu den Versprechungen meiner Doktoranden.

Die Insertion von drei Aminosäuren an dieser Stelle wurde auch in den menschlichen *prl* (= *pbx*) Genen gefunden. Wenn man die Evolution der Homeodomäne von Hefe weiter bis zu den Bakterien zurückverfolgt, so findet man nur noch wenig Sequenzidentität zwischen dem Helix-Windung-Helix-Motiv von prokaryotischen Repressoren und derjenigen von homeotischen Genen, aber die dreidimensionalen Strukturen stimmen nahezu exakt überein (Abb. 8.4). Die globalen Faltungsstrukturen und der Modus der DNA-Bindung unterscheiden sich jedoch wesentlich von denjenigen der Homeodomäne. Es gibt jedoch Hinweise dafür, dass die bakterielle Hin-Rekombinase in mancher Hinsicht eine intermediäre Position zwischen den prototypischen Helix-Windung-Helix-Proteinen und den eukaryotischen Homeodomänen-Proteinen einnimmt. Die Hin-Rekombinase von *Salmonella* ist ein ortsspezifisches Rekombinationsenzym, das die alternative Expression von zwei Flagellin-Genen (die für Geisselproteine kodieren) kontrolliert, indem es die Orientierung des Promotors durch Inversion des entsprechenden DNA-Segmentes reversibel umkehrt. Wie Markus Affolter entdeckt hat, kann man zwischen der DNA-Bindungsdomäne der Hin-Rekombinase und der Homeodomäne von *engrailed* deutliche Sequenzähnlichkeiten feststellen. Die spätere Strukturbestimmung des Hin-Rekombinase-DNA-Komplexes bestätigte die Ähnlichkeiten in Bezug auf ihre Struktur und den Modus der DNA-Bindung. Die Hin-Rekombinase kann somit als intermediär zwischen pro- und eukaryotischen genregulatorischen Proteinen aufgefasst werden; sie verfügt einerseits über prokaryotische Eigenschaften wie das Helix-Windung-Helix-Motiv, und andererseits besitzt sie einen DNA-Bindungsmodus, ähnlich demjenigen der eukaryotischen Homeodomänen-Proteine. Es ist interessant festzustellen, dass die Hin-Rekombinase von *Salmonella*, MATα2 bei Hefe, sowie die Homeodomänen-Proteine des Pilzes *Ustilago* alle an der genetischen Kontrolle primitiver Formen der Zelldifferenzierung beteiligt sind und somit eine ähnliche Funktion wie die Homeodomäne bei Proteinen von höheren Organismen besitzen.

Um den Homeodomänen-DNA-Komplex mittels NMR-Spektroskopie untersuchen zu können, mussten wir die Homeodomäne markieren. In den ersten Experimenten verwendeten wir das Stickstoffisotop ^{15}N und analysierten den Komplex der markierten *Antennapedia*-Homeodomäne mit der 14 Basenpaare langen DNA-Bindungsstelle. Wie die biochemischen Untersuchungen von Tony Percival-Smith vermuten ließen, waren die Homeodomänen-DNA-Kontakte nicht auf die Erkennungshelices 3 und 4 beschränkt, die an die große Rinne in der DNA binden; der flexible N-terminale Arm bindet zusätzlich in die kleine Rinne der DNA. Um mehr Information über die detaillierte Struktur zu erhalten, besonders über die Aminosäureseitenketten, mussten wir jedoch das Protein mit dem Kohlenstoffisotop ^{13}C markieren. Das war ein sehr teures Experiment, weil die Markierung mit ^{13}C mehrere tausend Dollar kostete, selbst wenn wir das billigere ^{13}C-Acetat als Kohlenstoffquelle für die Bakterien verwendeten anstelle der teureren ^{13}C-Glukose. Das bedeutete, dass ich spezielle Geldquellen erschließen musste für dieses Experiment, und Martin Müller war sehr nervös, weil wir die Präparation der markierten Homeodomäne im ersten Anlauf schaffen mussten. Eine Wiederholung des Experiments wäre kaum möglich gewesen. Anstatt die Bakterien in einem großen Fermentationstank zu züchten, verteilten wir das Risiko der Kontamination auf mehrere Glasbehälter (typisch schweizerisch: Per capita geben die Schweizer mehr Geld für Versicherungsprämien aus als irgendein anderes Land auf der Welt). Alle Kulturen wuchsen gut, und auch die Reinigung der markierten Homeodomäne verlief ordentlich, wenn auch mit geringerer Ausbeute als für das normale Protein. Wiederum brachten wir das Material nach Zürich, wo die DNA der Bindungsstelle synthetisiert worden war, und alles schien in bester Ordnung.

Am folgenden Tag rief mich Kurt Wüthrich an und teilte mir mit, dass nach Zugabe der DNA zum Protein der Komplex ausgefallen war, und nun hatten wir einen Niederschlag von mehreren tausend Dollar am Boden des Reagenzröhrchens. Nachdem ich mich von dieser Hiobsbotschaft einigermaßen erholt hatte, begannen wir gemeinsam, nach den möglichen Ursachen für die Bildung eines Niederschlages zu suchen, und wir kamen zum Schluss, dass wir möglicherweise nicht alles Salz aus unserer Homeodomänen-Präparation entfernt hatten. Und so beschlossen wir, den Niederschlag einfach gegen destilliertes Wasser zu dialysieren, um das restliche Salz zu entfernen. Ich war nicht in einer guten Laune an diesem Abend, aber am nächsten Morgen rief Kurt wieder an und konnte die gute Nachricht übermitteln, dass sich der Komplex wieder gelöst hatte.

Jetzt war es für Kurt Wüthrich und sein Team möglich, die Struktur des *Antennapedia*-Homeodomänen-DNA-Komplexes mit hoher Auflösung zu bestimmen (Farbtafel 5). Ein schematisches Diagramm des Komplexes, senkrecht zu den Erkennungshelices 3 und 4 gesehen, ist in Abbildung 8.5A und entlang der Erkennungshelix in Abbildung 8.5B wiedergegeben. Sie können mit den entsprechenden Diagrammen der *engrailed*- und MATα2-Komplexe in Abbildung 8.5C bzw. 8.5D verglichen werden. Letztere wurden durch Röntgenkristallographie in den Laboratorien von Carl Pabo und Cynthia Wollberger bestimmt. Die drei Komplexe sind sehr ähnlich, sowohl in Bezug auf die Gesamtstruktur, als auch in Bezug auf die Aminosäuren, die basenspezifische Kontakte zur DNA erzeugen. Ein Konformer, der herausgegriffen wurde, um die NMR-Struktur des *Antennapedia*-Homeodomänen-DNA-Komplexes in Lösung zu beschreiben, ist in Abbildung 8.6 gezeigt. Nur diejenigen Aminosäureseitenketten sind gezeigt, die in direktem Kontakt zur DNA stehen. Die hauptsächlichen Kontaktgebiete befinden sich zwischen den Aminosäureseitenketten der Erkennungshelix (Helix 3) und der großen Rinne der DNA, dem flexiblen N-terminalen Arm und der kleinen Rinne, und zusätzlich bestehen noch zahlreiche Kontakte zwischen der Homeodomäne und dem Rückgrat der DNA.

Diese detaillierten Strukturdaten erlaubten es uns, die Frage der Bindungsspezifität zu untersuchen. Wie konnte die Homeodomäne diese 14 Basenpaare erkennen? Das Kernmotiv ATTA (oder TAAT auf dem anderen DNA-Strang) wird von allen untersuchten Homeodomänen erkannt, aber dies ist offensichtlich ungenügend für die Bindungsspezifität *in vivo*. Es gibt ein genetisches Experiment, das es

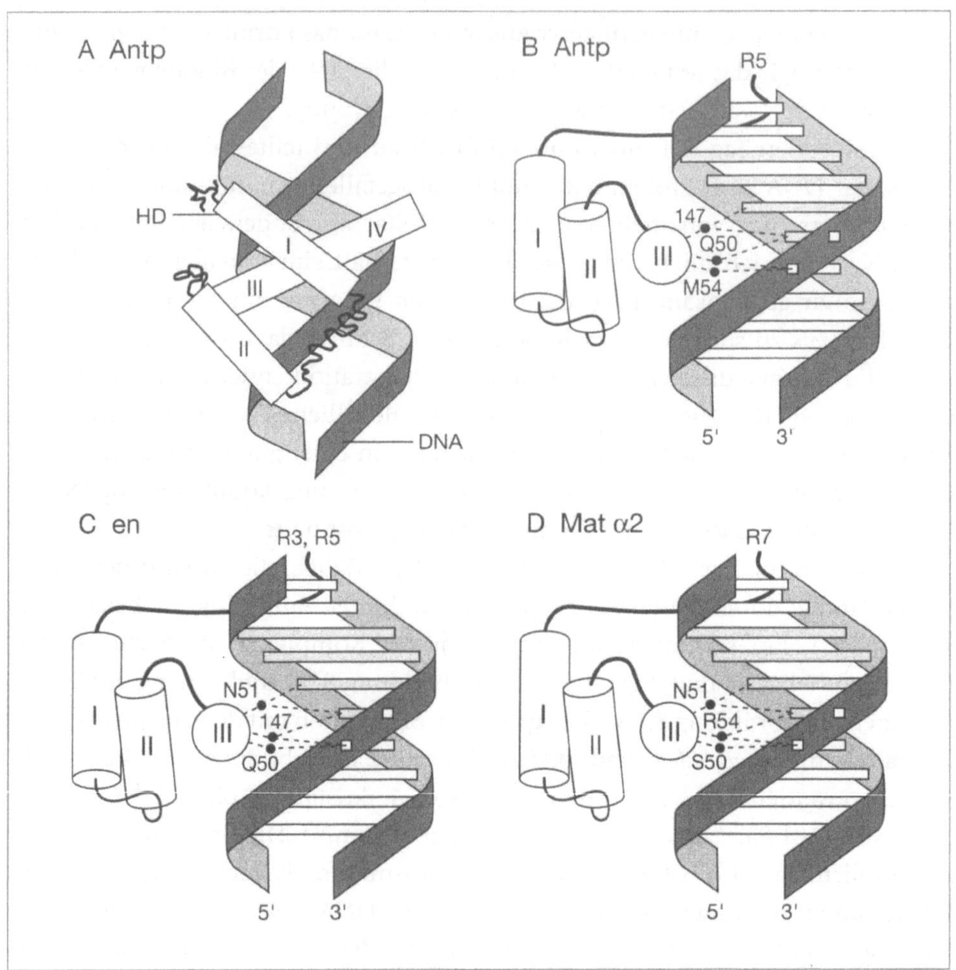

Abb. 8.5

Schematischer Vergleich der Homeodomäne-DNA Komplexe von *Antennapedia, engrailed* und *Matα2*. (A) Ansicht im rechten Winkel zur Achse der Erkennungshelix (III/IV) in der grossen Furche der DNA. Die α-Helices (I–IV) sind als weisse Zylinder wiedergegeben, das Rückgrat der Homeodomäne als schwarze Linie, und die Rückgräte der DNA-Doppelhelix als graue Bänder. (B–D) Ansicht entlang der Achse der Erkennungshelix (III). Aminosäuren, die in direktem Kontakt mit bestimmten Basen der DNA stehen, sind eingezeichnet (gestrichelte Linien). Der N-terminale Arm reicht in die kleine Furche der DNA hinein (mit den Aminosäuren R5, R3 und R5, bzw. R7). Die Basenpaare sind als Balken dargestellt. Die Basenpaare im ATTA Hauptmotiv sind grau gezeichnet. Nach W.J. Gehring, Y.Q. Qian, M. Billeter, K. Furukubo-Tokunaga, A. Schier, D. Resendez-Perez, G. Otting und K. Wüthrich (1994) Homoedomain-DNA recognition. *Cell 78*: 211–223.

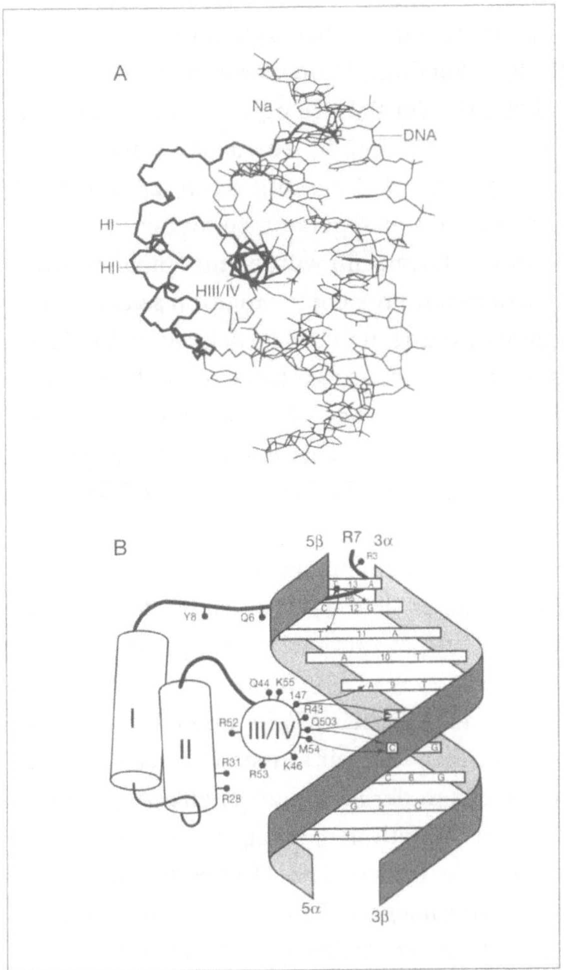

Abb. 8.6

Der *Antennapedia*-Homeodomäne-DNA Komplex. (A) Struktur des Komplexes, die allein diejenigen Aminosäuren zeigt, die im direkten Kontakt zur DNA stehen. Die DNA-Doppelhelix steht rechts. Das Rückgrat der Homeodomäne ist durch eine fette schwarze Linie wiedergegeben. Der N-terminale Arm (Na) reicht in die kleine Furche der DNA hinein. Die Seitenketten der Aminosäuren der Erkennungshelix (H III/IV) kontaktieren die Basen und des Rückgrat in der grossen Furche. Nach K. Wüthrich. (B) Schematische Zeichnung des Komplexes. Die α-Helices der Homeodomäne sind als weisse Zylinder wiedergegeben, des Rückgrat als schwarze Linie. Die DNA-Rückgräte sind als Bänder (α und β) gezeichnet und ihre 5' und 3' Enden markiert. Die DNA-Basenpaare sind mit 4 bis 13 bezeichnet. Aminosäuren, die direkte Kontakte zur DNA bilden, sind als schwarze Kreise wiedergegeben und ihre Basen-spezifischen Kontakte als Pfeile. Nach W.J. Gehring, Y.Q. Qian, M. Billeter, K. Furukubo-Tokunaga, A. Schier, D. Resendez-Perez, G. Otting und K. Wüthrich (1994) Homeodomain-DNA recognition. *Cell* 78: 211–223.

erlaubt herauszufinden, welche Aminosäure mit welcher Base interagiert. Dieses Experiment wurde zuvor mit CAP, dem Katabolit-Repressorprotein von *E. coli* durchgeführt, und demonstriert das Potential der Bakteriengenetik auf eindrückliche Weise. Das Experiment wurde von Richard Ebright, Pascale Cossart, Brigitte Giquel-Sancey und Jon Beckwith durchgeführt und bestand darin, zunächst ein einzelnes Basenpaar an der Bindungsstelle, im sog. Operator, zu mutieren, so dass das CAP-Protein nicht mehr binden konnte. Daraufhin wurde unter mehr als hundert Millionen von mutagenisierten Bakterien für diejenige Mutation selektioniert, die einen kompensierenden Aminosäureaustausch im CAP-Protein aufweist, der es dem CAP-Protein erlaubt, an den mutierten Operator zu binden. Sie fanden nur wenige solcher kompensatorischen Mutanten, aber alle betrafen eine ganz bestimmte Aminosäure. Diese Art von Experiment wird als «second-site suppressor experiment» (sekundäres Suppressionsexperiment) bezeichnet: Der Effekt einer Mutation in einem Gen, dem Operator, wird supprimiert durch eine sekundäre Mutation in einem anderen Gen, in CAP. Als dann später die Struktur des CAP-Operator-Komplexes bestimmt wurde, zeigte es sich, dass in der Tat die mutierte Aminosäure in direktem Kontakt mit der primär mutierten Base stand. Das war eines meiner Traumexperimente.

Während es bei Bakterien möglich ist, eine einzelne Zelle unter 10^8 zu selektionieren, so ist dies bei Fliegen kaum machbar, und wir mussten nach einer anderen Lösung suchen. Die Aminosäuresequenz in der Erkennungshelix zeigt bei verschiedenen Homeodomänen relativ wenige Variationen; einzig an der Position 50 kann man einige signifikante Unterschiede finden. Die Homeodomänen von *Antennapedia, fushi tarazu* und der ganzen *Antennapedia*-Familie weist ein Glutamin an dieser Position auf, während *bicoid* an dieser Position ein Lysin besitzt. Aufgrund der Arbeiten von Mark Ptashne am Lambda-Repressor, die in seinem kleinen Buch *A Genetic Switch* ausgezeichnet dargestellt sind, hätte man erwartet, dass die Aminosäure 43 (die zweite Aminosäure in der Erkennungshelix) von entscheidender Bedeutung ist; die Homeodomäne unterscheidet sich aber in ihrem Bindungsmodus von demjenigen des Lambda-Repressors: Die Erkennungshelix ist anders positioniert in der großen Rinne der DNA, und ausserdem bindet sie als Monomer und nicht als Dimer wie der Lambda-Repressor. Roger Brent, ein ehemaliger Student von Mark Ptashne, und Claude Desplan hatten unabhängige Hinweise erhalten, dass die Aminosäure an Position 50 für die Bindungsspezifität wichtig war; aber es war nicht bekannt, welches Basenpaar mit der Aminosäure an der Position 50 in Kontakt steht. Durch Vergleich der DNA-Bindungsstellen von *bicoid*, das ein Lysin an Position 50 aufweist, mit denjenigen von *fushi tarazu* mit

Glutamin an dieser Position konnte mein Mitarbeiter Markus Affolter voraussagen, welche beiden Basenpaare entscheidend sind: Die *bicoid*-Consensus-Sequenz war von Wolfgang Driever bestimmt worden, und lautet **GGG**ATTAGA, während Markus Affolter die Sequenz **GCC**ATTAGA für *fushi tarazu* und *Antennapedia* ermittelt hatte. Der einzige Unterschied zwischen den beiden Sequenzen liegt also an den Positionen 6 und 7, wo *bicoid*-GG und *fushi tarazu*-CC präferentiell bindet. Diese Voraussage wurde am *fushi tarazu*-Gen überprüft, was uns später erlaubte, das sekundäre Suppressionsexperiment *in vivo* durchzuführen. Zu diesem Zweck konstruierten wir zunächst eine mutierte *fushi tarazu*-Homeodomäne mit Lysin (K) an Position 50 (*ftz50K*) anstelle von Glutamin (*ftz50Q*). Messungen der Bindungskonstante für alle möglichen Bindungssequenzen CC, CG, GC und GG an den Positionen 6 und 7 ergaben, dass *ftz50Q* die höchste Affinität für CC aufweist, während *ftz50K* vorzugsweise an GG bindet. Dies stimmte exakt mit den NMR-Daten überein, die zeigten, dass Glutamin 50 tatsächlich an C7 und C6 in der DNA bindet (siehe unten).

Aufgrund dieser biochemischen und strukturellen Informationen waren wir jetzt in der Lage, ein sekundäres Suppressionsexperiment gezielt durchzuführen, das nicht von der Isolation einer seltenen Mutation abhängt. Mein ehemaliger Doktorand Alex Schier führte dieses entscheidende Experiment aus. Für diesen Zweck benutzten wir das autoregulatorische Verstärkerelement von *fushi tarazu*. Das 430 Basenpaare umfassende minimale autoregulatorische Element enthält eine Bindungsstelle, an die das *fushi tarazu*-Protein mit hoher Affinität, und fünf weitere Bindungsstellen, an die das Protein mit mittlerer Affinität bindet. Fusioniert man dieses Element mit einem β-Galaktosidase-Reportergen, so wird das Reportergen in transgenen Embryonen in einem *fushi tarazu*-ähnlichen Muster von sieben Streifen exprimiert. Die Deletionsanalyse dieser *in vitro*-Bindungsstellen zeigte, dass die Entfernung einzelner Bindungsstellen keinen Effekt hatte. Wurden dagegen drei oder mehr Bindungsstellen entweder herausgeschnitten oder durch Punktmutationen inaktiviert, so wurde das Reportergen nicht mehr exprimiert. Zur Durchführung des sekundären Suppressionsexperimentes mutierte Alex Schier drei der Bindungsstellen zu GGATTA, und schnitt eine vierte heraus. Transgene Embryonen mit einem normalen *ftz50Q* Gen zeigten praktisch keine Expression des Reportergens (Abb. 8.7). Die Einführung eines *ftz50K*-Transgens restaurierte das Expressionsmuster mit sieben Streifen weitgehend. Dieses Experiment ließ zwei wichtige Schlussfolgerungen zu: Erstens ist die Wechselwirkung zwischen dem *fushi tarazu*-Protein und seinem autoregulatorischen Element auch im lebenden Embryo direkt, und zweitens ist der Modus der DNA-Bindung *in vitro* und *in vivo*

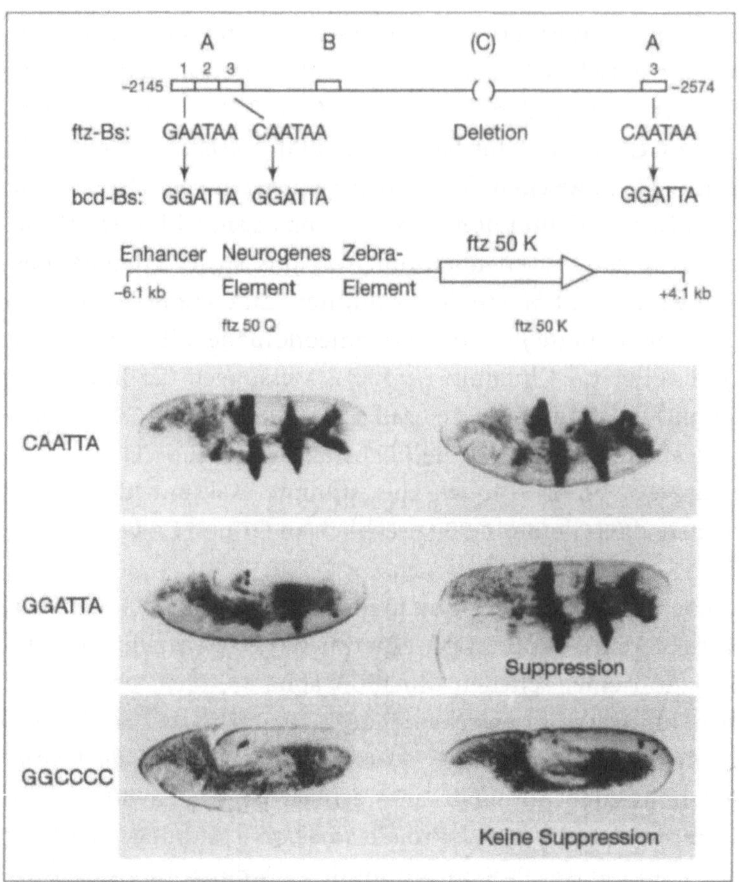

Abb. 8.7

Nachweis einer Wechselwirkung zwischen dem *fushi tarazu*-Protein und seinen DNA-Bindungs-stellen. *Oben*: Das autoregulatorische Element (Enhancer), ein DNA-Segment, das vier Bin-dungsstellen für das *fushi tarazu*-Protein (*ftz*-Bs), wovon eine (C) deletiert wurde. Die übrigen drei Bindungsstellen wurde zu *bicoid*-Bindungsstellen (*bcd*-Bs) GGATTA mutiert. *Mitte*: *fushi tarazu*-Gen, in welchem das Codon für die Aminosäure Glutamin (*ftz*50Q) zu demjenigen für Lysin (*ftz*50K) mutiert wurde. *Unten*: Expressionsmuster des β-Galaktosidase-Reportergens unter der Kontrolle eines *ftz*-autoregulatorischen Elementes mit entweder *fushi tarazu* (CAATTA)-Bin-dungsstellen, *bicoid* (GGATTA)-Bindungsstellen, oder zufällig mutierten Sequenzen (GGCCCC) in Kombination mit *ftz*50Q oder *ftz*50K. *ftz*50Q induziert die normalen 7 Streifen mit den *ftz*-Bin-dungsstellen, aber aktiviert nur ganz schwach an *bcd*-Bindungsstellen, während *ftz*50K sieben Streifen induziert, sowohl mit *ftz*- als auch *bcd*-Bindungsstellen. Mit den zufällig mutierten Bin-dungsstellen vermag weder das eine noch das andere Protein Streifen zu induzieren. Diese Befunde zeigen, dass die Wirkung der Mutationen von drei *ftz*- zu drei *bcd*-Bindungsstellen durch eine entsprechende Mutation von Glutamin zu Lysin supprimiert werden kann, was auf eine direkte Wechselwirkung dieser Aminosäuren mit den entsprechenden Basenpaaren hinweist.

sehr ähnlich. Für einen Biologen ist diese Bestätigung der NMR-Daten im lebenden Embryo sehr befriedigend.

Die NMR-Daten zeigten einige hochinteressante dynamische Aspekte auf, die ich hier kurz erwähnen möchte, weil sie einen Einfluss auf unsere Vorstellungen über DNA-Protein-Wechselwirkungen haben. Der erste betrifft die interne Mobilität der Homeodomäne. Die genaue Analyse der Kontakte von Glutamin 50 zur DNA zeigt, dass eine einzelne Aminosäure zwei oder sogar drei Basen kontaktieren kann in verschiedenen Konformeren. Solche Kontakte wurden zwischen Glutamin 50 und Cytosin C7 und Thymidin T8 festgestellt, aber auch ein Nuclear Overhouser-Effekt (NOE) zu Cytosin C6. Ausserdem zeigten die NMR-Studien die Anwesenheit von Hydrations-Wassermolekülen an der Interphase zwischen Homeodomäne und DNA. Diese Wassermoleküle können die Bildung von Wasserstoffbrükken vermitteln zwischen Glutamin 50 und Asparagin 51 einerseits und polaren Seitengruppen auf der DNA andererseits, wann immer die interatomaren Distanzen zu groß sind, um eine direkte Wasserstoffbrücke zu bilden. Wenn wir annehmen, dass diese Strukturvariationen zeitliche Konformationsänderungen widerspiegeln, so erhält man den Eindruck, dass die Aminosäuren nicht in einer bestimmten Position starr fixiert sind, sondern gleichsam die DNA-Oberfläche überstreichen.

Die funktionelle und die DNA-Bindungsspezifizität der Homeodomäne liegt nicht allein in der Erkennungshelix, sondern auch zu einem großen Teil im flexiblen N-terminalen Arm. In der freien Homeodomäne in Lösung ist der N-terminale Arm ungeordnet und flexibel; nach Bindung an die DNA nimmt er jedoch eine definierte Struktur an und etabliert Kontakte in der kleinen Rinne der DNA. Genetische Experimente zeigen, dass der N-terminale Arm der Homeodomäne wesentlich zur funktionellen Spezifität derjenigen homeotischen Proteine beiträgt, die, wie z.B. *Antennapedia* und *Sex combs reduced*, identische Erkennungshelices aufweisen, aber unterschiedliche Funktionen haben. Die Homeodomänen dieser beiden Proteine unterscheiden sich nur in fünf Aminosäuren, an den Positionen 1, 4, 6 und 7 im N-terminalen Arm und Position 60 am C-Terminus. In Experimenten, in denen Teile der kodierenden Regionen zwischen den beiden Genen *Antennapedia* und *Sex combs reduced* ausgetauscht wurden, konnte Greg Gibson zunächst zeigen, dass die funktionelle Spezifität der beiden Proteine in der Homeodomäne selbst oder in ihrer unmittelbaren Nähe liegt. In einem Hitzeschock-Versuch mit transgenen Fliegen, die verschiedene chimaerische *Antennapedia-Sex combs reduced-*Proteine produzieren, werden zusätzliche T1-Segmente induziert, wenn die Homeodomäne von *Sex combs reduced* stammt, während zusätzliche T2-Segmente gebil-

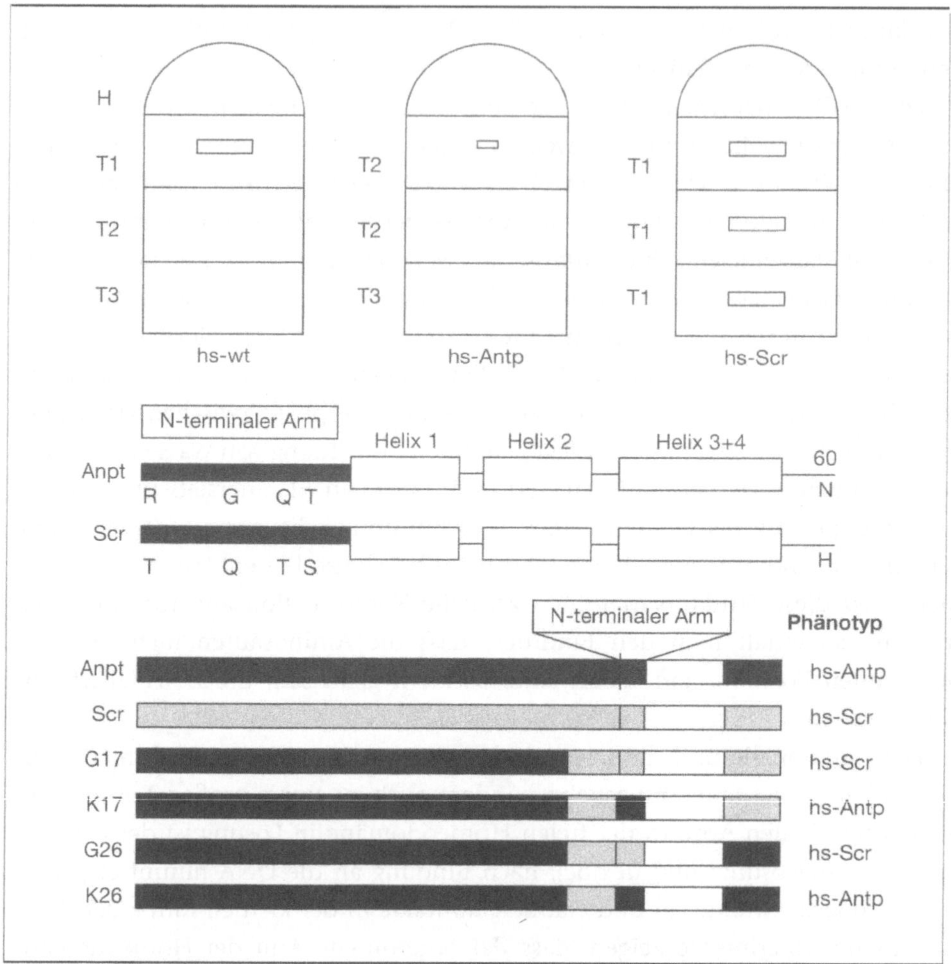

Abb. 8.8

Der funktionelle Unterschied zwischen *Antennapedia* und *Sex combs reduced* liegt im N-terminalen Arm der Homeodomäne. *Oben*: Schematische Darstellung der Kopf- und Thoraxsegmente der Larve (H, Kopf; T1–3, thorakale Segmente 1–3). Die Rechtecke innerhalb der Segmente repräsentierten eine Bart-ähnliche Struktur, die für das Segment T1 charakteristisch ist. Die Hitze-geschockte Wildtyp-Larve (hs-wt) zeigt das normale Segmentationsmuster. Hitzegeschockte *Antennapedia* (hs-*Antp*)-Larven zeigen eine Transformation von T1 zu T2 (Reduktion der «Bartstruktur»), während Hitze-induzierte *Sex combs reduced* (hs-*Scr*)-Larven eine Umwandlung von T3 und T2 zu T1 aufweisen (zusätzliche «Bartstrukturen» in T2 und T3). *Mitte*: Unterschiede in der Animosäuresequence zwischen *Antp* und *Scr* im N-terminalen Arm. *Unten*: Struktur der verschiedenen Hybridenproteine und die resultierenden Phänotypen. Der Phänotyp (entweder *Antp* oder *Scr*) entspricht stets dem N-terminalen Arm, bzw. den vier spezifischen Aminosäuren. Nach K. Furukubo-Tokunaga.

det werden, wenn das chimaerische Protein eine Homeodomäne von *Antennapedia* enthält (Abb. 8.8). Durch Substitution derjenigen vier Aminosäuren im N-terminalen Arm, die spezifisch für *Sex combs reduced* sind, durch diejenigen von *Antennapedia* konnte Kazuo Furukubo-Tokunaga zeigen, dass die funktionelle Spezifität auf den vier Aminosäuren im N-terminalen Arm beruht (Abb. 8.8). Das reziproke Experiment wurde in Matthew Scotts Laboratorium ausgeführt und führte zur gleichen Schlussfolgerung. Da unsere NMR-Daten zeigen, dass von diesen vier Aminosäuren einzig Glutamin 6 die DNA direkt kontaktiert, ist es möglich, dass ausser der DNA-Bindungsspezifität auch Protein-Protein-Wechselwirkungen an der funktionellen Spezifität beteiligt sind.

Nach dem kombinatorischen Modell der Genregulation binden Homeodomänen-Proteine nicht alleine an die DNA, sondern im Verband mit anderen Transkriptionsfaktoren, und bilden multimere Komplexe entweder bereits in Lösung, oder nach Bindung an die DNA. Solche kombinatorischen Wechselwirkungen sind für das MATα2-Protein von Hefe eindeutig nachgewiesen worden. MATα2 kann sich einerseits mit dem MCM1-Protein assoziieren und ein Heterotetramer bilden, das einen Satz von Operatoren (DNA-Bindungsstellen) reguliert. Diese sind mit Genen assoziiert, die spezifisch in Zellen des Paarungstyps α exprimiert sind. Als Alternative kann MATα2 mit MATα1 ein Heterodimer bilden, das an einen anderen Satz von Genen bindet, die spezifisch in haploiden Zellen exprimiert werden. Das gleiche Gen kann also in einem verschiedenen Zusammenhang unterschiedliche Funktionen übernehmen. Die Interaktion zwischen MATα2 und MCM1 wird durch eine unstrukturierte Region des MATα2-Proteins vermittelt, die dem flexiblen N-terminalen Arm der *Antennapedia*-Homeodomäne entspricht und das YPWM-Motiv (Tyrosin-Prolin-Tryptophan-Methionin) mit einschließt, das ebenfalls von *Drosophila* bis zum Menschen in der Evolution konserviert worden ist. Dieser Verbindungsarm könnte deshalb auch bei höheren Organismen an Protein-Protein-Wechselwirkungen beteiligt sein. Des Weiteren sind Protein-Protein-Wechselwirkungen zwischen den Homeodomänen-Proteinen von *Ultrabithorax* und *extradenticle* nachgewiesen worden, aber wir stehen erst am Anfang der Untersuchungen dieser komplexen Wechselwirkungen.

9

Enhancer-Fallen und die Jagd nach Zielgenen

Als ich das schöne Expressionsmuster der Reportergenexpression in sieben Streifen sah, das nach Fusion des *fushi tarazu*-enhancers (Verstärkerelemente) mit dem Reportergen β-Galactosidase entstand, kam mir die Idee, dass man eigentlich das Experiment auch umkehren und das Reportergen dazu verwenden könnte, um unbekannte enhancer zu entdecken. Diese vorerst relativ vage Idee kristallisierte, als Cahir O'Kane, ein Ire, der in der Bakteriengenetik ausgebildet worden war, zu mir in das Labor kam. Es war im Jahre 1986, Operon-Fusions-Experimente waren «en vogue», und er wollte diese Technik auf *Drosophila* übertragen, wo sie zuvor noch nie angewendet worden war. Diese Methode besteht darin, ein promotorloses Reportergen zufällig in das Bakteriengenom einzuschleusen, um neue Operons zu entdecken. Ein Operon ist eine kleine Gruppe von Genen, die einen gemeinsamen Promotor haben und in eine gemeinsame messenger-RNA transkribiert werden, die alle Gene des Operons umfasst. Nach Insertion des Reportergens in ein Operon wird das Reportergen unter dem Einfluss des Promotors auf die gleiche Weise transkribiert wie die Gene des Operons.

Es besteht jedoch ein wesentlicher Unterschied in Bezug auf die Genomorganisation von Bakterien und höheren Organismen: Die Gene der Bakterien sind in Operonen zusammengefasst, die koordiniert reguliert werden, während die *Drosophila*-Gene individuell kontrolliert sind. Bei höheren Organismen wird jedes Gen von seinem eigenen Promotor als einzelne Einheit transkribiert, und eine spezielle DNA-Sequenz, die TATA-Box, muss nahe beim Startpunkt der Transkription lokalisiert sein. Ausserdem ist das Genom der Bakterien sehr kompakt, mit winzig kleinen zwischengenischen Regionen, während die Gene höherer Organismen viel weiter auf dem Chromosom auseinander liegen. Dies bedeutet, dass wir in *Drosophila* kein promotorloses Gen zur Detektion von enhancern verwenden konnten. Cahir O'Kane und ich diskutierten dieses Problem ausführlich, wobei ich manchmal große Mühe hatte, seinen irischen Akzent zu verstehen. Nach mehrstündiger Diskussion entwarfen wir mehrere Pläne, von den einfachsten bis zu den raffiniertesten, die Cahir versuchen wollte. In der Zwischenzeit hatte Walter Schaffner in Zürich eine enhancer-Falle («enhancer trap») für das Polyoma-Virus konstruiert. Dieses Virus enthält ein regulatorisches DNA-Element, das als «enhancer» funktioniert und einer der ersten enhancer war, die entdeckt wurden. Er verstärkt die Genexpression in der cis-Anordnung, d.h. wenn er auf dem gleichen DNA-Molekül lokalisiert ist wie das Zielgen, er wirkt über relativ große Distanzen (gemessen in Anzahl von Basenpaaren), und er wirkt in beiden Orientierungen, d.h. sowohl stromaufwärts wie stromabwärts vom Zielgen auf dem kreisförmigen DNA-Molekül des Virus. Durch Deletion (Entfernen) des enhancers erzeugte Schaffner ein Virus, das sich nur sehr langsam replizieren (vermehren) konnte und ihm als enhancer-Falle diente. Durch Klonierung von zufälligen DNA-Segmenten in die enhancer-Falle konnte er für DNA-Sequenzen selektionieren, die enhancer-Aktivität besaßen, und es dem Virus ermöglichten, rascher zu replizieren. Aber das war es nicht, was wir bei *Drosophila* verwirklichen wollten. Wir wollten unbekannte enhancer und andere genregulatorischen Elemente bei *Drosophila* entdecken und nannten unser Verfahren enhancer-Detektion. Aber als wir die Methodik entwickelt hatten, wurde sie von den amerikanischen Laboratorien sofort adoptiert und als «enhancer trapping» bezeichnet.

Wie gewöhnlich war es die einfachste der von Cahir und mir diskutierten Lösungen, die am besten funktionierte. Sie macht Gebrauch vom P-Transposon sowohl für die zufällige Integration ins *Drosophila*-Genom, als auch für den Promotor des Reportergens. Von Arbeiten aus Gerry Rubin Labor war bekannt, dass der Promotor des Transposasegens, der nahe beim 5′ Ende des P-Transposons gelegen ist, in allen *Drosophila*-Zellen aktiv ist. Da dieser Promotor relativ schwach ist, war er ideal dazu geeignet, als Sensor für genregulatorische Elemente zu dienen. Cahir ersetzte das Transposase-Gen durch das β-Galactosidase-Gen als Reporter und fügte das *rosy* (*ry*) Augenfarbgen hinzu, um die Transposition, das Herumhüpfen im Genom, verfolgen zu können. Das Prinzip der Detektion besteht darin, das Detektortransposon an möglichst viele verschiedene Stellen in das Genom einzuschleusen (Abb. 9.1); wenn das Detektortransposon in der Nähe eines genomischen enhancers integriert, so wird das Reportergen unter seinem Einfluss exprimiert, was durch eine Färbung für β-Galactosidase-Aktivität entdeckt werden kann.

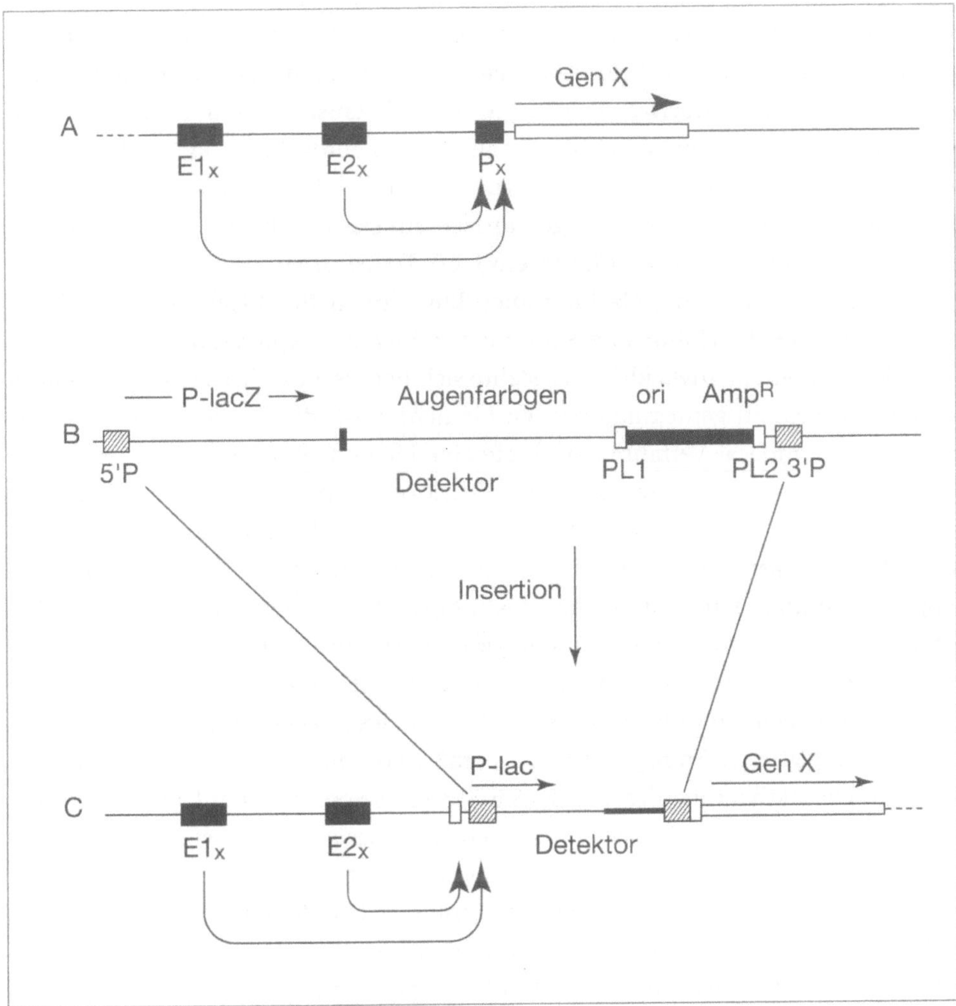

Abb. 9.1
Prinzipien der Enhancer-Detektion. (a) Verstärkerelemente (Enhancer, E1$_X$ und E2$_X$) sind regulatorische Elemente in der DNA, an welche spezifische Aktivator- bzw. Repressor-Proteine binden und ihre regulatorische Wirkung auf den nächst liegenden Promotor (P$_X$) ausüben und damit die Expression des Gens (X) über kürzere oder längere Distanz, von oberhalb oder unterhalb des Gens steuern. (B) Enhancer-Detektorplasmid flankiert von P-Transposonsequenzen (5' P und 3' P), mit einem minimalen Promotor, der ubiquitär exprimiert wird, und das Reportergen β-Galactosidase (P-*lacZ*) antreibt. Der Detektor enthält ausserdem einen Augenfarbmarker und einen bakteriellen Vektor mit zwei Polylinkern PL1+2, einen Ursprung der Replikation (*ori*), sowie ein Ampicillin-Resistenzgen Amp^R. (C) Insertion des Detektorplasmids in der Nähe des Gens X. Die Enhancer E1$_X$ und E2$_X$ wirken auf den minimalen Promotor und Aktivieren P-*lac* in einem Muster, das ähnlich oder identisch zum Genexpressionsmuster von X ist.

Als Cahir und ich das Experiment entwarfen, dachten wir, dass im besten Fall einige Prozent der Transposon-Insertionen einen enhancer aufzeigen würden. Falls die Wahrscheinlichkeit jedoch geringer wäre und wir tausende von Transpositionen analysieren müssten, um einen neuen enhancer zu entdecken, so wäre das Verfahren viel zu aufwendig. Auch die Schätzungen unserer Kollegen lagen etwa in der Größenordnung von einigen wenigen Prozenten. Dann injizierte Yash Hiromi das Detektortransposon, Cahir isolierte etwa 60 Transformanten und etablierte 60 Stämme davon. Als er die Nachkommen-Embryonen für β-Galactosidase färbte, zeigten mehr als die Hälfte aller Stämme verschiedene Expressionsmuster im Verlaufe der Embryonalentwicklung. Es stellte sich heraus, dass das *Drosophila*-Genom unerwartet reich an genregulatorischen Elementen ist, die die Reportergenexpression steuern, und das Verfahren eröffnete eine kleine Goldmine.

Clive Wilson verbesserte später das Detektortransposon, indem er zusätzlich bakterielle Vektorsequenzen einfügte, die es erlauben, die flankierenden *Drosophila*-DNA-Sequenzen am Insertionsort leichter zu klonieren. Ausserdem führten Hugo Bellen und Ueli Grossniklaus das Jumpstarter-Verfahren ein, das von Allen Spradling und Mitarbeitern entwickelt worden war, um Transposanten, wie wir sie nannten, durch einfache genetische Kreuzungen zu isolieren, ohne das Transposon in das Ei injizieren zu müssen. Dies war Dank eines Fliegenstammes möglich, der ein stabil integriertes Transposase-Gen besaß und von Bill Engels gefunden worden war. Die Aktivierung des Transposase-Enzyms vermag die integrierten Detektortransposonen zu mobilisieren. Mit Hilfe dieser Stämme wurden über 550 Transposanten isoliert und durch das sog. «Jumpstart-Team» charakterisiert. Dieses Team bestand aus Hugo Bellen (dem Promotor), Clive Wilson, Ueli Grossniklaus, Cahir O'Kane und Becky Pearson. Nicht weniger als 85% aller Transposanten zeigten β-Galactosidase-Färbung und enthüllten regulatorische Elemente im *Drosophila*-Genom. Eine derart hohe Frequenz könnte vermuten lassen, dass viele dieser Elemente kryptisch sind und in der Normalentwicklung keine Funktion haben. Viele unserer Kollegen waren deshalb äusserst skeptisch, und Gary Struhl proklamierte, dass dies keine Gene seien, deren Expression wir entdecken würden. Dennoch hat die Erfahrung gezeigt, dass die meisten genregulatorischen Elemente, die mit dem Detektortransposon gefunden werden, in der Tat enhancer repräsentieren, die normalerweise *Drosophila*-Gene kontrollieren. Das Verfahren kann deshalb dazu verwendet werden, Gene mit einem interessanten Expressionsmuster zu entdecken. Mit den eingebauten bakteriellen Vektorsequenzen können diese Gene auf einfache Weise kloniert werden. Auch Mutationen können in diesen Genen relativ leicht induziert werden, indem man das Detektortransposon wieder mobilisiert.

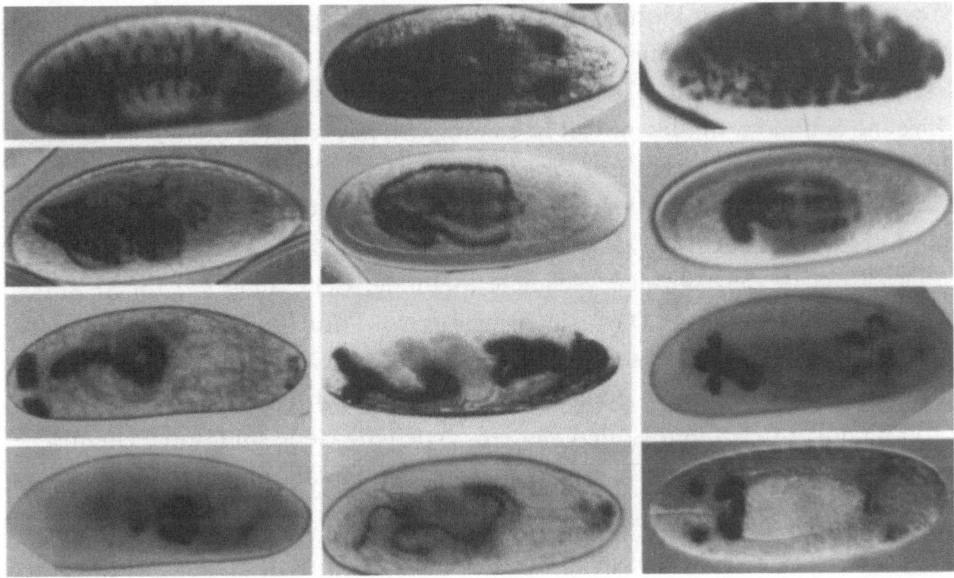

Abb. 9.2
Beispiele von Expressionsmustern des β-Galaktosidase-Reportergens in Embryonen von verschiedenen Enhancer-Detektorstämmen. Nach H.J. Bellen, C.J. O'Kane, C. Wilson, U. Grossniklaus, R. Kurth Pearson und W.J. Gehring (1989) P-element mediated enhancer detection: A versatile method to study development in *Drosophila*. *Genes and Development* 3: 1288–1310.

Da das «Heraushüpfen» häufig unpräzis ist, entstehen am Insertionsort Deletionen. Bier und Mitarbeiter isolierten nicht weniger als 3 500 Transposanten und bestätigten unsere Befunde. Seither ist die enhancer-Detektion ein wertvolles Werkzeug der *Drosophila*-Genetik geworden, und modifizierte Verfahren werden auch bei Mäusen und Pflanzen erfolgreich angewendet.

Ein Spektrum von Expressionsmustern von verschiedenen Transposanten ist in Abbildung 9.2 für Embryonen und in Farbtafel 6 für Imaginalscheiben gezeigt. Die entdeckten genregulatorischen Elemente sind in den meisten Fällen enhancer, die auch für gezielte Genexpressions-Experimente verwendet werden können, ein wertvolles Werkzeug der Genetik, auf das wir noch später in diesem Buch näher eingehen werden. Eine weitere wichtige Anwendung ist die Genisolation. Man kann die entsprechenden Gene, deren enhancer man entdeckt hat, auf einfache Weise isolieren, indem man die DNA-Sequenzen, welche den Insertionsort des Detektortransposons flankieren, kloniert und den Nachweis erbringt, dass das

Expressionsmuster des klonierten Gens mit demjenigen des Reportergens im Transposanten übereinstimmt. Dies ist im allgemeinen der Fall, ausser wenn das Gen eine komplexe Struktur aufweist, wie zum Beispiel zwei Promotoren oder verschiedene enhancer. In diesem Fall ist es möglich, dass das Reportergen nur einen Teil des Expressionsmusters wiedergibt. Für das *spalt* (*sal*)-Gen zum Beispiel stimmt das Expressionsmuster des Reportergens mit demjenigen für die *spalt*-mRNA (bestimmt durch *in situ*-Hybridisierung) genau überein (Abb. 9.3). enhancer-Detektion ist deshalb eine geeignete Methode, Gene aufgrund ihres Expressionsmusters zu isolieren. Dies bringt zwei große Vorteile gegenüber der klassischen Mutantenisolation: Erstens kann das gefundene Gen leicht kloniert werden, und zweitens können auch repetierte Gene, die in mehreren Kopien im Genom vorliegen, identifiziert und isoliert werden. Repetierte Gene sind durch chemische Mutagenese nur schwer zu identifizieren, weil eine Mutation in einem Gen allein nur wenig Effekt hat, und Doppel- oder gar Tripelmutanten nur sehr schwierig zu finden sind.

enhancer-Detektion erlaubt auch die Isolation von Genen, die nicht von vitaler Bedeutung sind und deren Phänotyp in Verlustmutanten nur schwer feststellbar ist. Schon unter den ersten Transposanten, die wir isolierten, gab es einen Stamm, der ein *fushi tarazu*-ähnliches Streifenmuster der Genexpression zeigte. Dies war eine Überraschung, weil wir ursprünglich dachten, dass solche Insertionen äusserst selten sind; aber es bestätigte meine Vermutung, dass man das Reportergen auch als Sonde nehmen konnte, um *fushi tarazu*-ähnliche enhancer zu finden. Ueli Grossniklaus und Becky Pearson klonierten dieses Gen später, und es stellte sich heraus, dass es *sloppy paired* war und einen interessanten Fall von Redundanz darstellte; Grossniklaus und Ken Cadigan konnten nämlich zeigen, dass *sloppy paired* ein Genpaar ist (*slp1* und *slp2*), das durch eine Duplikation der kodierenden Region entstand, während die genregulatorischen Elemente von beiden Genen geteilt werden. Die beiden Gene haben fast genau das gleiche räumliche Expressionsmuster und unterscheiden sich nur in Bezug auf die zeitliche Expression. *sloppy paired* wurde zwar durch chemische Mutagenese gefunden, aber es war nicht bekannt, dass das Gen dupliziert war. Da die beiden Gene eng gekoppelt sind, konnten auch Verlustmutationen, die beide Gene betreffen, isoliert werden; aber das ganze phänotypische Spektrum wird erst nach Deletion beider Gene sichtbar. Ein anderes erwähnenswertes Beispiel ist *fasciclin III*, ein Gen, das für die Bildung von Bündeln von Nervenfasern und den Verlauf der Nervenfasern von großer Bedeutung ist. Wie Corey Goodman gezeigt hat, führt die Inaktivierung des Gens nicht zum Tode des Embryos, weil es noch weitere *fasciclin*-Gene gibt, die den Aus-

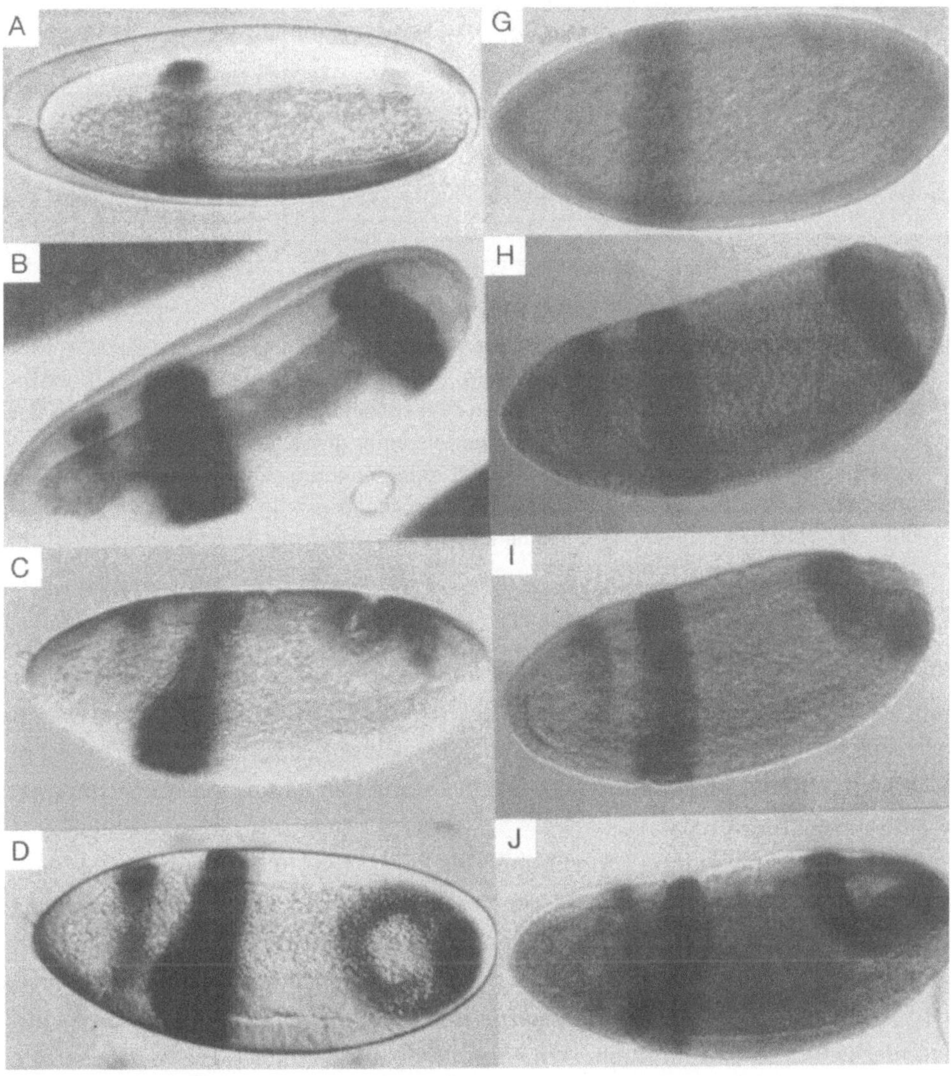

Abb. 9.3
Vergleich des Expressionsmusters einer Enhancer-Detektorlinie (β-Galaktosidasefärbung in A–D) mit dem entsprechenden Expressionsmuster des *spalt*-Gens (*in situ*-Hybridisierung in G–J) im Blastoderm- und Gastrulastadium. Nach J. Wagner-Bernholz (1991) Identification of target genes of the homeotic gene *Antennapedia* by enhancer detection (Dissertation, Universität Basel), Abb. 11.

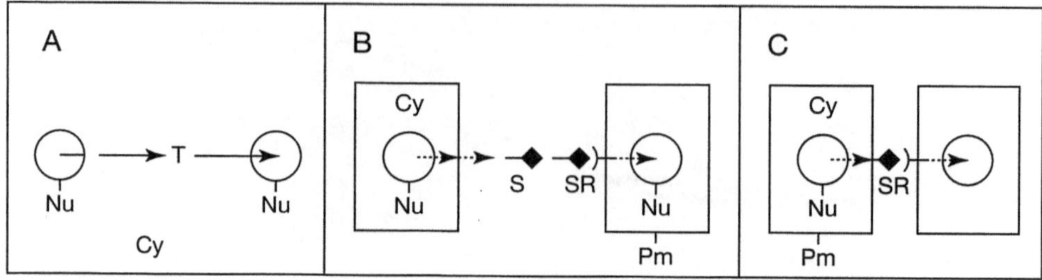

Abb. 9.4
Signalübertragung zwischen Zellkern und Zellen. (A) in Syncytien, wenn die Zellkerne nicht durch Zellmembranen voneinander getrennt sind, können die Zellkerne einen Transkriptionsfaktor (T) exprimieren, der in einen benachbarten Zellkern eindringen und dort die Genaktivität direkt regulieren kann. (B) Signalübertragung mittels einer diffusiblen Substanz (S), die von der signalisierenden Zelle sezerniert wird und mit dem membranständigen Rezeptor auf der Plasmamembran (Pm) der Zielzelle reagiert und eine Signalkaskade auslöst. (C) Signalübermittlung über ein membranständiges Signalmolekül, das direkt mit dem membranständigen Rezeptor auf der Nachbarzelle interagiert.

fall von *fasciclin III* kompensieren können. Mit enhancer-Detektion haben wir jedoch *fasciclin III* entdecken können. Dieses Verfahren erlaubt es, auch Gene zu isolieren, die in mehreren verschiedenen Entwicklungsstadien benötigt werden, und Gene mit subtilen Phänotypen, die bei normalen Mutageneseexperimenten leicht übersehen werden.

Eine weitere Anwendung von enhancer-Fallen besteht in der Identifikation von Zielgenen. Bis zu diesem Zeitpunkt haben wir vor allem die genetische Steuerung durch homeotische Gene auf dem Transkriptionsniveau betrachtet, weit oben in der regulatorischen Kaskade. In den frühembryonalen Stadien, wenn der Embryo noch ein Syncytium ist und die Zellkerne noch nicht durch Zellmembranen voneinander getrennt sind, können Transkriptionsfaktoren selbst als Signalmoleküle wirken und Positionsinformationen vermitteln. Diese Proteine enthalten Kernsignalsequenzen, die es ihnen ermöglichen, durch die Kernporen in den Zellkern einzudringen (Abb. 9.4). Nachdem aber Zellmembranen gebildet werden, müssen andere Signalisierungsmechanismen verwendet werden. Aus diesem Grunde haben einige Forscher gemeint, dass *Drosophila* ein Spezialfall ist und dass die bei *Drosophila* gefundenen Resultate auf Wirbeltierembryonen, die einen anderen Furchungsmechanismus haben, nicht anwendbar sind. Trotzdem glaube ich nicht, dass das ein fundamentaler Unterschied ist, weil beim Zebrafisch- und Hühnerembryo die Abschnürung der frühen Furchungszellen ebenfalls unvollständig ist, und die Furchungszellen mit der Dotterzelle bzw. dem Dottersack in Verbindung stehen. Ausserdem haben Yoshiaki Suzuki und seine Mitarbeiter festgestellt, dass *caudal*-mRNA beim Seidenspinner genauso wie bei *Drosophila* einen Gradienten bildet, obschon der Seidenspinnerembryo zellularisiert und nicht syncytial ist wie derjenige von *Drosophila*. Auf jeden Fall muss nach der Bildung von Zellmembranen das Signal vom Zellkern an die Zelloberfläche gesandt werden, von wo es an den entsprechenden Rezeptor auf der Oberfläche der Zielzelle vermittelt wird. Der aktivierte Rezeptor löst daraufhin eine Signalkaskade aus, die von der Oberfläche der Zielzelle bis zum Zellkern führt, und dort eine Reaktion auf dem Niveau der Genregulation auslöst. Das Signal zwischen den beiden Zellen kann entweder ein löslicher Ligand sein, der von der Zelle sezerniert oder von deren Oberfläche abgespalten wird. Als Alternative kann der Ligand die Zelloberfläche der signalisierenden Zelle nicht verlassen und die Interaktion mit der Zielzelle kann durch direkten Zell-Zellkontakt vermittelt werden, wobei die beiden Zellen einander im übertragenen Sinne «küssen». Der erste Mechanismus spielt bei Signalen über größere Distanz eine Rolle, während direkte Zell-Zell-Interaktionen bei der Bildung eines feinen «kleinkarierten» Musters von Bedeutung sind, wie zum Beispiel bei der Bildung der Facettenaugen.

Um das Schaltschema der genetischen Steuerung aufzuklären, müssen die Zielgene der Masterkontrollgene identifiziert und isoliert werden. Dazu sind verschiedene Methoden entwickelt worden. Das erste Zielgen des homeotischen *Ultrabithorax*-Gens wurde von Rob White und Mitarbeitern durch Klonierung von DNA-Fragmenten aus Chromatin, an welche das *Ultrabithorax*-Protein bindet, isoliert. Das *connectin*-Gen wurde auf diese Weise kloniert und wird im folgenden Kapitel ausführlich diskutiert. Eine gebräuchliche Strategie, um Zielgene zu finden, besteht darin, Mutationen zu finden, die den Phänotyp von homeotischen Mutanten entweder unterdrücken oder verstärken. Die entsprechenden Gene sind in der Regel am gleichen Entwicklungsweg beteiligt. In meinem Laboratorium haben wir die enhancer-Detektions-Methode zur Identifikation von Zielgenen von *Antennapedia* verwendet. Juliane Wagner-Bernholz und Susanne Flister suchten unsere Kollektion von 550 Transposanten auf solche Stämme ab, die entweder in Bein- oder Antennen-Imaginalscheiben exprimiert werden. Diese Stämme wurden anschließend mit den dominanten Gewinnmutationen *Antennapedia*[73b] und *Nasobemia* gekreuzt. Falls das betreffende Gen von *Antennapedia* reguliert wird, so würde man eine Veränderung des Expressionsmusters erwarten, und zwar in denjenigen Körperregionen, in welchen *Antennapedia* ektopisch exprimiert wird. Zwei Klassen von Detektorstämmen konnten identifiziert werden: Stämme, deren Gen aktiviert, und solche, deren Gen reprimiert wurden. Das Gen *klecks* gehört zur ersten Klasse: Im Wildtyp umfasst das Expressionsmuster zwei charakteristische hufeisenförmige Zonen in den Beinscheiben, während *klecks* in den Antennenscheiben nicht exprimiert ist. Nach Induktion von *Antennapedia* in allen Imaginalscheiben durch Temperaturerhöhung in einem Hitzeschock-*Antennapedia*-Stamm erscheint das Expressionsmuster mit den beiden «Hufeisen» auch in der Antennenscheibe (Abb. 9.5). Die Expression von *klecks* wird also durch *Antennapedia* aktiviert. Zur zweiten Klasse von Genen gehört *spalt* (*sal*), ein Gen, das von Juliane Wagner-Bernholz identifiziert und charakterisiert wurde. *spalt* zeigt normalerweise ein ringförmiges Expressionsmuster in der Antennenscheibe und wird in den Beinscheiben nicht exprimiert. In Gewinnmutationen von *Antennapedia* wird die Expression in diesem Ring in der Antennenscheibe unterdrückt. Um herauszufinden, ob *Antennapedia*-Verlustmutationen einen entgegengesetzten Effekt haben, musste Juliane Klone von homozygoten *Antennapedia*⁻ Zellen erzeugen, weil *Antennapedia*-Verlustmutanten letal sind. Wie erwartet zeigten solche Klone Bein zu Antennen-Transformationen, während *spalt* in den Mittelbeinscheiben dereprimiert wird. Der Befund, dass *spalt* in Gewinnmutationen von *Antennapedia* reprimiert und im Gegensatz dazu von Verlustmutationen dereprimiert wird, zeigt, dass *spalt* tatsächlich ein Zielgen von *Antennapedia* ist und negativ reguliert wird. Der zeitliche Ablauf der Wechselwirkung deutet darauf hin, dass die Interaktion direkt ist; aber der schlüssige Beweis dazu muss noch erbracht werden. Das *spalt*-Gen wurde in Zusammenarbeit mit Herbert Jäckle und Reinhard Schuh molekular analysiert, und es stellte sich heraus, dass *spalt* für ein Zinkfingerprotein kodiert, wie die meisten Gene, die Herbert unter die Finger kommen. Obwohl *spalt* in der Kaskade stromabwärts von *Antennapedia* liegt, scheint es ebenfalls für einen Transkriptionsfaktor zu kodieren.

Juan Botas ist es gelungen, ein Zielgen auf einem weiter unten gelegenen Niveau der Regulationskaskade zu identifizieren; dieses Gen wird *decapentaplegic* (*dpp*) genannt. Dieser unorthodoxe Name wurde ihm von Bill Gelbart verliehen, der dieses Gen über viele Jahre sorgfältig untersucht hat. *decapentaplegic* kodiert für ein Mitglied der transformierenden Wachstumsfaktoren β (TGFβ)-Proteinfamilie, die als Liganden bei der Signalübertragung auf die entsprechenden Rezeptoren ihrer Zielzellen dienen. Sowohl *Ultrabithorax* als auch *decapentaplegic* werden in der gleichen Zone im viszeralen Mesoderm des Darmes exprimiert, angrenzend an die Expressionsdomäne von *abdominal-A*, die weiter hinten liegt. Verlustmutationen von *Ultrabithorax* führen zu einer stark reduzierten Expression von *decapentaplegic*, während Verlustmutationen von *abdominal-A* zu einer ektopischen Expression in

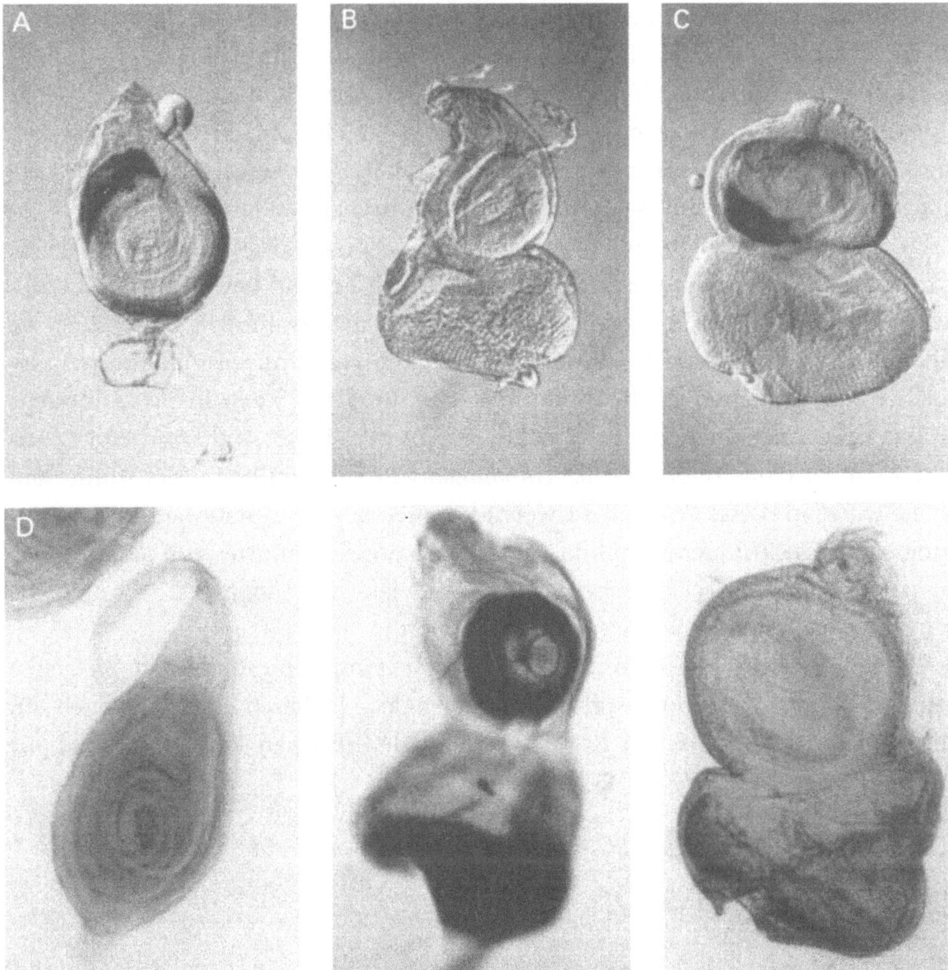

Abb. 9.5
Identifikation von Zielgenen, die von *Antennapedia* entweder aktiviert oder reprimiert werden, mittels Enhancer-Detektorstämmen. A–C *klecks*, D–F *spalt*: (A) Normale Expression von *klecks* in der Beinscheibe, (B) fehlende Expression in der Antennenscheibe, (C) Induktion von *klecks* in der Antennenscheibe nach ubiquitärer Expression von *Antennapedia* unter einem Hitze-schockpromotor. Das Expressionsmuster in der Antennenscheibe ist ähnlich demjenigen in der Beinscheibe. (D) Fehlende Expression von *spalt* in der Beinscheibe, (E) normale Expression in einem ringförmigen Muster in der Antennenscheibe, (F) Repression der *spalt*-Expression in der Antennenscheibe durch ubiquitäre Expression von *Antennapedia* mittels einem Hitzeschock-promotor. A–C nach S. Flister; D–F nach J. Wagner-Bernholz, C. Wilson, G. Gibson, R. Schuh und W.J. Gehring (1991) Identification of target genes of the homeotic gene *Antennapedia* by enhancer detection. *Genes and Development* 5: 2467–2480.

der dahinter liegenden Zone führen. Dies ist ein Hinweis darauf, dass *decapenta-plegic* von *Ultrabithorax* aktiviert und von *abdominal-A* reprimiert wird.

Um herauszufinden, ob *Ultrabithorax* die Transkription von *decapentaplegic* direkt reguliert, verwendeten Botas und Mitarbeiter die gleiche Strategie, die Alexander Schier in meiner Gruppe dazu gebraucht hatte, um zu zeigen, dass das *fushi tarazu*-Protein direkt mit seinem autoregulatorischen enhancer-Element interagiert. Sie identifizierten einen enhancer im *decapentaplegic*-Gen, der für die Expression im viszeralen Mesoderm verantwortlich ist, und bestimmten die darin gelegenen *in vitro*-Bindungsstellen für das *Ultrabithorax*-Protein. Nachdem sie gezeigt hatten, dass diese Bindungsstellen für die Funktion des enhancers unerlässlich sind, mutierten sie die Bindungsstellen für *Ultrabithorax* in *bicoid*-ähnliche Bindungssequenzen, wodurch sie inaktiviert wurden. Durch Mutation von Glutamin 50 in der Homeodomäne des *Ultrabithorax*-Proteins zu Lysin (der Aminosäure, die *bicoid* an dieser Position aufweist) konnten sie die Mutationen in den Bindungsstellen supprimieren und das normale Expressionsmuster von *decapentaplegic* restaurieren. Diese Experimente beweisen, dass das *Ultrabithorax*-Protein die Transkription von *decapentaplegic* direkt reguliert.

Da homeotische Masterkontrollgene wahrscheinlich hunderte von Zielgenen regulieren, müssen wir noch viel mehr solcher Gene isolieren, bevor wir auch nur die Umrisse der genetischen Regulationskaskade erkennen können, welche die Morphogenese steuert.

10

Die Verschaltung des Nervensystems

Die Frage, wie das menschliche Gehirn funktioniert, ist vielleicht die größte Herausforderung an die Wissenschaftler. Die bloße Zahl der Neuronen (Nervenzellen) und die Zahl ihrer Verbindungen ist so unvorstellbar groß, dass die Verschaltung oder Verdrahtung dieser Zellen, die Hardware wie man heute sagt, von einer unglaublichen Komplexität ist. Wenn man ausserdem noch die Flexibilität dieses Systems in Betracht zieht, die Tatsache, dass Verbindungen zwischen Neuronen unterbrochen und neu geknüpft werden können, so wird dieses Problem fast unlösbar. Das reduktionistische Vorgehen der Neurobiologen besteht darin, das Problem bei einem einfachen Nervensystem in Angriff zu nehmen, dessen Analyse einfacher ist als diejenige des menschlichen Gehirns. Eine mögliche Strategie besteht darin, ein Versuchstier zu wählen, das weniger und größere Neuronen hat, wie z.B. der Seehase *Aplysia*, eine große Meerschnecke, bei der man Biochemie und Physiologie an einzelnen Riesenneuronen ausführen kann. Ein anderer Weg liegt darin, einen Organismus wie *Drosophila* auszuwählen, der besonders für genetische Untersuchungen geeignet ist.

Ich muss jedoch gestehen, dass ich nicht die geringste Absicht hatte, in die Neurobiologie einzusteigen, bis mir Yash Hiromi einige wunderschöne Bilder (Abb. 10.1) von transgenen Embryonen schickte, die ein β-Galactosidase-Reportergen unter dem Einfluss des neurogenen Elementes von *fushi tarazu* exprimierten. Zu dieser Zeit verbrachte ich einen kurzen Forschungsurlaub bei David Hogness an der Universität von Stanford in Kalifornien. Die Bilder, die mir Yash schickte, zeigten ein präzises, bilateral-symmetrisches Muster von blauen Kügelchen, anscheinend neuronalen Vorläuferzellen, im sich entwickelnden Ventralganglion des

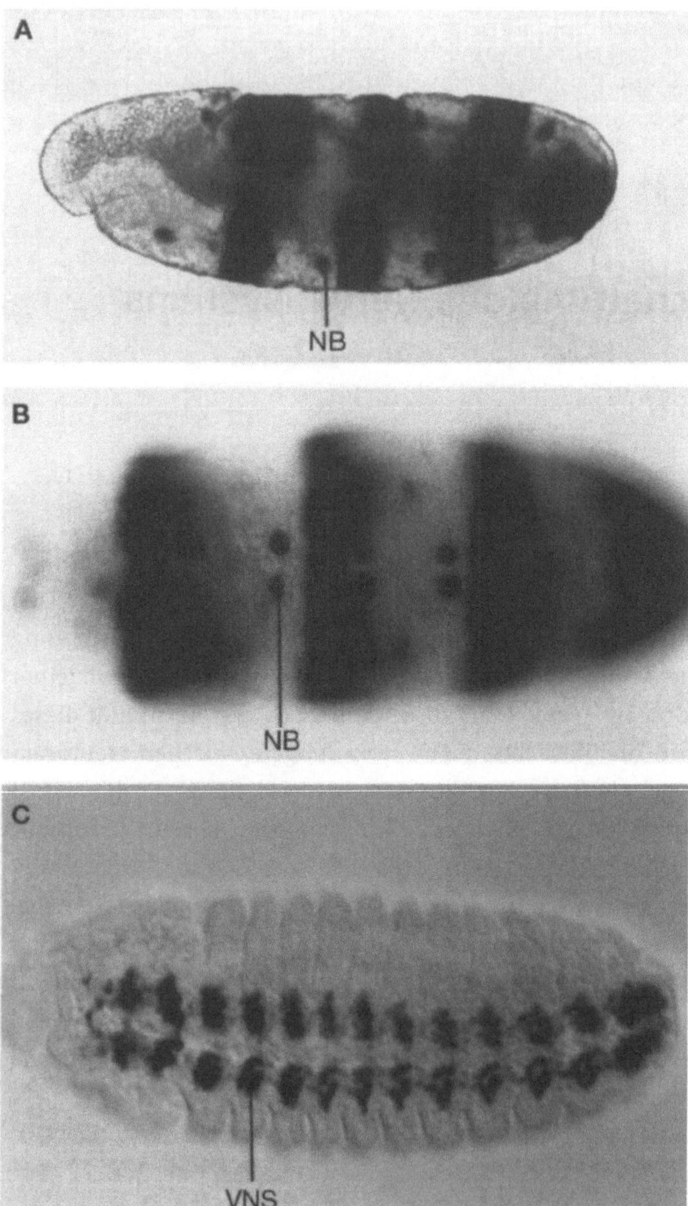

Abb. 10.1

Expression von *fushi tarazu* im ventralen Nervensystem. (A) Seitenansicht: Bestimmte Paare von neuronalen Vorläuferzellen (NB) exprimieren *fushi tarazu*. (B) Ventralansicht. (C) Expressionsmuster im ventralen Nervensystem (VNS) in einem späteren Embryonal-Stadium. Präparate und Aufnahmen Y. Hiromi.

Embryos (Abb. 10.1). Weder er noch ich waren unmittelbar in der Lage, diese blauen Kugeln zu identifizieren; aber Stanford war ein idealer Ort für diesen Zweck, weil Corey Goodman, der Weltexperte für das Nervensystem der Insekten, damals im Biologie Departement von Stanford arbeitete, direkt neben Richard Scheller, dem *Aplysia*-Experten.

Und so wanderte ich eines morgens hinüber zu Coreys Labor und zeigte ihm die Bilder. Dies war der Anfang einer schönen Zusammenarbeit und der Beginn einer langen Freundschaft. Bevor er an *Drosophila* arbeitete, hatte Corey das Nervensystem einer Heuschrecke, einem «wirklichen» Insekt, wie Carol Williams zu sagen pflegte, gründlich untersucht, deren Nervenzellen groß genug sind für neuroanatomische Untersuchungen. Das Nervensystem der Insekten ist auf stereotype Weise ausgelegt, und fast jede Zelle kann individuell identifiziert werden. Mit ihrer Erfahrung und ihrem Wissen über die Anatomie des Nervensystems der Heuschrecke wagten sich Corey und sein Doktorand Chris Doe zu *Drosophila* vor. Die blauen Kügelchen waren schwierig zu identifizieren, aber nachdem ihnen Yash Hiromi die ursprünglichen Mikropräparate mit den β-Galactosidase-Färbungen schickte, fanden die beiden, dass z.B. in vier identifizierbaren Neuronen, den sog. vorderen und hinteren Eckzellen (aCC, pCC) sowie in RP1 und RP2, *fushi tarazu* exprimiert war. Weil Homeoboxgene primär für die Zelldetermination, die Bestimmung des Entwicklungsschicksals der Zellen, verantwortlich sind, fragten wir uns sogleich, ob *fushi tarazu* für die Determination der Nervenzellen verantwortlich sei, und ob sich das Entwicklungsschicksal der betreffenden Zellen ändern würde, wenn *fushi tarazu* in diesen Zellen nicht exprimiert würde. Wir konnten jedoch nicht einfach eine *fushi tarazu*-Mutante nehmen, um diese Frage zu beantworten, weil Verlustmutationen in diesem Gen primär die Körpersegmentierung beeinflussen, und dies hat wiederum sekundäre Effekte auf das Nervensystem. Wir konzipierten deshalb ein neues genetisches Vorgehen, das auf Hiromis Analyse der genregulatorischen Elemente von *fushi tarazu* beruhte.

Hiromi konstruierte ein Transgen, bestehend aus dem autoregulatorischen enhancer, dem Zebra-Element und der kodierenden Region, aber ohne neurogenes Element. Ein P-Element, das dieses Konstrukt enthielt, wurde zunächst in das Genom von normalen Embryonen eingesetzt und anschließend in einen *fushi tarazu*-Mutantenstamm eingekreuzt. Solche Embryonen zeigen eine weitgehend normale Segmentierung, exprimieren jedoch kein nachweisbares *fushi tarazu*-Protein in ihrem Nervensystem und sterben vor Erreichen des zweiten Larvenstadiums. Das Entwicklungsschicksal von denjenigen Zellen, die im normalen Embryo *fushi tarazu* exprimieren, konnte nun durch Injektion des Fluoreszenzfarbstoffs Lucifer yellow bestimmt werden. Farbstoffe in einzelne, winzig kleine *Drosophila*-Nervenzellen einzuspritzen, ist ein Kunststück und erfordert ganz besondere Fähigkeiten, die Chris Doe in besonderem Maße besitzt. Lucifer yellow färbt nicht nur die Zellkörper, sondern auch die Nervenfasern, und zeigt die Verdrahtung bis in kleinste Einzelheiten. Die Morphologie der vier Neuronen (aCC, pCC, RP1 und RP2) im normalen (Wildtyp-) Embryo ist in Abbildung 10.2 schematisch dargestellt.

Zu unserer Enttäuschung waren die Zellen aCC, pCC und RP1 unverändert und entwickelten sich normal in Abwesenheit des *fushi tarazu*-Proteins. Im Gegensatz dazu verhielt sich das Neuron RP2 nicht normal. In Wildtyp-Embryonen wächst das Axon (Nervenfaser) von RP2 zunächst kopfwärts und dann lateral, dem vorderen Intersegmentalnerv entlang auf der gleichen Körperseite. Die Axone des benachbarten Neurons RP1 wachsen hingegen über die Mittellinie auf die andere Körperseite, und dann lateral, dem posterioren Intersegmentalnerv entlang auf der Gegenseite des Embryos. In Abwesenheit des *fushi tarazu*-Proteins wuchsen die Axone von keinem der neun injizierten Neuronen normal aus. Die Wachstumskegel, die die Wanderungswege bestimmen, folgten in manchen Fällen dem benachbarten Neuron RP1, und einige bildeten sogar zwei Wachstumskegel, wovon der eine RP1 folgte und der andere kopfwärts wuchs; schließlich stellten aber beide das Wachstum ein. In Abwesenheit von *fushi tarazu* wird also RP2 in Richtung RP1 transformiert. Diese war der erste Nachweis für die fundamentale Bedeutung der Homeoboxgene für die Verdrahtung des Nervensystems.

Even-skipped (*eve*), ein anderes Homeoboxgen, das sowohl die Segmentierung als auch die Entwicklung des Nervensystems beeinflusst, wird ebenfalls in aCC, RP1 und RP2 (aber nicht in pCC) exprimiert, und spätere Experimente von Chris Doe und Corey Goodman haben gezeigt, dass *fushi tarazu* seine Wirkung via *even-skipped* ausübt, indem es dieses Gen in RP2 anschaltet. Die Inaktivierung von *even-skipped* ändert die Determination von RP2 ebenso wie die Inaktivierung von *fushi tarazu*. Ausserdem bestimmt *even-skipped* das Entwicklungsschicksal von aCC unabhängig von *fushi tarazu*.

Wie werden die Instruktionen, die von den Homeoboxgenen erteilt werden, umgesetzt? Seit dem Beginn des 20. Jahrhunderts, als der spanische Forscher Santiago Ramón y Cajal die Neuronen entdeckte, die Synapsen als Kommunikationsstellen zwischen Neuronen und die Wachstumskegel, welche die Verbindungen schaffen, haben Neurobiologen versucht, die Mechanismen der Wegfindung der Axone und die Richtungsführung der Wachstumskegel aufzuklären. Bei *Drosophila* kann man von allen genetischen Werkzeugen Gebrauch machen, die zur Verfügung stehen, um dieses fundamentale Problem anzugehen. Akineo Nose, ein Postdok-

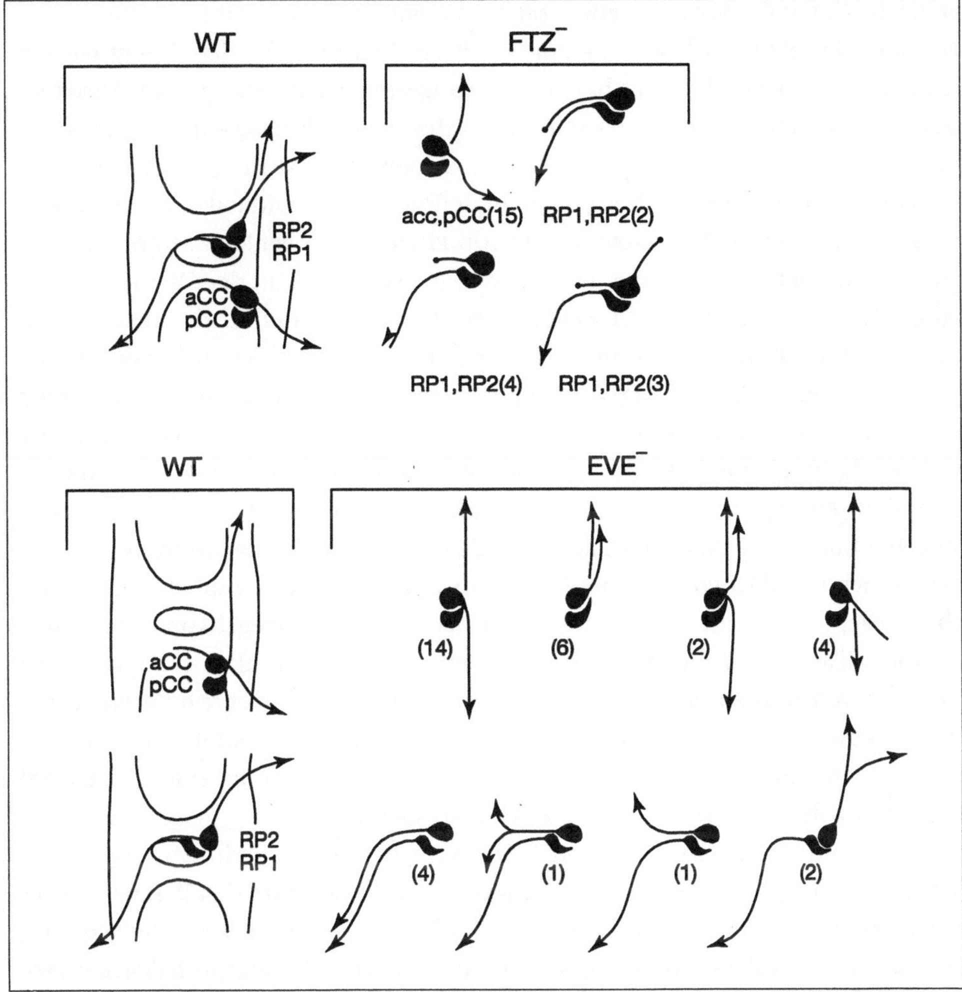

Abb. 10.2

Effekt von *fushi tarazu* und *even-skipped* Mutationen auf das Auswachsen der Axonen von bestimmten Neuronen. Individuelle Neuronen wurden mit dem Farbstoff Lucifer yellow injiziert. (A) Auswachsen der Axonen der aCC-, pCC-, RP1- und RP2-Zellen bei Wildtyp (WT) und *fushi tarazu* (FTZ⁻)-Mutantenembryonen. In FTZ⁻ verhalten sich die aCC-, pCC- und RP1-Neuronen normal, während die Wachstumskegel (Spitzen der Axonen) von RP2 fehlgeleitet werden und sich ähnlich wie diejenigen von RP1 verhalten. Nach C.Q. Doe, Y. Hiromi, W.J. Gehring und C.S. Goodman (1988) Expression and function of the segmentation gene *fushi tarazu* during *Drosophila* neurogenesis, *Science* 239: 170–175. (B) In *even-skipped* (*Eve⁻*)-Mutantenembryonen ist RP2 ebenfalls betroffen, und zusätzlich werden die Axonen der aCC-Neuronen fehlgeleitet. ( ) Anzahl der Fälle. Nach C.Q. Doe, D. Smouse and C.S. Goodman (1988) Control of neuronal fate by the *Drosophila* segmentation gene *even-skipped*. *Nature* 333: 376–378.

torand in Corey Goodmans Labor, setzte die enhancer-Detektions-Methode ein, um dieses Problem zu lösen. Gerade zu dieser Zeit besuchte ich Corey wieder, nachdem er von Stanford nach Berkeley umgezogen war. Mit großer Ausdauer hatte Nose 11 000 Transposantenstämme nach solchen durchgekämmt, die spezifische Expression in bestimmten Muskeln zeigten. Die Muskulatur der Körperwand der Larve besteht aus dreissig genau definierten, individuellen Muskelfasern pro abdominalem Halbsegment, die je von einem oder wenigen Motoneuronen innerviert werden. Nose suchte nach Genen, die spezifisch an der Oberfläche einzelner Muskelfasern exprimiert werden, und als Adresszettel für die auswachsenden Nervenfasern dienen könnten, um die richtige Muskelfaser zu finden und zu innervieren (eine Verbindung vom Nerv zum Muskel herzustellen). Er konnte keine Gene finden, die nur auf einer einzigen Muskelfaser exprimiert waren, aber zwei Detektorstämme waren in einer bestimmten Untergruppe von Muskelfasern exprimiert, so wie ich es aufgrund des kombinatorischen Modells vorausgesagt hatte. Für mich ist es unvorstellbar, dass jede der dreissig Muskelfasern ihr eigenes, spezifisches Obeflächenmarkermolekül aufweist, das je von nur einem spezifischen Rezeptor erkannt wird, und nur auf dem Wachstumskegel von demjenigen Axon lokalisiert ist, das diese Muskelfaser innerviert. Mit ähnlichen Argumenten wie bei den kombinatorischen Wechselwirkungen bei der Genregulation würde ich für einen kombinatorischen Code von Zelladhäsionsmolekülen votieren, anziehenden und abstoßenden, die zusammen eine Adresse oder eine Postleitzahl ergeben, die für eine bestimmte Zielzelle charakteristisch ist.

Dieses Bild begann sich allmählich aus Akineo Noses Experiment zu ergeben. Er hatte das entsprechende Gen bereits kloniert, und es stellte sich heraus, dass es sich um *connectin* handelte, dasselbe Gen, das Rob White als eines der Zielgene von *Ultrabithorax* identifiziert hatte. Nose hatte das *connectin*-Protein in Bakterien produziert und Antikörper dagegen induziert. Präparationen von Embryonen wurden über Nacht mit diesem Antikörper gefärbt, um das Expressionsmuster des Proteins zu bestimmen, und am folgenden Morgen konnten wir die Färbungen analysieren. Die Präparate wiesen ein einfaches, aber wunderschönes Expressionsmuster auf. Die Antikörperfärbungen zeigten das Protein auf der Oberfläche von genau denjenigen acht Muskelfasern, die in der enhancer-Detektorlinie β-Galactosidase exprimieren. *Connectin* war jedoch auch auf den Axonen und Wachstumskegeln von denjenigen Motoneuronen exprimiert, die diese acht Muskelfasern innervieren, sowie in mehreren Gliazellen, die mit diesen Neuronen assoziiert sind (Abb. 10.3). Während der Synapsenbildung ist das Protein an den synaptischen Stellen lokalisiert, an denen das Axon die Muskelfasern kontaktiert, und wenn die Verbindung

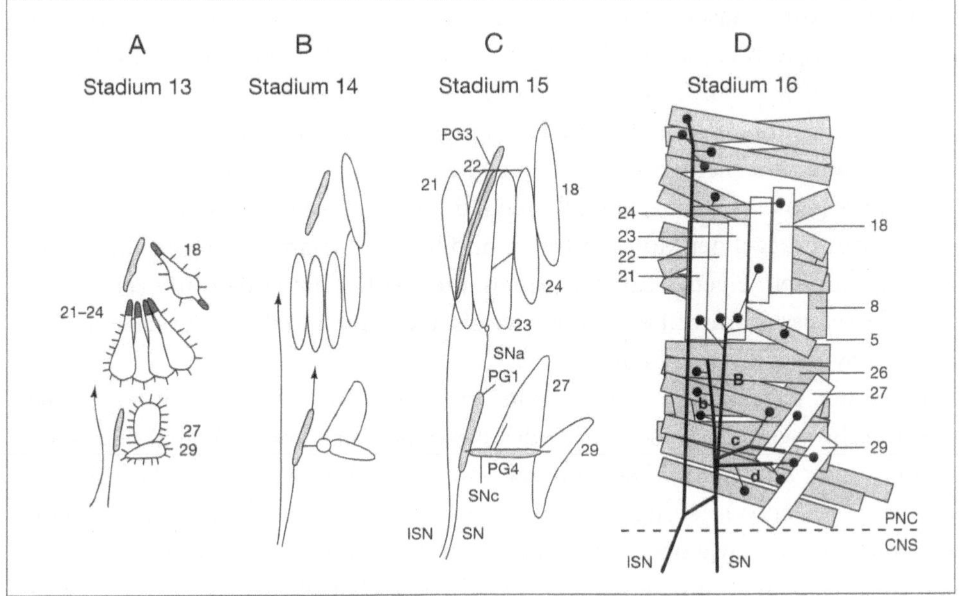

Abb. 10.3
Die Rolle von *Connectin* in der Nerv-Muskel-Erkennung während der Embryonalentwicklung. (A) Stadium 13: Die Axonen und Wachstumskegel von zwei auswachsenden Axonen (Pfeile), die Pioniermuskelzellen 18, 21–24 und 29, sowie zwei Gliazellen exprimieren *Connectin*. (B) Stadium 14. (C) Stadium 15: Die Motoneuronen aus dem Intersegmental- (ISN) und Segmentalnerv (SN) wachsen entlang den Gliazellen PG3, PG1 und PG4 und nehmen Kontakt mit bestimmten Muskeln auf. (D) Stadium 16: Die beiden Motoneuronen innervieren die Muskeln 18, 21–24, 8, 27 und 29 und bilden Endplatten (schwarze Kreise). Alle diese Zellen exprimieren spezifisch *Connectin*. Abkürzungen: PNS, peripheres Nervensystem; CNS, zentrales Nervensystem. Nach A. Nose, V.B. Mahajan und C.S. Goodman (1992) A homophilic cell adhesion molecule expressed on a subset of muscles and motoneurons that innervate them in *Drosophila*. *Cell* 70: 553–567.

einmal geschaffen ist, verschwindet *connectin* weitgehend. Diese Befunde sind ein starker Hinweis auf eine homophile Wechselwirkung zwischen den Connectinmolekülen auf dem Wachstumskegel und der Oberfläche der Muskelfaser. Spätere Experimente zeigten, dass die Expression von *connectin* auf der Oberfläche von Zellen, die verschiedene Marker tragen, eine homophile Zellaggregation bewirkt. Im Zusammenhang betrachtet sprechen diese Befunde dafür, dass *connectin* bei der Wegfindung der Axone als attraktives (anziehendes) Signalmolekül wirkt. Weitere Untersuchungen zeigten jedoch, dass *connectin* in einem anderen Zusammenhang auch eine abstoßende Wirkung haben kann. Wenn *connectin* in einer anderen

Gruppe von Muskelfasern ektopisch exprimiert wird, die von anderen Motoneuronen innerviert werden, so ändern die Wachstumskegel sowohl ihre Morphologie als auch ihr Verhalten, falls sie auf ihre Muskelfasern stoßen, die nun zusätzlich connectin exprimieren. In diesem Fall umgehen sie die Muskelfasern, machen einen Umweg und bleiben schließlich stehen, anstatt Synapsen zu bilden. Diese Resultate zeigen eine zweite, abstoßende Funktion von *connectin* bei der Steuerung der Wachstumskegel der Motoneuronen und bei der Synapsenbildung auf. Akineo Nose hat nun sein eigenes Labor in Japan, und seither hat er definitiv zeigen können, dass *connectin* sowohl eine repulsive als auch eine attraktive Funktion bei der gezielten Synapsenbildung hat.

Eines der elegantesten Experimente, das mit aller Deutlichkeit zeigt, dass homeotische Gene die Verschaltung des Nervensystems kontrollieren, wurde von Stephen Salser und Cynthia Kenyon beim Nematoden *C. elegans* durchgeführt, bei dem man die Zellwanderung direkt unter dem Mikroskop verfolgen kann. Bei diesem Wurm werden, wie bei *Drosophila*, die meisten Zellen in der Nähe ihrer Destination durch Zellteilung «geboren». Es gibt jedoch Fälle von Zellwanderungen über große Distanz: Die larvalen Q-Neuroblasten zum Beispiel wandern zu Destinationen entlang der ganzen antero-posterioren Körperachse. Ihre Wanderung wird durch homeotische Gene kontrolliert, die zellautonom wirken; sie wirken innerhalb der wandernden Zelle und bestimmen Richtung und Ausmaß der Wanderung. Die homeotischen Gene *mab-5* und *lin-39* funktionieren als Teil des links-rechts-Asymmetrieprogramms, das die sensorischen Neuronen (Sinneszellen) entlang der antero-posterioren Achse positioniert (Abb. 10.4). Diese Gene werden auch in zwei Neuroblasten exprimiert, QL und QR, die einander gegenüberliegend auf der rechten bzw. linken Seite des Tieres geboren werden, aber anschließend wandert QR nach vorne und QL nach hinten (Abb. 10.4 oben). Während QL nach hinten wandert, wo andere Zellen *mab-5* exprimieren, schaltet diese Zelle *mab-5* ebenfalls an, was zur Folge hat, dass eine ihrer direkten Nachkommenzellen aufhört zu wandern, während sich die andere weiter nach hinten bewegt. Die Funktion von *mab-5* bei diesen Wanderungen kann aus dem Verhalten von Mutanten abgeleitet werden: In *mab-5*-Verlustmutanten bleibt die ursprüngliche asymmetrische Wanderung erhalten, aber beide Tochterzellen wandern in anteriorer Richtung (Abb. 10.4), was darauf hinweist, dass *mab-5* für die Wanderung nach hinten benötigt wird. Im Gegensatz dazu führen *mab-5*-Gewinnmutationen, in denen beide Tochterzellen *mab-5* exprimieren, dazu, dass beide Tochterzellen nach hinten wandern. Und jetzt kommt eine Perle von einem Experiment: Wenn die Expression von *mab-5* durch einen Hitzeschock (in einer hitze-induzierbaren

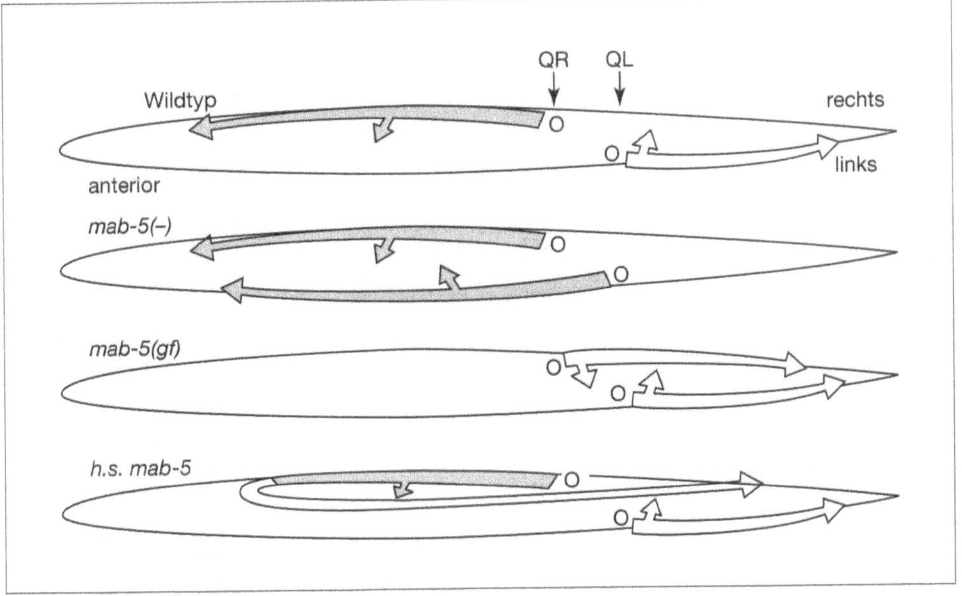

Abb. 10.4
Spezifikation der Positionsinformation durch homeotische Gene beim Nematodenwurm *C. ele-gans*. Im Wildtyp wandert der Neuroblast QR auf der rechten Seite nach vorn, während QL auf der linken Seite nach hinten wandert (Pfeile). In *mab*-5 Verlustmutanten (*mab*-5 (–)) wandern beide Neuroblasten nach vorne, während in *mab*-5 Gewinnmutanten (*mab*-5 (gf)) beide nach hinten wandern. Durch Verwendung eines Hitzeschockpromotors (h.s. *mab*-5) kann man die *mab*-5 Expression anschalten, nachdem QR bereits begonnen hat, nach vorne zu wandern. In diesem Fall (unterstes Schema) dreht QR um und wandert nach hinten, bis es ungefähr die gleiche Position erreicht hat wie in der Gewinnmutation. Nach S.J. Salser und C. Kenyon (1994) Patterning *C. elegans*: Homeotic cluster genes, cell fates and cell migrations. *Trends in Genetics* 10: 159–163.

Gewinnmutation) erst dann induziert wird, wenn die Tochterzellen von QR bereits weit nach vorne gewandert sind, so kehren sie wieder um und wandern nach hinten. Dieses Experiment illustriert die wichtige Rolle, die homeotische Gene beim Ablesen der Positionsinformation spielen, die bei der Verdrahtung des Nervensystems von entscheidender Bedeutung ist.

11

Metamorphose und Transdetermination

Als ich noch ein kleiner Bub war, sandte mir Onkel Albert eine Schachtel mit einem Brief von einer kleinen Ortschaft, in der er seinen Militärdienst absolvierte. Die Schachtel hatte kleine Löcher im Deckel und enthielt Schmetterlingspuppen. Meine Mutter las mir den Brief vor, der besagte, dass mein Onkel die Raupen des «kleinen Fuchses» mit Brennesseln gefüttert hatte, bis sie sich verpuppten, und dass wir die Schachtel auf den Estrich stellen sollten zum Überwintern der Puppen, damit im Frühling die Schmetterlinge ausschlüpfen könnten. Neugierig öffnete ich die Schachtel und sah die braunen, getarnten Puppen, die regungslos dalagen und ich glaubte, dass sie wohl auf dem Transport gestorben wären. Aber meine Mutter versicherte mir, dass sie noch am Leben seien, und wir stellten die Schachtel auf den Dachboden. Ich vergaß sie bis in den nächsten Frühling. An einem warmen Frühlingstag ging ich wieder auf den Estrich und durch das Dachfenster fiel das Sonnenlicht direkt auf die Schachtel, die ich sogleich öffnete. Zuerst waren die Schmetterlinge schwierig zu erkennen, weil sie auf der Flügelunterseite getarnt sind, aber als sie ans Licht kamen, öffneten sie die Flügel und zeigten ihre Flügelzeichnung in ihrer ganzen Farbenpracht. Dieses Erlebnis hat mich zum Biologen geprägt für den Rest meines Lebens, und die Metamorphose ist für mich etwas vom Faszinierendsten in der Natur.

Seit diesem Tag liebe ich fliegende Kreaturen, wie Schmetterlinge und Vögel, die sich mit Leichtigkeit durch die Luft bewegen und ihre Schönheit so elegant zeigen können, viel leichter als erdgebundene Kreaturen wie wir. Es gibt sogar Kreaturen, die sich in der Luft paaren, was ich für das höchste «savoir vivre» halte, den Zenit der Evolution. Meine Zuneigung für fliegende Lebewesen zeigt sich auch in der Auswahl meiner Forschungsobjekte; meine erste Forschungsarbeit betraf den Vogelzug. Ernst Sutter, ein Ornithologe von Basel, hat systematische Radaruntersuchungen über den Vogelzug im Schweizerischen Mittelland begonnen, am Flughafen-Radar in Zürich-Kloten. Als Gymnasiast hatte ich mich seinem Team angeschlossen, um am Radarschirm photographische und Filmaufnahmen zu machen, tage- und nächtelang im Kontrollturm des Flughafens. Was mich am meisten faszinierte, war die Frage, wie sich die Vögel orientieren, ein Problem, das bis heute noch weitgehend ungelöst ist. Ein Teil der gesammelten Radardaten wurde zum Rohmaterial für meine späteren Diplomarbeit, die den Vogelzug am Tag unter verschiedenen Wetterbedingungen betraf. Später wurde uns von der Schweizer Armee sogar ein mobiles Ziel-Verfolgungsradar zur Verfügung gestellt, um die Flugrouten der Zugvögel in den Alpen zu bestimmen. Die Radartechniker waren allerdings zuerst eher skeptisch und berichteten mir, dass sie zwar gelegentlich Adler auf dem Radar verfolgt hätten; aber sie glaubten kaum, dass wir kleine Singvögel auf dem Radar erkennen könnten. Ihre Maschine war jedoch sehr viel empfindlicher als sie glaubten, und innerhalb von wenigen Stunden konnte ich ihnen zeigen, dass das Gerät einzelne Singvögel verfolgen konnte. Durch Untersuchung des «Rohsignals» auf dem Oszillographen (vor der Verstärkung) konnte man sogar das Muster der Flügelschläge des Vogels erkennen. Da ein Fernrohr in der Achse der Radarantenne montiert war, war es möglich, die fliegenden Objekte sowohl optisch als auch mittels Radar zu beobachten. Wenn z.B. ein Falke vorbeiflog, so konnten wir die einzelnen Flügelschläge als Wellen auf dem Oszillographen erkennen. Während der Vogel segelte war das Radarsignal dagegen geradlinig. Weil bestimmte Vogelarten oder Artengruppen charakteristische Flügelschlagmuster aufweisen, gelang es uns in bestimmten Fällen die Art der Zugvögel zu bestimmen, selbst nachts, wenn die Vögel unsichtbar waren.

Im zweiten Weltkrieg, als Radargeräte erstmals entwickelt wurden, kam es in England mehrmals zu Fehlalarm, weil insbesondere große Schwärme von Gänsen für deutsche Flieger gehalten wurden. Die Radarsoldaten bezeichneten diese nicht-identifizierten fliegenden Objekte als «angels». Wir hatten auch unsere «Engel» in den Alpen. Sie waren allerdings viel kleiner, aber sie wurden vom Radar registriert und über hunderte von Metern verfolgt. Auf dem Oszillographen erzeugten die Engel nur ganz kleine wellenförmige Ausschläge, viel kleiner, als diejenigen der Flügelschläge der Vögel, und der Beobachter am Fernrohr konnte nichts erkennen, ganz unabhängig von seiner Religionszugehörigkeit. Diese «Engel» hielten einen geraden, nach Südwesten gerichteten Flugweg ein, aber sie flogen im allgemeinen weniger als hundert Meter über dem Boden und blieben unsichtbar. Einmal jedoch, als ich gerade am Fernrohr saß, kam einer der «Engel» besonders nahe, und ich erkannte ihn als Schmetterling. Schmetterlinge und andere Insekten wandern auch über die Alpen, und weil die Wellenlänge des Radars kleiner war als die Spannweite der Schmetterlinge, konnten wir sie auf dem Radar erkennen. Um diese Studien weiterführen zu können, hätte ich Zugang zu einem Forschungsradar und Unterstützung durch Radaringenieure gebraucht, was zur damaligen Zeit unmöglich war, und so führte ich meine Dissertation im Laboratorium aus, wiederum an fliegenden Objekten.

Mein Doktorvater war Ernst Hadorn, einer den führenden Biologen seiner Zeit. Seine biologischen Interessen waren sehr weitreichend und er war gewillt, meine Diplomarbeit über Vogelzug zu betreuen, unter der Bedingung, dass ich die Doktorarbeit auf seinem Forschungsgebiet ausführen würde. Er befasste sich damals hauptsächlich mit der Entwicklung der Imaginalscheiben von *Drosophila*. Diese Scheiben-ähnlichen Gebilde in der Larve stellen die Anlagen oder Bausteine der Fliege dar, aus denen die Imago (Adultform der Fliege) während der Metamorphose nach dem Baukastenprinzip zusammengesetzt wird. Dies brachte mich zurück zum Wunder der Metamorphose, zwar nicht bei Schmetterlingen, die zu delikat sind, sondern bei Fliegen, die viel leichter das ganze Jahr über gezüchtet werden können und sich für genetische Untersuchungen weit besser eignen. Hadorn war für seine Studenten eine Vaterfigur und behandelte mich wie seinen intellektuellen Sohn.

Hadorn hatte bei Fritz Baltzer an der Universität Bern studiert, wie ich im Kapitel 4 erwähnt habe. Während seiner Arbeit über Molch-Merogone, Tiere, die sich nach Befruchtung eines entkernten Eies ohne mütterliches Genom nur mit einem väterlichen Satz von Chromosomen entwickeln, begann er, sich für die genetische Steuerung der Entwicklung zu interessieren. Nach Abschluss seiner Dissertation konnte er keine akademische Stellung finden, und wurde deshalb Mittelschullehrer. Nebenbei führte er jedoch seine Forschungsarbeiten im Keller seines Hauses mit großer Hingabe weiter. Dabei wurde ihm jedoch klar, dass sich Molche für genetische Untersuchungen wenig eignen, und er wollte an *Drosophila* arbeiten, an der Taufliege, die von Thomas Hunt Morgan zum Haustier der Genetiker gemacht worden war. Durch einen glücklichen Zufall gelangte ein Vertreter der Rockefeller-Stiftung an Baltzer mit der Frage, ob er einen begabten jungen Wissenschaftler vorschlagen könne, der sich für eine postdoktorale Ausbildung in den Vereinigten Staaten interessieren würde. Ohne zu zögern schlug Baltzer seinen ehemaligen Doktoranden Hadorn vor, dem umgehend ein Ausbildungsstipendium zugesprochen wurde. Hadorn verbrachte einige Zeit mit George Beadle, einem der prominentesten Mitarbeiter von Morgan im «Fly Room» an der Columbia University, der später zusammen mit Edward Tatum die berühmte «One-Gene-One-Enzyme»-Hypothese entwickelte. Beadle stellte Hadorn die erste «Entwicklungsmutante» von *Drosophila, lethal giant larvae*, zur Verfügung, die den Ausgangspunkt für entwicklungsgenetische Untersuchungen bildete. Homozygote *lethal giant*-Larven können sich weder verpuppen noch metamorphosieren; sie kriechen lange Zeit im Futterbrei herum, akkumulieren Hämolymphe (Blut), so dass sie riesig aufgebläht werden, und sterben schliesslich ab.

Um herauszufinden, welches Organsystem primär von der Mutation betroffen war, plante Hadorn ein Experiment, das, soviel ich weiss, einzig in diesem besonderen Fall erfolgreich war: Er transplantierte ein Organ nach dem anderen von einer normalen in eine *lethal giant*-Larve, um der dem Tode geweihten Larve durch die Metamorphose zu helfen. Dabei fand er zwar nicht genau das, was er gesucht hatte; aber wenn er die Ringdrüse von einer normalen Larve in eine *lethal giant*-Larve transplantierte, so konnte sich die Empfängerlarve verpuppen. Ein Teil der Mutantenlarven konnte sich auch spontan ohne Transplantation verpuppen; nach Transplantation einer normalen Ringdrüse verpuppten sich die Empfängerlarven jedoch vorzeitig. Es stellte sich später heraus, dass die Ringdrüse das Metamorphosehormon Ecdyson produziert, das bei erhöhtem Hormonspiegel, d.h. hohen Konzentrationen, die Verpuppung der *lethal giant*-Larven auslöst. Trotzdem sterben diese Puppen während der Metamorphose, weil ausser der Ringdrüse noch andere Gewebe wie die Imaginalscheiben und das Gehirn von der Mutation betroffen sind. Viele Jahre später identifizierte Elisabeth Gateff *lethal giant larvae* als Tumorsuppressor-Gen, das von Bernard Mechler in meinem Labor kloniert wurde. Ecdyson wurde von Adolf Butenandt und Peter Karlson aus vierhundert Kilogramm Seidenspinner-Raupen biochemisch isoliert und die Strukturbestimmung ergab, dass es sich dabei um ein Steroidhormon handelt. Der Ecdysonrezeptor entzog sich der Isolation durch biochemische Methoden während vielen Jahren, bis David Hogness und seine Mitarbeiter diesen Rezeptor mit molekulargenetischen Methoden erfassen konnten. Ecdyson und sein Rezeptor sind von großer Bedeutung für die zeitliche Steuerung der Genaktivität, nicht nur im Verlauf der Metamorphose, sondern während der ganzen Entwicklung.

In den fünfziger und sechziger Jahren konzentrierten sich die Arbeiten Hadorns vor allem auf die Imaginalscheiben, die er mittels Transplantationsexperimenten untersuchte. Jedes Körpersegment der *Drosophila*-Larve enthält im Wesentlichen zwei Paare von Imaginalscheiben, ein dorsales und ein ventrales. Das zweite Thorakalsegment zum Beispiel enthält ein Paar Flügel- und ein Paar Mittelbeinschei-

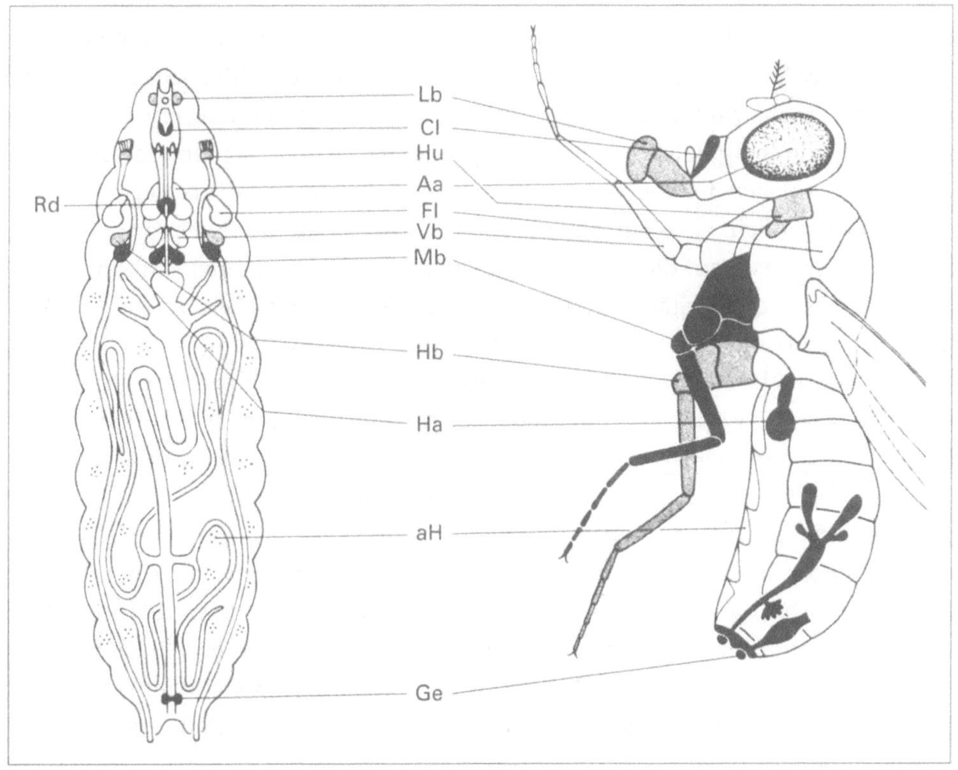

Abb. 11.1
Die Imaginalscheiben der *Drosophila*-Larve und die entsprechenden Adultstrukturen. Abkürzungen: Aa, Augenantennenscheibe; aH, abdominale Histoblasten; Cl, Clypeolabrumscheibe; Fl, Flügelscheibe; Ge, Genitalscheibe; Ha, Halterenscheibe; Hb, Hinterbeinscheibe; Hu, Humeralscheibe; Lb, Labialscheibe; Mb, Mittelbeinscheibe; Rd, Ringdrüse; Vb, Vorderbeinscheibe. Nach R. Wehner und W.J. Gehring (1995) *Zoologie*, 23. Aufl. (Stuttgart: Thieme Verlag, Abb. 3.21.

ben (Abb. 11.1). Während der Metamorphose werden die larvalen Gewebe aufgelöst, und die Adultfliege (Imago) wird von den Imaginalscheiben aufgebaut. Die «Konstruktion» ist perfekt, indem sich zum Beispiel keine Diskontinuität feststellen lässt, wenn zwei Imaginalscheiben entlang der dorsalen Mittellinie miteinander verschmelzen. Durch Transplantation verschiedener Imaginalscheiben von einer Spender- in eine Empfängerlarve konnte Hadorn zeigen, dass jede Scheibe ein genau definiertes Areal der Fliege bildet, z. B. einen Flügel oder ein Bein. Das transplantierte Bein bildet sich in der Körperhöhle des Empfängers, die mit Hämolymphe (Blut) gefüllt ist und ein ideales Kulturmedium darstellt. Schneidet man die Imaginalscheiben in genau definierte Fragmente, so bildet jedes Fragment bestimmte Adultstrukturen aus. Anhand solcher Fragmentierungsexperimente konnte für jede Imaginalscheibe ein Anlageplan gezeichnet werden, der die Lokalisation der Anlagen für die verschiedenen Adultstrukturen widerspiegelt. Es war besonders erfreulich, viele Jahre später diesen Anlageplan in blauer Farbe (gefärbt für β-Galaktosidase) auf die Scheibe «aufgemalt» zu sehen in einer «enhancertrap-Linie», welche die Aktivität eines Gens wiedergibt, das spezifisch in den verschiedenen Sinnesorganen exprimiert wird (Abb. 11.2 und Farbtafel 6).

Die Untersuchung des Entwicklungsschicksals der einzelnen Imaginalscheibenzellen zeigte, dass auch die Einzelzelle bereits determiniert ist. Dissoziiert man nämlich Imaginalscheiben in einzelne Zellen, reaggregiert sie und injiziert sie in Empfängerlarven, so behalten sie ihren Determinationszustand bei. Mischt man z.B. Flügelscheibenzellen, die den genetischen Marker *yellow* tragen, mit schwarzen (*ebony*) Beinscheibenzellen, so trennen sich die beiden Zelltypen voneinander und entwickeln sich autonom zu gelben Flügel- und schwarzen Beinstrukturen. Mosaike von gelben und schwarzen Zellen entstehen nur dann, wenn Flügel- mit Flügelzellen, bzw. Bein- mit Beinzellen gemischt werden. Dies weist darauf hin, dass Zellen des gleichen Typs stärker aneinander haften und/oder Zellen verschiedenen Typs einander abstoßen.

Das Verhalten der Scheibenfragmente änderte sich jedoch, wenn man sie in eine jüngere Empfängerlarve steckte, sodass ihnen mehr Zeit zum Wachstum durch Zellteilung vor dem Einsetzen der Metamorphose unter dem Einfluss von Ecdyson zur Verfügung stand. In diesem Fall sind die Fragmente in der Lage, fehlende Teile zu regenerieren oder Verdoppelungen der entsprechenden Strukturen zu erzeugen.

Als ich in Hadorns Institut kam, herrschte eine stimulierende Atmosphäre, die von verschiedenen Persönlichkeiten geprägt war, von denen ich nur einige wenige erwähnen kann: Da waren zwei Oberassistenten, Heinrich Ursprung, mein Vorgänger als Forschungsassistent von Hadorn, der unzählige Scheibentransplantationen durchführte, und George Anders, ein Holländer. Anders war der zerstreuteste Mensch, dem ich je in meinem Leben begegnet bin. Er kam einmal völlig durchnässt in das Institut und sagte, wie es doch ärgerlich sei, wenn man ohne Regenschirm von einem Gewitter überrascht werde, ohne davon Notiz zu nehmen, dass er einen Regenschirm am Arm trug. Heini Ursprung, der lange das Labor mit Anders teilte, hält ihn nicht nur für den zerstreutesten, sondern auch für den höflichsten Menschen, den er je gekannt hat, weil er verschiedentlich an der Türe des Kühlschrankes anklopfte, bevor er sie öffnete (wohlvermerkt ohne, dass jemand

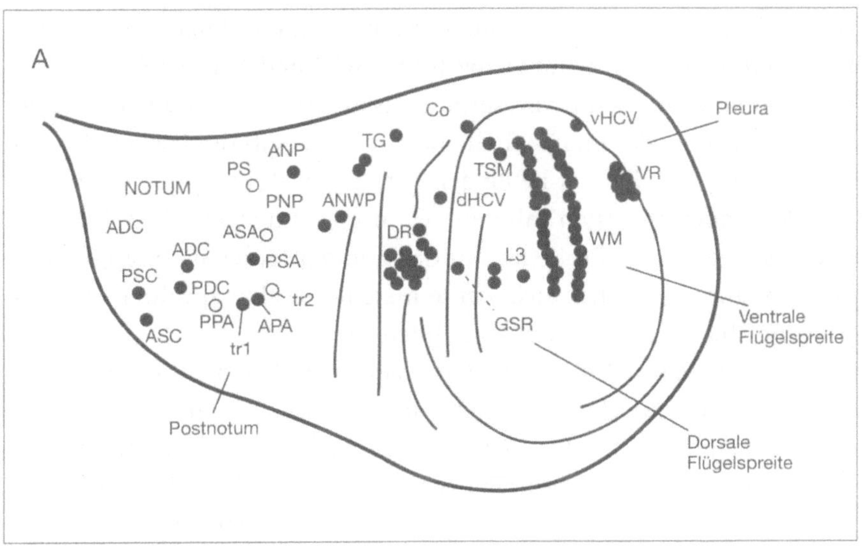

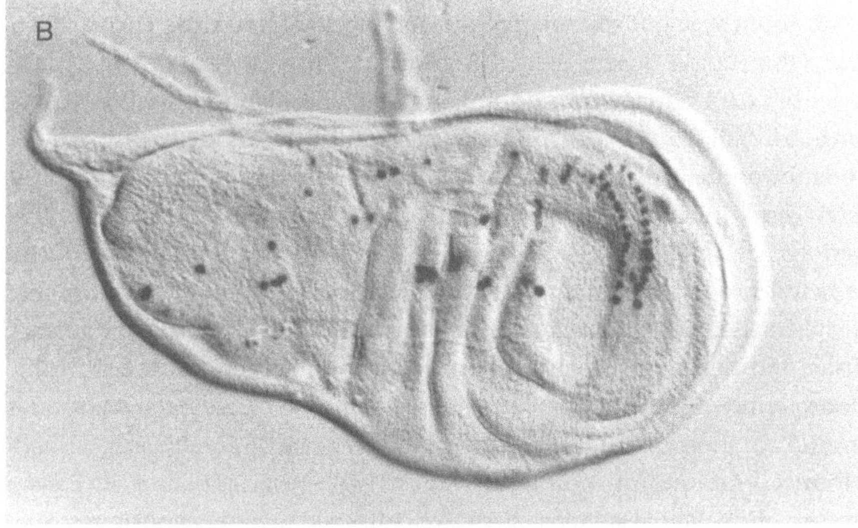

Abb. 11.2

Anlageplan der Flügelscheibe und Lokalisation der verschiedenen Sinnesorgane in einer
Enhancer-Detektorlinie (A101). (A) Anlageplan. Notum, Postnotum, Pleura und Flügelspreite.
Die verschiedenen Sinnesorgane sind mit Abkürzungen bezeichnet. Nach S. Campuzano und
J. Modolell (1992) Patterning of the *Drosophila* nervous system: The *achete-scute* gene com-
plex. *Trends in Genetics* 8: 202–208. (B) Präzise Lokalisation der Vorläuferzellen der verschie-
denen Sinnesorgane in der Flügelscheibe der Enhancer-Detektorlinie A101, die die Aktivität
eines Gens wiedergibt, das in den Vorläuferzellen exprimiert ist. Präparat und Aufnahme von
J. Modolell.

«herein» gesagt hatte). Unter den Studenten waren ebenfalls einige Originale wie Rolf Nöthiger, Gerold Schubiger und Heinz Tobler, während Antonio Garcia-Bellido als Postdoktorand zu uns kam. Mit Antonio diskutierten wir Stunden um Stunden über die Entwicklung der Imaginalscheiben, ohne jemals der Lösung der Probleme näher zu kommen, denn er liebte den Disput um des Disputierens willen; aber diese Diskussionen schärften mindestens unseren Intellekt. Eines Tages, als ich sagte, die Lösungen dieser Probleme würden von der Molekularbiologie kommen, ließ er sich zum Ausspruch: «Ich werde nie ein Molekül anrühren» hinreissen, eine Maxime, die nur sehr schwer zu erfüllen ist.

Um diese Zeit, im Jahre 1962, machten Hadorn und sein Doktorand Theo Schläpfer eine wichtige Entdeckung. Ich habe diese Entdeckung aus nächster Nähe miterlebt und ich glaube, dass es für Nicht-Wissenschaftler unter den Lesern interessant sein könnte, wie solche Entdeckungen gemacht werden. Hadorn betrieb seine Wissenschaft manchmal recht spielerisch, er wollte herausfinden, was passiert, wenn eine Imaginalscheibe die Metamorphose überspringt und von der Larve direkt in eine Adultfliege transplantiert wird. Die Augenscheiben, die Theo Schläpfer in seiner Dissertation diesbezüglich untersuchte, entwickelten sich im Adultmilieu weiter bis zur Bildung von Augenpigmenten; aber dann hörte ihre weitere Entwicklung auf, weil der Ecdysonspiegel in der Adultfliege zu niedrig ist, um die weitere Metamorphose zu ermöglichen. Hadorn beauftragte Schläpfer, das Entwicklungsschicksal dieser Augenscheiben durch Rücktransplantation in eine Larve weiterzuverfolgen, um festzustellen, ob diese Scheiben die Fähigkeit zur Metamorphose bewahrt oder eingebüßt hätten. Gleichzeitig führte Hadorn selbst analoge Versuche an Genitalscheiben durch. Zu jener Zeit teilte ich das Laboratorium mit Schläpfer und neben der Analyse meiner Radaraufnahmen führte ich bereits einige Pilotexperimente mit Imaginalscheiben durch. Schläpfer hatte Mühe mit der Rücktransplantation der Augenscheiben in Larven und wendete sich deshalb an Rolf Nöthiger, der die im Adultmilieu kultivierten Augenscheiben in Larven zurückversetzte. Eine Woche später sezierte Schläpfer die metamorphosierten Fliegen und präparierte die ausdifferenzierten Strukturen. Zu seiner großen Überraschung fand er unter den Implantaten nicht nur wunderschön rot gefärbte Augenfacetten, sondern auch große Areale von Flügelgewebe. Dann ging ihm ein Licht auf: Nöthiger hatte ihm einen Streich gespielt und einige Flügelscheiben unter die Augenscheiben geschmuggelt. Er bat mich deshalb, als Zeuge mitzukommen, und wir gingen zu Nöthiger ins obere Stockwerk, um ihn mit dem Sachverhalt zu konfrontieren; aber Nöthiger beschwor, dass er völlig unschuldig sei und keinen Trick gespielt habe. Schläpfer hatte zunächst nicht den Mut, Hadorn diese Geschichte zu erzählen; aber schließlich fasste er sich ein Herz und ging zu Hadorn in das Büro. Kaum hatte er mit der Beschreibung seiner erstaunlichen Befunde begonnen, unterbrach ihn Hadorn und sagte, er habe in seinen Genitalscheibenkulturen ausser Genitalstrukturen auch Teile von Antennen und Beinen gefunden. Das war die Entdeckung der Transdetermination.

Wenn das Imaginalscheibengewebe im Adultwirt durch zusätzliche Zellteilungen weiterwächst, so kann sich der Determinationszustand ändern, was von Hadorn als Transdetermination bezeichnet wurde, und die Nachkommen von Zellen der Augenscheibe können beispielsweise Flügelstrukturen bilden. Fast alle von Hadorns Mitarbeitern begannen daraufhin, über dieses interessante Phänomen der Transdetermination zu arbeiten. Hadorn entwickelte eine Methode der Dauerkultur in Adultfliegen (Abb. 11.3), bei der das Imaginalscheibengewebe alle zwei Wochen in einen neuen Adultwirt übertragen wurde, die sog. Stammlinie, während ein Teil des Implantates in eine Larve zurückversetzt wurde, um ihre Differenzierungsleistungen zu prüfen (Testimplantate). Jeder Student übernahm eine bestimmte Imaginalscheibe und die Reihenfolge, in der die verschiedenen Transdeterminationen auftraten, wurden bestimmt. Die meisten dieser Transdeterminationen entsprachen bekannten homeotischen Mutanten; aber es gab auch homeotische Mutationen, für die keine entsprechende Transdetermination gefunden wurde. So gibt es z.B. Mutationen, die die Flügel in Halteren (Schwingkölbchen) umwandeln und umgekehrt, während die Transdetermination nur für Haltere zu Flügel, nicht aber in die umgekehrte Richtung nachgewiesen wurde. Durch Erzeugung von Klonen genetisch markierter Zellen in Kulturen von Antennenscheiben gelang es mir zu zeigen, dass die Transdetermination nicht ein klonales Ereignis ist, sondern sich gleichzeitig in Gruppen von Zellen ereignet. Dies machte das Auftreten von homeotischen Mutationen als Ursache der Transdetermination sehr unwahrscheinlich, da Mutationen in der Regel klonal sind, d.h. nur in einer einzelnen Zelle auftreten. Später wurde eine Korrelation zwischen dem Ausmaß der Proliferation (Wachstum durch Zellteilung) und der Häufigkeit der Transdetermination gefunden; aber zu jener Zeit war es schwierig, die Proliferationsrate in den Scheibenkulturen zu quantifizieren. Es wurde auch deutlich, dass z.B. bestimmte Regionen der Beinscheibe besonders häufig eine Transdetermination durchlaufen; aber bis zum heutigen Tag bleibt die Ursache der Transdetermination ein Rätsel.

Eines der Experimente, das ich in Hadorns Labor ausführte, hatte viele Jahre später einen großen Einfluss auf meine Arbeit. Hadorn hatte Geza Mindek, einen ungarischen Doktoranden, und mich gebeten, die Transdetermination von Halterenscheiben zu untersuchen. Diese Scheiben waren schwierig zu kultivieren, weil

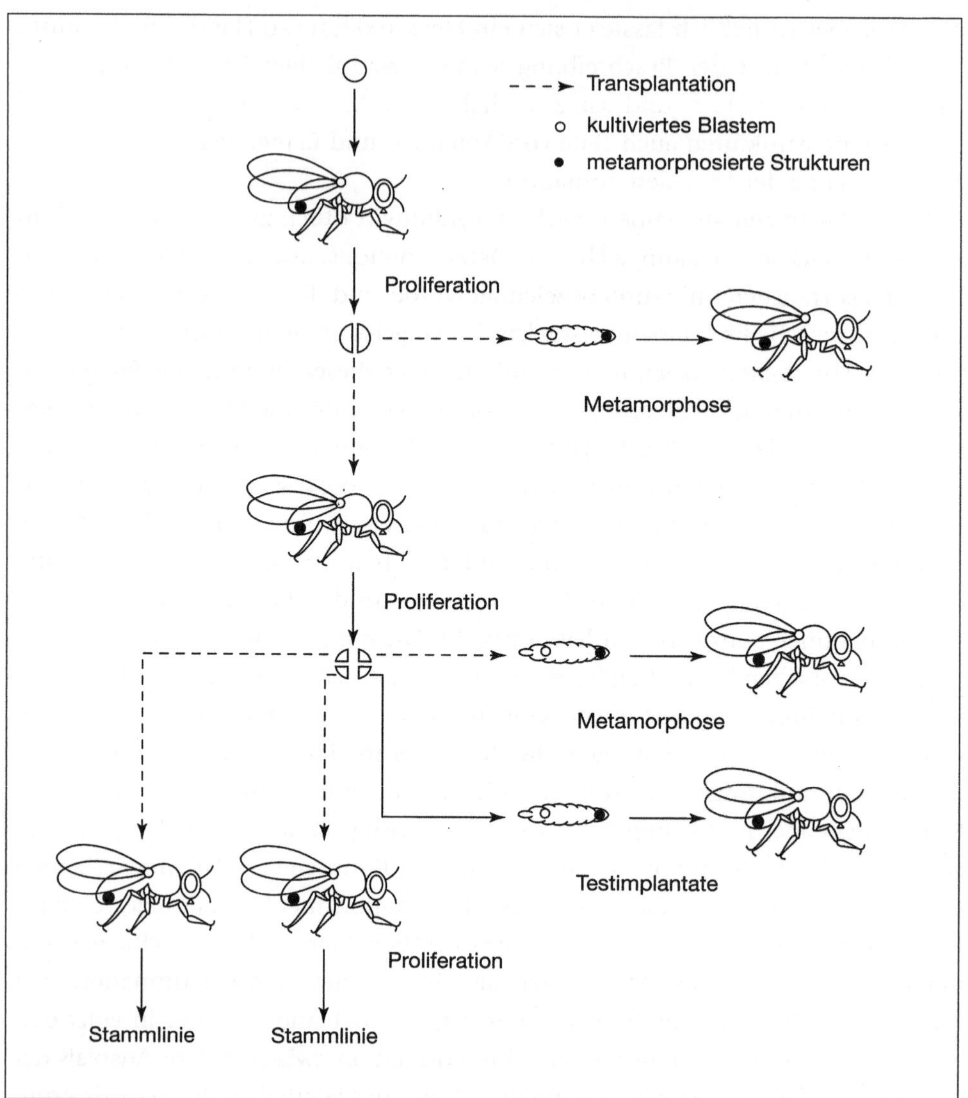

Abb. 11.3

Langzeitkulturen von Imaginalscheiben *in vivo*. Imaginalscheiben oder Scheibenfragmente werden durch serielle Transplantation in der Hämolymphe von Adultweibchen kultiviert, wo sie wachsen, ohne sich weiter zu differenzieren. Nach jeder Transfergeneration wird ein Teil des Gewebes (Blastems) in ein neues Weibchen transplantiert und bildet die sog. Stammlinie. Der Rest des Gewebes wird in eine Wirts-Larve transplantiert (Testimplantate), mit der es die Metamorphose durchläuft. Die metamorphosierten Implantate können anschliessend aus dem geschlüpften Fliegen freigelegt werden. Nach H. Ursprung und R. Nöthinger (1972) *The Biology of Imaginal Discs* (Berlin, Springer Verlag), Abb. 3.

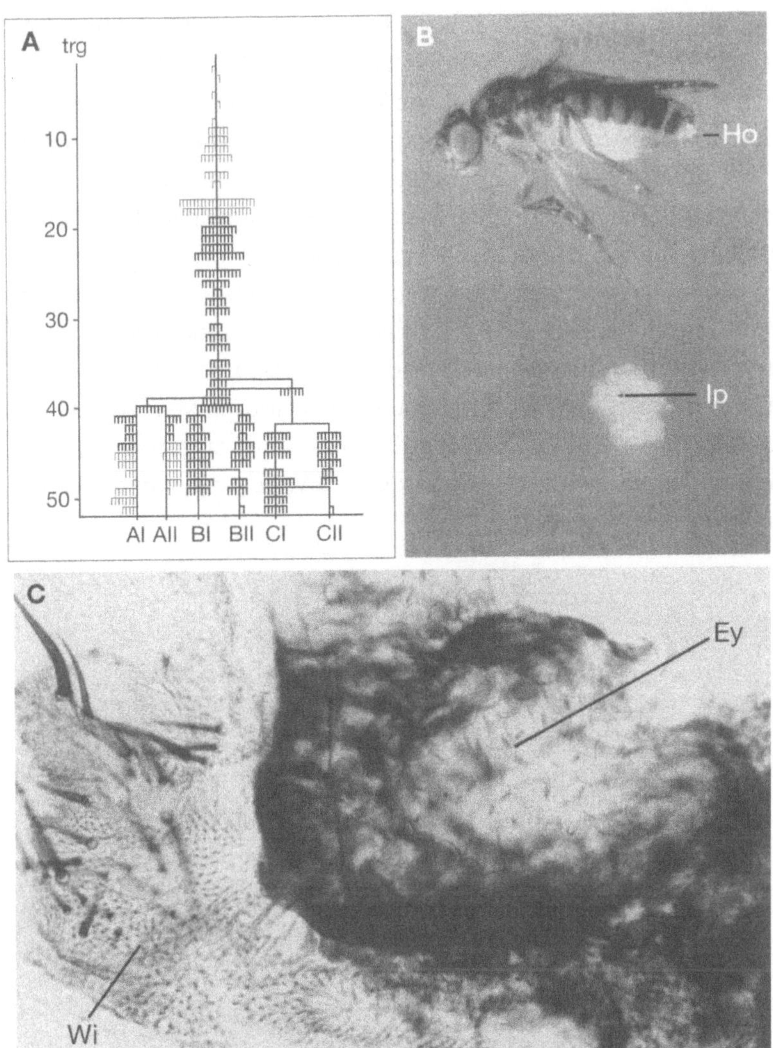

Abb. 11.4

Transdetermination von Flügelimaginalscheibenzellen zu Augenstrukturen. (A) Stammbaum der Testimplantate einer Dauerkultur von einer Halterenscheibe. Während den ersten sieben Transfergenerationen (trg) bildeten die Testimplantate ausschliesslich Halterenstrukturen. Während der 8. trg ereignete sich spontan eine Transdetermination von Haltere zu Flügel. Zellen, determiniert Flügel zu bilden, vermehrten sich über 51. trg lang (z.B. die Sublinie AI). In der 18. trg traten erstmals augenbildende Zellen auf (fette Linien) und wuchsen weiter bis zur 51. trg. (B) Adultweibchen (Ho) mit einem grossen Implantat (Ip) von Imaginalscheibengewebe (aus dem Abdomen herauspräpariert). (C) Metamorphosierte Augenstrukturen (Ey) mit Linsen, Interommatidialborsten und Pigmentzellen, umgeben von Flügelzellen (Wi).

sie nur sehr langsam proliferierten. Nach einigen Transfergenerationen (Abb. 11.4) trat eine erste Transdetermination von Halteren- zu Flügelzellen auf. Die Flügelzellen überwuchsen die Halterenzellen, und wir konnten mehrere Zelllinien etablieren, die nur noch Flügelstrukturen bildeten, und keine Halterenzellen mehr aufwiesen. Dann trat plötzlich eine sehr markante Transdetermination von Flügel- zu Augenstrukturen auf. Neben dem fast transparenten Flügelgewebe wurden plötzlich knallrote Augenfacetten gebildet. Dies zeigte, dass unter bestimmten Bedingungen Flügel-Imaginalscheibenzellen Augenstrukturen bilden können. Wir werden auf diesen erstaunlichen Befund im Schlusskapitel zurückkommen.

Was den Entstehungsmechanismus der Transdetermination betrifft, liegt es an Gerold Schubiger und mir, den beiden Mitgliedern aus Hadorns Mannschaft, die auf diesem Gebiet weitergearbeitet haben, Licht in das Dunkel zu bringen. Jedenfalls stehen uns nun molekulargenetische Methoden zur Verfügung, von denen wir damals nicht einmal träumen konnten.

Die Rolle der homeotischen Gene in der Evolution

DNA ist eine faszinierende Substanz: Die Reihenfolge der Basenpaare, ihrer Bausteine, enthält die Erbinformation, die von Generation zu Generation weitergegeben wird, ganz ähnlich wie bei einem geschriebenen Text, dessen Inhalt durch die Reihenfolge der Buchstaben gegeben ist. Einerseits enthält dieser genetische Text ein Entwicklungsprogramm, wie ich in vorangehenden Kapiteln erläutert habe, andererseits enthält die DNA auch historische Information über die Evolution der Organismen. Diese ergänzt die Daten, die wir aus Versteinerungen (Fossilien) gewinnen können, ganz wesentlich, weil die Dokumentation der Fossilien sehr lückenhaft ist und sich auf die Hartteile der Organismen beschränkt, die über Jahrmillionen erhalten bleiben. Die Mutationen, die sich im Verlaufe der Evolution ereignet haben, sind in der DNA der jetzt lebenden Organismen aufgezeichnet. Allerdings sind viele der Mutationen gefolgt von sekundären Veränderungen, Rückmutationen und Deletionen des genetischen Materials, sodass auch diese historische Information lückenhaft und schwierig zu entziffern ist. Aber grundsätzlich sind evolutive Veränderungen in der DNA leichter zu quantifizieren als beispielsweise morphologische Eigenschaften.

Nach ihrer Entdeckung bei *Drosophila* wurde die Homeobox bei allen Tierstämmen von den Schwämmen bis zu den Vertebraten und auch beim Menschen gefunden, und selbst bei Pilzen und Pflanzen. Eine 1995 erstellte Übersicht ergab nicht weniger als 346 bekannte Homeodomänen. Die Homeodomäne von *Antennapedia*, die als erste entdeckt und strukturell analysiert wurde, kann als Prototyp betrachtet werden. Ihre strukturellen Eigenschaften sind in Abbildung 12.1 schematisch dargestellt. Das Konsens-Diagramm zeigt, welche Aminosäure an einer

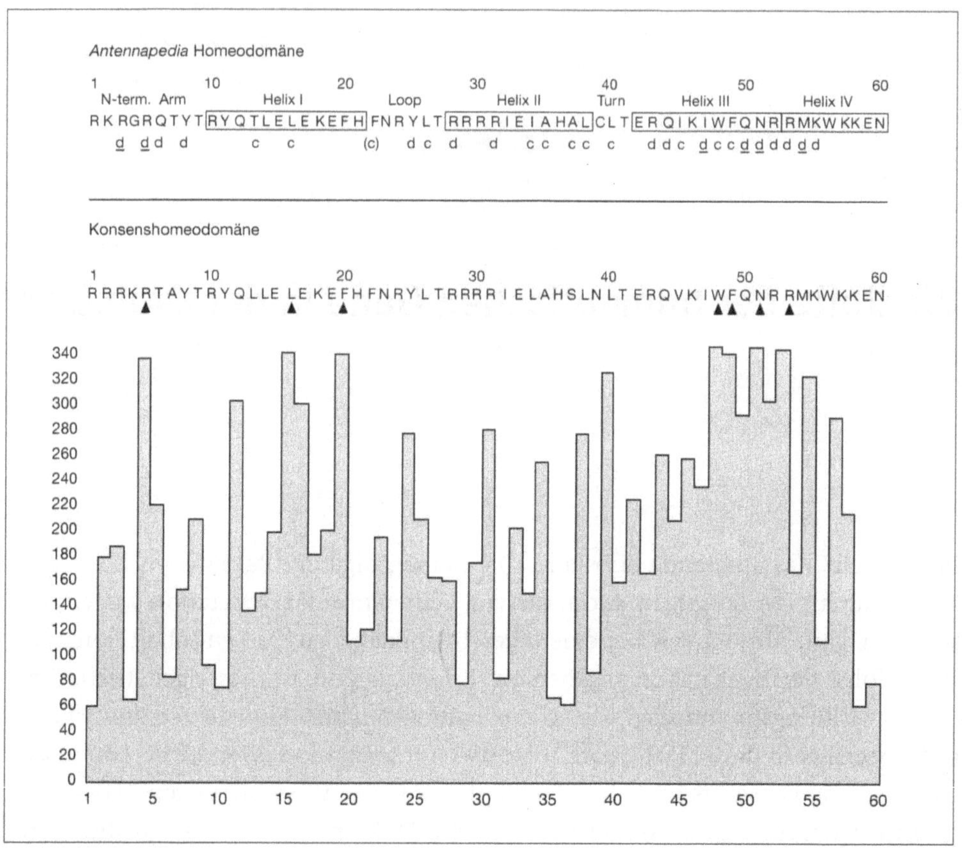

Abb. 12.1

Sequenzvergleich zwischen der *Antennapedia*-Homeodomäne und 346 anderen Homeodomänen von *Drosophila* und andern Species. *Oben*: Aminosäurensequenz von 1–60 und strukturel-
le Eigenschaften. Abkürzungen: Aminosäuren siehe Abb. 1.5; c, Aminosäuren, die den hydrophoben Kern des Moleküls bilden; d, DNA-bindende Aminosäuren; d, Aminosäuren, die in
direktem Kontakt zu bestimmten Basenpaaren stehen. *Unten*: Konsens-Aminosäuresequenz
für alle Homeodomänen und Frequenzdiagramm, welches angibt, wie häufig die Konsens-Ami-
nosäure an einer bestimmten Position vorkommt, bezogen auf 346 bekannte Homeodomänen
von verschiedenen Metazoen. Die schwarzen Dreiecke bezeichnen diejenigen Aminosäuren,
welche in mehr als 95% aller Homeodomänen an der entsprechenden Position vorkommen.

gegebenen Position am häufigsten gefunden wurde. An sieben Positionen (schwarze Dreiecke) findet man eine bestimmte Aminosäure in mehr als 95% der 346
Sequenzen. Diese invarianten Aminosäuren zeigen, dass die Homeodomäne enormen strukturellen und funktionellen Beschränkungen unterliegt, die einen starken

Selektionsdruck erzeugen. Diese Aminosäuren umfassen einerseits Leucin (L16), Phenylalanin (F20), Tryptophan (W48) und Phenylalanin (F49), die zum hydrophoben Kern gehören und für die korrekte Faltung des Moleküls entscheidend sind, und andererseits Arginin (R5), Asparagin (N51) sowie Arginin (R53), die für die DNA-Bindung essentiell sind. Offensichtlich können diese Seitenketten nicht durch Mutationen verändert werden, ohne dass die korrekte Faltung des Moleküls oder die DNA-Bindung zerstört wird. Die unterschiedliche Bindung von verschiedenen Typen von Homeodomänen an bestimmte DNA-Sequenzen wird durch Aminosäuren bewerkstelligt, die etwas mehr variabel sind, wie beispielsweise Glutamin (Q50), eine Aminosäure, die man in 80% aller Homeodomänen findet. In den Homeodomänen von *bicoid* und *goosecoid* zum Beispiel ist Q50 durch Lysin ersetzt und in den *Pax*-Genen durch Serin. Diese Substitutionen führen dazu, dass die entsprechenden Homeodomänen an andere Zielsequenzen in der DNA binden als diejenigen mit Q50. Die Aminosäuren, welche die höchsten Säulen im Konsens-Diagramm bilden, definieren die Homeodomäne. Ganz ähnliche Diagramme ergeben sich, wenn man die Homeodomänen von einer einzelnen Spezies wie *Drosophila*, Maus oder Mensch aufträgt, für die genügend Sequenzdaten vorliegen. Dies weist auf eine ausserordentlich hohe Konservierung der Aminosäuresequenz im Verlaufe der Evolution hin und zeigt, dass diese Moleküle einem großen Selektionsdruck ausgesetzt sind. Diese Schlussfolgerung wird auch gestützt durch einen Vergleich der zu *Antennapedia* homologen Gene verschiedener Tierarten (siehe Abb. 3.6): Dabei findet man z.B. zwischen der *Antennapedia*-Homeodomäne von Drosophila und Mensch nur eine einzige Aminosäure-Substitution, obschon Wirbellose und Wirbeltiere sich seit mehr als 500 Millionen Jahren unabhängig voneinander entwickelt haben.

Als mehr und mehr Homeoboxgene von Säugetieren isoliert und sequenziert wurden, insbesondere dank den Arbeiten von Edoardo Boncinelli und Mitarbeitern über die menschlichen Gene, und denjenigen von Frank Ruddle und seiner Forschungsgruppe über die Mausgene, stellte es sich heraus, dass auch die Homeoboxgene der Säugetiere Komplexe bilden. Die Homeobox-Sequenzen am einen (3′) Ende des Komplexes sind denjenigen von *labial* bei *Drosophila* sehr ähnlich, während diejenigen am anderen (5′) Ende besondere Ähnlichkeit zu *Abdominal-B* aufweisen, was zur Vermutung führt, dass die *Hox*-Gene der Säugetiere ähnlich wie die homeotischen (*Hom*)-Gene von *Drosophila* auf dem Chromosom angeordnet sind (Abb. 12.2). Ausserdem ist die Richtung, in der die Gene abgelesen werden, dieselbe wie bei *Drosophila* mit der einzigen Ausnahme von *Deformed*, das in der umgekehrten Richtung transkribiert wird. *In situ*-Hybridisierungsexperimente von

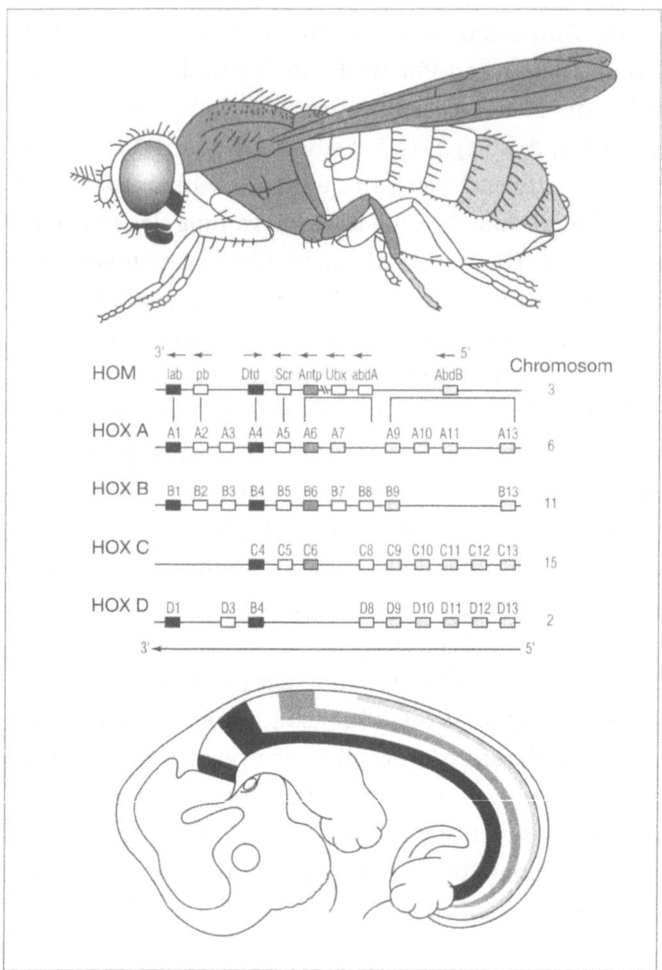

Abb. 12.2

Kolinearität zwischen der chromosomalen Anordnung der homeotischen Gene und ihrer Expression entlang der antero-posterioren Achse. *Oben*: *Drosophila*; Schematische Darstellung des Expressionsmusters und der homeotischen Antennapedia- und Bithorax-Komplexe auf dem 3. Chromosom von *Drosophila melanogaster*. Die Transkriptionsrichtung (5'→3') ist mit Pfeilen angegeben. Die am weitesten vorne exprimierten Gene sind am 3'-Ende, die am weitesten hinten exprimierten Gene am 5'-Ende des Komplexes. *Unten*: Maus; die Maus hat 4 paraloge Komplexe auf verschiedenen Chromosomen Hox A–D. Die Paraloggruppen 6, 7 und 8 sind einander sehr ähnlich und können keinem bestimmten *Drosophila*-Gen zugeordnet werden. Die Paraloggruppen 9–13 entsprechen alle *Abdominal-B* bei *Drosophila*. Alle Gene in einem Komplex werden in der gleichen Richtung transkribiert. Die Expressionsmuster im Mausembryo sind schematisch darunter dargestellt. Nach E.M. DeRobertis, G. Oliver und C.V. Wright (1990) Homeobox genes and the vertebrate bodyplan. *Scientific American* 263: 26–33.

Steven Gaunt in Zusammenarbeit mit Denis Duboule und später von Robb Krumlauf und Mitarbeitern haben gezeigt, dass nicht nur die chromosomale Anordnung der Gene zwischen *Hox* und *Hom* konserviert wurde, sondern dass die Regel, wonach die weiter vorne in der Kopfregion exprimierten Gene am 3′ Ende des Komplexes gelegen sind und die weiter hinten exprimierten Gene am 5′ Ende auch für Säugetiere zutrifft (Abb. 12.2). Diese bemerkenswerte Kolinearität zwischen chromosomaler Anordnung und Genexpression ist bis heute bei keiner anderen Klasse von Genen beobachtet worden. Die Kolinearitätsregel ist ein starkes Argument dafür, dass *Hox*- und *Hom*-Gene echt homolog sind, d.h. orthologe Gene von gemeinsamer Abstammung.

Wirbeltiere und Wirbellose unterschieden sich in einer Hinsicht wesentlich voneinander: Vertebraten besitzen nicht nur einen, sondern vier *Hox*-Komplexe auf vier verschiedenen Chromosomen, wie für die Maus in Abbildung 12.2 dargestellt ist. Dies beruht auf partiellen Genomduplikationen, die sich im Verlaufe der Evolution der Wirbeltiere ereignet haben. Diese Interpretation beruht auf den genetischen Kartierungsdaten, die von Frank Ruddle und anderen zusammengetragen wurden. Peter Holland und Jordi Garcia-Fernandez haben beim Lanzettfischchen (*Amphioxus*), einem unserer frühesten Vorfahren unter den Chordaten, nur einen einzigen *Hox*-Komplex vorgefunden. Ein ähnlicher Komplex, wenn auch mit weniger *Hox*-Genen, wurde ferner von Marie-Thérèse Kmita-Cunisse in meinem Labor beim Schnurwurm *Lineus* beschrieben. Überreste eines Komplexes finden sich auch beim Nematodenwurm *C. elegans* und einen *Hox*-Komplex gibt es wahrscheinlich auch bei *Cnidariern* (Korallen, Medusen, Seeanemonen etc.), aber bei Schwämmen sind bisher nur Homeoboxgene einer anderen Klasse beschrieben worden. Denis Duboule hat vorgeschlagen, das sich die Kolinearitätsregel nicht nur auf die räumliche, sondern auch auf die zeitliche Expression der Gene bezieht, und Experimente bei der Maus, in denen er die Position von *Hoxd-9* innerhalb des Komplexes verändert hat, stehen in Einklang mit dieser Hypothese.

Wie könnte ein solcher Genkomplex im Verlaufe der Evolution entstanden sein und welches sind die selektiven Kräfte, die die Gene beisammen halten? Die Antworten auf diese Fragen haben eine lange Geschichte, die Ed Lewis 1992 rekapituliert hat. Wir können diese Fragen nur teilweise beantworten, aber die molekularbiologischen Daten haben wesentlich zur Lösung beigetragen und führen zu weitreichenden Spekulationen, die ich hier präsentieren möchte.

Im Jahre 1925 entdeckte Alfred Sturtevant die erste Genduplikation anhand der berühmten *Bar*-Augenmutante. Unter den Nachkommen homozygoter *Bar*-Fliegen findet man neben Fliegen mit reduzierten Augen (*Bar*) sowohl normaläugige Fliegen als auch solche mit winzigen Augen (*Ultrabar*) mit ungewöhnlich hoher Frequenz. Diese beiden aberranten Nachkommentypen treten infolge eines ungewöhnlichen Rekombinationsereignisses auf, das er als «unequal crossingover», ungleiche Rekombination, bezeichnete. Er interpretierte diesen Befund als versetzte Chromosomenpaarung eines duplizierten Gens und Rekombination, die von einer Duplikation (zweimal zwei Genkopien) zu einer Triplikation (drei Genkopien) und zu einer Rückmutation zum Wildtyp (eine Genkopie) führt. Als 1936 die polytänen Riesenchromosomen bei *Drosophila* entdeckt wurden, bestätigten Calvin Bridges und Hermann Muller unabhängig voneinander, dass die Mutation *Bar* tatsächlich eine Duplikation ist, eine kleine Tandemduplikation von sieben Chromosomenbändern, während *Ultrabar* eine Triplikation ist und der rekombinante Wildtyp nur noch eine Kopie der sieben Bänder aufweist. Schwieriger war es aber zu erklären, wie die *Bar*-Duplikation ursprünglich zustande kam. Mit Unterstützung durch Mel Green, der vor vielen Jahren mehrere Duplikationen des *white*-Gens isoliert hatte, gelang es Michael Goldberg in meinem Labor zu zeigen, dass Transposonen, hüpfende Gene, Duplikationen erzeugen können. Wenn zwei Transposonen des gleichen Typs links und rechts vom *white*-Locus in das Chromosom gehüpft und in der gleichen Richtung orientiert sind (Abb. 12.3), so können die homologen Chromosomen versetzt miteinander paaren. Ein Crossingover innerhalb des Transposons führt dann zur Duplikation bzw. zur reziproken Deletion des *white*-Gens. Die molekularen Daten stützen diese Interpretation eindeutig. Wenn das Gen einmal dupliziert ist, kann es relativ häufig triplizieren, wie im Falle von *Bar*, und durch weitere ungleiche Rekombinationsvorgänge kann eine lineare Reihe von Genen entstehen. Das Modell, das ich im folgenden entwickeln werde, beruht auf diesen genetischen Mechanismen.

Ed Lewis kam auf das Modell von Genduplikationen am *bithorax*-Locus durch Hinweise von Calvin Bridges, der das Muster von doppelten Bändern in den polytänen Riesenchromosomen der Speicheldrüsen als das Ergebnis von Genduplikationen interpretierte. Der *bithorax*-Locus umfasst zwei doppelte Bänder im Abschnitt 89E des dritten Chromosoms und war deshalb ein guter Kandidat für Genduplikationen. Aufgrund seiner genetischen Untersuchungen schlug Lewis ein Modell vor, nach dem der *Bithorax*-Komplex aus einer Reihe von Genen besteht, die je ein bestimmtes Körpersegment determinieren und möglicherweise durch Tandemduplikationen auseinander hervorgegangen sind. Die spätere genetische Analyse von Gines Morata und die molekulare Klonierung des *Bithorax*-Komplexes haben jedoch gezeigt, dass der Komplex nur aus drei Protein-kodierenden Genen besteht, die je eine Homeobox aufweisen. Trotzdem deutet die Anordnung dieser

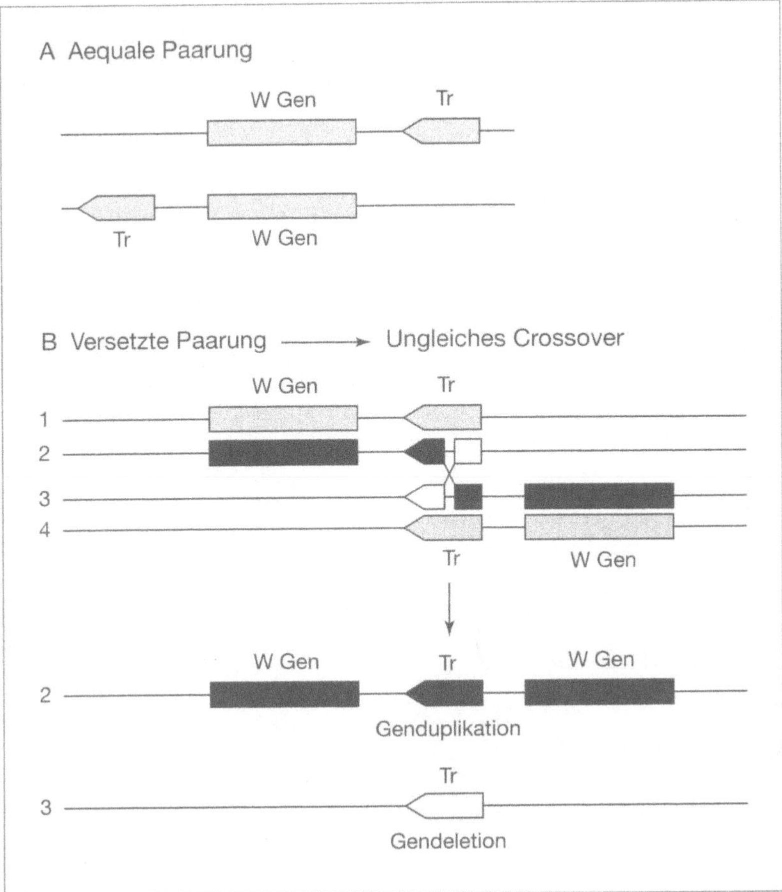

Abb. 12.3

Genduplikation infolge von ungleichem Crossover induziert durch ein Transposon. (A) Aequale Paarung am white Locus (w) mit zwei Transposonen (Tr) in der gleichen Orientierung, links bzw. rechts vom *white*-Gen, in homologen Chromosomen. (B) Versetzte Paarung und homologe Rekombination zwischen den beiden Transposonen führt zu einer Duplikation bzw. Deletion des *white*-Gens infolge eines ungleichen Crossovers.

drei Gene, die alle im Tandem angeordnet sind, darauf hin, dass der Komplex durch üngleiche Rekombination entstanden ist. Eine Modellvorstellung, wie der Komplex der homeotischen Gene entstanden sein könnte, ist in Abbildung 12.4 aufgezeigt. Das Modell basiert auf der Beobachtung, dass die Homeodomäne von *Antennapedia* und seiner homologen Gene *Hox 6* und *7*, die in der Mitte des Komplexes lokalisiert sind, am wenigsten von der Konsensus-Sequenz abweichen, wäh-

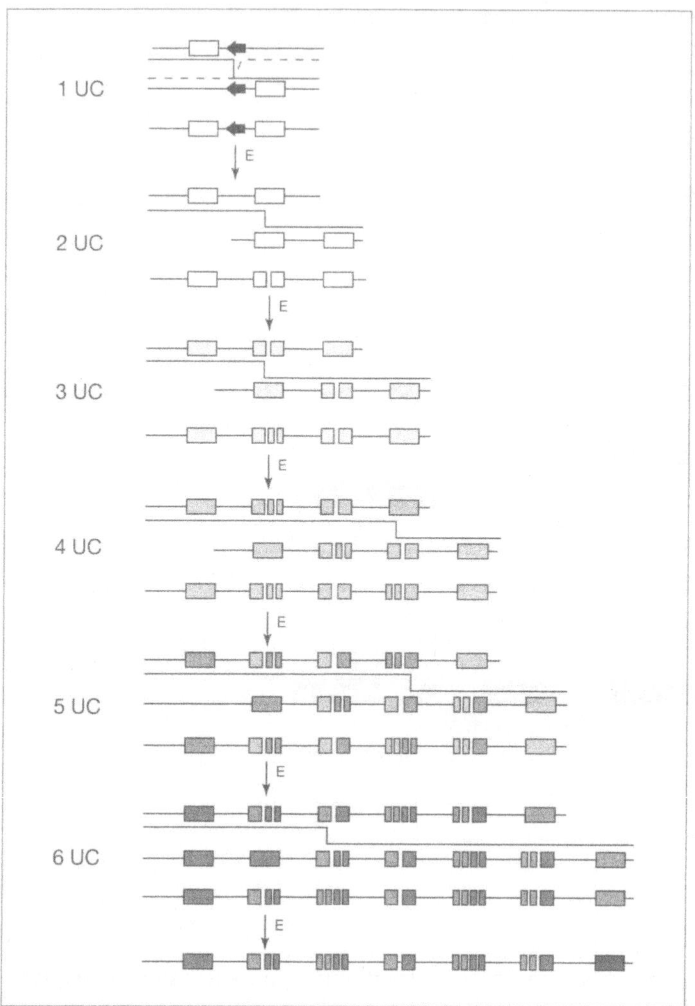

Abb.12.4
Model für die Entstehung eines homeotischen Genkomplexes durch ungleiches Crossover. Das erste ungleiche Crossover (1 UC) ereignet sich zwischen zwei Transposonen. Das zweite und alle nachfolgenden ungleichen Crossover ereignen sich zwischen den duplizierten Genen. Weil versetzte Paarung eine Voraussetzung ist für alle Duplikationsschritte im Verlaufe der Evolution (E), sind die flankierenden Gene nicht betroffen, während die inneren Gene in zunehmenden Masse homogenisiert werden.

rend die Homeodomänen der distaler gelegenen Gene in zunehmendem Maße vom Konsensus abweichen. Die Homeodomänen der vordersten Gene *labial* bzw. *Hox 1* und hintersten Gene *Abd B/Hox 13* weichen am stärksten ab, was darauf hina)

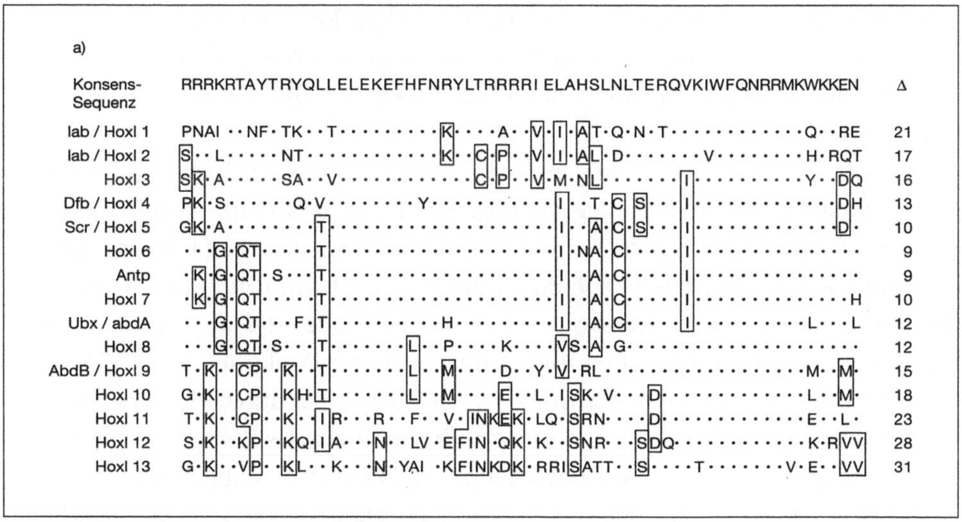

	Konsens-Sequenz: RRRKRTAYTRYQLLELEKEFHFNRYLTRRRRI ELAHSLNLTERQVKIWFQNRRMKWKKEN	Δ
lab / Hoxl 1	PNAI ··NF·TK··T········· K ···A· V·I·A T·Q·N·T··········· Q··RE	21
lab / Hoxl 2	S··L····NT··········· K··C·P··V·I·AL·D······V········H·RQT	17
Hoxl 3	SK·A·····SA··V··········C·P··V·M·NL········I········Y··DQ	16
Dfb / Hoxl 4	PK·S······Q·V·······Y··········I··T·C·S···I···········DH	13
Scr / Hoxl 5	GK·A········T·················I··A·C·S···I··········D·	10
Hoxl 6	···G·QT····T·················I·NA·C····I··········	9
Antp	·K·G·QT·S···T·················I··A·C····I·········	9
Hoxl 7	·K·G·QT····T·················I··A·C····I·········H	10
Ubx / abdA	···G·QT··F·T··········H·······I··A·C····I·······L···L	12
Hoxl 8	···G·QT·S···T·······L··P····K····VS·A·G···········	12
AbdB / Hoxl 9	T·K··CP··K··T·······L··M···D··Y·V·RL············M··M·	15
Hoxl 10	G·K··CP··KH·T·······L··M···E··L·I·SK·V···D··········L··M·	18
Hoxl 11	T·K··CP··K··I·R···R··F··V·INKEK·LQ·SRN····D··········E··L·	23
Hoxl 12	S·K··KP··KQ·IA····N··LV·EFIN·QK·K··SNR···SDQ··········K·R·VV	28
Hoxl 13	G·K··VP··KL··K···N·YAI·KFINKDK·RRISATT··S····T······V·E··VV	31

Abb. 12.5
Konsenssequenzen der Homeodomänenfamilien und Paraloggruppen. Aminosäuren, die von der Konsenssequenz (oben) abweichen und mit benachbarten Paraloggruppen übereinstimmen, sind eingerahmt. Der Wert Δ bezeichnet die Anzahl der Aminosäuren, die vom Konsens abweichen. Nach W.J. Gehring, M. Affolter und T. Bürglin (1994) Homeodomain proteins. *Annual Reviews of Biochemistry* 63: 487–526.

deutet, dass sie ältere Gene sind (Abb. 12.5) und damit die längste Zeitspanne zur Verfügung hatten, um zu divergieren. Die erste Genduplikation dürfte deshalb vom Urhoxgen zu den beiden terminalen Genen *labial/Hox 1* und *Abd B/Hox 13* geführt haben. Durch eine Serie von ungleichen Rekombinationsvorgängen könnten dann die inneren Gene entstanden sein (Abb. 12.4). Während die terminalen Gene von diesen nachfolgenden Rekombinationsereignissen nicht betroffen sind, werden die inneren Gene mosaikartig aus Segmenten ihrer Genvorfahren zusammengesetzt und ihre Sequenzen werden «homogenisiert». Weil ihre inneren Gene später als die terminalen entstanden sind, hatten sie ausserdem weniger Zeit, in ihrer Sequenz vom Urhoxgen infolge von Mutationen abzuweichen als die terminalen Gene. Im Einklang mit dieser Hypothese weisen die terminalen Gene *labial, proboscipedia* und *Abdominal-B* ein Intron an der gleichen Stelle der Homeodomäne zwischen den Aminosäuren 44 und 45 auf. Zur Zeit fehlen allerdings Daten über frühere Evolutionsstufen des *Hox*-Komplexes, als noch weniger Gene den Komplex bildeten. Der Schnurwurm *Lineus* weist zwar einen Komplex auf, in dem das zu *Sex combs reduced* homologe Gen fehlt; aber es ist nicht auszuschließen, dass dieses Gen sekundär verloren gegangen oder aus dem Komplex transloziert worden ist. Dieses vorgeschlagene Modell gibt nur eine teilweise Erklärung für die Kolinearitätsregel; und es erfordert noch viel Arbeit, bis die Evolutionsvorgänge rekonstruiert werden können.

Mindestens zwei verschiedene genetische Mechanismen scheinen für die Aufrechterhaltung der Genreihenfolge verantwortlich zu sein. Zum einen gibt es sowohl bei *Drosophila* wie auch bei der Maus Hinweise, dass benachbarte Gene gemeinsame Kontrollregionen (enhancer) besitzen und somit funktionell aneinander gekoppelt sind, weil Translokationen das eine oder das andere Gen vom gemeinsamen enhancer abtrennen und damit zu einem Funktionsverlust führen. Trotzdem kann der Komplex gelegentlich wie bei *Drosophila* durch eine Translokation gespalten werden. Interessanterweise hat die Spaltung des Komplexes bei *Drosophila melanogaster* zwischen *Antennapedia* und *Ultrabithorax* stattgefunden, während der Komplex von *Drosophila virilis* zwischen *Ultrabithorax* und *abdominal-A* gespalten ist, wie François Karch und Mitarbeiter nachgewiesen haben. Ausserdem kann ausnahmsweise ein Gen wie *Deformed* bei *Drosophila* invertiert werden. Dado Boncinelli und seine Mitarbeiter haben einen weiteren stabilisierenden Faktor bei einem menschlichen *Hox*-Komplex entdeckt, bei dem ein einzelnes Exon am (5') Ende des Komplexes mit dem Transkript verschiedener Gene verspleisst wird. Auch dieser Mechanismus könnte die Genreihenfolge konstant halten.

Die Expressionsmuster der *Hox*-Gene in der Maus (Abb. 12.2) zeigen, dass das am weitesten vorne exprimierte Gen nicht im Bereich des Vorderhirns aktiv ist. Dies führt zur Frage, welche Gene das Vorderhirn spezifizieren, eine Region, die für die Neurobiologen von ganz besonderem Interesse ist. Zahlreiche Homeoboxgene liegen ausserhalb der *Hox*-Komplexe und sind entweder unabhängig entstanden oder sie waren ursprünglich im Komplex lokalisiert und sind dann transloziert worden. Letzteres könnte wohl für die Gene *caudal* und *empty spiracles* der Fall sein, da sie zusätzlich zu einer Homeobox ein YPWM-Peptidmotiv besitzen, das bei allen *Hox*-Genen mit Ausnahme von *Abdominal-B* gefunden wird. Ausserdem weisen sie ein Intron an der gleichen Position (Aminosäuren 44/45) der Homeodomäne auf, wie *labial, proboscipedia* und *Abdominal-B*. Weil Introns in der Evolution nur sehr selten entstehen, sind Gene mit der gleichen Introninsertionsstelle sehr wahrscheinlich miteinander verwandt. Es ist deshalb gut möglich, dass *empty spiracles* und *caudal* ursprünglich zum *Hox*-Komplex gehörten, und zwar an beiden Enden des Komplexes, weil *empty spiracles* in der vorderen Kopfregion und *caudal* in der hinteren Schwanzregion exprimiert werden. Antonio Simeone hat die Homeobox-Gene *empty spiracles* und *orthodenticle*, die bei *Drosophila* in der vorde-

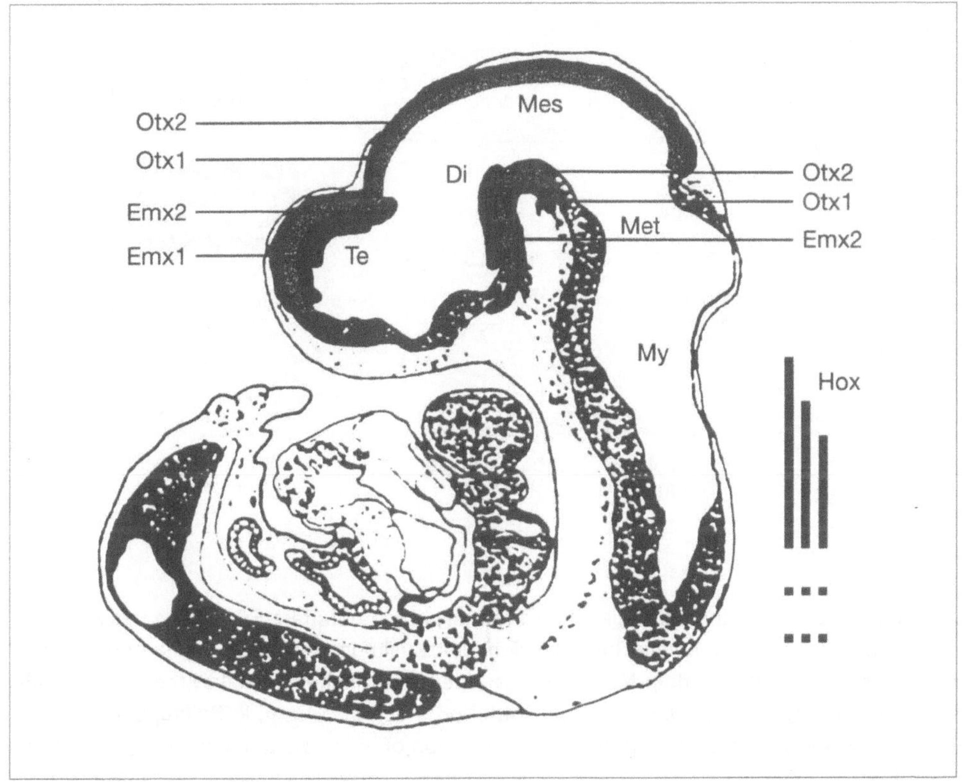

Abb. 12.6
Expressionsmuster der am weitesten vorne exprimierten Homeoboxgene (*Otx1* und *Otx2*, *Emx1* und *Emx2*) im Vorderhirn des Mausembryos. Abkürzungen: Di, Diencephalon (Zwischenhirn); Hox, Expressionsniveaus der drei am weitesten vorn exprimierten *Hox*-Gene; Mes, Mesencephalon (Mittelhirn); Met, Metencephalon (Hinterhirn); My, Myelencephalon (Nachhirn); Te, Telencaphalon (Vorderhirn). Nach A. Simeone, D. Acampora, M. Gulisano, A. Stornoiuolo und E. Boncinelli (1992) Nested expression domains of four homoeobx genes in the developing rostral brain. *Nature* 358: 687–690.

ren Kopfregion aktiv sind, als Sonden verwendet, um die homologen Gene der Maus zu isolieren. Wie er vorausgesagt hatte, werden diese Gene *emx* und *otx* auch beim Mausembryo im Vorderhirn exprimiert, in einem Muster, das weitgehend demjenigen von *Drosophila* entspricht (Abb. 12.6). In Zusammenarbeit mit Katsuo Furukubo-Tokunaga und Heinrich Reichert gelang es uns zu zeigen, dass die Gliederung des Gehirns in Neuromere zwischen *Drosophila* und Maus weitgehend übereinstimmt.

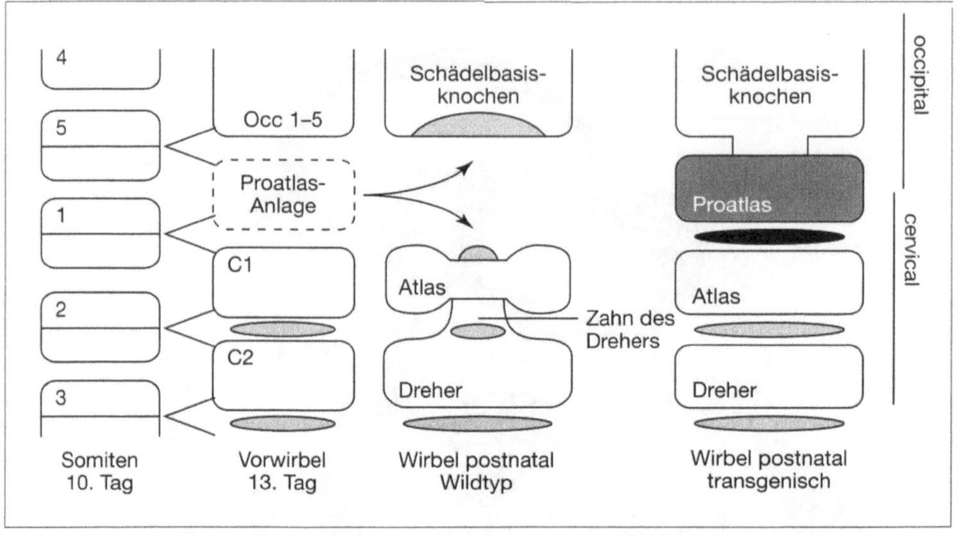

Abb. 12.7

Induktion eines zusätzlichen Wirbels, eines Proatlas, durch ubiqitäre Expression des *Hox a-7*-Gens bei der Maus. *Links*: Entwicklung des Schädelbasisknochens (Basioccipitale), des Atlas und des Drehers bei der Wildtyp-Maus. Occ, Schädelbasisknochen; C, Halswirbel. *Rechts*: Bildung eines Proatlas bei der *Hoxa-7*-Gewinnmutation. Nach M. Kessel, R. Balling und P. Gruss (1990) Variations of cervical vertebrae after expression of a *Hox 1.1*-trangene in mice. *Cell* 61: 301–308.

Aus den bisherigen Betrachtungen geht hervor, dass die Organisation der *Hox*-Gene in Genkomplexe und ihre Expressionsmuster bei Insekten und Säugetieren sehr ähnlich sind, aber haben die *Hox*-Gene auch die gleiche Funktion bei Säugetieren? Um diese Frage zu beantworten, wurden sowohl Gewinn- wie auch Verlustmutationen in den *Hox*-Genen der Maus erzeugt. Im Gegensatz zu den *Pax*-Genen, die wir im letzten Kapitel noch ausführlicher erörtern werden, sind für *Hox*-Gene bei Säugetieren und Menschen bisher nur wenige spontane oder induzierte Mutationen gefunden worden. Das mag mit der Tatsache zusammenhängen, dass es von den *Hox*-Genen mehrere Kopien (paraloge Gene) in den vier *Hox*-Komplexen gibt, die einander zum Teil funktionell ersetzen können. Die Mutationen mussten deshalb mittels Gentechnik erzeugt werden. Die erste Gewinnmutation bei der Maus wurde von Michael Kessel, Rudi Balling und Peter Gruss in Göttingen konstruiert. Sie brachten die kodierende Region des *Hox a-7*-Gens unter die Kontrolle des Aktinpromotors, der zu einer Expression von *Hox a-7* mehr oder weniger gleichmäßig über den ganzen Embryo führt, ähnlich wie wir es früher mit

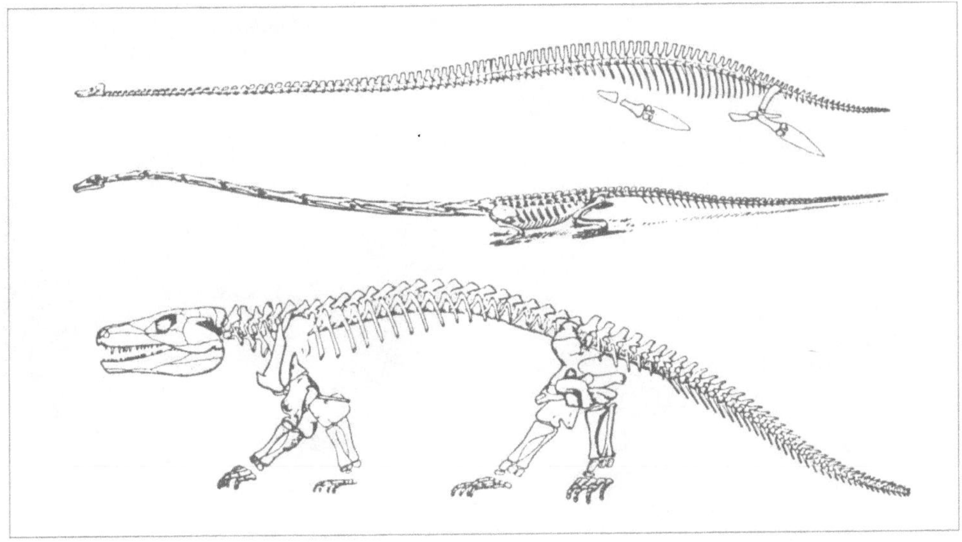

Abb. 12.8
Variationen in der Anzahl der Halswirbel bei fossilen Reptilien. *Oben*: *Elasmosaurus* (Kreide-zeit) mit zahlreichen Halswirbeln. *Mitte*: *Tanystropheus* (Trias) mit zehn verlängerten Halswir-beln. *Unten*: *Seymouria* (Perm), ein primitives Reptil aus der Übergangszone zwischen Amphi-bien und Reptilien mit sechs Halswirbeln. Nach E. Kuhn-Schnyder (1953) *Geschichte der Wir-beltiere* (Basel: Schwabe) 89, 90.

dem Hitzeschockpromotor und *Antennapedia* gemacht hatten. Transgenische Mäuse, die eine solche Gewinnmutation tragen, werden mit Abnormalitäten des Gesichts und des Schädels geboren und sterben nach der Geburt (Abb. 12.7). Sie bilden einen zusätzlichen Halswirbel, einen Proatlas, aus, der durch eine homeo-tische Transformation aus dem Basioccipitalknochen des Schädels hervorgeht. Atlas und Dreher weisen auch Charakteristika von weiter hinten gelegenen Hals-wirbeln auf. Diese Veränderungen zeigen, dass Gewinnmutationen in *Hox a-7* homeotische Transformationen in posteriorer Richtung erzeugen, ganz ähnlich wie *Antennapedia* bei *Drosophila*. Die Bildung eines zusätzlichen Halswirbels reprä-sentiert eine Rückkehr auf ein früheres Stadium der Evolution, wie wir es von den Reptilien kennen. Einen Proatlas findet man zum Beispiel bei den versteinerten Skeletten von Dinosauriern, und auch bei lebenden Reptilien findet man noch Anlagen eines Proatlas. Alle Säugetiere, mit wenigen Ausnahmen wie Faultieren und Seekühen, haben sieben Halswirbel, während die Zahl der Halswirbel bei Rep-tilien sehr variabel ist (Abb. 12.8). Die Reptilien scheinen mit der Konstruktion des

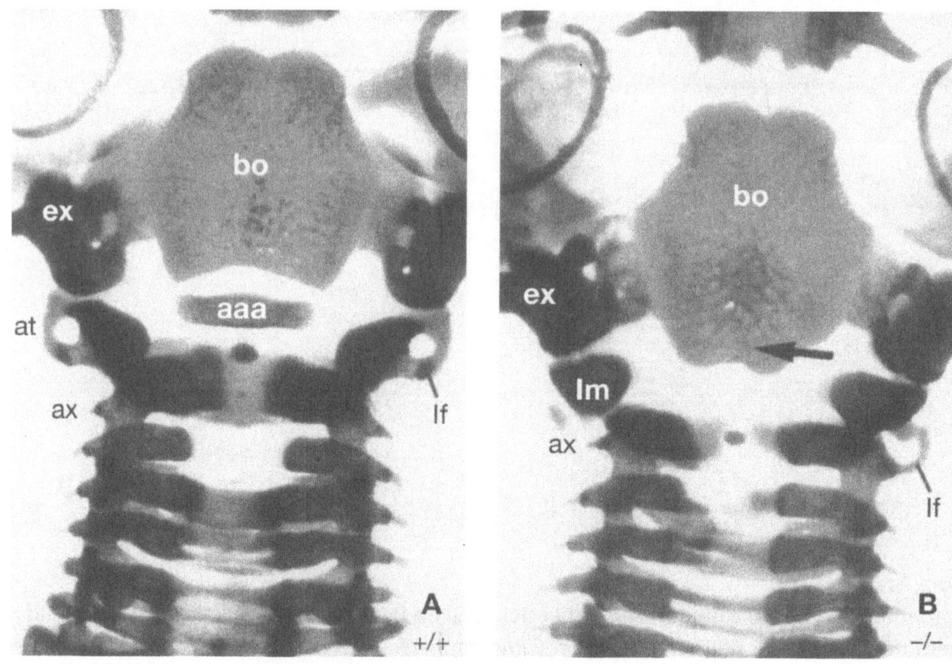

Abb. 12.9
Ausschalten des *Hox a-3*-Gens führt zur Transformation des Atlas (aaa) in einen Teil des Basioccipitalknochens (Pfeil). Nach B.G. Condie und M.R. Capecchi (1993) Mice homozygous for a targeted disruption of *Hoxd-3* (*Hox-4.1*) exhibit anterior transformations of the first and second cervical vertebrae, the atlas and the axis. *Development* 119: 579–595.

Halses zu experimentieren: Ein langer Hals kann entweder durch eine große Anzahl von Halswirbeln oder eine Verlängerung der einzelnen Wirbel erreicht werden. Der Grund, weshalb alle Säugetiere (einschließlich der Giraffe) genau sieben Halswirbel besitzen, ist das Resultat ihrer Stammesgeschichte: Säugetiere sind aus säugetier-ähnlichen Reptilien hervorgegangen, die zufälligerweise sieben Halswirbel aufwiesen. Auf diese Weise können wir das Rad der Evolution zurückdrehen, indem wir homeotische Mutationen einführen.

Die reziproke Verlustmutation wurde von Mario Capecchi und seinen Mitarbeitern erzeugt, indem sie das *Hox a-3*-Gen der Maus durch homologe Rekombination inaktivierten (siehe Abb. 4.20). Homozygote knockout-Mäuse (*Hox a-3⁻/ Hox a-3⁻*) zeigen eine partielle Transformation des Atlas in eine Verlängerung des Basioccipitalknochens (Abb. 12.9). Dies deutet darauf hin, dass Gewinn- und Verlustmutationen gegensätzliche Wirkung haben und homeotische Transformationen in der entgegengesetzten Richtung erzeugen, genau wie bei *Drosophila*. Die *Hox*-Gene der Säugetiere müssen deshalb als echte homeotische Gene betrachtet werden. Diese Experimente beweisen ausserdem eine Hypothese, die bereits von Johann Wolfgang Goethe vorgeschlagen wurde, der sich sowohl für Naturwissenschaft als auch Evolution besonders interessierte. Goethe vertrat die «Wirbeltheorie des Schädels», d.h. die Idee, dass die Schädelknochen im Verlaufe der Evolution aus Wirbeln entstanden sind. Diese Idee wird durch die erwähnten Experimente stark unterstützt, zeigen sie doch, dass durch eine einzelne Mutation ein Wirbel in einen Schädelknochen umgewandelt werden kann.

Der direkte Beweis für eine äquivalente Funktion besteht in der Übertragung eines homeotischen Gens der Maus auf *Drosophila*. Dieses wichtige Experiment wurde von meinem früheren Mitarbeiter Bill McGinnis und seiner Forschungsgruppe ausgeführt: Das *Hox b-6*-Gen der Maus wurde in einen Hitzeschockvektor eingesetzt und auf *Drosophila* übertragen. *Hox b-6* ist ein zu *Antennapedia* homologes Gen und nach Hitzeschockinduktion erzeugt es ebenfalls Antenne zu Bein-Transformationen (Abb. 12.10), und im Embryo bewirkt es eine Umwandlung von Kopfsegmenten zu T2 (zweites Thorakalsegment). Diese homeotischen Transformationen sind von denjenigen, die von *Antennapedia* erzeugt werden, nicht zu unterscheiden. Dieser drastische Effekt zeigt deutlich, dass die *Hox*-Gene der Maus funktionell homolog zu den entsprechenden homeotischen Genen von *Drosophila* sind. Leslie Pick hat diese Untersuchungen auf *Hox a-5* ausgedehnt, einem zu *Sex combs reduced* homologen Gen, und nachgewiesen, dass Gewinnmutationen in *Hox a-5* die gleiche Wirkung erzeugen wie die entsprechenden Mutationen in *Sex combs reduced* (Abb. 12.10). Dies belegt die Genspezifität der homeotischen Transformation. Pick und Mitarbeiter wiesen ausserdem nach, dass *Hox a-5* auch *fork-head*, ein Zielgen von *Sex combs reduced*, direkt reguliert und damit auch an der richtigen Stelle in die Hierarchie der Kontrollgene von *Drosophila* eingreift. Insekten können also die genetische Botschaft von Mäusen «verstehen» und «richtig interpretieren».

Da die Homeodomäne im Verlaufe der Evolution so stark konserviert worden ist, würde man erwarten, dass auch die Bindungsstellen in der DNA konstant geblieben sind, zusammen mit den genetischen Regelkreisen, weil Homeodomänen und Zielgene koevulieren. In Zusammenarbeit mit Debra Wolgemuth haben wir diese Hypothese am *Hox a-4*-Gen überprüft. Das Intron von *Hox a-4* enthält ein hoch konserviertes Regulationselement, das durch Sequenzvergleich mit homologen und paralogen Genen von anderen Wirbeltieren entdeckt wurde. Mein Doktorand Theo Haerry führte dieses Element in *Drosophila* ein und konnte zeigen, dass

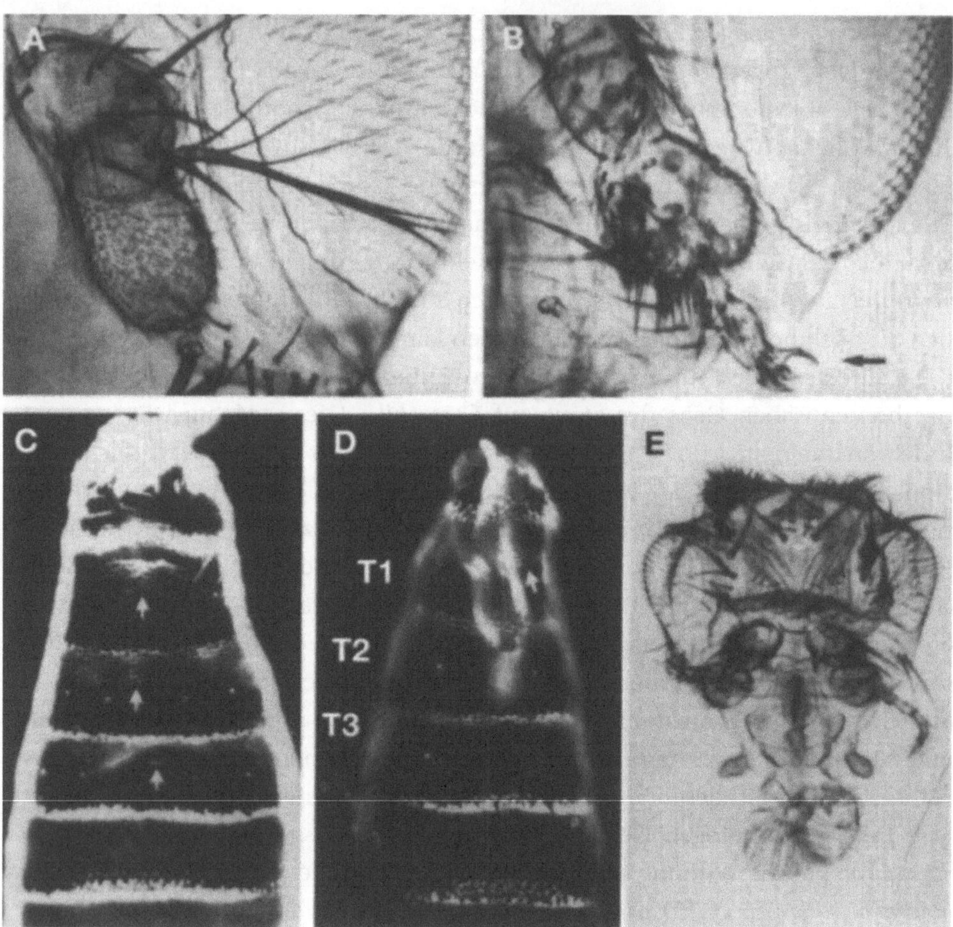

Abb. 12.10

Homeotische Transformationen induziert durch Maus-*Hox*-Gene bei *Drosophila*. (A) Normale Antenne (Fühler). (B) Antenne-zu-Bein-Transformation induziert durch ubiquitäre Expression von *Hox b-6*, ein zu *Antennapedia* homologes Gen. (C) Homeotische Transformation von T2 und T3 zu T1 in einer Larve nach ubiquitärer Expression von *Hox a-5*. Die Pfeile weisen auf die bartähnliche Struktur hin, die charakteristisch für T1 ist. (D) Normale Larve. T1–T3, thorakal Segmente. (E) Homeotische Transformation der Arista (Fühlerborste) in Fussglieder, sowie des Hinterkopfes in dorsale Thorakalstrukturen. A–B nach J. Malicki, K. Schughart und W. McGinnis (1990) Mouse *Hox-2.2* specifies thoracic segmental identity in *Drosophila* embryos and larvae, *Cell* 63: 961–967. C–E nach J.J. Zhao, R.A. Lazzarini und L. Pick (1993) The mouse *Hox-1.3* gene is functionally equivalent to the *Drosophila Sex combs reduced* gene. *Genes and Development* 7: 343–354.

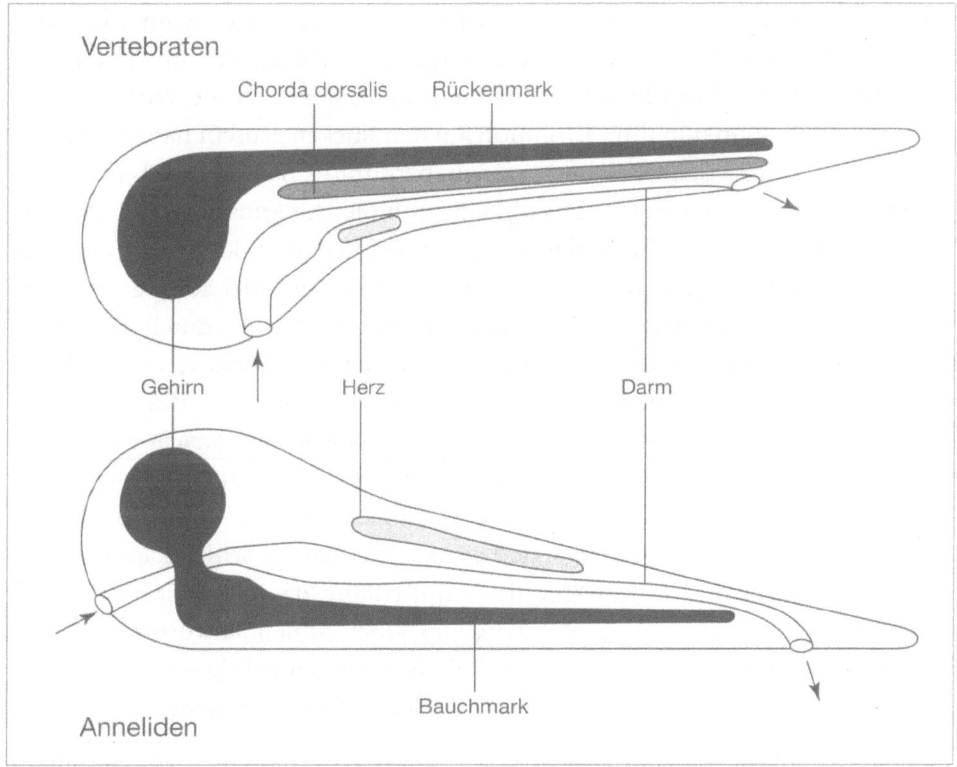

Abb. 12.11
Hypothetische dorso-ventrale Umkehrung des Bauplans von Wirbeltieren und Wirbellosen. Der allgemeine Bauplan eines Wirbeltieres und eines Anneliden (Borstenwurms) sind schematisch dargestellt.

es von Homeoproteinen von *Drosophila* «erkannt» wird. Fliegen vermögen also auch regulatorische Elemente der Maus zu «erkennen».

Die Entdeckung der Homeobox scheint also einen universalen genetischen Kontrollmechanismus der Morphogenese an das Licht gebracht zu haben. Die Festlegung des Bauplans entlang der antero-posterioren Achse erfolgt durch die gleichen homeotischen Gene bei Insekten und Säugetieren und darf wohl auf alle Metazoen, die homeotische Gene besitzen, extrapoliert werden. Ob das gleiche auch für die dorso-ventrale Achse gilt, ist nicht offensichtlich. Die Positionsinformation entlang der dorso-ventralen Achse wird hauptsächlich durch Gene spezifiziert, die keine Homeobox aufweisen. Ausserdem besteht ein wesentlicher Unterschied im Bauplan von Wirbeltieren und Wirbellosen in Bezug auf die dorso-ventrale Achse: Vertebraten besitzen ein dorsales Nervensystem (Rückenmark), während die meisten Wirbellosen ein ventral gelegenes Nervensystem aufweisen. Dieser Unterschied verschwindet, wenn man annimmt, dass sich die Wirbeltiere zu einem frühen Zeitpunkt in ihrer Evolution auf den Rücken gedreht haben, wie dies von Etienne Geoffroy Saint-Hilaire in seinem berühmten Streitgespräch mit Georges Cuvier vorgeschlagen wurde. Das ist keine unmögliche Annahme, weil sich z.B. die Plattfische (Schollen) im Verlaufe ihrer Individualentwicklung auf die Seite legen und das eine Auge von der Unterseite durch den Schädel auf die Oberseite wandert. Die Hypothese von Geoffroy Saint-Hilaire wird gestützt durch die Expressionsmuster derjenigen Gene, die an der Festlegung der dorso-ventralen Achse beteiligt sind. Ein schlagendes Beispiel ist das Gen *decapentaplegic*, das für ein Signalmolekül kodiert, und das homologe Gen *bone morphogenetic protein-4* (*BMP-4*). Während *decapentaplegic* bei *Drosophila* dorsal exprimiert wird, ist *BMP-4* ventral im Bauplan des Mausembryos exprimiert. Die Anzahl solcher Fälle nimmt allmählich zu, und zwei noch mehr überzeugende Beispiele werden im Schlusskapitel aufgezeigt. Damit könnte die Idee von Geoffroy Saint-Hilaire, dass der Bauplan der Wirbeltiere durch eine Umdrehung des Bauplans eines Annelidenwurms um 180° erklärt werden kann, obwohl äusserst spekulativ, dennoch richtig sein.

Die homeotischen Gene haben in der Evolution bei der Festlegung des Bauplans eine fundamentale Rolle gespielt. Weil sie «Masterkontrollgene» (Hauptschaltergene) sind, haben sie einen drastischen Effekt auf die Morphogenese. Antennen können zu Beinen umgewandelt werden, oder ein zusätzliches Beinpaar kann am ersten Abdominalsegment erzeugt werden. Die meisten dieser drastischen Mutationseffekte sind letal oder schädlich und werden deshalb in der Natur ausgemerzt; aber in seltenen Fällen kann sich eine Veränderung des Bauplans halten und zu einem neuen Zweig des Stammbaumes führen. Jede homeotische Mutation muss gefolgt sein von einer Vielzahl von kleinen Mutationen in den Zielgenen weiter unten in der Hierarchie der Kontroll- und anderen Zielgene. Diese Optimierung eines neuen Entwicklungswegs dauert wohl geraume Zeit. Bis jetzt haben sich die Evolutionsforscher weitgehend darauf beschränkt, die Evolutionsvorgänge so gut wie möglich zu rekonstruieren. In Zukunft sollte es jedoch möglich sein, die Probleme der Evolution direkt experimentell genetisch zu erforschen.

Ein tiefer Blick in die Augen

Der Computer begann, eine große Anzahl von Sequenzen auszugeben, und plötzlich realisierte ich, dass wir eine große Entdeckung gemacht hatten. Früher an jenem Tag hatte Rebecca Quiring die Basensequenz ihres Gens fertig bestimmt und die ersten fünfhundert Basenpaare in den Computer eingegeben, um die Datenbank am Europäischen Molekularbiologie Laboratorium in Heidelberg nach ähnlichen Sequenzen abzusuchen. Sie hatte geglaubt, die Antwort sofort zu erhalten, aber ich sagte ihr, dass sie sich schon etwas gedulden müsse, obwohl sie das sog. FAST A-Programm verwendet hatte, denn der Computer musste nun mehrere zehn Millionen Basenpaare auf ähnliche Sequenzen absuchen. Und so gingen wir zuerst zum Mittagessen, und nachdem wir zurückkamen, hatte sich das Wunder ereignet. Der Computer hatte eine große Zahl ähnlicher Sequenzen gefunden und sie nach dem Grad ihrer Ähnlichkeit aufgelistet. Die beste Übereinstimmung wurde zwischen unserem *Drosophila*-Gen und dem Maus *Pax-6*-Gen bzw. dem menschlichen *Aniridia*-Gen gefunden, gefolgt vom *paired*-Gen von *Drosophila*; und es ging mir sofort der Gedanke durch den Kopf, dass Rebecca wahrscheinlich das *eyeless*-Gen von *Drosophila* gefunden hatte. Urs Kloter hatte ihr Gen mittels *in situ*-Hybridisierung im Abschnitt 102D des vierten Chromosoms lokalisiert, und eines der wenigen bekannten Gene in diesem Chromosomenabschnitt war *eyeless*. Ich sagte vorerst nichts und studierte den Computerausdruck weiter. Mit einem leicht triumphierenden Ton sagte Rebecca: «Ich habe ja gesagt, das Gen hat keine Homeobox», aber ich ließ mich nicht beirren und bat sie, die nächsten fünfhundert Basenpaare einzugeben, da ich wusste, dass Maus-*Pax-6* eine Homeobox aufweist. Nach der zweiten Suche produzierte dann der Computer eine große Liste mit Homeoboxgenen. Dann sagte ich ihr und den anderen Mitarbeitern, die um den Computer herumstanden, dass sie sehr wahrscheinlich das *eyeless* von *Drosophila* kloniert habe, was die Perspektive eröffnete, dass das *Small eye* (= *Pax-6*)-Gen der Maus homolog zum *eyeless*-Gen von *Drosophila* sei. Alle waren begeistert und Rebecca hüpfte von einem Fuß auf den anderen vor Freude durch den Gang.

Diese Entdeckung ereignete sich ganz zufällig, denn ich hatte Rebecca als Dissertationsthema eine ganz andere Aufgabe gegeben. Sie sollte ein anderes Gen klonieren, dessen Proteinprodukt an eine bestimmte Oligonukleotidsequenz binden sollte, die sie zuvor in der Kontrollregion der *fushi tarazu-* und *caudal*-Gene gefunden hatte. Als Kontrolle hatte ich ihr ein Oligonukleotid, an welches die Homeodomäne bindet, gegeben, in der Erwartung, dass zahlreiche Proteine mit einer Homeodomäne daran binden würden. Rebecca konnte jedoch das gesuchte Gen nicht finden, und so erklärte ich mich schließlich einverstanden, dass sie ein Gen charakterisieren sollte, dessen Genprodukt ausserordentlich stark an das Kontroll-Oligonukleotid band. Manchmal sind eben Kontrollexperimente wichtiger als die eigentlich geplanten Experimente. Rebecca hatte meine Neugierde ausserdem dadurch geweckt, dass sie behauptete, das Gen habe keine Homeobox, obschon das Proteinprodukt an einen Homeodomäne-Bindungsort band. Dies stellte sich später als falsch heraus. In jedem Fall war die Wahl dieses Gens eine äusserst glückkliche.

Mit der tatkräftigen Unterstützung durch Uwe Walldorf gelang es zu zeigen, dass das klonierte Gen tatsächlich *eyeless* war. Die erste *eyeless*-Mutation wurde bereits 1915 von Mildred Hoge gefunden (Abb. 13.1), und verschiedene *eyeless*-Mutationen wurden seither gesammelt und in den Stockzentren weitergezüchtet; aber einige dieser Stämme wurden verwechselt oder gingen verloren, so dass wir schließlich nur drei oder vier unabhängige Mutationen zur Verfügung hatten. Dennoch gelang es uns mit Hilfe dieser Mutationen, *eyeless* zu identifizieren. Zwei dieser Mutationen, die spontan entstanden sind, enthalten je ein fremdes Transposon im ersten Intron des klonierten Gens und zeigen somit eine molekulare Läsion im klonierten Gen. Ausserdem wies das Expressionsmuster darauf hin, dass das klonierte Gen *eyeless* entspricht, weil das klonierte Gen spezifisch in der Augenscheibe der normalen Larve exprimiert wird (Abb. 13.2), während in den Augenscheiben der beiden Mutanten wenig oder gar keine Expression feststellbar ist. Diese Befunde bestätigen, dass Rebecca *eyeless* kloniert hatte, und die Computersuche zeigte eine starke Sequenzhomologie zum *Small eye*-Gen der Maus und zum menschlichen *Aniridia*-Gen.

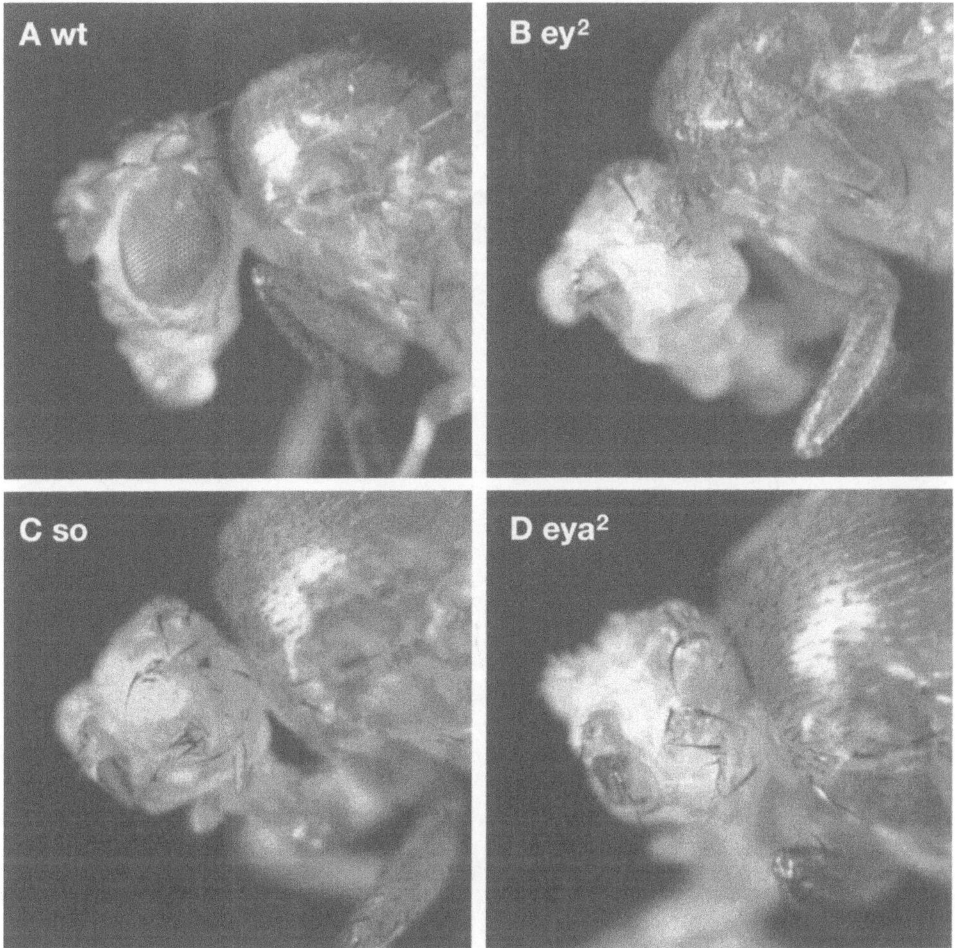

Abb. 13.1
Drosophila-Mutationen, die zum Fehlen der Augen führen: (A) Wildtyp mit normalen Augen; (B) *eyeless* (*ey²*); (C) *sine oculis* (*so*); (D) *eyes absent* (*eya²*). Aufnahmen U. Kloter.

An diesem Punkt möchte ich erwähnen, dass mir kurz nach unserer Entdeckung der Homeobox in Wirbeltieren Brigid Hogan einen Brief geschrieben hatte, in dem sie den Vorschlag machte, dass die Mutation *Small eye* ein guter Kandidat für eine Mutation in einem Homeoboxgen bei Wirbeltieren sein könnte. Mäuse, die heterozygot für die Mutation *Small eye* sind (mit einer mutierten und einer normalen Kopie des Gens), haben stark reduzierte Augen, während homozygote Embryonen (mit zwei defekten Genen) keine Augen bilden und auch keine

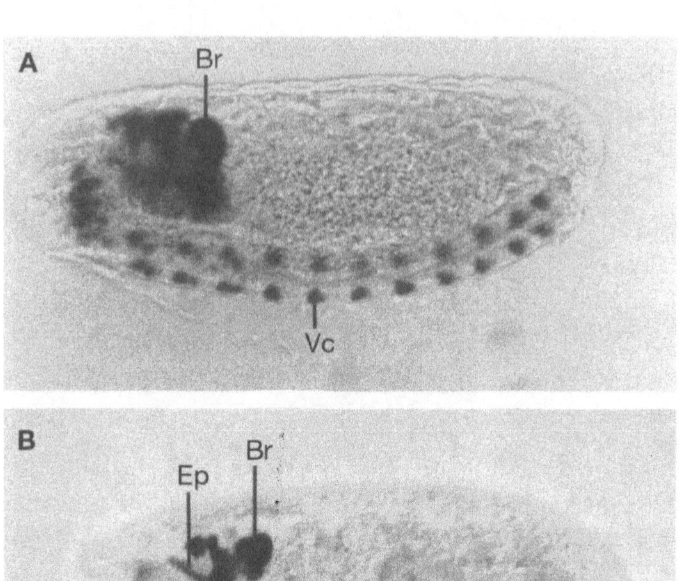

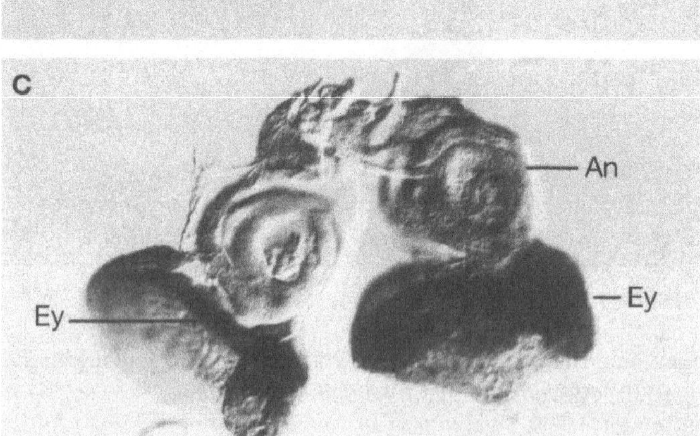

Abb. 13.2

Expressionsmuster von *eyeless* im *Drosophila*-Embryo (Wildtyp) und in den larvalen Imaginalscheiben. (A) Seitenansicht des Embryos, *eyeless*-mRNA lässt sich in bestimmten Zellen des Gehirns (Br) und des Bauchmarks (Vc) nachweisen. (B) Dorsalansicht, spezifisches Expressionsmuster im Gehirn (Br) und in den Augenanlagen (Ep) des Embryos. (C) In den Augenscheiben der Larve wird *eyeless* vorallem im vorderen Teil, vor der morphogenetischen Furche (Ey) exprimiert, während die Expression in der Antennenscheibe (An) auf einen schmalen Streifen in Nähe der Augenscheibe beschränkt ist. Aufnahmen U. Kloter.

Nasenöffnungen aufweisen. Zu diesem Zeitpunkt schienen mir die Argumente von Brigid nicht besonders überzeugend; aber ihre Intuition war richtig, denn einige Jahre später konnte sie in Zusammenarbeit mit Robert Hill zeigen, dass *Small eye*-Mutanten tatsächlich das *Pax-6*-Gen betreffen, das sowohl eine Homeobox wie eine Pairedbox aufweist.

Die Pairedboxgene, abgekürzt *Pax*-Gene, wurden zuerst bei *Drosophila* von Markus Noll am Biozentrum in Basel entdeckt. Mit *Drosophila*-Sonden, die ihnen von Herbert Jäckle zur Verfügung gestellt wurden, haben Peter Gruss und seine Mitarbeiter systematisch die *Pax*-Gene der Maus isoliert. Die Pairedbox kodiert für eine DNA-Bindungsdomäne von 130 Aminosäuren, die charakteristisch ist für *Pax*-Gene. Zusätzlich zur Pairedbox enthalten bestimmte *Pax*-Gene eine Homeobox, also eine zweite DNA-Bindungsdomäne. Die *Pax*-Gene zeigen mit besonderer Deutlichkeit das Phänomen des «evolutionary tickering», des Bastelns in der Evolution, das von François Jacob beschrieben wurde. Die *Pax*-Gene sind nicht von Grund auf neu entstanden, sondern durch das Zusammenfügen von größeren oder kleineren Segmenten oder Domänen bestehender Gene (Abb. 13.3): Einige haben nur eine Pairedbox, andere haben eine Paired- und eine Homeobox, und wiederum andere haben eine Pairedbox und nur einen Teil einer Homeobox, die für den N-terminalen Arm und erste α-Helix kodiert. Neue Gene scheinen also nicht nur durch Genduplikation und anschließende Divergenz zu entstehen, wie im vorgehenden Kapitel besprochen, sondern auch durch Rekombination von Exons oder anderer DNA-Abschnitte in einem Prozess, der stark an eine Bastelarbeit erinnert und fast spielerisch anmutet. Beim Vergleich der *Pax*-Gene von Säugetieren und *Drosophila* stellte Noll fest, dass ein zu *Pax-6* homologes Gen bei *Drosophila* fehlte. Das war das Gen, das wir entdeckten, aber niemand hätte vorausgesagt, dass das *Pax-6* homologe Gen in *Drosophila eyeless* sei. Der Vergleich zwischen *Pax-6* und *eyeless* zeigt eine unerwartet hohe Sequenzähnlichkeit: Die Aminosäuresequenzen der Paireddomänen sind zu 94% identisch, diejenigen der Homeodomänen zu 90% und es gibt auch zahlreiche Übereinstimmungen in den Regionen ausserhalb der beiden Boxen. Ausserdem sind zwei von drei Intronpositionen in der Pairedbox und eine von zwei Intronpositionen in der Homeobox identisch, was ein starkes Argument dafür ist, dass *Pax-6* und *eyeless* echt homologe (orthologe) Gene sind.

Ein Vergleich der Expressionsmuster der beiden Gene ist auch sehr aufschlussreich: *Pax-6* wird zuerst im Vorder- und Hinterhirn des Mausembryos exprimiert und anschließend im Neuralrohr (das sich später zum Rückenmark entwickelt) entlang der ganzen Körperachse. Von Beginn der Augenentwicklung an wird *Pax-6* nacheinander im Augenbecher, der Retina, der Linse und der Hornhaut (Cornea)

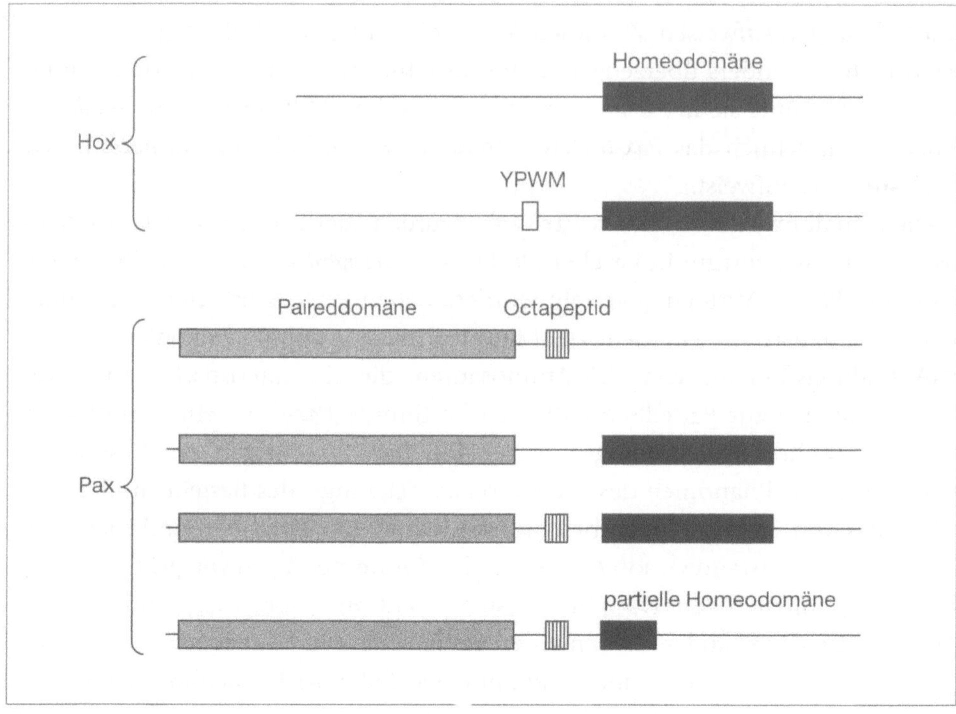

Abb. 13.3
Die Entstehung der *Hox*- und *Pax*-Gene im Verlaufe der Evolution durch «evolutionäres Basteln». Zahlreiche Kombinationsmöglichkeiten von Homeo- und Paired-domänen mit YPWM- und Oktapeptidmotiven sind verwirklicht worden.

exprimiert, was darauf hindeutet, dass *Pax-6* an der Induktion des Auges wesentlich beteiligt sein könnte. *Pax-6* wird jedoch auch in der Nase exprimiert. Beim Menschen wurde eine Erbkrankheit beschrieben, die sog. *Aniridia*, deren Manifestationsmuster sehr ähnlich zu demjenigen der *Small eye*-Mutation bei der Maus ist. Heterozygote *Aniridia*-Patienten haben reduzierte Augen, mit rückgebildeter oder fehlender Iris. Nur einige wenige Föten sind beschrieben worden, von den man annimmt, dass sie homozygot für eine *Aniridia*-Mutation waren. Diese Föten waren letal und gänzlich augenlos. Carl Ton, Grady Saunders, Veronica van Heyningen und ihren Mitarbeitern gelang es, das menschliche *Aniridia*-Gen zu klonieren und zu zeigen, dass es ausserordentlich ähnlich ist zum *Small eye* (= *Pax-6*)-Gen der Maus; die beiden Gene kodieren für Proteine, die in ihrer Aminosäuresequenz identisch sind. Die Expressionsmuster im Auge sind ebenfalls weitgehend identisch. Die Expression von *eyeless* bei *Drosophila* ist ganz ähnlich und beginnt ebenfalls im Gehirn und breitet sich dann entlang dem ganzen Bauchmark des Embryos aus (siehe Abb. 13.2). Später beschränkt sich die Expression auf bestimmte Bereiche des Gehirns und die Embryonalanlagen der Augen. Während der Larvenentwicklung wird *eyeless* in den Augenimaginalscheiben exprimiert, und zwar vor allem in der Region vor der morphogenetischen Furche, d.h. bevor sich die Zellen zu den verschiedenen Zelltypen des Auges differenzieren. Bei *Drosophila* wie auch bei Säugetieren scheint das Gen also eine wichtige Rolle bei der Determination des Auges zu spielen. Ausserdem unterstützt der Befund, dass *Pax-6* im dorsalen Rückenmark der Säugetiere und im ventralen Nervensystem der Insekten exprimiert wird, die Idee, dass die Körperbaupläne von Vertebraten und Invertebraten dorsoventral umgekehrt sind. Nun stellte sich die Frage, ob *eyeless* und *Small eye* Masterkontrollgene für die Augenentwicklung sind. *A priori* war *eyeless* nicht unbedingt ein Kandidat, da Verlustmutationen zum Verlust der Augen führten und nicht zu einer homeotischen Transformation. Ich wollte deshalb eine Gewinnmutation konstruieren, ähnlich wie z.B. *Antennapedia*, in der Hoffnung, dass die ektopische Expression von *eyeless* in anderen Körperregionen die Bildung von Augen induzieren könnte. Diese Idee stieß auf große Skepsis unter meinen Kollegen. Ich berichtete über die Klonierung des *eyeless*-Gens und seine Homologie zu *Pax-6* an unserem «*Drosophila* Workshop» in Kolymbari auf Kreta, wo sich die Drosophilisten aus aller Welt alle zwei Jahre zu einer «Werkstatt» treffen, in welcher die neuesten wissenschaftlichen Ergebnisse ausgetauscht und intensiv diskutiert werden. Nach meinem Vortrag, in welchem ich zeigte, dass homologe Gene an der Augenentwicklung von Säugetieren und Insekten beteiligt sind, berichtete Rolf Bodmer vom Homeoboxgen *tinman*, das sowohl bei *Drosophila* als auch bei Wirbeltieren als Kontrollgen an der Herzentwicklung beteiligt ist. Weil das Herz der Insekten dorsal gelegen ist, während dasjenige der Säugetiere ventral angelegt wird, ist dies ein weiteres Argument für Geoffroy Saint-Hilaires Hypothese der Inversion des Körperbauplans. Es folgte eine lebhafte Diskussion über mein Traumexperiment, zusätzliche Augen in anderen Imaginalscheiben, wie z.B. der Flügelscheibe, zu induzieren. Aber jeder meiner Kollegen fand mindestens einen guten Grund, warum dieses verrückte Experiment auf keinen Fall funktionieren könne, und die Diskussion wurde sogar am Nachmittag fortgesetzt, als wir im Meer vor der Akademie schwimmen gingen. Ich sagte meinen jüngeren Kollegen, dass ich bereits vor vielen Jahren eine Transdetermination von Flügel- zu Augengewebe beobachtet hatte (Abb. 11.4), aber sie waren überzeugt, dass ein einzelnes Gen unmöglich ein ganzes Auge induzieren könnte.

Zurück im Biozentrum überzeugte ich meinen belgischen Postdoktoranden Patrick Callaerts, mein Traumexperiment zu versuchen, und zwar nicht nur mit dem *Drosophila*-Gen, sondern auch mit *Small eye* von der Maus. Patrick erhielt kurze Zeit später Verstärkung durch meinen Doktoranden Georg Halder, der bereits einige Erfahrung mit gezielter ektopischer Genexpression besaß. Wir entschlossen uns, den Transkriptionsfaktor *GAL 4* von Hefe zu Hilfe zu nehmen, um *eyeless* in anderen Imaginalscheiben, ausser der Augenscheibe, zu exprimieren (Abb. 13.4). Andrea Brand und Norbert Perrimon hatten unser enhancer-Detektionsverfahren einen Schritt weiterentwickelt und anstelle von β-Galactosidase den Transkriptionsfaktor *GAL 4* als Reportergen verwendet. *Drosophila* besitzt kein zu *GAL 4* homologes Gen und auch keine Zielgene, die von *GAL 4* angeschaltet würden, sodass es sich für gezielte Genexpression gut eignet. Das Gen, in unserem Fall *eyeless*, das man ektopisch exprimieren möchte, wird mit einem UAS-Element fusioniert, an welches *GAL 4* binden kann, worauf das Zielgen exprimiert wird. Zu diesem Zweck mussten wir zunächst eine enhancer-Detektorlinie isolieren, die *GAL 4* in verschiedenen Imaginalscheiben exprimiert. Die Linie E 132 erfüllte diesen Zweck und exprimiert *GAL 4* in den Antennen-, Flügel- und Beinscheiben (Abb. 13.4) und erlaubte uns, *eyeless* in diesen Scheiben zu exprimieren.

Wie im Falle von *Antennapedia*, als wir zunächst nur drei Beinborsten entdecken konnten, fanden Patrick und Georg zunächst nur rote Augenpigmente; aber eine Woche später erschienen die ersten Augenfacetten, und schließlich kamen spektakuläre ektopische Augen auf Antennen, Flügeln und Beinen zum Vorschein (Farbtafel 7 und Abb. 13.5). Die licht- und elektronenmikroskopische Untersuchung der ektopischen Augen zeigte, dass die Struktur der Augen und Photorezeptoren normal war (Abb. 13.7). Nach Belichtung zeigten die Photorezeptoren eine elektrophysiologische Reaktion, wie sie für isolierte normale Photorezeptoren charakteristisch ist. Diese Befunde zeigen, dass *eyeless* ein Masterkontrollgen für die Augenentwicklung ist. Ein einzelnes Gen kann offenbar eine ganze Kaskade von schätzungsweise 2000 Genen in Gang setzen, die benötigt werden, um ein Auge aufzubauen. Dieser Zahlenwert beruht auf einem Screen für enhancer-Detektoren, die im Verlaufe der Augenentwicklung exprimiert werden. Die Induktion von ektopischen Augen durch ein einzelnes Gen illustriert den Begriff des Masterkontrollgens am deutlichsten.

Zu diesem Zeitpunkt waren alle meine Mitarbeiter überzeugt, dass meine Voraussagen richtig waren, und so kam der Befund, dass auch das *Small eye*-Gen der Maus bei *Drosophila* ektopische Augen induzieren kann (Abb. 13.6), wenig überraschend. Natürlich waren die induzierten Augen Komplexaugen von *Drosophila*, was

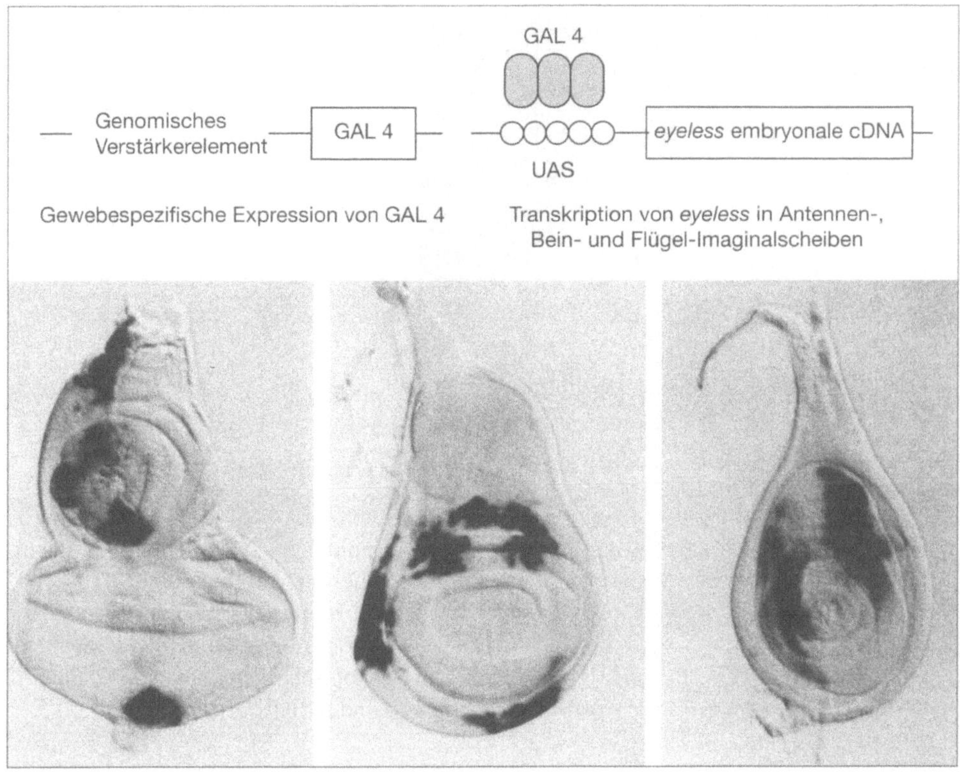

Abb. 13.4

Gezielte Expression des *eyeless*-Gens in verschiedenen Imaginalscheiben. Der Transkriptions-faktor GAL4 von Hefe wird von einen genomischen Verstärkerelement (Enhancer) gesteuert. Sein Expressionsmuster in verschiedenen Imaginalscheiben (links Augenantennenscheibe, Mitte Flügelscheibe, rechts Beinscheibe) kann mittels Reportergen-Färbung aufgezeigt wer-den. Das *eyeless*-Gen (embryonale c-DNA) wird an fünf Kopien der «upstream activating sequence» (UAS) von GAL4 angeschlossen, an welche GAL4 binden und *eyeless* aktivieren kann. Die Expression von *eyeless* ist auf diejenigen Orte beschränkt, wo GAL4 exprimiert wird. Nach G. Halder, P. Callaerts and W.J. Gehring (1995) Induction of ectopic eyes by targeted expression of the *eyeless* gene in *Drosophila. Science* 267: 1788–1792. Mit Genehmigung der American Association for the Advancement of Science (AAAS), Washington, D.C.

aufgrund des Experiments von Oskar Schotté (siehe Kapitel 4) zu erwarten war, weil nur das Hauptschaltergen von der Maus stammte und *Drosophila* die übrigen 2000 Gene, die für die Bildung eines Auges benötigt werden, beisteuerte.

Dieses Mal schafften unsere Experimente die Titelseite der *New York Times* mit der Überschrift «With New Fly, Science Outdoes Hollywood» (Mit neuer Fliege

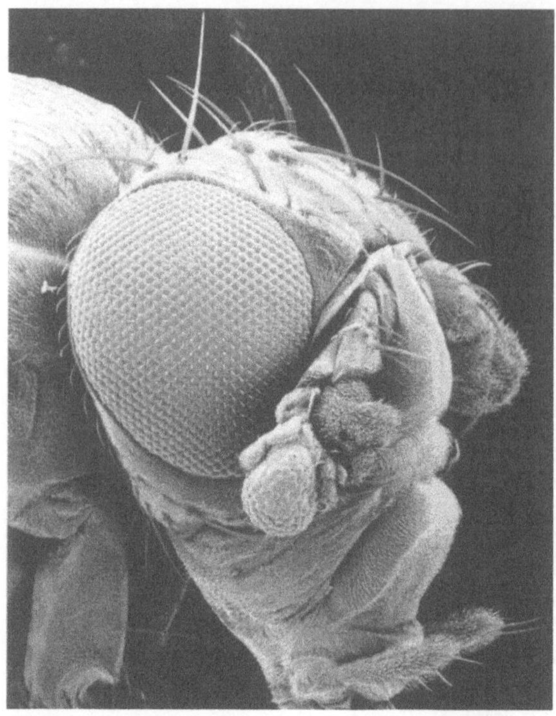

Abb. 13.5
Induktion eines zusätzlichen Auges auf der Antenne einer Taufliege durch ektopische Expression des *eyeless*-Gens. Rasterelektronmikroskopische Aufnahme von G. Halder und A. Hefti.

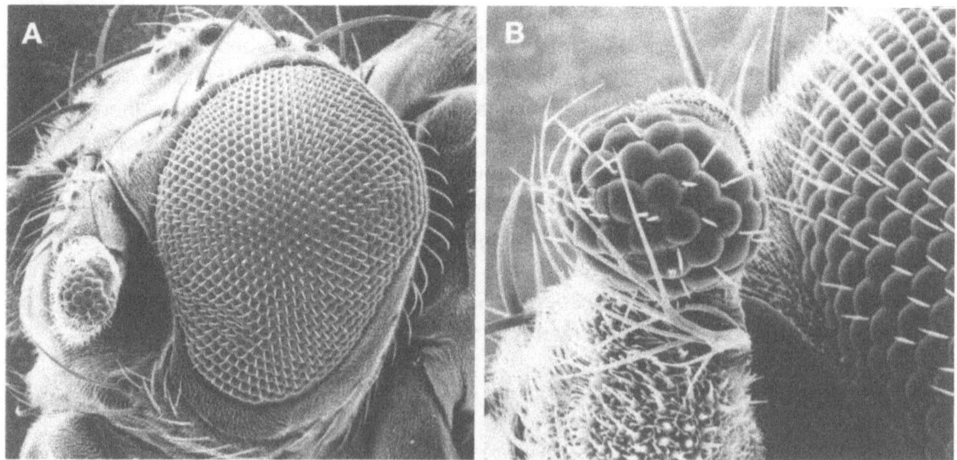

Abb. 13.6
Auf der Antenne induziertes Auge durch Expression des Maus *Pax-6* (*Small eye*)-Gens in der Antennenscheibe. (A) Übersicht. (B) Stärkere Vergrösserung. Rasterelektronmikroskopische Aufnahmen von G. Halder und A. Hefti.

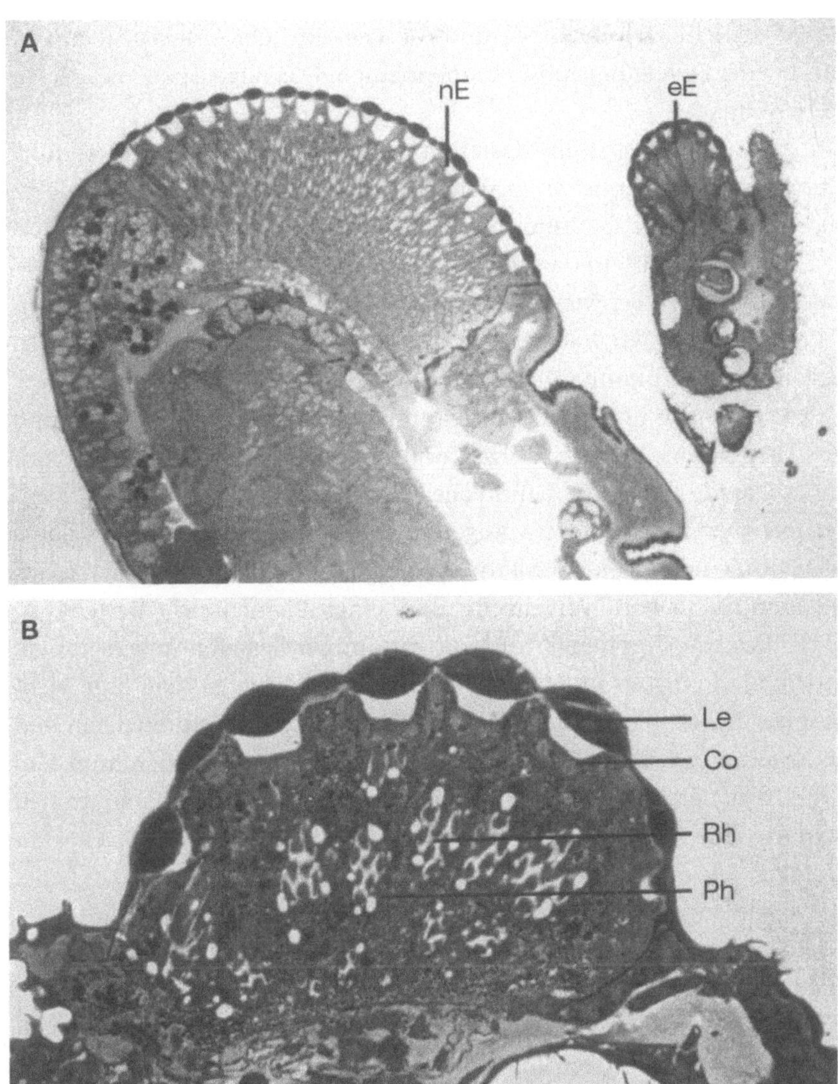

Abb. 13.7
Morphologie eines normalen und eines ektopischen Auges. (A) Schnitt durch ein normales
Auge (NE) und ein ektopisches (eE) auf der Antenne. (B) Normale Morphologie des ektopischen
Auges mit Linsen (Le), Kegelzellen (Co), Photorezeptorzellen (Ph) mit normaler Anzahl von
Rhabdomeren (Rh) pro Ommatidium. Nach G. Halder, P. Callaerts and W.J. Gehring (1995) Induc-
tion of ectopic eyes by targeted expression of the *eyeless* gene in *Drosophila*. *Science* 267:
1788–1792. Mit Genehmigung der American Association for the Advancement of Science
(AAAS), Washington, D.C.

übertrifft die Wissenschaft Hollywood) und die Reaktion der Öffentlichkeit war viel stärker als bei der Erzeugung von Antennenbeinen. Das Auge ist eben doch ein ganz besonderes Organ.

Die Identifikation von *eyeless* als Masterkontrollgen für die Augenentwicklung hat große Auswirkungen auf unsere Vorstellungen über die Evolution der Augen. Schon für Darwin stellte die Evolution der Augen, als Organe von extremer Perfektion, ein schwieriges Problem dar. In seinem Buch *The Origin of Species* widmete er ein ganzes Kapitel den Schwierigkeiten seiner Theorie und erwähnt schon am Anfang die Probleme, die wir haben, den Ursprung des anscheinend perfekten Auges zu finden. *A priori*, argumentierte er, würde man denken, dass ein so perfektes Organ wie das Auge unmöglich auf Grund von zufälligen Variationen und Selektion entstehen könnte (statt zufällige Variationen würden wir heute Mutationen sagen; aber Darwin waren die Grundlagen der Genetik nicht bekannt). Dennoch, fuhr er fort, wenn die perfekten Augen, die wir bei den lebenden Organismen vorfinden, von einem primitiven Prototyp-Auge abstammen würden, das aus nur einer lichtempfindlichen Nervenzelle und einer Pigmentzelle besteht, so könnte die Selektion (Auslese) zur Evolution von immer besseren Augen führen, die dem betreffenden Organismus einen Selektionsvorteil bieten. Die drei wichtigsten Tierstämme haben verschiedene Lösungen zum Problem gefunden, ein Bild von der Aussenwelt zu erhalten (Farbtafel 8): Die Augen der Wirbeltiere und Tintenfische (Mollusken) enthalten eine einzelne Linse und sind nach dem gleichen Prinzip gebaut wie eine Photokamera, während die Insekten (Arthropoden) Komplexaugen besitzen, die aus zahlreichen Facetten mit je einer Linse bestehen (Abb. 13.8). Bisher wurde angenommen, dass diese drei Augentypen unabhängig voneinander evoluiert sind. Einerseits ist die Morphologie des Komplexauges so grundverschieden von den Kameraaugen von Wirbeltieren und Tintenfischen, dass sie nicht als homologe Strukturen betrachtet wurden. Andererseits entwickeln sich die Kameraaugen von Wirbeltieren und Tintenfischen so verschieden, dass man annehmen würde, die beiden Augentypen wären unabhängig voneinander entstanden. Das Tintenfischauge entwickelt sich aus einer Einstülpung der Haut, was dazu führt, dass die Photorezeptorzellen nach aussen gerichtet sind. Im Gegensatz dazu entsteht das Wirbeltierauge aus einer Ausstülpung des Gehirns, so dass die Photorezeptorzellen, die ihre Polarität beibehalten, nach innen gerichtet sind. Basierend auf diesen großen Unterschieden in Bezug auf Morphologie und Entwicklungsmodus hat der berühmte Biologe Ernst Mayr vorgeschlagen, dass die verschiedenen Augentypen im Tierreich mindestens vierzigmal unabhängig voneinander entstanden seien. Da aber die Entstehung des Augenprototyps auf einem

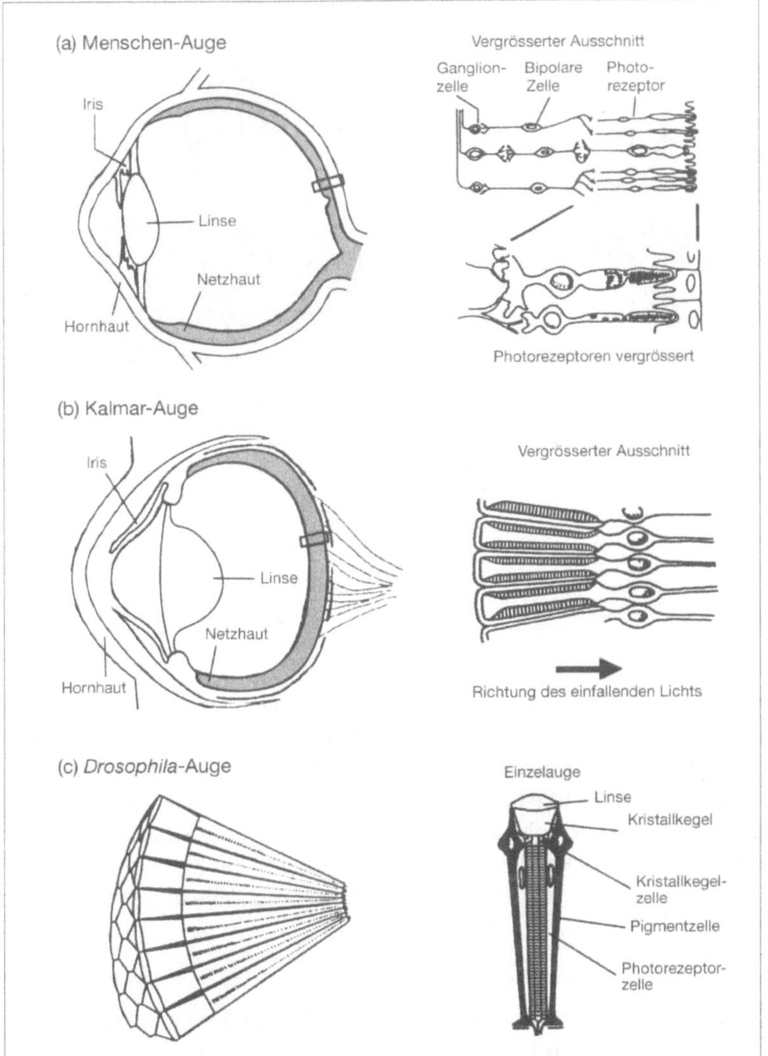

Abb. 13.8

Die drei wichtigsten Augentypen. (a) Das menschliche Auge. Während der Embryonalentwicklung entsteht das Auge als Ausstülpung des Gehirns. Infolge dessen sind Photorezeptorzellen nach innen gerichtet. (b) Das Auge des Kalmars. Im Gegensatz zum menschlichen Auge entsteht das Kalmarauge als Einstülpung der Haut, so dass die Photorezeptorzellen nach aussen, in Richtung des einfallenden Lichts orientiert sind. (c) *Drosophila*-Auge. Das Komplexauge der Insekten besteht aus zahlreichen Ommatidien (Einzelaugen) und unterscheidet sich sowohl morphologisch als auch im Bezug auf seine Entwicklung wesentlich von den Kameratypaugen der Wirbeltiere und Tintenfische. Nach G. Halder, P. Callaerts and W.J. Gehring (1995) New perspectives on eye evolution. *Current Opinion in Genetics & Development* 5: 602–609.

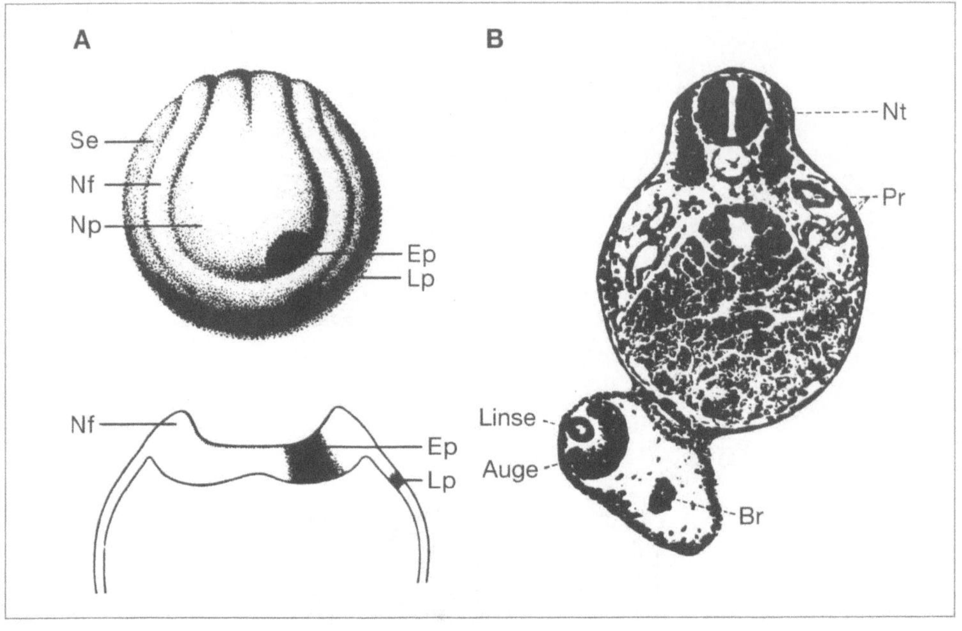

Abb. 13.9
Induktion eines ektopischen Auges mit Linse durch Transplantation der Augenanlage beim Molchembryo. (A) Lokalisation der Anlagen von Auge (Augenbecher) (Ep) und Linse (Lp) auf dem Neurulastadium; Nf, Neuralfalten; Np, Neuralplatte; Se, Hautektoderm. (B) Nach Transplantation der Augenanlage (Ep) unter das Hautektoderm in die Flanke eines Empfängerembryos entwickelt sich ein ektopisches Auge (Auge) mit einer Linse (Linse), die im Hautektoderm des Empfängers induziert wurde. Br, Gehirn; Pr, Vornierenkanälchen; Nt, Neuralrohr (Querschnitt). Nach H. Spemann (1938) *Embryonic Development and Induction* (New Haven: Yale University Press).

Stadium, bevor die Selektion einsetzen kann, ein sehr seltenes Ereignis sein muss, stellt die Evolution von so vielen Prototypen ein schwerwiegendes Problem dar, das kaum mit Darwins Selektionstheorie in Einklang gebracht werden kann.

Der Mechanismus der Augenentwicklung wurde erstmals bei Amphibien von Hans Spemann experimentell untersucht, der die Anlagen für die Augenbecher in der vorderen Neuralplatte, im Bereich des Vorderhirns, lokalisierte (Abb. 13.9), während die Linsenanlagen ausserhalb der Neuralplatte im Hautektoderm liegen. Durch Transplantation der Anlage des Augenbechers unter das Hautektoderm auf der Bauchseite des Embryos konnte Spemann die Bildung eines ektopischen Auges in der Flanke des Tieres (Abb. 13.9) und die Bildung einer Linse im darüber liegenden Hautektoderm induzieren. Dies war die erste Induktion eines ektopischen

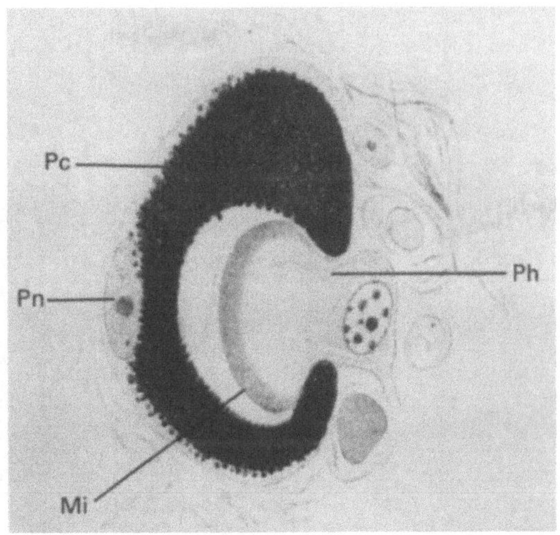

Abb. 13.10
Primitives Auge eines Plattwurms (*Planaria torva*). Dieses Auge, das aus einer einzelnen Pigmentzelle (Pc) mit ihrem Zellkern (Pn) und drei Photorezeptorzellen (Ph) mit einem Bürstensaum (Mikrovilli, Mi) besteht, ist dem von Darwin postulierter Augenprototyp sehr ähnlich. Nach R. Hesse (1890) in *Zeitschrift für Wissenschaftliche Zoologie* 62: 5–246, Tafel 27, Abb. 2.

Auges, aber Spemann zog die Möglichkeit einer Genwirkung als Mechanismus der Induktion nicht in Betracht.

Die Kaskade der Genwirkungen, die die Morphogenese des Komplexauges von *Drosophila* steuern, wurde ausgehend von der Mutation *sevenless*, die keine R7-Photorezeptorzellen bildet, in vielen Laboratorien studiert, einschließlich demjenigen von Seymour Benzer, Gerry Rubin, Don Ready, Ernst Hafen, Larry Zipursky und Konrad Basler. Obwohl mehrere Gene im Signalübertragungsweg sowohl von *Drosophila* als auch von Säugetieren gefunden wurden, schien nicht sehr viel gemeinsam zu sein, obwohl die grundlegenden Mechanismen des Sehprozesses, wie z.B. das Sehpigment Rhodopsin, den beiden gemeinsam ist. Die obersten Teile der Kaskade waren jedoch noch nicht aufgeklärt worden, und da spielt *eyeless* eben eine fundamentale Rolle.

Seit unserer Entdeckung, dass sowohl das Masterkontrollgen *eyeless* von *Drosophila* als auch das homologe *Pax-6*-Gen von der Maus die Morphogenese der Augen induzieren kann, haben wir auch das *Pax-6*-Gen des Kalmars, einem Tintenfisch, kloniert und gezeigt, dass auch dieses Gen bei *Drosophila* ektopische Augen induzieren kann. Da wir ausserdem *Pax-6*-Homologe von Ascidien (Seescheiden), Schnurwürmern und Plattwürmern kloniert und gezeigt haben, dass sie spezifisch in den sich entwickelnden Augen exprimiert werden, nehmen wir an, dass *Pax-6* das universale Masterkontrollgen für Augenmorphogenese ist. Die Befunde führen zur Folgerung, dass der Augenprototyp nur ein Mal in der Evolution entstanden ist,

Abb. 13.11
Die Clique mit den «magischen Augen» an der Basler Fasnacht. Aufnahme G. Halder.

und nicht vierzigmal, und dass die verschiedenen Augentypen, die wir im Tierreich finden, abgeleitet sind von diesem einen Prototyp durch divergente, parallele oder konvergente Evolution. In der Tat gibt es bei gewissen Plattwürmern Augen, die dem von Darwin postulierten Prototyp sehr ähnlich sind (Abb. 13.10), und in Japan wurde eine Spezies gefunden, deren Augen aus nur je einer Photorezeptor- und einer Pigmentzelle bestehen, genauso wie es Darwin postuliert hatte. Ich nehme an, dass Darwin mit dieser Schlussfolgerung einverstanden gewesen wäre, aber es braucht noch viel Arbeit, bis diese Hypothese als gesichert gelten kann. Ich glaube jedoch, dass wir jetzt die genetischen Werkzeuge besitzen, um dieses Evolutionsproblem experimentell anzugehen. Auf jeden Fall ist die Idee der magischen Augen an der Basler Fasnacht aufgegriffen worden (Abb. 13.11) und scheint allseits akzeptiert zu sein.

In diesem Buch habe ich versucht, dem geneigten Leser eine geführte Tour durch die Homeobox-Geschichte zu geben, die von den Beinen am Kopf der Fliege bis zur DNA-Sequenz der Homeobox und zur Strukturbestimmung der Homeo-domäne mit atomarer Auflösung geführt hat. Von den lebenden Fliegen führte der Weg dann zurück in die Vorzeit der Evolution der Körperbaupläne und der Entstehung der Augen. Ich hoffe, dass ich dem Leser auch einiges von der Begeisterung vermitteln konnte, von der die biologische Forschung an dieser winzigen Taufliege *Drosophila* getragen wird.

Theorie der Befruchtung

Brief von F. Miescher an W. His
Brief LXXV

Basel, 17. December 1892

Ich lese mit Vorliebe Litteratur aus der Pflanzenbiologie. Dort findet man eigentlich die grundlegendsten, allgemeinst giltigen Gesichtspunkte über Sexualität. (Am tiefsten bei Darwin über Kreuz- und Bestardbefruchtung bei Pflanzen.) Alle Erscheinungen der thierischen Sexualität sind schon voll von spezifischen Anpassungen, die das Grundprinzip verdecken. Der Schlüssel zur Sexualität liegt für mich in der Stereochemie. Die «Keimchen» der Darwin'schen Pangenesis sind nichts anderes, als die zahlreichen asymmetrischen Kohlenstoffatome in den organisirten Substanzen. Diese Kohlenstoffatome gehen durch die minimsten Ursachen und äusseren Bedingungen Stellungsänderungen ein, wodurch allmählich Fehler in die Organisationen kommen. Die Sexualität ist eine Einrichtung zur Correctur dieser unvermeidlichen stereometrischen Architecturfehler in der Structur der organisirten Substanzen. Links Gewickeltes wird durch rechts Gewickeltes corrigirt, und das Gleichgewicht hergestellt. Bei den enormen Molecülen der Eiweisskörper oder gar noch complicirteren im Hämoglobin u.s.w. erlauben die vielen asymmetrischen Kohlenstoffatome eine so colossale Menge von Stereoisomerien, dass aller Reichthum und alle Mannigfaltigkeit erblicher Uebertragungen ebenso gut darin ihren Ausdruck finden können, als die Worte und Begriffe aller Sprachen in den 24–30 Buchstaben des Alphabets. Es ist deshalb überhaupt überflüssig, aus der Ei- oder Spermazelle oder der Zelle überhaupt eine Vorrathskammer zahlloser chemischer Stoffe zu machen, deren jeder der Träger einer besonderen erblichen Eigenschaft sein soll. (de Vries Pangenesis).

Protoplasma und Kern, das muss ich aus meinen Untersuchungen annehmen, bestehen nicht aus zahllosen chemischen Stoffen, sondern aus ganz wenigen chemischen Individuen, von allerdings vielleicht sehr complicirtem chemischen Bau.

Sperma und Vererbung
Brief von F. Miescher an W. His
Brief LXXVIII

Basel, 13. Oct. 1893

Ich sammle nun auch Material vom Forellensperma. Es ist für die Vererbungstheorie interessant, ob sich an den Spermatozoenköpfen kleine, aber schon merkliche chemische Unterschiede bei diesen zwei so nahestehenden Thierspecies nachweisen lassen. Dabei stosse ich auf das Factum, dass die Chemiker für solche kleine Differenzen noch wenig Sinn und noch weniger Erkennungszeichen haben. Die physikalische Chemie bietet noch am meisten Anhaltspunkte.

Meine Spermagenesecampagne ist durch Ebbe im Fischfang während der wichtigsten Periode (15.–30. Sept.) sehr beeinträchtigt worden. Einiges habe ich immerhin gesammelt, es wird sich nun zeigen, was die Analysen ergeben. Wahrscheinlich ist kein einziger Stoff in den Spermatocyten identisch mit dem, was sich später im Sperma findet. Mit der morphologischen Continuität ist es jedenfalls nicht so einfach, zumal, wenn sich aus 3 Stoffen 4 bilden sollen und Phosphor, Schwefel, Eisen und Stickstoff sich in der sonderbarsten Weise anders vertheilen. Die Continuität liegt nicht nur nicht in der Form, sie liegt auch tiefer als das chemische Molecül. Sie liegt in den constituirenden Atomgruppen. In dem Sinne bin ich ein Anhänger der chemischen Vererbungslehre à outrance. Aber man darf sich dabei erinnern, dass die Eigenthümlichkeiten der chemischen Verbindungen auf Natur und Intensität der Atombewegungen beruhen, und dass in diesen leicht zersetzlichen biologischen Stoffen die intramoleculären Atombewegungen eine im Vergleich zur Trägheit des Gesammtmolecüls besonders grosse Intensität und Selbständigkeit haben, daher eben die Zersetzlichkeit.

Die Speculationen von Weissmann u.s.w. quälen sich mit halb chemischen Begriffen, welche theils unklar sind, theils einem veralteten Zustande der Chemie entsprechen. Wenn, wie leicht möglich, das Eiweissmolecül 40 asymmetrische Kohlenstoffatome enthält, so macht dies 2^{40}, d.h. ungefähr eine Billion Isomerien. Und dies ist nur eine Art der Isomerien, wobei die Isomerien des Stickstoffes und die ungesättigten Valenzen nicht mit berücksichtigt sind. Um also die von der Vererbungslehre geforderte unabsehbare Mannigfaltigkeit zu liefen, ist meine Theorie mehr als jede andere geeignet. Dabei lassen sich alle Uebergänge denken vom Unmerklichen bis zu den grössten Unterschieden, wozu es freilich einer scharfen Discussion der Frage bedarf.

Lebenszyklus von
Drosophila melanogaster

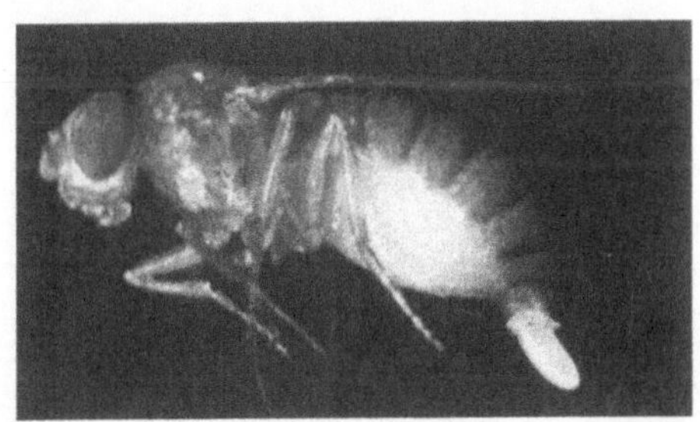

ausgewachsene Fliege

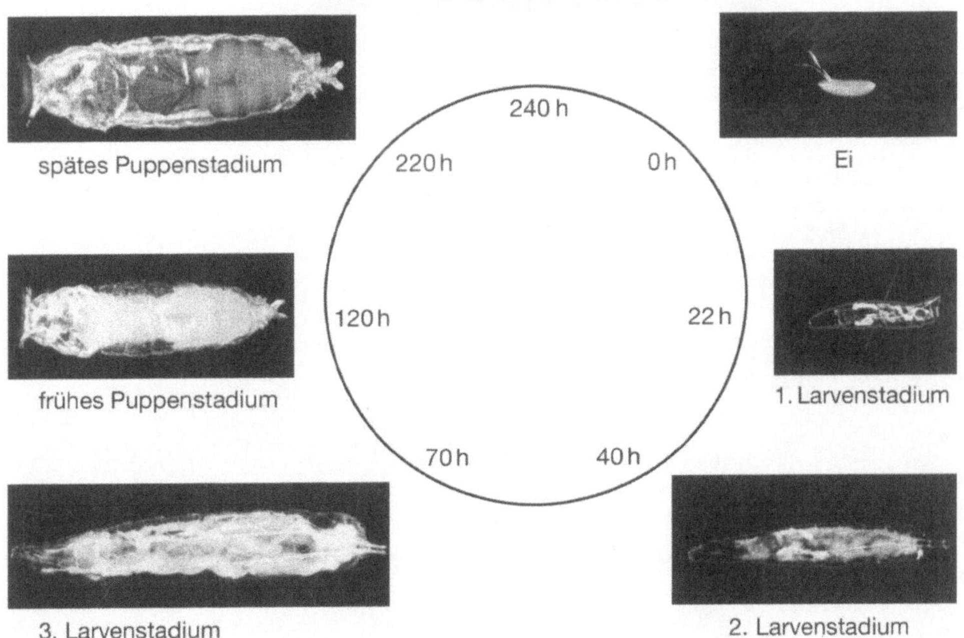

Aufnahmen U. Kloter.

Chronologie

1859	Darwin	*Ueber den Ursprung der Arten*
1866	Mendel	Versuche über Pflanzenhybriden
1871	Miescher	Isolierung von Nuklein
1894	Bateson	Material zum Studium der Variationen (Homeosis)
1902–3	Boveri, Sutton	Chromosomentheorie der Vererbung
1910	Morgan	Mutation *white* und geschlechts-gekoppelte Vererbung
1915	Morgan, Sturtevant, Muller und Bridges	Mechanismus der Mendel'schen Vererbung
1915	Bridges	Mutation *bithorax*
1924	Spemann und Mangold	Organisator Experiment, embryonale Induktion
1933	Heitz und Bauer, Painter	Polytäne Riesenchromosomen
1934	Morgan	Theorie der differentiellen Genaktivität
1944	Avery, MacLeod und McCarty	Die Erbsubstanz ist DNA
1953	Watson und Crick	Strukturaufklärung der DNA (Doppelhelix)
1958	Brenner, Jacob und Meselson	Messenger RNA
1960	Jacob und Monod	Regulator-Gene, Operonmodell

1966	Nierenberg	Genetischer Code
1966	Birnstiel	Isolierung der ribosomalen RNA-Gene von *Xenopus*
1973	Berg, Cohen und Boyer	Genklonierung
1978	Lewis	Bithorax-Komplex
1979	Khorana	Totalsynthese eines Gens
1980	Nüsslein-Volhard und Wieschaus	Segmentierungs- und Maternaleffektgene
1982	Spradling und Rubin	Transformation von *Drosophila* mittels P-Elementen
1983	Hogness	Klonierung des Bithorax-Komplexes
1984	Gehring, Scott	Entdeckung der Homeobox
1989	Capecchi	Gentransfer durch homologe Rekombination in der Maus
1989	Wüthrich	Struktur der Homeodomäne

Glossar

Aktivator (transkriptioneller) Protein, das an eine bestimmte DNA-Region bindet und die Transkription eines naheliegenden Gens stimuliert.

Allel Eine bestimmte Variante (von einer Reihe von möglichen Varianten) eines Gens.

Alpha Helix (α-helix) Strukturmotiv in Proteinen, in dem sich eine lineare Sequenz von Aminosäuren zu einer rechtshändigen Helix anordnen, die durch interne Wasserstoffbrücken stabilisiert werden.

Antikörper Immunoglobulinproteine, die von Lymphozyten produziert werden und eng an ein fremdes Molekül binden.

Antikörperfärbung Nachweis von Antigenmolekülen durch eine Färbungsreaktion mit einem bestimmten Antikörper, der z.B. mit einem Fluoreszenzfarbstoff gekoppelt ist und an das entsprechende Antigenmolekül bindet.

Antigen Molekül, das eine Immunreaktion hervorruft, z.B. die Bildung eines spezifischen Antikörpers.

Apoptose Programmierter Zelltod.

Archenteron Urdarm, der sich im Verlaufe der Gastrulation bildet.

Autoregulation Steuerung der Synthese eines Genproduktes durch das Genprodukt selbst.

Bakteriophage Virus, das Bakterien infiziert (von Griechischen *phagein*, fressen).

Base Molekül, das in Lösung ein Proton aufnehmen kann; die Basen (A, Adenin; G, Guanin; C, Cytosin; T, Thymin; U, Uridin) sind die Bausteine der Nukleinsäuren; in der DNA sind die Basen entweder Purine (A oder G) oder Pyrimidine (C oder T); in der RNA ist T durch U ersetzt.

Befruchtung Fusion einer haploiden Eizelle mit einer haploiden Spermazelle zu einer diploiden Zelle, der Zygote.

Basenpaar Zwei Basen, die über Wasserstoffbrücken gepaart sind, z.B. G mit C oder A mit T.

Blastozyste Dünnwandinge Hohlkugel, die in der frühen Embryonalentwicklung der Säugetiere gebildet wird. Sie besteht aus einer äusseren Zellschicht, dem Trophoblasten, und einer inneren Zellmasse, die den eigentlichen Embryo bildet.

Blastoderm In Eiern mit viel Dotter beschränken sich die früher Furchungsteilungen (Zellteilungen) auf die oberflächliche Rindenschicht des befruchteten Eies. Das Stadium, in welchem sich diese Zellschicht bildet, wird als Blastoderm bezeichnet und entspricht dem Blastulastadium von Eiern mit totaler Furchung.

Blastomere Embryonale Zelle, die durch Furchungsteilungen des Eies entsteht.

Blastoporus (Urmund) Stelle auf der Oberfläche des Embryos, an welcher im Gastrulastadium bestimmte Zellen von der Oberfläche ins Innere des Embryos wandern, um die inneren Keimblätter (Mesoderm und Entoderm) zu bilden.

Blastula Frühembryonales Entwicklungsstadium gegen Ende der Furchungsteilungen. Die Zellen bilden eine Hohlkugel.

Chromosom Fadenähnliche Struktur im Zellkern, bestehend aus DNA in der die Gene linear angeordnet und mit RNA und Proteinen assoziiert sind.

Codon Sequenz von drei Nukleotiden in einem DNA- oder messenger-RNA-Molekül, das die Instruktionen gibt, um eine bestimmte Aminosäure in ein Protein einzubauen.

Code, genetischer «Wörterbuch» zur Übersetzung von Nukleinsäure- in Proteinsequenzen.

Determination Festlegung des Entwicklungsschicksals einer Zelle oder eines embryonalen Gewebes.

diploid Zelle oder Organismus mit zwei Chromosomensätzen.

Dissoziationskonstante Maß für Wahrscheinlichkeit eines Molekülkomplexes zu dissoziieren (auseinanderzufallen).

DNA (Desoxyribonucleinsäure) Träger der genetischen Information (Erbsubstanz); einzel- oder doppelsträngige Polynukleotidekette bestehend aus Basen bzw. Basenpaaren, die über ein Rückgrat von Zucker (Desoxyribose) und Phosphatgruppen verbunden sind; doppelsträngige DNA-Moleküle bilden eine Doppelhelix.

dominante Mutationen manifestieren sich im heterozygoten Zustand.

Entoderm Inneres Keimblatt des Embryos.

Ektoderm Äusseres Keimblatt des Embryos

Enhancer Verstärkerelement, DNA-Sequenzen, welche die Trankription von Genen, die auf demselben DNA-Strang liegen, verstärken. Sie können in beiden Orientierungen wirken.

Enzym Protein, das eine bestimmte biochemische Reaktion katalysiert.

Furchung Frühe Zellteilungen der befruchteten Eizelle.

Gastrula Embryonales Entwicklungsstadium, auf dem Zellwanderungen und Gestaltungsbewegungen erfolgen, die zur Bildung der drei Keimblätter führen.

Gen Funktionseinheit der Vererbungsvorgänge, welche die Information von Generation zu Generation weitergibt. Besteht aus einem DNA-Abschnitt, der für ein bestimmtes Protein oder eine Sorte von RNA kodiert und aus kodierenden und regulatorischen Sequenzen zusammengesetzt ist.

Genom Gesamtes genetisches Material eines Organismus.

Gynandromorphe Organismen, die mosaikartig aus genetisch weiblichen und männlichen Zellen zusammengesetzt sind.

haploid Zelle oder Organismus mit nur einem Satz von Chromosomen.

heterotope Transplantation Transplantation von Zellen oder Geweben an eine andere Stelle eines andern Embryos oder Organismus.

heterozygot genetische Konstitution mit zwei verschiedenen Allelen (Varianten) an entsprechenden Chromosomenorten.

Homeobox In der Evolution konserviertes DNA-Segment von 180 Basenpaaren, das den homeotischen Genen gemeinsam ist.

Homeodomäne Von der Homeobox kodierte Proteindomäne von 60 Aminosäuren, mit welcher die homeotischen Proteine an spezifische DNA-Sequenzen in ihren Zielgenen binden können.

Homeosis Veränderung von etwas bis zur Ähnlichkeit mit etwas anderem (Bateson); Transformation eines Körpersegmentes, oder eines Teiles davon in die entsprechenden Strukturen eines anderen Körpersegmentes.

homeotische Gene spezifizieren die Identität und Reihenfolge der Körpersegmente.

homeotische Mutationen transformieren einen Körperteil in einen andern (z.B. eine Antenne in ein Bein).

Homologie homologe Gene, Strukturen oder Prozesse, die bei verschiedenen Organismen, aufgrund ihrer gemeinsamen Abstammung, ähnlich sind.

homologe Rekombination Genetische Rekombination (Austausch von DNA-Segmenten) basierend auf DNA-Sequenz Identität (Homologie).

homotope Transplantation Transplantation von Zellen oder Geweben an die gleiche Stelle eines andern Embryos oder Organismus.

Homozygot Genetische Konstitution mit zwei identischen Allelen (Genvarianten) an entsprechenden Chromosomenorten.

Hybridisierung Nukleinsäure-Hybridisierung dient dem Nachweis bestimmter Nukleinsäuresequenzen; dabei bilden zwei komplementäre Nukleinsäureketten eine Doppelhelix.

Imaginalscheibe Scheibenförmige Zellgruppen in den Insektenlarven, aus denen im Verlaufe der Metamorphose Adultstrukturen, wie Flügel und Beine, entstehen.

In situ **Hybridisierung** Methode zur Lokalisation von Genen oder messenger-RNA in Zellen, Geweben oder ganzen Organismen mittels Nukleinsäure-Hybridisierung unter Verwendung einsträngiger DNA oder RNA als Sonde.

Intron Eingeschobene DNA-Sequenzen in gespaltenen Genen, die zwar in RNA transkribiert werden, aber anschliessend durch einen Verspleissvorgang aus der reifen messenger-RNA entfernt werden.

Inversion Chromosomenmutation, bei der die Genreihenfolge zwischen zwei chromosomalen Bruchpunkten umgekehrt wird.

Kernmagnetische Resonanzspektroskopie Methode zur Strukturbestimmung von Proteinen und Nukleinsäuren in Lösung.

Klon Zellfamilie, die von einer einzelnen Mutterzelle durch wiederholte Zellteilungen abstammt.

Klonierung Vermehrung eines Gens oder einer DNA-Sequenz durch Einsetzen in einen Klonierungsvektor, der in eine Empfängerzelle übertragen wird, die sich zu einem Klon entwickelt.

Klonierungsvektor genetisches Element, meist ein Plasmid oder Bakteriophage, das als Vehikel dient, um ein DNA-Segment in eine Empfängerzelle zu übertragen. Die Empfängerzelle vermehrt sich anschliessend zu einem Klon von Zellen, die alle das gleiche DNA-Segment enthalten.

Kolinearitätsregel Homeotische Gene sind im allgemeinen in Genkomplexe organisiert und in der gleichen Reihenfolge im Chromosom angeordnet, wie sie entlang der antero-posterioren Körperachse im Embryo exprimiert werden.

Komplementation Ausbildung des normalen Phänotyps, wenn zwei verschiedene Mutantenallele zu einem heterozygot-diploiden Individuum kombiniert werden.

Lückengene Gene, die frühembryonal in breiten Domänen exprimiert werden, wobei mehrere Körpersegmente betroffen sind. Verlustmutationen führen zu den entsprechenden Lücken im Segmentierungsmuster.

Makromere Grosse Blastomere (Furchungszelle)

maternale Koordinatengene Gene, die während der Oogenese exprimiert werden und ein Koordinatensystem der Positionsinformation festlegen.

Mesomere Blastomere (Furchungszelle) mittlerer Grösse.

Mesoderm Mittleres Keimblatt des Embryos.

messenger-RNA (mRNA) RNA-Molekül, das die Reihenfolge der Aminosäuren des entsprechenden Proteins spezifiziert. Es wird durch das Enzyme RNA-polymerase als komplementäre Kopie zum einen DNA-Strang synthetisiert und in ein Protein übersetzt in einem Vorgang der durch Ribosomen katalysiert wird.

Mikrofilament Lange intrazelluläre fadenförmige Struktur bestehend aus polymerisierten Aktinmolekülen, die für Zellbewegung verantwortlich ist und zum Zytoskelett (Grundgerüst der Zelle) beiträgt.

Mikromere Kleine Blastomere (Furchungszelle).

Mikrotubulus Lange, dünne, zylindrische Struktur, die dem intrazellulären Transport, der Zellteilung, der Cilienbewegung etc. dient.

Mitochondrion Zur Selbstvermehrung befähigte Organelle im Zytoplasma der meisten eukaryotischen Zellen, die eine wesentliche Funktion in der Zellatmung und oxidativen Phosphorylierung ausübt, d.h. in der Produktion der energiereichen Verbindung Adenosintriphosphat.

Neuralleiste Gruppe von embryonalen Zellen, die aus dem Dach des Neuralrohres auswandern und sich zu verschieden Zelltypen, wie z.B. Pigmentzellen und Zellen des peripheren Nervensystems, differenzieren.

Neurula Embryonales Entwicklungsstadium, in welchem die Bildung des Nervensystems einsetzt.

NMR siehe kernmagnetische Resonanz.

Nukleinsäuren DNA oder RNA; Ketten von Nukleotiden, die über Phosphodiesterbindungen miteinander verbunden sind.

Nukleoside Verbindungen, die aus einer Purin- oder Pyrimidinbase und einem Zuckerrest bestehen, die über ein Esterbindung verknüpft sind.

Nukleotide sind Nukleoside, an deren Zucker eine Phosphatgruppe gebunden ist.

Nukleus Zellkern, eine von einer doppelten Kernmembran umgebene Organelle, welche die Chromosomen enthält.

Organelle Komplexe Struktur, die Teil einer Zelle ist und eine charakteristische Funktion übernimmt (z.B. Kern, Ribosomen, Mitochondrien).

Operon Gruppe von aneinandergrenzenden Genen bei Bakterien, die in eine einzige mRNA transcribiert und gemeinsam reguliert werden.

ortholog Orthologe Gene sind Gene in verschiedenen Species, die sich aus einem ursprünglichen Vorfahrengen durch Artbildung auseinander entwickelt haben.

Paarregelgene Gene, die in Gürtelstreifen in Blastodermembryo exprimiert werden, mit einer Periodizität, die jedem zweiten Segment oder Parasegment entspricht.

paralog Paraloge Gene sind Gene in der gleichen Spezies, die einander so ähnlich sind, dass man annimmt, dass sie aus einem Vorfahrengen durch Genduplikation innerhalb dieser Spezies entstanden sind.

Plazenta Organ, das aus embryonalen und mütterlichen Geweben besteht, durch das der Säugetierembryo ernährt wird.

Proliferation Wachstum durch Zellvermehrung.

Promotor DNA-Region, an welche die RNA-Polymerase bindet und mit der Transkription der RNA an der DNA-Matrize beginnt.

Protein Lineares Kettenmolekül bestehend aus Aminosäuren, die über Peptidbindungen miteinander verbunden sind.

rezessive Mutationen manifestieren sich nur im homozygoten Zustand.

rekombinante DNA-Technologie basiert auf Verknüpfung von DNA-Fragmenten verschiedenen Ursprungs und deren Übertragung in geeignete Klonierungsvektoren zur Klonierung in geeigneten Empfängerzellen.

Rekombination Auftreten von Nachkommen mit Genkombinationen, die sich von denjenigen ihrer Eltern unterscheiden, infolge unabhängiger Aufspaltung oder Crossing-over.

Replikation (DNA Synthese) Die beiden DNA-Stränge trennen sich und jeder Strang wird als komplementärer Strang kopiert durch einen Enzymkomplex mit DNA-Polymerase-Aktivität.

Repressor Protein, das an eine bestimmte DNA-Region bindet und die Transkription des nahegelegenen Gens unterdrückt.

Ribosomen Partikel, die aus zwei Untereinheiten von ribosomaler RNA und Proteinen zusammengesetzt sind und, mit messenger-RNA als Matrize, die Synthese der Proteine katalysieren.

RNA (Ribonukleinsäure) Ein- (oder doppel-) strängige Polynukleotidketten, die aus Basenbausteinen zusammengesetzt sind, welche an ein Rückgrat von Zukkerresten (Ribose) und Phosphatgruppen gebunden sind.

Rückkopplung Einfluss des Resultates eines Prozesses auf den Prozess selbst.

Schwanzknospenstadium Entwicklungsstadium, bei dem die Grundorganisation des Embryos festgelegt ist, mit Ausnahmen des Schwanzes, der erst als Knospen-ähnliche Anlage ausgebildet ist.

Segmentierungsgene Gene, die das Muster der Körpersegmente im Bauplan festlegen.

Segmentpolaritätsgene Gene, welche das Differenzierungsmuster innerhalb der Segmente bestimmen.

Transkription (RNA-Synthese) Synthese eines komplimentären RNA-Stranges zu einem DNA-Strang, der als Matrize dient, durch das Enzym RNA-Polymerase.

Transformation Gentransfer durch externe Zugabe von DNA.

Translation (Proteinsynthese) Übersetzungsprozess, der auf dem Ribosom stattfindet, bei dem die Nukleotidesequenz der messenger-RNA die Reihenfolge der Aminosäuren bestimmt, die in das entsprechende Protein eingebaut werden.

Trophektoderm Extra-embryonaler Teil des Ektoderms der Blastozyste beim Säugetierembryo.

Trophoblast Extra-embryonale Zellschicht, die den eigentlichen Embryo von Säugetieren umgibt, und zum Einnisten in die Uteruswand dient.

ungleiches Crossing-over Austausch von genetischem Material nach versetzter Chromosomenpaarung, der zur Duplikation bzw. Deletion eines DNA-Segmentes führt.

Urmund Stelle auf der Oberfläche des Embryos, an welcher im Gastrulastadium bestimmte Zellen ins Innere des Embryos wandern, um die inneren Keimblätter (Meso- und Entoderm) zu bilden.

Zytoplasma Grundsubstanz der Zelle, die von der Plasmamembran eingeschlossen ist, ausschliesslich des Zellkerns.

Weiterführende Literatur

Kapitel 1

Allgemein

Jacob, F. (1988) *Die innere Statue*, übersetzt von M. Jakob. Zürich: Ammann Verlag.

Watson, J.P. (1968) *The Double Helix*. New York: Atheneum.

Kapitel 2

Allgemein

Lewis, E.B. (1978) A gene complex controlling segmentation in *Drosophila. Nature* 276: 565–570.

Stümpke, H. (1979) *Bau und Leben der Rhinogradentia*. Stuttgart: G. Fischer Verlag.

Kapitel 3

Allgemein

Watson, J.D. und J. Tooze (1981) *The DNA Story: A Documentary History of Gene Cloning*. San Francisco: W.H. Freeman.

Spezielle Artikel

Bender, W., M. Akam, F. Karch, P. Beachy, M. Peifer, P. Spierer, E.B. Lewis und D. Hogness (1983) Molecular genetics of the bithorax complex in *Drosophila melanogaster. Science* 221: 23–29.

Carrasco, A.E., W. McGinnis, W.J. Gehring und E.M. De Robertis (1984) Cloning of an *X. laevis* gene expressed during early embryogenesis that codes for a peptide region homologous to *Drosophila* homeotic genes. *Cell* 37: 409–414.

Garber, R.L., A. Kuroiwa und W.J. Gehring (1983) Genomic and cDNA clones of the homeotic locus *Antennapedia* in *Drosophila*. *EMBO Journal* 2: 2027–2036.

Gehring W.J. (1987) Homeo boxes in the study of development. *Science* 236: 1245–1252.

McGinnis, W., R.L. Garber, J. Wirz, A. Kuroiwa und W.J. Gehring (1984) A homologous protein-coding sequence in *Drosophila* homeotic genes and its conservation in other metazoans. *Cell* 37: 403–408.

McGinnis, W., C.P. Hart, W.J. Gehring und F.H. Ruddle (1984) Molecular cloning and chromosome mapping of a mouse DNA sequence homologous to homeotic genes of *Drosophila*. *Cell* 38: 675–680.

McGinnis, W., M.S. Levine, E. Hafen, A. Kuroiwa und W.J. Gehring (1984) A conserved DNA sequence in homeotic genes of the *Drosophila* Antennapedia and bithorax complex. *Nature* 308: 428–433.

Rubin, G. und A. Spradling (1982) Genetic transformation of *Drosophila* with transposable element vectors. *Science* 218: 348–353.

Scott, M. und A. Weiner (1984) Structural relationships among genes that control development: Sequence homology between *Antennapedia*, *Ultrabithorax*, and *fushi tarazu* loci of *Drosophila*. *Proceedings of the National Academy of Sciences USA* 81: 4115–4119.

Shepherd, J.C.W., W. McGinnis, A.E. Carrasco, E.M. De Robertis und W.J Gehring (1984) Fly and frog homoeo domains show homologies with yeast mating type regulatory proteins. *Nature* 310: 70–71.

Kapitel 4

Allgemein

Bate, M. und A. Martinez Arias (1993) *The Development of «Drosophila melanogaster»*. Plainview, N.Y.: Cold Spring Harbor Laboratory Press, Vols. 1 and 2.

Davidson E.H. (1986) *Gene Activity in Early Development*, 3rd ed. Orlando, Fla.: Academic Press.

Gilbert, S. (1997) *Developmental Biology*, 5th ed. Sunderland, Mass.: Sinauer Associates.

Hamburger, V. (1988) *The Heritage of Experimental Embryology: Hans Spemann and the Organizer*. New York: Oxford University Press.

Riddle, D.L., T. Blumenthal, B. Meyer und J. Priess (eds.) (1997) *C. elegans II*. Cold Spring Harbor, N.Y.: Cold Spring Harbor Laboratory Press.

Satoh, N. (1994) *Developmental Biology of Ascidians.* Cambridge: Cambridge University Press.

Spemann, H. (1936, Nachdruck 1968) *Experimentelle Beiträge zu einer Theorie der Entwicklung.* Berlin: J. Springer Verlag.

Wood, W.B. et al. (1988) *The Nematode «Caenorhabditis elegans».* Cold Spring Harbor, N.Y.: Cold Spring Harbor Laboratory Press.

Kapitel 5

Allgemein

St. Johnson, D. und C. Nüsslein-Volhard (1992) The origin of pattern and polarity in the *Drosophila* embryo. *Cell* 68: 201–219.

Steward, R. und S. Govind (1993) Dorsal-ventral polarity in the *Drosophila* embryo. *Current Biology* 3: 556–561.

Spezielle Artikel

Mlodzik, M. und W.J. Gehring (1987) Expression of the *caudal* gene in the germ line of *Drosophila*: Formation of an RNA and protein gradient during early embryogenesis. *Cell* 48: 465–478.

Kapitel 6

Allgemein

Nüsslein-Volhard, C. und E. Wieschaus (1980) Mutations affecting segment number and polarity in *Drosophila*. *Nature* 287: 795–801.

Spezielle Artikel

Hafen, E., A. Kuroiwa und W.J. Gehring (1984) Spatial distribution of transcripts from the segmentation gene *fushi tarazu* during *Drosophila* embryonic development. *Cell* 37: 833–841.

Hiromi, Y., A. Kuroiwa und W.J. Gehring (1985) Control elements of the *Drosophila* segmentation gene *fushi tarazu*. *Cell* 43: 603–613.

Hiromi, Y. und W.J. Gehring (1987) Regulation and function of the *Drosophila* gene *fushi tarazu*. *Cell* 50: 963–974.

Rivera-Pomar, R. und H. Jäckle (1996) From gradients to stripes in *Drosophila*: Filling in the gaps. *Trends in Genetics* 12: 478–483.

Small, S., A. Blair und M. Levine (1996) Regulation of two pair-rule stripes by a single enhancer in the *Drosophila* embryo. *Developmental Biology* 175: 314–324.

Kapitel 7

Allgemein

Lewis, E.B. (1992) Clusters of master control genes regulate the development of higher organisms. *Journal of the American Medical Association* 267: 1524–1531.

Spezielle Artikel

Hafen, E., M. Levine und W.J. Gehring (1984) Regulation of *Antennapedia* transcript distribution by the bithorax complex in *Drosophila*. *Nature* 307: 287–289.

Levine, M., E. Hafen, R.L. Garber und W.J. Gehring (1983) Spatial distribution of *Antennapedia* transcripts during *Drosophila* development. *EMBO Journal* 2: 2037–2046.

Schneuwly, S., R. Klemenz und W.J. Gehring (1987) Redesigning the body plan of *Drosophila* by ectopic expression of the homoeotic gene *Antennapedia*. *Nature* 325: 816–818.

Kapitel 8

Allgemein

Perutz, M.F. (1992) *Protein Structure: New Approaches to Disease and Therapy*. New York: W.H. Freeman.

Ptashne, M. (1992) *A Genetic Switch: Phage «Lambda» and higher Organisms*, 2nd ed. Cambridge, Mass: Cell Press and Blackwell Scientific.

Wüthrich, K. (1986) *NMR of Proteins and Nucleic Acids*. New York: John Wiley.

Spezielle Artikel

Furukubo-Tokunaga, K., S. Flister und W.J. Gehring (1993) Functional specificity of the *Antennapedia* homeodomain. *Proceedings of the National Academy of Sciences USA* 90: 6360–6364.

Gehring, W.J., Y.Q. Qian, M. Billeter, K. Furukubo-Tokunaga, A.F. Schier, D. Resendez-Perez, M. Affolter, G. Otting und K. Wüthrich (1994) Homeodomain-DNA recognition. *Cell* 78: 211–223.

Schier, A.F. und W.J. Gehring (1992) Direct homeodomain-DNA interaction in the autoregulation of the *fushi tarazu* gene. *Nature* 356: 804–807.

Kapitel 9

Spezielle Artikel

Bellen, H.J., C.J. O'Kane, C. Wilson, U. Grossniklaus, R. Kurth Pearson und W.J. Gehring (1989) P-element-mediated enhancer detection: A versatile method to study development in *Drosophila*. *Genes and Development* 3: 1288–1300.

Bier, E., H. Vaessin, S. Shepherd, K. Lee, K. McCall, S. Barbel. L. Ackerman, R. Carretto, T. Uemura, E. Grell L.Y. Jan und J.N. Jan(1989) Searching for pattern and mutation in the *Drosophila* genome with a P-lacZ vector. *Genes and Development* 3: 1273–1287.

Grossniklaus, U., H.J. Bellen, C. Wilson und W.J. Gehring (1989) P-element-mediated enhancer detection applied to the study of oogenesis in *Drosophila*. *Development* 107: 189–200.

O'Kane, C.J. und W.J. Gehring (1987) Detection *in situ* of genomic regulatory elements in *Drosophila*. *Proceedings of the National Academy of Sciences USA* 84: 9123–9127.

Wagner-Bernholz, J.T., C. Wilson, G. Gibson, R. Schuh und W.J. Gehring (1991) Identification of target genes of the homeotic gene *Antennapedia* by enhancer detection. *Genes and Development* 5: 2467-80.

Wilson, C., R. Kurth Pearson, H.J. Bellen, C.J. O'Kane, U. Grossniklaus und W.J. Gehring (1989) P-element-mediated enhancer detection: An efficient method for isolating and characterizing developmentally regulated genes in *Drosophila*. *Genes and Development* 3: 1301–1313.

Kapitel 10

Spezielle Artikel

Doe, C.Q., Y. Hiromi, W.J. Gehring und C.S. Goodman (1988) Expression and function of the segmentation gene *fushi tarazu* during *Drosophila* neurogenesis. *Science* 239: 170–175.

Nose, A., V.B. Mahajan und C. Goodman (1992) Connectin: a homophilic cell adhesion molecule expressed on a subset of muscles and the motoneurons that innervate them in *Drosophila*. *Cell* 70: 553–567.

Salser, S. und C. Kenyon (1994) Patterning *C. elegans*: Homeotic cluster genes, cell fates and cell migrations. *Trends in Genetics* 10: 159–164.

Kapitel 11

Allgemein

Hadorn, E. (1968) Transdetermination in cells. *Scientific American* 219: 110–120.

Kapitel 12

Allgemein

De Robertis, E., G. Oliver und C. Wright (1990) Homeobox genes and the vertebrate body plan. *Scientific American* 263: 46–52.

Gehring, W.J., M. Affolter und T. Bürglin (1994) Homeodomain proteins. *Annual Review of Biochemistry* 63: 487–526.

Lewis, E.B. (1992) Clusters of master control genes regulate the development of higher organisms. *Journal of the American Medical Association* 267: 1524–1531.

McGinnis, W. und R. Krumlauf (1992) Homeobox genes and axial patterning. *Cell* 68: 283-302.

Spezielle Artikel

Bachiller, D., A. Macias, D. Duboule und G. Morata (1994) Conservation of a functional hierarchy between mammalian and insect Hox/Hom genes. *EMBO Journal* 13: 1930-41.

Boncinelli, E., R. Somma, D. Acampora, M. Pannese, M. D'Esposito, A. Faiella und A. Simeone (1988) Organization of human homeobox genes. *Human Reproduction* 3: 880–886.

Condie, B. und M. Capecchi (1993) Mice homozygous for a targeted disruption of Hoxd-3 (Hox-4.1) exhibit anterior transformations of the first and second cervical vertebrae, the atlas and the axis. *Development* 119: 579–595.

Kessel, M., R. Balling und P. Gruss (1990) Variation of cervical vertebrae after expression of a Hox-1.1 transgene in mice. *Cell* 61: 301–308.

Malicki, J., K. Schughart und W. McGinnis (1990) Mouse Hox-2.2 specifies thoracic segmental identity in Drosophila embryos and larvae. *Cell* 63: 961–967.

Simeone, A., D. Acampora, M. Gulisano, A. Stornaiuolo und E. Boncinelli (1992) Nested expression domains of four homeobox genes in developing rostral brain. *Nature* 358: 687–690.

Van der Hoeven, F., J. Zakany und D. Duboule (1996) Gene transpositions in the Hox D complex reveal a hierarchy of regulatory controls. *Cell* 85: 1025–1035.

Zhao, J., R. Lazzarini und L. Pick (1993) The mouse Hox-1.3 gene is functionally equivalent to the *Drosophila Sex combs reduced* gene. *Genes and Development* 7: 343–354.

Kapitel 13

Allgemein

Callaerts, P., G. Halder und W.J. Gehring (1997) Pax-6 in development and evolution. *Annual Review of Neuroscience* 20: 483–532.

Spezielle Artikel

Halder, G., P. Callaerts und W.J. Gehring (1995) Induction of ectopic eyes by targeted expression of the *eyeless* gene in *Drosophila*. *Science* 267: 1788–1792.

Quiring, R., U. Walldorf, U. Kloter und W.J. Gehring (1994) Homology of the eyeless gene of *Drosophila* to the *Small eye* gene in mice and *Aniridia* in humans. *Science* 265: 785–789.

Index